高等学校电子与通信类专业“十三五”规划教材

时域有限差分法(基于 MATLAB)

姬金祖　马云鹏　张生俊　黄沛霖　刘战合　编著

西安电子科技大学出版社

内 容 简 介

本书主要介绍时域有限差分法的MATLAB实现方法，书中充分利用编程技巧，用紧凑的代码来实现算法。本书共10章，主要内容包括时域有限差分法的差分格式、吸收边界条件、完全匹配层边界条件、连接边界条件、远场外推、色散介质模拟、周期边界条件等，并通过典型几何体的电磁散射、界面的反射系数、一维光子晶体、二维光子晶体等算例进行验证。本书提供了部分MATLAB源代码，可供相关领域学者学习和参考。

本书可作为高等学校电磁学专业本科生、研究生的教学用书，亦可供其他有关专业的师生及科研人员参考。

图书在版编目(CIP)数据

时域有限差分法(基于MATLAB)/姬金祖，等编著. —西安：西安电子科技大学出版社，2018.5
ISBN 978-7-5606-4913-9

Ⅰ. ① 时… Ⅱ. ① 姬… Ⅲ. ① 电磁波—时域分析—有限差分法—Matlab软件
Ⅳ. ① O441.4-39

中国版本图书馆CIP数据核字(2018)第093980号

策划编辑 刘小莉
责任编辑 雷鸿俊
出版发行 西安电子科技大学出版社(西安市太白南路2号)
电　　话 (029)88242885 88201467 邮　　编 710071
网　　址 www.xduph.com 电子邮箱 xdupfxb001@163.com
经　　销 新华书店
印刷单位 陕西天意印务有限责任公司
版　　次 2018年5月第1版 2018年5月第1次印刷
开　　本 787毫米×1092毫米 1/16 印张 16
字　　数 377千字
印　　数 1～2000册
定　　价 37.00元
ISBN 978-7-5606-4913-9/O
XDUP 5215001-1

前　言

时域有限差分法(FDTD)是一种时域电磁算法，参数设置灵活，对复杂介质的模拟具有先天优势。该算法自1966年由Yee提出以来发展迅速，获得了广泛应用。FDTD方法将电场和磁场分别在空间和时间上交错采样，将麦克斯韦方程组转化为差分方程，表述十分简单，容易理解。但是在具体编程实现时，涉及多个维度、多种场量，处理起来非常繁琐。本书采用MATLAB语言编程实现FDTD，充分利用MATLAB向量化编程的特点，将复杂的运算在尽量短的代码内完成，大大简化了编程。对于初学者，这是一本很好的入门教材；对于已经具有一定基础的学者，本书也能够给予一定的参考。

本书共10章。第1章主要介绍MATLAB的一些编程技巧。市面上已经有大量关于MATLAB的教材，本书不再详述，而是只挑选一些与本书的代码密切相关的内容进行讲解，如向量化运算、维度拓展等。第2章介绍电磁波基础理论。该章中的一些内容可作为理论基础，应用到后续章节的算法中；另一些内容求出了典型问题的解析解，其结果可以作为验证算法的依据。第3章介绍了FDTD的网格划分方法以及时间推进方法，讨论了空间和时间步长对仿真的影响。第4章和第5章分别介绍了Mur吸收边界条件和完全匹配层(PML)吸收边界条件。研究开域问题时，由于计算机内存有限，只能计算有限区域的场，因此必须在截断边界处加以处理，吸收外向行波，以模拟无限大空间。第6章介绍各种激励源的特点。第7章介绍连接边界条件使用，通过连接边界入射波引入到总场区。第8章介绍远场外推方法。在很多问题中，人们更关心的是远场情况，如计算RCS。FDTD的优势之一就是通过脉冲响应的傅立叶变换得到整个频域上的解，因此这一章以瞬态场的外推为主。第9章介绍了色散介质的处理方法，包括递归卷积法、Z变换方法以及辅助微分方程法。第10章介绍了周期边界的处理方法，以垂直入射情形为主，通过光子晶体、频率选择表面等算例对算法进行了验证。

北京航空航天大学的姬金祖主笔完成了本书的大部分内容，北京航空航天大学的马云鹏参与了第1章MATLAB编程技巧方面的撰写，北京航天长征飞行器研究所的张生俊参与了第10章色散光子晶体和频率选择表面部分内容的撰写，北京航空航天大学的黄沛霖参与了第8章远场外推计算RCS部分内容的撰写，郑州航空工业管理学院的刘战合参与了第2章电场基础理论部分内容的撰写。

MATLAB软件可以将计算结果表示为曲线图，但绘图质量并不高，字体、字号设置比较困难。本书的策略是尽量将计算结果都保存成文本形式的数据，然后用LaTeX的pgfplots宏包绘制。

本书所有的代码都在Linux Ubuntu 17.10版本上安装的MATLAB 2017a中完成。此外，本书的代码保存了两个版本，分别用于在Linux和Windows上运行。两个版本只有换行符有区别，其他完全相同。本书完整源代码及运行结果可登录出版社官网下载。

由于作者水平有限，书中不足之处在所难免，若读者有修改的意见和建议，请及时给作者反馈，以期再版时提高教材质量。作者电子邮箱：jijinzu@buaa.edu.cn。

作　者

2018年1月

目　录

第 1 章 MATLAB 编程技巧

具有 Fortran 或 C 语言编程经验的读者可能有这样的体会，当涉及矩阵运算时，编程会很麻烦。例如，想要求解一个线性方程组，需要首先写一个主函数，然后编写一个子程序去读入各个矩阵的元素，之后再编写一个子程序，求解相应的方程，最后输出计算结果。这样一个简单的问题往往要编写很多代码，仅键入和调试就很繁琐。

1980 年前后，MATLAB 的首创者 Cleve Moler 博士在 New Mexico 大学讲授线性代数课程时，看到了用高级语言编程解决工程问题的诸多不便，因而构思开发了 MATLAB 软件。该软件利用了 Moler 博士在此前开发的 LINPACK(线性代数软件包)和 EISPACK(基于特征值计算的软件包)中可靠的子程序，用 Fortran 语言编写而成，集命令翻译、工程计算功能于一身。20 世纪 80 年代初期，Cleve Moler 和 John Little 采用 C 语言改写了 MATLAB 的内核。不久，他们成立了 Mathworks 软件开发公司，并将 MATLAB 正式推向市场。

现在 MATLAB 功能早已不只停留在工程计算的功能上了。它由主包、Simulink 以及功能各异的辅助工具箱组成。它以矩阵运算为基础，将计算、可视化、程序设计融合到了一个简单易用的交互式工作环境中。

经过不断的发展，MATLAB 已经成为国际公认的优秀数学应用软件之一。在美国等发达国家的大学里，MATLAB 是一种必须掌握的基本工具。而在国外的研究设计单位和工业部门，MATLAB 更是研究和解决工程计算问题的一种标准软件。在国内也有越来越多的科学技术工作者参加到学习和倡导这门语言的行列中来。

关于 MATLAB 教程已经有很多出版物，该软件自带的帮助文档也非常完备，基本能够满足学习的需求。因此，本书不对 MATLAB 的使用做深入详细的说明，而只介绍 MATLAB 最基本的使用方法以及 FDTD 的编程技巧，同时，对代码的维护、编写风格也提出一些建议。

1.1 MATLAB 基本操作

启动 MATLAB 后，将打开一个欢迎界面，随后打开桌面系统。桌面系统由桌面平台以及组件组成，其组件主要包括命令窗口、历史命令窗口、路径浏览器、工作空间浏览器、编辑器等。

MATLAB 是一种解释语言，代码不需要经过编译即可运行。运行 MATLAB 代码有两种方式：一种是交互方式，即在命令窗口中输入代码，然后按回车键，代码随即开始运行，计算完成后，结果显示在命令窗口中；另一种是脚本方式，将 MATLAB 代码保存在后缀为“.m”的脚本文件中，然后通过按快捷键 F5 或点击运行按钮运行代码。

在实验一些不熟悉的命令或者执行一些简单的操作时，一般采用交互方式运行命令，及时获得结果。在连续运行大量的代码时，逐句输入指令效率很低，也很不方便修改，此时一般将代码保存在脚本文件中。用交互方式运行代码，方便代码的调试和修改。

1.2　向量化编程方法

MATLAB 语言对循环语句的处理效率较低，但其内置了向量化编程的方法，可以极大提高计算效率。下面用一些简单代码进行实验，以对比向量化程序语句和循环语句的效率。对两个有 10^8 个元素的一维数组进行相加，代码如下所示。

代码 1.1　一维数组相加运算（1/m1.m）

```
1 n=10^8;
2 a=1:n;
3 b=a;
4 tic;
5 c=zeros(1,n);
6 for  ii=1:n
7     c(ii)=a(ii)+b(ii);
8 end
9 t1=toc;
10 tic;
11 c=a+b;
12 t2=toc;
13 data=[t1 t2 t1/t2];
14 save([mfilename,'.dat'],'data','-ascii');
```

用作者的计算机进行仿真，计算结果表明，采用循环语句和采用向量化编程方式的运行时间分别是 1.0393 s 和 0.0892 s，两者之比为 11.651。

下面的程序对两个 $10^4 \times 10^4$ 的二维数组对应元素进行相加，实验计算所需要的时间。

代码 1.2　二维数组相加运算（1/m2.m）

```
1 n=10^4;
2 a=reshape(1:n^2,n,n);
3 b=a;
4 tic;
5 c=zeros(n,n);
6 for ii=1:n
7     for jj=1:n
8         c(ii,jj)=a(ii,jj)+b(ii,jj);
9     end
10 end
11 t1=toc;
12 tic;
13 c=a+b;
14 t2=toc;
```

```
15 data=[t1 t2 t1/t2];
16 save([mfilename,'.dat'],'data','—ascii');
```

结果表明，采用循环语句和采用向量化编程方式的运行时间分别是 2.028 s 和 0.0902 s，两者之比为 22.483。

下面的程序对两个 500×500×500 的三维数组对应元素进行相加，实验计算所需要的时间。

代码 1.3　三维数组相加运算(1/m3.m)

```
1 n=500;
2 a=reshape(1:n^3,n,n,n);
3 b=a;
4 tic;
5 c=zeros(n,n,n);
6 for ii=1:n
7     for jj=1:n
8       for kk=1:n
9         c(ii,jj,kk)=a(ii,jj,kk)+b(ii,jj,kk);
10       end
11     end
12 end
13 t1=toc;
14 tic;
15 c=a+b;
16 t2=toc;
17 data=[t1 t2 t1/t2]
18 save([mfilename,'.dat'],'data','—ascii');
```

结果表明，采用循环语句和采用向量化编程方式的运行时间分别是 10.6818 s 和 0.1132 s，两者之比为 94.3622。可见，采用向量化编程的方式能够极大地提高计算速度，充分发挥 MATLAB 的优势。本书所编写的代码，都尽量采用向量化的编程风格，减少循环语句的使用。只有算法在无法采用向量化语句实现的时候，才采用循环语句。

在一些问题中，往往能遇到一个二元函数表示成级数的形式，而级数的每一项都可以分离变量。设函数 f 是 x 和 y 的函数，可以表示为

$$f(x, y) = \sum_{k=1}^{\infty} g(x, k)h(k, y) \tag{1.2.1}$$

在数值计算中，x、y 和 k 都只能取有限项。k 取 K 项，则上式变成有限项的和式：

$$f(x, y) \approx \sum_{k=1}^{K} g(x, k)h(k, y) \tag{1.2.2}$$

再设 x 的离散点为 $x_1, x_2, \cdots, x_M$，y 的离散点为 $y_1, y_2, \cdots, y_N$，则上式变为

$$f(x_m, y_n) \approx \sum_{k=1}^{K} g(x_m, k)h(k, y_n) \tag{1.2.3}$$

上面的求和式可以表示为两个矩阵的乘积，即

$$F_{mn} = \sum_{k=1}^{K} G_{mk} H_{kn} \tag{1.2.4}$$

其中

$$F_{mn} = f(x_m, y_n) \tag{1.2.5a}$$

$$G_{mk} = g(x_m, k) \tag{1.2.5b}$$

$$H_{kn} = h(k, y_n) \tag{1.2.5c}$$

可以利用矩阵乘法的性质简化代码，提高效率。用矩阵乘积的方式可以写成

$$\boldsymbol{F} = \boldsymbol{G}\boldsymbol{H} \tag{1.2.6}$$

其中 $\boldsymbol{F}$、$\boldsymbol{G}$、$\boldsymbol{H}$ 分别是 $M \times N$、$M \times K$、$K \times N$ 的矩阵。

本书中大量使用将求和化为矩阵乘积的方法。如在求解导体圆柱或导体球的散射问题中，RCS 随频率和双站角的变化就表示成这种级数形式。在将时域计算结果过渡到频域结果时，也采用这种方式处理。

1.3 数组的自动扩展

在数组运算中，经常会遇到对一个数组的某个维度所有数据进行同样运算的操作，如对一个二维数组的每一行所有元素加上一个数，不同的行加的数不同。如一个 3×4 的数组，第一行加上 1，第二行加上 2，第三行加上 3。第一种方法是采用循环语句，如下所示。

代码 1.4 循环语句处理不同维度数组的运算(1/m4.m)

```
a=reshape(1:12,3,4);
b=[1;2;3];
c=zeros(size(a));
for  ii=1:3;
      c(ii,:)=a(ii,:)+b(ii);
end
```

经前面的分析和算例验证可知，这种采用循环语句的方法效率较低。

另一种方法是将数组进行扩展，使两个数组的维度相同，如下所示。

代码 1.5 数组扩展方式处理不同维度数组的运算(1/m5.m)

```
a=reshape(1:12,3,4);
b=[1;2;3];
c=a+repmat(b,1,4);
```

这种方法需要手动将数组进行扩展。

第三种方法是用 bsxfun 函数。该函数将不同尺寸的矩阵自动进行扩展，使扩展后的维度尺寸相同，进而可以进行运算，如下所示。

代码 1.6 bsxfun 方式扩展数组(1/m6.m)

```
a=reshape(1:12,3,4);
b=[1;2;3];
c=bsxfun(@plus,a,b);
```

上面的代码中，bsxfun 函数有 3 个参数，第一个参数表示函数句柄，第二个和第三个

参数是两个数组。并非所有的二元函数都能够作为 bsxfun 的参数，必须要满足一定的条件。MATLAB 的一些内置二元函数可以作为 bsxfun 的参数，这些函数包括 plus、minus、times、rdivide、ldivide、power、eq、ne、gt、ge、lt、le、and、or、xor、max、min、mod、rem、atan2、atan2d、hypot。自己定义的函数满足一定的条件后，也可以使用 bsxfun 函数进行维度扩展。

参与运算的两个数组 A 和 B 的维度要满足相容性条件，即两个数组对应维度的长度要么相等，要么其中之一是 1。如果两个数组的维数不同，那么维数小的数组自动将维数扩大到与维数大的数组相等，方法是将高维的维数自动设为 1。如上面的例子，一个数组是二维数组，尺寸是 3×4，另一个是 3 行 1 列的一维数组。首先将后一个数组扩展为二维数组，尺寸为 3×1。然后观察两个数组对应的维度，第一个维数都是 3，第二个维数分别是 4 和 1，满足相容性条件，于是可以通过 bsxfun 函数进行计算。

自 MATLAB 的 R2016a 版本开始，上述这些内置函数在运算时会将维度尺寸相容的数组自动扩展成尺寸完全相同，因此可以省去 bsxfun 函数，直接进行处理。如上面的例子可以用下面的语句完成。

代码 1.7　数组自动扩展方式处理不同维度数组的运算(1/m7.m)

```
a=reshape(1:12,3,4);
b=[1;2;3];
c=a+b;
```

因此，代码又可以极大简化。在 Python 语言中，这种不同尺寸的数组进行运算时自动扩展的机制称为“广播(broadcast)”。

1.4　计算结果可视化

MATLAB 自带了数据可视化的函数，可以将计算结果显示为曲线、曲面、散点图、极坐标图等。本书用得最多的是 plot 和 imagesc 函数。

plot 函数可将数据显示为曲线形式，如下面的例子。

代码 1.8　MATLAB 生成的曲线图(1/m8.m)

```
a=1:360;
b=sind(a);
plot(a,b);
saveas(gcf,[mfilename,'.png']);
```

imagesc 函数用来将二维数组可视化，如下面的例子。

代码 1.9　MATLAB 生成的灰度图(1/m9.m)

```
a=-180:180;
b=a';
c=sind(b)*sind(a);
imagesc(c);
axis equal tight;
colorbar;
```

```
7 saveas(gcf,[mfilename,'.png']);
```

上面两个例子的显示结果如图 1.1 所示。

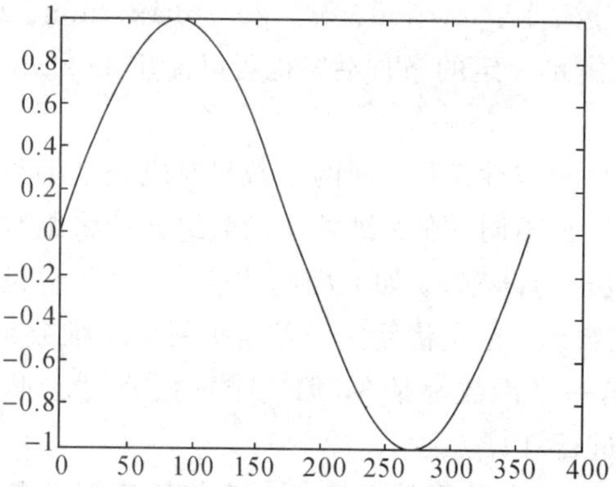

(a) plot函数绘制的曲线图(1/m8.m)

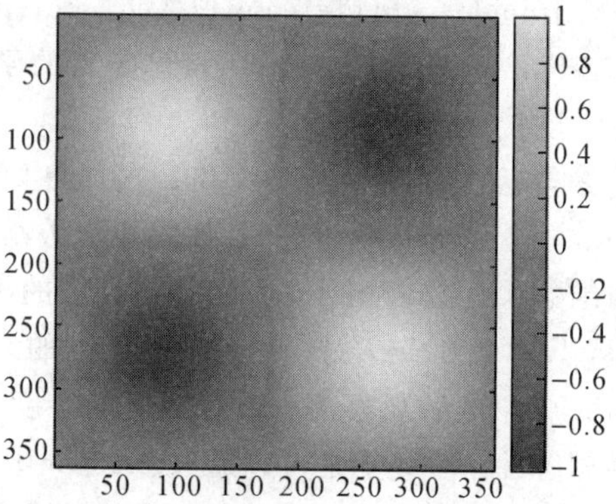

(b) imagesc函数绘制的灰度图(1/m9.m)

图 1.1　MATLAB 数据可视化结果

以上两个函数还可以加更多的参数来对可视化结果进行精细设置，如设置坐标轴、标题等。但本书代码所用的方法大都是将计算结果保存在文本文件里，再用 LaTeX 的 pgfplots宏包进行绘图，可以得到高质量的插图。同时，计算结果也用 MATLAB 语句保存成 png 图片。MATLAB 保存的图片只显示必要的信息，更多的目的是便于直接查看结果，所以并不对图片做过多的修饰。为简洁起见，MATLAB 作出的曲线图和灰度图中坐标轴、图例、图题等都没有给出来，需要结合代码来判断曲线的含义。

1.5　MATLAB 编程原则

根据多年来的编程经验，作者总结了几条采用 MATLAB 进行程序开发的原则，部分原则受 UNIX 编程哲学的影响。好的编程习惯便于代码的维护、阅读和修改，不好的编程习惯写出来的代码则繁冗拖沓，难以阅读，而且不好修改。如果只是研究某种算法，而不是开发大型程序，则更应该尽量遵循这些原则。

(1) 简洁原则：设计要简洁，复杂度能低则低，尽量用更短的代码实现算法。越短的代码，越不容易出错，出错了也越容易修改。如果一个变量只在一个地方出现，则不用设置此变量，在出现的地方用数字代替。

(2) 拿来原则：尽量使用 MATLAB 自带的函数，而不要花费时间重新去写算法。

(3) 独立原则：脚本文件能够独立运行，而不需要调用自己编写的其他脚本。采用这个原则可以减少代码的维护成本，避免在运行过程中到处找调用其他脚本。尽量在一个脚本文件中将前处理、迭代求解、后处理同时实现。

(4) 最小原则：在验证某个算法时，脚本文件只实现所要验证的算法，不加入其他功能。如验证差分格式的代码里，就不加入吸收边界条件。

(5) 自动原则：MATLAB 能够自动处理的变量就让 MATLAB 去处理，而不用手动干涉。手动处理得越多，出错的概率越大。如果一个常数在多个地方出现，则将其设置为一个变量。

(6) 吝啬原则：除非确无他法，不要编写庞大的程序。宁可写很多个小程序，也不要写一个大程序。大程序维护起来非常繁琐，容易出错，调试困难。

(7) 优化原则：雕琢前先要有原型，跑之前先学会走。《计算机程序设计艺术》和 TeX 的作者 Donald Ervin Knuth(高纳德) 曾经在论文中说过，过早的优化是万恶之源。本书中的代码相当精炼，不过它们也是作者从一些繁琐的代码优化而来的。读者在实践的时候，可以尝试用自己风格的代码实现算法，再逐渐优化。

针对 FDTD 的仿真，采用 MATLAB 编程时，最好再遵循以下原则：

(1) 程序中尽量使用无量纲量。使用无量纲量使得程序中的变量大小适中，避免产生很大或很小的数，以提高精度。而且，采用无量纲量的计算结果更能体现电尺寸的特点。

(2) 尽量完善理论分析和公式推导，程序只做重复的工作。这个原则可以进一步简化代码，便于查错。如果程序中有很多常数之间运算的语句，则检查这些语句需要花费额外的时间，而且出错了也不容易发现。

(3) 变量尽量选用较短的变量名，减少代码行的长度。

(4) 用统一的命名规则对变量名进行命名。本书最后附录里列出了书中代码的变量名命名规范。

复习思考题

1. 通过编程对比研究循环语句和向量化语句的运行效率差异。
2. 对比几种不同尺寸的数组运算方法，比较优劣。

第 2 章 电磁学基础

本章介绍电磁学的基本原理，包括场的概念、麦克斯韦方程组的各种形式、平面波的解、典型散射问题的解析解等。通过本章的学习，能够对电磁学有基本的了解，为后面章节麦克斯韦方程组的离散、差分、边界条件处理以及远场外推奠定基础。

2.1 场 论

2.1.1 场的基本概念

"场"是物理学中经常遇到的概念，如电场、磁场、温度场、引力场、重力场等。从数学角度来看，场其实是"空间和时间的函数"。从数学角度理解"场"的概念会更加容易，避免被复杂的物理意义干扰。场体现出某种物理量在空间中"分布"的概念。以温度为例，表述某个区域的温度大小，可以只给出一个数，表示这个区域温度的代表值。尽管某个时刻一个城市不同区域的温度有很大差异，但城市温度的实时播报一般也只用一个数字表示温度大小，反映这个城市温度的平均水平，不能反映温度在城市里不同区域的差异。但"温度场"以函数的形式给出了给定区域任意位置的温度大小，函数的定义域是给定区域，自变量是给定区域的位置，因变量是该位置的温度。用数学语言来表示，在三维空间中，温度场是实数三元函数，每个自变量表示一个维度。当需要表示温度随时间的变化时，就要加入第四个变元，即时间。温度场表示为三维空间和一维时间的函数时，就能够完整表示空间中任意一点在任意时刻的温度情况。连续介质力学中的速度场、压力场、应力场、应变场等概念也与此类似。

按照场随空间变化的维度，场可以分为三维场、二维场和一维场。三维场随三维空间变化，空间坐标必须用三个实数来表示。当三维场在某一个或两个维度上不发生变化时，维度就可以降低一维或二维，按照二维场或一维场来研究，使问题加以简化。一般情况下，低维的问题比高维的问题更简单，在研究过程中，要尽量将高维问题简化为低维问题。这里的维度不一定是直角坐标的维度，也可以是曲线坐标的维度。如果某球内的温度只与该点到球心的距离有关，则温度可以写成到球心的距离 r 的函数，此时温度场可以用一维函数来描述，但中间过程可能需要进行坐标变换。

按照随时间的变化情况，场可以分为时变场和稳恒场。时变场是随时间变化的场，稳恒场是不随时间变化的场。显然，稳恒场不随时间变化，变元更少，一般情况下更容易处理。一种场是稳恒场还是时变场，与所研究的场的性质有很大关系。如果研究的问题时间很短，场在所关心的时间范围内基本上不发生变化，则可以近似看做稳恒场。

时谐场是一种特殊的时变场，也是重要的时变场，场随时间呈正弦变化。时谐场的研究可以通过引入复数的形式，转化为对等效稳恒场的研究。

上面的两种分类都是以定义域的维度进行分类的。“场是空间和时间的函数”这种描述只对场的定义域进行了约束，但并没有规定值域的类型。根据值域的性质，场可以分为标量场、矢量场、张量场等类型。举例来说，温度场是标量场，速度场、电场、磁场等都是矢量场，应力场、应变场等都是张量场。对于矢量场，一般情况下值域的维度和空间的维度是相同的，即三维空间矢量场的维度是三维，二维空间矢量场的维度是二维。

2.1.2　矢量微分算子

研究场随空间变化的基本工具是梯度算子、散度算子和旋度算子，分别简称为梯度、散度和旋度[1]。这三种算子都用“▽”、“▽ ·”、“▽ ×”表示。从映射的角度来看，算子是将一种场映射成另外一种场，如梯度将标量场映射成矢量场，散度将矢量场映射成标量场，旋度将矢量场映射成另一个矢量场。

1. 梯度

设 $u(x, y, z)$ 是标量场，其梯度定义为

$$\nabla u(x, y, z)=\left(\frac{\partial u(x, y, z)}{\partial x}, \frac{\partial u(x, y, z)}{\partial y}, \frac{\partial u(x, y, z)}{\partial z}\right)$$

$$=\left(\frac{\partial}{\partial x}, \frac{\partial}{\partial y}, \frac{\partial}{\partial z}\right)u(x, y, z) \tag{2.1.1}$$

在研究平面问题时，有时候也要用二维形式的梯度，定义为

$$\nabla u(x, y)=\left(\frac{\partial u(x, y)}{\partial x}, \frac{\partial u(x, y)}{\partial y}\right)=\left(\frac{\partial}{\partial x}, \frac{\partial}{\partial y}\right)u(x, y) \tag{2.1.2}$$

对于一维场，梯度可退化为

$$\nabla u(x)=\frac{\partial u(x)}{\partial x} \tag{2.1.3}$$

梯度的物理意义是场量增长最快的方向，这可以由下式来说明：

$$\mathrm{d}u=\frac{\partial u}{\partial x}\mathrm{d}x+\frac{\partial u}{\partial y}\mathrm{d}y+\frac{\partial u}{\partial z}\mathrm{d}z=\nabla u\cdot(\mathrm{d}x, \mathrm{d}y, \mathrm{d}z) \tag{2.1.4}$$

当 $(\mathrm{d}x, \mathrm{d}y, \mathrm{d}z)$ 与 ∇u 平行时，u 的增长速度最快。对于二维情形，可以想象 u 表示海拔高度，沿着 u 的梯度爬山，会更快到达山顶。

梯度将标量场映射为矢量场。如在流体力学中，速度位 φ 是标量场，其梯度就是速度 $\boldsymbol{v}$，即 $\boldsymbol{v}=\nabla\varphi$。

梯度的方向指向标量场增长最快的方向。但很多情况下，标量场减小最快的方向具有更明确的物理意义，使用过程中梯度前面往往带有负号。如用 φ 表示电位，单位是 V，$\boldsymbol{E}$ 表示电场，单位是 V/m，则有下列关系：

$$\boldsymbol{E}=-\nabla\varphi \tag{2.1.5}$$

式中，$\boldsymbol{E}$ 的方向是由 φ 较大的位置指向 φ 较小的位置，即电位大的位置指向电位小的位置，与物理学上的意义一致。

2. 散度

设 $\boldsymbol{A}(x, y, z)$ 是矢量场，在 x、y、z 三个坐标轴上的分量分别是 $A_x(x, y, z)$、$A_y(x, y, z)$、$A_z(x, y, z)$，则 $\boldsymbol{A}(x, y, z)$ 的散度定义为

$$\nabla \cdot \boldsymbol{A}(x, y, z)=\frac{\partial A_x(x, y, z)}{\partial x}+\frac{\partial A_y(x, y, z)}{\partial y}+\frac{\partial A_z(x, y, z)}{\partial z} \tag{2.1.6}$$

有时候也用到二维情形的散度，自变量和场量都是二维的，如下所示：

$$\nabla \cdot \boldsymbol{A}(x, y)=\frac{\partial A_x(x, y)}{\partial x}+\frac{\partial A_y(x, y)}{\partial y} \tag{2.1.7}$$

一维情形场量只有一个分量，散度退化为导数，即

$$\nabla \cdot \boldsymbol{A}(x)=\frac{\partial A_x(x)}{\partial x} \tag{2.1.8}$$

V 表示一个封闭区域，$\hat{\boldsymbol{n}}$ 表示封闭区域的外法向量，S 表示封闭区域表面，则散度的高斯公式为

$$\int_V \nabla \cdot \boldsymbol{A}(x, y, z)\mathrm{d}V=\oint_S \hat{\boldsymbol{n}} \cdot \boldsymbol{A}(x, y, z)\mathrm{d}S \tag{2.1.9}$$

式中左边为三维区域上的积分，右边为封闭二维曲面上的积分。本书中，带有“^”标志的向量都表示单位向量。为简洁起见，本书将不用“$\iint$”、“$\iiint$”等多重积分号来区分积分的重数，而统一用单重积分号，读者可以从上下文看出积分的重数。这也是很多电磁学书籍中广泛采用的方法。

对于二维场，也有对应的高斯公式，如下所示：

$$\int_S \nabla \cdot \boldsymbol{A}(x, y)\mathrm{d}S=\oint_l \hat{\boldsymbol{n}} \cdot \boldsymbol{A}(x, y)\mathrm{d}l \tag{2.1.10}$$

其中 S 为二维区域，l 表示该区域的边界，$\hat{\boldsymbol{n}}$ 表示被积区域的外法向。

利用二维形式的高斯公式，可以证明格林公式。

例 2.1 用二维形式的高斯公式证明格林公式：

$$\oint_l P(x, y)\mathrm{d}x+Q(x, y)\mathrm{d}y=\int_S \frac{\partial Q(x, y)}{\partial x}-\frac{\partial P(x, y)}{\partial y}\mathrm{d}x\mathrm{d}y \tag{2.1.11}$$

其中积分区域 S 在 xy 平面上，l 是积分区域的边界。

证明 注意到在积分区域的边界上，设 $\hat{\boldsymbol{n}}$ 是外法向，则有下面的关系：

$$\hat{\boldsymbol{n}}\mathrm{d}l=(\mathrm{d}y, -\mathrm{d}x) \tag{2.1.12}$$

再设 $\boldsymbol{A}(x, y)$ 的两个分量分别为 $Q(x, y)$ 和 $-P(x, y)$，代入式 (2.1.10)，即得到式 (2.1.11)。

同样可以由格林公式证明二维高斯公式。由此可见，二维情形的高斯公式与格林公式等价。

将高斯公式退化为一维情形，此时积分区域是一个区间。设该区间为 $[a, b]$，积分区域的边界成为两个端点，其外法向可以理解为 $+1$ 和 -1，则高斯公式退化为牛顿-莱布尼兹公式：

$$\int_a^b \frac{\partial A_x(x)}{\partial x}\mathrm{d}x=(+1)A_x(b)+(-1)A_x(a) \tag{2.1.13}$$

3. 旋度

设 $\boldsymbol{A}$ 是矢量场，$\hat{\boldsymbol{x}}$、$\hat{\boldsymbol{y}}$、$\hat{\boldsymbol{z}}$ 分别是 x、y、z 方向的单位向量，则 $\boldsymbol{A}$ 的旋度定义为

$$\nabla\times\boldsymbol{A}=\begin{vmatrix}\hat{\boldsymbol{x}} & \hat{\boldsymbol{y}} & \hat{\boldsymbol{z}}\\ \dfrac{\partial}{\partial x} & \dfrac{\partial}{\partial y} & \dfrac{\partial}{\partial z}\\ A_x & A_y & A_z\end{vmatrix} \tag{2.1.14}$$

旋度的斯托克斯公式为

$$\oint_l \boldsymbol{A}\cdot \mathrm{d}\boldsymbol{l}=\int_S \nabla\times\boldsymbol{A}\cdot \mathrm{d}\boldsymbol{S} \tag{2.1.15}$$

其中 $\boldsymbol{S}$ 是有向曲面，l 是被积曲面 S 的边缘，$\mathrm{d}l$ 方向按照右手螺旋法则确定。

由旋度的斯托克斯公式也可以证明格林公式。

例 2.2 由旋度的斯托克斯公式证明式(2.1.11)。

证明 令式(2.1.15)的被积曲面在 xy 平面上，则有 $\mathrm{d}l=(\mathrm{d}x, \mathrm{d}y)$，$\mathrm{d}\boldsymbol{S}=\hat{z}\mathrm{d}x\mathrm{d}y$。再设 $A_z=0$，$A_x=P(x, y)$，$A_y=Q(x, y)$，代入式(2.1.15)，即可得到式(2.1.11)。

由此可见，格林公式可以看做斯托克斯公式在被积曲面位于 xy 平面时的特殊情形。

4. 场论基本公式

梯度、散度、旋度都是仅对空间坐标求偏导数，与时间没有关系，在时变场和稳恒场中都适用[2]。这里分析的场论基本公式，主要针对空间导数。下面用 u、v 表示标量场，$\boldsymbol{A}$、$\boldsymbol{B}$ 表示矢量场。

容易证明，梯度的旋度为零，旋度的散度为零，即

$$\nabla\times\nabla u=0 \tag{2.1.16a}$$

$$\nabla\cdot\nabla\times\boldsymbol{A}=0 \tag{2.1.16b}$$

式中 $\nabla\times\nabla u$ 表示 $\nabla\times(\nabla u)$，$\nabla\cdot\nabla\times\boldsymbol{A}$ 表示 $\nabla\cdot(\nabla\times\boldsymbol{A})$。一般情况下，很容易根据算子的含义推知算子之间的结合性。因此，在不引起歧义的情况下，可以不写出表示运算顺序的括号。

矢量微分算子一些常用的公式如下所示：

$$\nabla(uv)=v\nabla u+u\nabla v \tag{2.1.17a}$$

$$\nabla\cdot(u\boldsymbol{A})=u\nabla\cdot\boldsymbol{A}+\nabla u\cdot\boldsymbol{A} \tag{2.1.17b}$$

$$\nabla\times(u\boldsymbol{A})=u\nabla\times\boldsymbol{A}+\nabla u\times\boldsymbol{A} \tag{2.1.17c}$$

$$\nabla\cdot(\boldsymbol{A}\times\boldsymbol{B})=\boldsymbol{B}\cdot\nabla\times\boldsymbol{A}-\boldsymbol{A}\cdot\nabla\times\boldsymbol{B} \tag{2.1.17d}$$

$$\nabla\times\nabla\times\boldsymbol{A}=\nabla(\nabla\cdot\boldsymbol{A})-\nabla^2\boldsymbol{A} \tag{2.1.17e}$$

$$\nabla(\boldsymbol{A}\cdot\boldsymbol{B})=(\boldsymbol{A}\cdot\nabla)\boldsymbol{B}+(\boldsymbol{B}\cdot\nabla)A+A\times\nabla\times\boldsymbol{B}+\boldsymbol{B}\times\nabla\times\boldsymbol{A} \tag{2.1.17f}$$

$$\nabla\times(\boldsymbol{A}\times\boldsymbol{B})=(\nabla\cdot\boldsymbol{B})\boldsymbol{A}+(\boldsymbol{B}\cdot\nabla)\boldsymbol{A}-(\nabla\cdot\boldsymbol{A})\boldsymbol{B}-(\boldsymbol{A}\cdot\nabla)\boldsymbol{B} \tag{2.1.17g}$$

式(2.1.17e)中 ∇^2 是拉普拉斯算子，作用在标量上表示梯度的散度，作用在矢量上表示每个分量的梯度的散度，结果仍然是矢量，即用 $\nabla^2\boldsymbol{A}$ 表示：

$$\nabla^2\boldsymbol{A}=\nabla^2A_x\hat{\boldsymbol{x}}+\nabla^2A_y\hat{\boldsymbol{y}}+\nabla^2A_z\hat{\boldsymbol{z}} \tag{2.1.18}$$

式(2.1.17f)中$(\boldsymbol{A}\cdot\nabla)\boldsymbol{B}$ 为矢量，定义为

$$(\boldsymbol{A}\cdot\nabla)\boldsymbol{B}=\left(A_x\frac{\partial}{\partial x}+A_y\frac{\partial}{\partial y}+A_z\frac{\partial}{\partial z}\right)B_x\hat{\boldsymbol{x}}+\left(A_x\frac{\partial}{\partial x}+A_y\frac{\partial}{\partial y}+A_z\frac{\partial}{\partial z}\right)B_y\hat{\boldsymbol{y}}$$

$$+\left(A_x\frac{\partial}{\partial x}+A_y\frac{\partial}{\partial y}+A_z\frac{\partial}{\partial z}\right)B_z\hat{\boldsymbol{z}} \tag{2.1.19}$$

拉普拉斯算子还可以用“Δ”表示，但本书不采用这种形式。采用 ∇^2 形式的优点是能够

直观地看到该算子表示的是二阶导数，便于公式理解和核对。

例 2.3 证明式(2.1.17a)。

证明

$$\begin{aligned}\nabla(uv)&=\left(\frac{\partial(uv)}{\partial x},\ \frac{\partial(uv)}{\partial y},\ \frac{\partial(uv)}{\partial z}\right)\\&=\left(\frac{\partial u}{\partial x}v+u\frac{\partial v}{\partial x},\ \frac{\partial u}{\partial y}v+u\frac{\partial v}{\partial y},\ \frac{\partial u}{\partial z}v+u\frac{\partial v}{\partial z}\right)\\&=v\left(\frac{\partial u}{\partial x},\ \frac{\partial u}{\partial y},\ \frac{\partial u}{\partial z}\right)+u\left(\frac{\partial v}{\partial x},\ \frac{\partial v}{\partial y},\ \frac{\partial v}{\partial z}\right)\\&=v\nabla u+u\nabla v\end{aligned} \tag{2.1.20}$$

其他公式可以用类似的方法证明。在证明式(2.1.17f)和式(2.1.17g)时，用分量的形式过程非常繁琐。可以使用张量中的下标符号以及求和规则很简洁地加以证明。实际上，式(2.1.17)的所有公式都可以用张量符号更简洁地加以证明。

定义一个 3 指标的符号 e_{ijk} 为置换符号，按下式取值：

$$e_{ijk}=\begin{cases}1 & i,j,k\ \text{顺序取值，如 123，231，312}\\-1 & i,j,k\ \text{逆序取值，如 132，321，213}\\0 & i,j,k\ \text{非序排列}\end{cases} \tag{2.1.21}$$

e_{ijk} 具有性质 $e_{ijk}=e_{jki}=e_{kij}=-e_{ikj}=-e_{jik}=-e_{kji}$。

定义一个 2 指标的符号 δ_{ij} 为克罗内克符号，其值为

$$\delta_{ij}=\begin{cases}1 & \text{当 } i=j\\0 & \text{当 } i\neq j\end{cases} \tag{2.1.22}$$

两种符号有如下关系：

$$e_{ijk}e_{ilm}=\delta_{jl}\delta_{km}-\delta_{jm}\delta_{kl} \tag{2.1.23}$$

式(2.1.23)采用了爱因斯坦求和约定，即相同的下标自动求和，省去了求和符号。

矢量 $\boldsymbol{A}$ 与 $\boldsymbol{B}$ 的点积可以表示成分量的形式，即

$$\boldsymbol{A}\cdot\boldsymbol{B}=A_iB_i=\delta_{ij}A_iB_j \tag{2.1.24}$$

如 A_iB_i 表示 $\sum_{i=1}^{3}A_iB_i$，$\delta_{ij}A_iB_j$ 表示 $\sum_{i=1}^{3}\sum_{j=1}^{3}\delta_{ij}A_iB_j$。爱因斯坦求和约定省去了求和符号，表达式非常简洁。矢量 $\boldsymbol{A}$ 与 $\boldsymbol{B}$ 的叉积也可以表示成分量的形式，此时要用到置换符号，即 $\boldsymbol{A}\times\boldsymbol{B}=e_{ijk}A_jB_k$。在 $e_{ijk}A_jB_k$ 中，j 和 k 是哑指标，i 是自由指标。

在张量表示法中，三维坐标不用 x，y，z 表示，而用 x_1、x_2、x_3 表示。矢量 $\boldsymbol{A}$ 的三个分量也用 A_1、A_2、A_3 表示。f 的梯度可以表示为$\frac{\partial f}{\partial x_i}$，或者更简洁地表示为$\partial_i f$。$\boldsymbol{A}$ 的散度可以表示为$\frac{\partial A_i}{\partial x_i}$，或者更简洁地表示为$\partial_i A_i$。$\boldsymbol{A}$ 的旋度可以表示为 $e_{ijk}\frac{\partial A_k}{\partial x_j}$，或者更简洁地表示为 $e_{ijk}\partial_j A_k$。

下面用张量的形式证明部分场论基本公式。

例 2.4 证明式(2.1.17a)。

证明

$$\nabla(uv)=\partial_i(uv)=u\partial_i v=v\partial_i u=u\nabla v+v\nabla u \tag{2.1.25}$$

可见，用张量的形式，证明过程更加简洁。

例 2.5　证明式(2.1.17b)。

证明
$$\nabla\cdot(u\mathbf{A})=\partial_i(uA_i)=u\partial_iA_i+A_i\partial_iu=u\nabla\cdot\mathbf{A}+\nabla u\cdot\mathbf{A} \tag{2.1.26}$$

例 2.6　证明式(2.1.17e)。

证明　$\nabla(\nabla\cdot\mathbf{A})$可以表示为$\partial_i\partial_jA_j=\partial_j\partial_iA_j$，$\nabla^2\mathbf{A}$ 可以表示为$\partial_j\partial_jA_i$。式(2.1.17e)证明如下：

$$\begin{aligned}\nabla\times\nabla\times\mathbf{A}&=e_{ijk}\partial_j(e_{klm}\partial_lA_m)=e_{kij}e_{klm}\partial_j\partial_lA_m\\&=(\delta_{il}\delta_{jm}-\delta_{im}\delta_{jl})\partial_j\partial_lA_m=\partial_i\partial_jA_j-\partial_j\partial_jA_i\\&=\nabla(\nabla\cdot\mathbf{A})-\nabla^2\mathbf{A}\end{aligned} \tag{2.1.27}$$

例 2.7　证明式(2.1.17f)。

证明　$\mathbf{A}\times\nabla\times\mathbf{B}$ 可以表示为

$$\begin{aligned}\mathbf{A}\times\nabla\times\mathbf{B}&=e_{ijk}A_je_{klm}\partial_lB_m\\&=(\delta_{il}\delta_{jm}-\delta_{im}\delta_{jl})A_j\partial_lB_m\\&=A_j\partial_iB_j-A_j\partial_jB_i\\&=A_j\partial_iB_j-(\mathbf{A}\cdot\nabla)\mathbf{B}\end{aligned} \tag{2.1.28}$$

同理，$\mathbf{B}\times\nabla\times\mathbf{A}=B_j\partial_iA_j-(\mathbf{B}\cdot\nabla)\mathbf{A}$。代入式 (2.1.17f)的右边，则右边成为 $A_j\partial_iB_j+B_j\partial_iA_j=\partial_i(A_jB_j)$。容易看出，这正是$\nabla(\mathbf{A}\cdot\mathbf{B})$，于是式 (2.1.17f) 得证。

读者可以自己用类似的方法证明式(2.1.17g)。

矢量场 $\mathbf{A}$ 如果满足$\nabla\times\mathbf{A}=\mathbf{0}$，则称 $\mathbf{A}$ 为无旋场。由数学分析可以得知，无旋场可以表示为某个标量场的梯度，即存在标量场 u，使得

$$\mathbf{A}=\nabla u \tag{2.1.29}$$

矢量场 $\mathbf{A}$ 如果满足$\nabla\cdot\mathbf{A}=0$，则 $\mathbf{A}$ 称为无散场。无散场可以表示为某个矢量场的旋度，即存在矢量场 $\mathbf{B}$，使得

$$\mathbf{A}=\nabla\times\mathbf{B} \tag{2.1.30}$$

下面证明两个与高斯公式非常类似的公式，即

$$\int_V\nabla u\mathrm{d}V=\oint_S\hat{\boldsymbol{n}}f\mathrm{d}S \tag{2.1.31a}$$

$$\int_V\nabla\times\mathbf{A}\mathrm{d}V=\oint_S\hat{\boldsymbol{n}}\times\mathbf{A}\mathrm{d}S \tag{2.1.31b}$$

其中 u 是标量场，$\mathbf{A}$ 是矢量场，$\hat{\boldsymbol{n}}$ 是封闭区域的外法向量。

例 2.8　证明式(2.1.31)。

证明　设 $\mathbf{B}=u\mathbf{C}$，其中 u 是标量场，$\mathbf{C}$ 为任意常矢量，将 $\mathbf{B}$ 代入高斯公式，得到

$$\int_V\nabla\cdot(u\mathbf{C})\mathrm{d}V=\oint_S\hat{\boldsymbol{n}}\cdot(u\mathbf{C})\mathrm{d}S \tag{2.1.32}$$

再根据矢量微分算子的性质式(2.1.17b)，上式写为

$$\int_V\nabla u\cdot\mathbf{C}\mathrm{d}V=\oint_Su\hat{\boldsymbol{n}}\cdot\mathbf{C}\mathrm{d}S \tag{2.1.33}$$

由 $\mathbf{C}$ 的任意性，可以得到式(2.1.31a)。

设 $\mathbf{B}=\mathbf{A}\times\mathbf{C}$，其中 $\mathbf{A}$ 是矢量场，$\mathbf{C}$ 为任意常矢量，将 $\mathbf{B}$ 代入高斯公式，得到

$$\int_V\nabla\cdot(\mathbf{A}\times\mathbf{C})\mathrm{d}V=\oint_S\hat{\boldsymbol{n}}\cdot(\mathbf{A}\times\mathbf{C})\mathrm{d}S \tag{2.1.34}$$

再根据矢量微分算子的性质式(2.1.17d)，上式写为

$$\int_V \boldsymbol{C} \cdot \nabla \times \boldsymbol{A} \mathrm{d}V = \oint_S \boldsymbol{C} \cdot \hat{\boldsymbol{n}} \times \boldsymbol{A} \mathrm{d}S \tag{2.1.35}$$

由 $\boldsymbol{C}$ 的任意性，可以得到式(2.1.31b)。

比较式(2.1.9)、式(2.1.31a)和式(2.1.31b)的共同点，三个公式都是将等式左边的 ∇ 替换为 $\hat{\boldsymbol{n}}$，同时积分区域变成封闭面的边界，积分重数降低，就得到右边的积分。由此想到，斯托克斯公式是否也遵循这样的规律呢？从斯托克斯公式的原始形式看不出这样的规律，需要进行一定的变形。将斯托克斯公式改写成下面的形式：

$$\int_S \hat{\boldsymbol{n}} \cdot \nabla \times \boldsymbol{A} \mathrm{d}S = \oint_l \hat{\boldsymbol{l}} \cdot \boldsymbol{A} \mathrm{d}l \tag{2.1.36}$$

上式实际上就是将向量的方向和大小写成了分开的形式。设 $\hat{\boldsymbol{n}}_l$ 是被积曲面边缘的外法向，该法向位于边缘处的切平面上，与边缘的切线方向垂直，可以看出

$$\hat{\boldsymbol{l}} = \hat{\boldsymbol{n}} \times \hat{\boldsymbol{n}}_l \tag{2.1.37}$$

于是，式(2.1.36)可写为

$$\int_S \hat{\boldsymbol{n}} \cdot \nabla \times \boldsymbol{A} \mathrm{d}S = \oint_l \hat{\boldsymbol{n}} \times \hat{\boldsymbol{n}}_l \cdot \boldsymbol{A} \mathrm{d}l \tag{2.1.38a}$$

上式即

$$\int_S \hat{\boldsymbol{n}} \cdot \nabla \times \boldsymbol{A} \mathrm{d}S = \oint_l \hat{\boldsymbol{n}} \cdot \hat{\boldsymbol{n}}_l \times \boldsymbol{A} \mathrm{d}l \tag{2.1.38b}$$

可见，斯托克斯公式就是将左边的 ∇ 替换成 $\hat{\boldsymbol{n}}_l$，积分区域变成被积曲面的边界，积分重数降低，就得到右边的积分。

此外，还有

$$\int_S \hat{\boldsymbol{n}} \times \nabla u \mathrm{d}S = \oint_l \hat{\boldsymbol{n}} \times \hat{\boldsymbol{n}}_l u \mathrm{d}l \tag{2.1.39a}$$

上式将左边的 ∇ 变成 $\hat{\boldsymbol{n}}_l$，积分维度降低，即得到右边。上式还可写为

$$\int_S \hat{\boldsymbol{n}} \times \nabla u \mathrm{d}S = \oint_l \hat{\boldsymbol{l}} u \mathrm{d}l = \oint_l f \mathrm{d}\boldsymbol{l} \tag{2.1.39b}$$

根据积分公式，容易证明格林第一公式和格林第二公式，分别为

$$\int_v (u\nabla^2 v + \nabla u \cdot \nabla v) \mathrm{d}V = \oint_S u(\nabla v) \cdot \hat{\boldsymbol{n}} \mathrm{d}S \quad \text{(格林第一公式)} \tag{2.1.40a}$$

$$\int_v (u\nabla^2 v - v\nabla^2 u) \mathrm{d}V = \oint_S (u\nabla v - v\nabla u) \cdot \hat{\boldsymbol{n}} \mathrm{d}S \quad \text{(格林第二公式)} \tag{2.1.40b}$$

2.1.3 其他坐标系下矢量微分算子表达形式

有时候采用柱坐标系或者球坐标系表示矢量微分算子会更加方便，尤其是所研究问题的边界与圆柱面或球面重合的时候。首先介绍更一般化的正交曲线坐标系微分算子的形式。设三个坐标分别用 u_1、u_2、u_3 表示，与直角坐标 x、y、z 可以相互转化。在空间任意一点，引入局部坐标系。拉梅参数定义如下：

$$h_1 = \left|\frac{\partial \boldsymbol{r}}{\partial u_1}\right| \quad h_2 = \left|\frac{\partial \boldsymbol{r}}{\partial u_2}\right| \quad h_3 = \left|\frac{\partial \boldsymbol{r}}{\partial u_3}\right| \tag{2.1.41}$$

三个坐标轴的单位向量分别为

$$\hat{\boldsymbol{e}}_1=\frac{1}{h_1}\frac{\partial \boldsymbol{r}}{\partial u_1}\quad \hat{\boldsymbol{e}}_2=\frac{1}{h_2}\frac{\partial \boldsymbol{r}}{\partial u_2}\quad \hat{\boldsymbol{e}}_3=\frac{1}{h_3}\frac{\partial \boldsymbol{r}}{\partial u_3} \tag{2.1.42}$$

上式已经将方向向量进行了归一化。由于已经假定曲线坐标系是正交的，因此 $\hat{\boldsymbol{e}}_1$、$\hat{\boldsymbol{e}}_2$、$\hat{\boldsymbol{e}}_3$ 这三个向量相互正交。梯度、散度、旋度表达式分别为

$$\nabla u=\frac{1}{h_1}\frac{\partial u}{\partial u_1}\hat{\boldsymbol{e}}_1+\frac{1}{h_2}\frac{\partial u}{\partial u_2}\hat{\boldsymbol{e}}_2+\frac{1}{h_3}\frac{\partial u}{\partial u_3}\hat{\boldsymbol{e}}_3 \tag{2.1.43a}$$

$$\nabla\cdot\boldsymbol{A}=\frac{1}{h_1h_2h_3}\left(\frac{\partial h_2h_3A_1}{\partial u_1}+\frac{\partial h_3h_1A_2}{\partial u_2}+\frac{\partial h_1h_2A_3}{\partial u_3}\right) \tag{2.1.43b}$$

$$\nabla\times\boldsymbol{A}=\frac{1}{h_1h_2h_3}\begin{vmatrix} h_1\hat{\boldsymbol{e}}_1 & h_2\hat{\boldsymbol{e}}_2 & h_3\hat{\boldsymbol{e}}_3 \\ \dfrac{\partial}{\partial u_1} & \dfrac{\partial}{\partial u_2} & \dfrac{\partial}{\partial u_3} \\ h_1A_1 & h_2A_2 & h_3A_3 \end{vmatrix} \tag{2.1.43c}$$

式中，A_1、A_2、A_3 分别为 $\boldsymbol{A}$ 在 $\hat{\boldsymbol{e}}_1$、$\hat{\boldsymbol{e}}_2$、$\hat{\boldsymbol{e}}_3$ 方向上的分量。

由式(2.1.43a)和式(2.1.43b)，得到拉普拉斯算子的表达形式为

$$\nabla^2u=\frac{1}{h_1h_2h_3}\left[\frac{\partial}{\partial u_1}\left(\frac{h_2h_3}{h_1}\frac{\partial u}{\partial u_1}\right)+\frac{\partial}{\partial u_2}\left(\frac{h_3h_1}{h_2}\frac{\partial u}{\partial u_2}\right)+\frac{\partial}{\partial u_3}\left(\frac{h_1h_2}{h_3}\frac{\partial u}{\partial u_3}\right)\right] \tag{2.1.43d}$$

柱坐标的三个坐标分量分别为 ρ、φ、z，对应的拉梅参数分别为 1、ρ、1，三个方向的单位向量分别为 $\hat{\boldsymbol{\rho}}$、$\hat{\boldsymbol{\varphi}}$、$\hat{\boldsymbol{z}}$，则梯度、散度、旋度和拉普拉斯算子表达形式分别为

$$\nabla u=\frac{\partial u}{\partial\rho}\hat{\boldsymbol{\rho}}+\frac{1}{\rho}\frac{\partial u}{\partial\varphi}\hat{\boldsymbol{\varphi}}+\frac{\partial u}{\partial z}\hat{\boldsymbol{z}} \tag{2.1.44a}$$

$$\nabla\cdot\boldsymbol{A}=\frac{1}{\rho}\left(\frac{\partial\rho A_\rho}{\partial\rho}+\frac{\partial A_\varphi}{\partial\varphi}+\frac{\partial\rho A_z}{\partial z}\right)=\frac{1}{\rho}\frac{\partial\rho A_\rho}{\partial\rho}+\frac{1}{\rho}\frac{\partial A_\varphi}{\partial\varphi}+\frac{\partial A_z}{\partial z} \tag{2.1.44b}$$

$$\nabla\times A=\frac{1}{\rho}\begin{vmatrix} \hat{\boldsymbol{\rho}} & \rho\hat{\boldsymbol{\varphi}} & \hat{\boldsymbol{z}} \\ \dfrac{\partial}{\rho} & \dfrac{\partial}{\partial\varphi} & \dfrac{\partial}{\partial z} \\ A_\rho & \rho A_\varphi & A_z \end{vmatrix} \tag{2.1.44c}$$

$$\nabla^2u=\frac{1}{\rho}\left[\frac{\partial}{\partial\rho}\left(\rho\frac{\partial u}{\partial\rho}\right)+\frac{\partial}{\partial\varphi}\left(\frac{1}{\rho}\frac{\partial u}{\partial\varphi}\right)+\frac{\partial}{\partial z}\left(\rho\frac{\partial u}{\partial z}\right)\right]=\frac{1}{\rho}\frac{\partial}{\partial\rho}\left(\rho\frac{\partial u}{\partial\rho}\right)+\frac{1}{\rho^2}\frac{\partial^2u}{\partial\varphi^2}+\frac{\partial^2u}{\partial z^2} \tag{2.1.44d}$$

球坐标的三个坐标分量分别为 r、θ、φ，对应的拉梅参数分别是 1、r、$r\sin\theta$，三个方向的单位向量分别为 $\hat{\boldsymbol{r}}$、$\hat{\boldsymbol{\theta}}$、$\hat{\boldsymbol{\varphi}}$，则梯度、散度、旋度和拉普拉斯算子表达形式分别为

$$\nabla u=\frac{\partial u}{\partial r}\hat{\boldsymbol{r}}+\frac{1}{r}\frac{\partial u}{\partial\theta}\hat{\boldsymbol{\theta}}+\frac{1}{r\sin\theta}\frac{\partial u}{\partial\varphi}\hat{\boldsymbol{\varphi}} \tag{2.1.45a}$$

$$\begin{aligned}\nabla\cdot\boldsymbol{A}&=\frac{1}{r^2\sin\theta}\left(\frac{\partial r^2\sin\theta A_r}{\partial r}+\frac{\partial r\sin\theta A_\theta}{\partial\theta}+\frac{\partial rA_\varphi}{\partial\varphi}\right)\\&=\frac{1}{r^2}\frac{\partial r^2A_r}{\partial r}+\frac{1}{r\sin\theta}\frac{\partial\sin\theta A_\theta}{\partial\theta}+\frac{1}{r\sin\theta}\frac{\partial A_\varphi}{\partial\varphi}\end{aligned} \tag{2.1.45b}$$

$$\nabla\times\boldsymbol{A}=\frac{1}{r^2\sin\theta}\begin{vmatrix} \hat{\boldsymbol{r}} & r\hat{\boldsymbol{\theta}} & r\sin\theta\hat{\boldsymbol{\varphi}} \\ \dfrac{\partial}{\partial r} & \dfrac{\partial}{\partial\theta} & \dfrac{\partial}{\partial\varphi} \\ A_r & rA_\theta & r\sin\theta A_\varphi \end{vmatrix} \tag{2.1.45c}$$

$$\nabla^2 u = \frac{1}{r^2\sin\theta}\left[\frac{\partial}{\partial r}\left(r^2\sin\theta\frac{\partial u}{\partial r}\right)+\frac{\partial}{\partial\theta}\left(\sin\theta\frac{\partial u}{\partial\theta}\right)+\frac{\partial}{\partial\varphi}\left(\frac{1}{\sin\theta}\frac{\partial u}{\partial\varphi}\right)\right]$$

$$=\frac{1}{r^2}\frac{\partial}{\partial r}\left(r^2\frac{\partial u}{\partial r}\right)+\frac{1}{r^2\sin\theta}\frac{\partial}{\partial\theta}\left(\sin\theta\frac{\partial u}{\partial\theta}\right)+\frac{1}{r^2\sin^2\theta}\frac{\partial^2 u}{\partial\varphi^2} \tag{2.1.45d}$$

2.1.4 时谐场

在研究时谐场时，可以将实值时变场等效为复值稳恒场，场量用复数表示，同时自变量维度下降，能够带来很多便利。以标量场为例进行说明，设 $A(x, y, z, t)$ 是时谐场，则可以表示为

$$A(x, y, z, t)=A_0(x, y, z)\cos(\omega t+\varphi) \tag{2.1.46}$$

其中：ω 是角频率，定义为 $\omega=2\pi f$；f 是频率，单位是 Hz；φ 是初相位；$A_0(x, y, z)$ 表示空间位置 (x, y, z) 处场的振幅。使用 f 表示振动快慢非常直观，代表每秒振动的次数。但是使用 ω 使公式更加简洁，在求导、积分运算中很方便。一般来说，在理论分析和推导时，一般采用角频率 ω，而在工程应用过程中，采用频率 f 更方便。如说明某个雷达的频率，一般情况下可以说雷达波频率是 1 GHz，而不会说雷达波的角频率是 6.283 Grad/s。

采用 j 表示虚单位，时谐场还可以表示为

$$A(x, y, z, t)=\mathrm{Re}\{A_0(x, y, z)\mathrm{e}^{\mathrm{j}(\omega t+\varphi)}\}=\mathrm{Re}\{\widetilde{A}(x, y, z)\mathrm{e}^{\mathrm{j}\omega t}\} \tag{2.1.47}$$

其中：$\mathrm{e}^{\mathrm{j}\omega t}$ 为时谐因子；$\mathrm{Re}\{\cdot\}$ 为取实部的函数；$\widetilde{A}(x, y, z)=A_0(x, y, z)\mathrm{e}^{\mathrm{j}\varphi}$ 为复数场，是空间的复函数，不随时间变化。采用这种方式，在变化频率给定的情况下，$\widetilde{A}$ 就包含了场在每一点处的幅度和初相位，在给定时间后，可很容易算出该时间场的大小。因此，表达一个时谐场并不一定要写出场在每一个时刻的值，而只要给出振幅和初相位即可。

通过这种方式，自变量的维度降低了一维，由四维降低到了三维，因变量变成了复数。因变量变成复数并不会给解决问题增加难度，因为除了序结构外，几乎所有实数所具有的性质，复数都有。而且很多情况下，用复数的形式解决问题还能够利用复变函数的结论，解决问题更加方便。时谐场的这种表示方法使用非常广泛。为了符号简洁，用这种方法表示时谐场时，就将 $\widetilde{A}$ 直接写成 A，用与实数场相同的符号表示复数场。很容易根据上下文判断 A 表示的是实数场还是复数场。

有的文献中采用 i 代表虚单位，将式(2.1.47)写成

$$A(x, y, z, t)=\mathrm{Re}\{A_0(x, y, z)\mathrm{e}^{-\mathrm{i}(\omega t+\varphi)}\}=\mathrm{Re}\{\widetilde{A}(x, y, z)\mathrm{e}^{-\mathrm{i}\omega t}\} \tag{2.1.48}$$

其中 $\mathrm{e}^{-\mathrm{i}\omega t}$ 为时谐因子，$\widetilde{A}(x, y, z)=A_0(x, y, z)\mathrm{e}^{-\mathrm{i}\varphi}$ 为复数场。

一般来说，工程领域、电磁学中，采用式(2.1.47)较多。而物理学、电动力学中，采用式(2.1.48)较多，如描述量子力学基本定律的薛定谔方程，就采用 $\mathrm{e}^{\mathrm{i}\omega t}$ 作为时谐因子。但是，也有极少作者使用 $\mathrm{e}^{\mathrm{i}\omega t}$ 和 $\mathrm{e}^{-\mathrm{j}\omega t}$ 作为时谐因子。

采用复数的表示很大程度上是为了处理上的方便，物理上最终还要将自变量和因变量都解释为实数。

式(2.1.47)和式(2.1.48)这两种时谐因子的场相互转换也很简单，将公式中所有场量取共轭，再将虚单位“j”和“i”互换即可。在涉及这种方式表示的时谐场时，一定要注意查看上下文，看作者是如何规定时谐因子的。有的文献会明确指明该文献所采用的时谐因子，而有的书籍在同一本书的不同章节还采用不同的时谐因子。即使文献中没有明确说明，也

很容易根据一些物理规律推断出公式所采用的时谐因子形式。

本书约定，使用 $e^{j\omega t}$ 作为时谐因子，这也是工程领域电磁学领域大多使用的形式。

设 $w(t)=u(t)+jv(t)$ 是 t 的复函数，则有

$$\frac{d\mathrm{Re}\{w(t)\}}{dt}=\frac{du(t)}{dt}=\mathrm{Re}\left\{\frac{dw(t)}{dt}\right\} \tag{2.1.49a}$$

$$\frac{d^n\mathrm{Re}\{w(t)\}}{dt^n}=\frac{d^n u(t)}{dt^n}=\mathrm{Re}\left\{\frac{d^n w(t)}{dt^n}\right\} \tag{2.1.49b}$$

即求导与取实部的运算可以交换。利用式(2.1.49)，容易证明，对于时谐场的求导，有

$$\frac{\partial}{\partial t}\mathrm{Re}\{u(x,y,z)e^{j\omega t}\}=\mathrm{Re}\left\{\frac{\partial}{\partial t}[u(x,y,z)e^{j\omega t}]\right\}=\mathrm{Re}\{j\omega u(x,y,z)e^{j\omega t}\} \tag{2.1.50}$$

对于求 n 阶导数，有

$$\frac{\partial^n}{\partial t^n}\mathrm{Re}\{u(x,y,z)e^{j\omega t}\}=\mathrm{Re}\left\{\frac{\partial^n}{\partial t^n}[u(x,y,z)e^{j\omega t}]\right\}=\mathrm{Re}\{(j\omega)^n f(x,y,z)e^{j\omega t}\} \tag{2.1.51}$$

可见，时谐场对时间的求导可以转化为乘以若干次因子 $j\omega$，求导 n 次就乘以 n 次。于是，建立了求导与因子 $j\omega$ 之间的关系，即

$$\frac{\partial}{\partial t}\to j\omega \tag{2.1.52}$$

场的原本意义是空间和时间的函数，即四元函数。而对于时谐场，仅给出幅度和初相位就已经能够完整描述场随时间的变化情况。因此，用复数的表示方式已经隐含这是一个时谐场的含义，需要将场量 A 进行一定的“翻译”才能得到表示真正物理意义的实数场。“翻译”的方法也很简单，只需乘以 $e^{j\omega t}$，再取实部即可。因为根据时谐场求实部的运算很简单，一般分析过程中不需要显式地写出这个过程，只要将结果保留为复数的形式即可。

下面举个电磁学的例子进一步说明这种写法。如法拉第定律的微分形式是

$$\nabla\times\boldsymbol{E}(x,y,z,t)=-\frac{\partial\boldsymbol{B}(x,y,z,t)}{\partial t} \tag{2.1.53}$$

其中：$\boldsymbol{E}$ 是电场强度，单位是 V/m；$\boldsymbol{B}$ 是磁感应强度，单位是 Wb/m^2。注意到这里的 $\boldsymbol{E}$ 和 $\boldsymbol{B}$ 都是空间和时间的函数。

式(2.1.53)的频域形式为

$$\nabla\times\boldsymbol{E}(x,y,z)=-j\omega\boldsymbol{B}(x,y,z) \tag{2.1.54}$$

注意到上式中的 $\boldsymbol{E}$ 和 $\boldsymbol{B}$ 只是空间的函数，与时间无关。同时注意电场的时域和频域表达式采用了同一个符号 $\boldsymbol{E}$，磁感应强度的时域和频域表达式也采用了同一个符号 $\boldsymbol{E}$。有时为简便起见，公式中并不明确给出自变量，这时需要根据上下文判断其表示的是时域还是频域中的量。

在频域表示法中，随时间变化的信息到哪里去了呢？表述一个时谐场只要提供幅度、初相位和频率这 3 个信息就足够了。幅度和初相位信息保留在上式的 $\boldsymbol{E}$ 和 $\boldsymbol{B}$ 中，它们本身是复数，其幅度和相位就是场的幅度和初相位。而频率信息保存在 ω 中，一般不用显式写出来。

将式(2.1.54)写成实数场的形式，如下所示：

$$\mathrm{Re}\{\nabla\times\boldsymbol{E}(x,y,z)e^{j\omega t}\}=\mathrm{Re}\{-j\omega\boldsymbol{B}(x,y,z)e^{j\omega t}\} \tag{2.1.55}$$

容易证明，式(2.1.55)即

$$\nabla\times\mathrm{Re}\{\boldsymbol{E}(x,\ y,\ z)\mathrm{e}^{\mathrm{j}\omega t}\}=-\frac{\partial}{\partial t}\mathrm{Re}\{\boldsymbol{B}(x,\ y,\ z)\mathrm{e}^{\mathrm{j}\omega t}\} \tag{2.1.56}$$

还可以从傅立叶变换的角度来理解式(2.1.54)。设任意随时间变化的函数 $a(t)$的傅立叶变化为 $A(\omega)$，即

$$\int_{-\infty}^{\infty} a(t)\mathrm{e}^{\mathrm{j}\omega t}\mathrm{d}t = A(\omega) \tag{2.1.57}$$

根据傅立叶变换理论，可以证明$\frac{\mathrm{d}a(t)}{\mathrm{d}t}$的傅立叶变换为 $\mathrm{j}\omega A(\omega)$，即

$$\int_{-\infty}^{\infty} \frac{\mathrm{d}a(t)}{\mathrm{d}t}\mathrm{e}^{\mathrm{j}\omega t}\mathrm{d}t = \mathrm{j}\omega A(\omega) \tag{2.1.58}$$

因此，对式(2.1.53)进行傅立叶变换，即可得到式(2.1.54)。

引入时谐场简写形式的方法并不是唯一的，但是最终的物理含义都是等价的。有些文献在引入这种表达形式的时候，用正谐函数 sin 代替这里的 cos，用取虚部运算代替取实部运算，即将时谐场表示为

$$\begin{aligned}A(x,\ y,\ z,\ t)&=A_0(x,\ y,\ z)\sin(\omega t+\varphi)\\&=\mathrm{Im}\{A_0(x,\ y,\ z)\mathrm{e}^{\mathrm{j}(\omega t+\varphi)}\}\\&=\mathrm{Im}\{\widetilde{A}(x,\ y,\ z)\mathrm{e}^{\mathrm{j}\omega t}\}\end{aligned} \tag{2.1.59}$$

其中，$\mathrm{Im}\{\cdot\}$为取虚部的函数，$\widetilde{A}(x,\ y,\ z)=A_0(x,\ y,\ z)\mathrm{e}^{\mathrm{j}\varphi}$为复数稳恒场。

有些领域中复数场 A 的幅度不表示场的幅度，而是场的有效值，即幅度的 $1/\sqrt{2}$。

2.2 麦克斯韦方程组

2.2.1 麦克斯韦方程组的形式

1. 微分形式

麦克斯韦方程组的微分形式为

$$\nabla\times\boldsymbol{H}(\boldsymbol{r},\ t)=\frac{\partial\boldsymbol{D}(\boldsymbol{r},\ t)}{\partial t}+\boldsymbol{J}(\boldsymbol{r},\ t)\qquad\text{(安培环路定律)} \tag{2.2.1a}$$

$$\nabla\times\boldsymbol{E}(\boldsymbol{r},\ t)=-\frac{\partial\boldsymbol{B}(\boldsymbol{r},\ t)}{\partial t}\qquad\text{(法拉第电磁感应定律)} \tag{2.2.1b}$$

$$\nabla\cdot\boldsymbol{D}(\boldsymbol{r},\ t)=\rho(\boldsymbol{r},\ t)\qquad\text{(电场的高斯定律)} \tag{2.2.1c}$$

$$\nabla\cdot\boldsymbol{B}(\boldsymbol{r},\ t)=0\qquad\text{(磁场的高斯定律)} \tag{2.2.1d}$$

其中的物理量及其单位如下：

$\boldsymbol{E}$——电场强度(Electric Field)，单位为 V/m；

$\boldsymbol{H}$——磁场强度(Magnetic Field)，单位为 A/m；

$\boldsymbol{D}$——电通密度(Electric Flux Density)，单位为 $\mathrm{C/m^2}$，又称电位移矢量(Electric Displacement)；

$\boldsymbol{B}$——磁通密度(Magnetic Flux Density)，单位为 $\mathrm{Wb/m^2}$、T(特斯拉)，又称磁感应强度(Magnetic Inductive)；

ρ——电荷密度(Electric Charge Density)，单位为 $\mathrm{C/m^3}$；

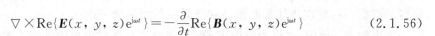

$\boldsymbol{J}$——电流密度(Electric Current Density)，单位为 A/m^2。

电场和磁场的物理性质首先是通过力表现出来的。静止的点电荷将受到一定的作用力，产生这个作用力的原因就是电场。如果电荷在运动，那么还会额外受到一个作用力，产生这个作用力的原因就是磁感应强度。这两种力统称为洛伦兹力，设点电荷电量为 q，其受到的洛仑兹力 $\boldsymbol{F}$ 表示如下：

$$\boldsymbol{F}=q(\boldsymbol{E}+\boldsymbol{v}\times\boldsymbol{B}) \tag{2.2.2}$$

电荷密度为单位体积内的电量，用 ρ 表示。根据电荷守恒定律，在一个封闭的区域内，在封闭面上流出去的电荷等于封闭区域内电荷的减少量，用积分表示为

$$\int_S \rho\boldsymbol{v}\cdot \mathrm{d}\boldsymbol{S}=-\frac{\partial}{\partial t}\int_V \rho \mathrm{d}V \tag{2.2.3}$$

其中 $\boldsymbol{v}$ 是电荷运动的速度。根据高斯定理，上式可以写成

$$\int_V \nabla\cdot(\rho\boldsymbol{v})\mathrm{d}V+\frac{\partial}{\partial t}\int_V \rho \mathrm{d}V=0 \tag{2.2.4}$$

即

$$\int_V \nabla\cdot(\rho\boldsymbol{v})+\frac{\partial\rho}{\partial t}\mathrm{d}V=0 \tag{2.2.5}$$

上式在任何区域 V 内都成立，因此有

$$\nabla\cdot(\rho\boldsymbol{v})+\frac{\partial\rho}{\partial t}=0 \tag{2.2.6}$$

式(2.2.6)就是电流连续性方程，形式与流体力学中的质量守恒定律形式完全一致，甚至符号也完全相同。流体力学中 ρ 表示的是流体微团的密度，而电磁学中表示的是电荷密度。电流连续性方程本质上是电荷守恒定律的数学表示。

根据电流密度的定义，得到 $\boldsymbol{J}=\rho\boldsymbol{v}$，则式(2.2.6)又可以写为

$$\nabla\cdot\boldsymbol{J}(\boldsymbol{r},t)+\frac{\partial\rho(\boldsymbol{r},t)}{\partial t}=0 \tag{2.2.7}$$

麦克斯韦方程组描述了电场和磁场的相互作用关系，以及场与源的关系。从静态场到光学频率，所有的电磁场都要满足麦克斯韦方程组。这些方程完整地归纳了电磁场特性，并通常以微分形式来表达。

麦克斯韦方程加电流连续性方程这 5 个方程并不是独立的。旋度方程结合电流连续性方程可以导出散度方程，只需将式(2.2.1a)两边求散度，利用旋度的散度为零的特点，可得

$$\frac{\partial\nabla\cdot\boldsymbol{D}}{\partial t}+\nabla\cdot\boldsymbol{J}=0 \tag{2.2.8}$$

再将电流连续性方程式(2.2.7)代入上式，得到

$$\frac{\partial\nabla\cdot\boldsymbol{D}}{\partial t}=\frac{\partial\rho}{\partial t} \tag{2.2.9}$$

两边对时间积分，设初始值为零，即得到散度方程式(2.2.1c)。

旋度方程结合电场散度方程也可推出磁场的散度方程和电流连续性方程。得到式(2.2.8)后，将式(2.2.1c)代入，即可得到电流连续性方程式(2.2.7)。

时谐场的麦克斯韦方程组的形式为

$$\nabla\times\boldsymbol{H}(\boldsymbol{r})=\mathrm{j}\omega\boldsymbol{D}(\boldsymbol{r})+\boldsymbol{J}(\boldsymbol{r}) \tag{2.2.10a}$$

$$\nabla \times \boldsymbol{E}(\boldsymbol{r}) = -\mathrm{j}\omega \boldsymbol{B}(\boldsymbol{r}) \tag{2.2.10b}$$

$$\nabla \cdot \boldsymbol{D}(\boldsymbol{r}) = \rho(\boldsymbol{r}) \tag{2.2.10c}$$

$$\nabla \cdot \boldsymbol{B}(\boldsymbol{r}) = 0 \tag{2.2.10d}$$

注意到上式中的场量都是复数。式(2.2.10c)和式(2.2.10d)中没有出现 ω，但仍然隐含了式中 $\boldsymbol{D}$、$\boldsymbol{E}$、$\boldsymbol{B}$、$\boldsymbol{H}$ 以角频率 ω 简谐变化的前提。

2. 积分形式

根据场论中的高斯定理和斯托克斯定理，可以将麦克斯韦方程组的微分形式写为积分形式，如下所示：

$$\oint_l \boldsymbol{H}(\boldsymbol{r}, t) \cdot \mathrm{d}\boldsymbol{l} = \frac{\partial}{\partial t}\int_S \boldsymbol{D}(\boldsymbol{r}, t) \cdot \mathrm{d}\boldsymbol{S} + \boldsymbol{I}(\boldsymbol{r}, t) \tag{2.2.11a}$$

$$\oint_l \boldsymbol{E}(\boldsymbol{r}, t) \cdot \mathrm{d}\boldsymbol{l} = -\frac{\partial}{\partial t}\int_S \boldsymbol{B}(\boldsymbol{r}, t) \cdot \mathrm{d}\boldsymbol{S} \tag{2.2.11b}$$

$$\int_V \hat{\boldsymbol{n}} \cdot \boldsymbol{D}(\boldsymbol{r}, t)\mathrm{d}V = Q(\boldsymbol{r}, t) \tag{2.2.11c}$$

$$\int_V \hat{\boldsymbol{n}} \cdot \boldsymbol{B}(\boldsymbol{r}, t)\mathrm{d}V = 0 \tag{2.2.11d}$$

其中：$\int_S \boldsymbol{D}(\boldsymbol{r}, t) \cdot \mathrm{d}\boldsymbol{S}$ 为电通量，单位为 C；$\int_S \boldsymbol{B}(\boldsymbol{r}, t) \cdot \mathrm{d}\boldsymbol{S}$ 为磁通量，单位为 Wb；$\boldsymbol{I}(\boldsymbol{r}, t)$为被积曲面上流过的总电流，单位为 A；$Q(\boldsymbol{r}, t)$为积分区域内包含的总电荷，单位为 C。注意到电通量的单位与电荷的单位相同。

很容易写出频域积分形式的麦克斯韦方程组，同样只需把所有的$\frac{\partial}{\partial t}$换成 j$\omega$，其他部分不变。

$$\oint_l \boldsymbol{H}(\boldsymbol{r}) \cdot \mathrm{d}\boldsymbol{l} = \mathrm{j}\omega\int_S \boldsymbol{D}(\boldsymbol{r}) \cdot \mathrm{d}\boldsymbol{S} + \boldsymbol{I}(\boldsymbol{r}) \tag{2.2.12a}$$

$$\oint_l \boldsymbol{E}(\boldsymbol{r}) \cdot \mathrm{d}\boldsymbol{l} = -\mathrm{j}\omega\int_S \boldsymbol{B}(\boldsymbol{r}) \cdot \mathrm{d}\boldsymbol{S} \tag{2.2.12b}$$

$$\int_V \hat{\boldsymbol{n}} \cdot \boldsymbol{D}(\boldsymbol{r})\mathrm{d}V = Q(\boldsymbol{r}) \tag{2.2.12c}$$

$$\int_V \hat{\boldsymbol{n}} \cdot \boldsymbol{B}(\boldsymbol{r})\mathrm{d}V = 0 \tag{2.2.12d}$$

这里要注意，虽然式(2.2.11)和式(2.2.12)的各场量形式不变，但其意义却发生了变化。如式(2.2.11)中 $\boldsymbol{E}(\boldsymbol{r}, t)$是空间和时间的实函数，而式(2.2.12)中 $\boldsymbol{E}(\boldsymbol{r})$是空间的复函数。

3. 引入磁荷的麦克斯韦方程组

在式(2.2.10)的麦克斯韦方程组中，没有与电荷对应的磁荷的概念。正电荷和负电荷可以单独存在，但是一块磁铁，无论如何分割，都有 S 极和 N 极两个极，无法分割成只有 S 极或只有 N 极的“磁单极子”。

如果引入与电荷对应的磁荷、与电流对应的磁流，麦克斯韦方程组可以写成更加对称的形式。虽然物理上没有发现磁单极子，但在数学上，可以引入磁荷和磁流的概念，将麦克斯韦方程组改写成如下形式：

$$\nabla \times \boldsymbol{H}(\boldsymbol{r}, t)=\frac{\partial \boldsymbol{D}(\boldsymbol{r}, t)}{\partial t}+\boldsymbol{J}(\boldsymbol{r}, t) \tag{2.2.13a}$$

$$\nabla \times \boldsymbol{E}(\boldsymbol{r}, t)=-\frac{\partial \boldsymbol{B}(\boldsymbol{r}, t)}{\partial t}-\boldsymbol{M}(\boldsymbol{r}, t) \tag{2.2.13b}$$

$$\nabla \cdot \boldsymbol{D}(\boldsymbol{r}, t)=\rho(\boldsymbol{r}, t) \tag{2.2.13c}$$

$$\nabla \cdot \boldsymbol{B}(\boldsymbol{r}, t)=\rho_{\mathrm{m}}(\boldsymbol{r}, t) \tag{2.2.13d}$$

其中：$\boldsymbol{M}(\boldsymbol{r}, t)$是磁流密度，单位为 $\mathrm{V/m^2}$；$\rho_{\mathrm{m}}(\boldsymbol{r}, t)$是磁荷密度，单位为 $\mathrm{Wb/m^3}$。同样，连续性方程也包含磁荷的守恒性，即

$$\nabla \cdot \boldsymbol{J}(\boldsymbol{r}, t)+\frac{\partial \rho(\boldsymbol{r}, t)}{\partial t}=0 \tag{2.2.14a}$$

$$\nabla \cdot \boldsymbol{M}(\boldsymbol{r}, t)+\frac{\partial \rho_m(\boldsymbol{r}, t)}{\partial t}=0 \tag{2.2.14b}$$

观察式(2.2.13)，电场和磁场表现出了更加对称的形式。在研究麦克斯韦方程组时，时刻注意电场和磁场的对称关系，有助于对各个物理量的理解，也有助于核验公式。

2.2.2 本构关系

1. 简单媒质的本构关系

本构方程表示 $\boldsymbol{D}$ 和 $\boldsymbol{E}$、$\boldsymbol{B}$ 和 $\boldsymbol{H}$ 之间的关系。最简单的媒质是线性(Linear)、均匀(Homo-geneous)、各向同性(Isotropic)媒质，简称 LHI 媒质，本构关系为

$$\boldsymbol{D}=\varepsilon \boldsymbol{E} \tag{2.2.15a}$$

$$\boldsymbol{B}=\mu \boldsymbol{H} \tag{2.2.15b}$$

$$\boldsymbol{J}=\sigma \boldsymbol{E} \tag{2.2.15c}$$

其中：ε 是介电常数，又称电容率，单位是 F/m；μ 是磁导率，又称电感率，单位是 H/m；σ 是电导率，单位是 S/m，与电阻率互成倒数关系。电导率单位中的 S 是电导的单位，电导与电阻互为倒数。

真空中的介电常数和磁导率是物理常数，分别用 ε_0 和 μ_0 表示，其值为

$$\varepsilon_0=\frac{1}{c^2\mu_0}\approx 8.54\times \mathrm{e}^{-12}\ \mathrm{F/m} \tag{2.2.16a}$$

$$\mu_0=4\pi\times 10^{-7}\ \mathrm{H/m} \tag{2.2.16b}$$

其中 $c=299\ 792\ 458$ m/s$\approx 3\times 10^8$ m/s 是真空中光速。c 和 μ_0 都是精确的物理常数。c、ε_0 和 μ_0 三者之间有如下关系：

$$c=\frac{1}{\sqrt{\varepsilon_0\mu_0}} \tag{2.2.17}$$

ε_0 常用的一个近似是

$$\varepsilon_0\approx\frac{1\times 10^{-9}}{36\pi}\ \mathrm{F/m} \tag{2.2.18}$$

μ_0 的表达式也是一个精确值，数值中带有数学常数 π，这在物理常数中非常少见。一般情况下，物理常数都只能直接或间接测出近似值。通过测量手段的改进，可以提高物理常数的精度，但无论精度多高，都不可能得出绝对准确的值。实际上，可以说 c 和 μ_0 的值并不是测量得到的，而是人为规定的。在国际单位制中，1 m 定义为光在真空中 1 s 时间内

传播距离的 1/299 792 458。真空中相距 1 m 的无限长平行导线，通上相同的电流，如果两根导线单位长度上受到的力是 200 nN，即 200×10^{-9} N，那么导线中的电流强度就定义为 1 A。再根据两根导线之间电流与作用力的关系，可以推出 μ_0 的值为 $4\pi\times10^{-7}$ H/m。

介电常数和磁导率的绝对数值非常小，使用不便。很多情况下，介电常数和磁导率往往用与真空的相对量来表示，即

$$\varepsilon=\varepsilon_r\varepsilon_0 \tag{2.2.19a}$$

$$\mu=\mu_r\mu_0 \tag{2.2.19b}$$

其中 ε_r 为相对介电常数或相对电容率，μ_r 为相对磁导率或相对电感率。ε_r 和 μ_r 又可用电极化率 χ_e 和磁化率 χ_m 表示，即

$$\varepsilon_r=1+\chi_e \tag{2.2.20a}$$

$$\mu_r=1+\chi_m \tag{2.2.20b}$$

电场和磁场的物理量以及对应的单位都具有对偶性，如表 2.1 所示。

表 2.1　电磁场主要物理量

电学量	符号	单位	磁学量	符号	单位
电场强度	$\boldsymbol{E}$	V/m	磁场强度	$\boldsymbol{H}$	A/m
电通密度(电位移矢量)	$\boldsymbol{D}$	C/m^2	磁通密度(磁感应强度)	$\boldsymbol{B}$	Wb/m^2
电通量	$\boldsymbol{\Phi}$	C	磁通量	Ψ	Wb
电容率(介电常数)	ε	F/m	电感率(磁导率)	μ	H/m
电极化率	χ_e	无量纲	磁化率	χ_m	无量纲
相对介电常数	ε_r	无量纲	相对磁导率	μ_r	无量纲
电流密度	$\boldsymbol{J}$	A/m^2	磁流密度	$\boldsymbol{M}$	V/m^2
电荷密度	ρ	C/m^3	磁荷密度	ρ_m	Wb/m^3
电荷	Q	C	磁荷	Q_m	Wb
矢量电位	$\boldsymbol{F}$	C/m	矢量磁位	$\boldsymbol{A}$	Wb/m
标量电位	φ	V	标量磁位	φ_m	A

2. 各向异性媒质的本构关系

在各向异性媒质中，介电常数和磁导率要用张量 $\bar{\bar{\boldsymbol{\varepsilon}}}$ 和 $\bar{\bar{\boldsymbol{\mu}}}$ 表示，如下所示：

$$\boldsymbol{D}=\bar{\bar{\boldsymbol{\varepsilon}}}\cdot\boldsymbol{E} \tag{2.2.21a}$$

$$\boldsymbol{B}=\bar{\bar{\boldsymbol{\mu}}}\cdot\boldsymbol{H} \tag{2.2.21b}$$

其中，$\bar{\bar{\boldsymbol{\varepsilon}}}$ 和 $\bar{\bar{\boldsymbol{\mu}}}$ 都是二阶张量，表示为

$$\bar{\bar{\boldsymbol{\varepsilon}}}=\begin{bmatrix}\varepsilon_{11} & \varepsilon_{12} & \varepsilon_{13}\\ \varepsilon_{21} & \varepsilon_{22} & \varepsilon_{23}\\ \varepsilon_{31} & \varepsilon_{32} & \varepsilon_{33}\end{bmatrix} \tag{2.2.22a}$$

$$\bar{\bar{\boldsymbol{\mu}}}=\begin{bmatrix}\mu_{11} & \mu_{12} & \mu_{13}\\ \mu_{21} & \mu_{22} & \mu_{23}\\ \mu_{31} & \mu_{32} & \mu_{33}\end{bmatrix} \tag{2.2.22b}$$

张量表示的本构关系代表了各向异性的特性。式(2.2.22)类似于弹性力学中的应力与应变之间的本构关系。实际上，麦克斯韦当时就称这些张量为电弹性张量，借用了力学中的术语。

3. 双各向异性媒质的本构关系

更一般的媒质中，$\boldsymbol{D}$、$\boldsymbol{B}$ 和 $\boldsymbol{E}$、$\boldsymbol{H}$ 都有关系，需要用四个张量表示它们之间的关系。这种媒质称为双各向异性媒质，本构关系为

$$\boldsymbol{D}=\bar{\bar{\boldsymbol{\varepsilon}}}\cdot\boldsymbol{E}+\bar{\bar{\boldsymbol{\xi}}}\cdot\boldsymbol{H} \tag{2.2.23a}$$

$$\boldsymbol{B}=\bar{\bar{\boldsymbol{\zeta}}}\cdot\boldsymbol{E}+\bar{\bar{\boldsymbol{\mu}}}\cdot\boldsymbol{H} \tag{2.2.23b}$$

其中，$\bar{\bar{\boldsymbol{\xi}}}$ 和 $\bar{\bar{\boldsymbol{\zeta}}}$ 都是二阶张量，表示为

$$\bar{\bar{\boldsymbol{\xi}}}=\begin{bmatrix}\xi_{11} & \xi_{12} & \xi_{13}\\ \xi_{21} & \xi_{22} & \xi_{23}\\ \xi_{31} & \xi_{32} & \xi_{33}\end{bmatrix} \tag{2.2.24a}$$

$$\bar{\bar{\boldsymbol{\zeta}}}=\begin{bmatrix}\zeta_{11} & \zeta_{12} & \zeta_{13}\\ \zeta_{21} & \zeta_{22} & \zeta_{23}\\ \zeta_{31} & \zeta_{32} & \zeta_{33}\end{bmatrix} \tag{2.2.24b}$$

在双各向同性媒质中，张量 $\bar{\bar{\varepsilon}}$、$\bar{\bar{\mu}}$、$\bar{\bar{\xi}}$ 和 $\bar{\bar{\zeta}}$ 都是对角张量，如下所示：

$$\bar{\bar{\boldsymbol{\varepsilon}}}=\begin{bmatrix}\varepsilon & & \\ & \varepsilon & \\ & & \varepsilon\end{bmatrix},\ \bar{\bar{\boldsymbol{\mu}}}=\begin{bmatrix}\mu & & \\ & \mu & \\ & & \mu\end{bmatrix},\ \bar{\bar{\boldsymbol{\xi}}}=\begin{bmatrix}\xi & & \\ & \xi & \\ & & \xi\end{bmatrix},\ \bar{\bar{\boldsymbol{\zeta}}}=\begin{bmatrix}\zeta & & \\ & \zeta & \\ & & \zeta\end{bmatrix} \tag{2.2.25}$$

此时，本构关系可以写为

$$\boldsymbol{D}=\varepsilon\boldsymbol{E}+\xi\boldsymbol{H} \tag{2.2.26a}$$

$$\boldsymbol{B}=\zeta\boldsymbol{E}+\mu\boldsymbol{H} \tag{2.2.26b}$$

在色散媒质中，媒质的参数还与频率相关，如低温等离子体中相对介电常数 ε_r 的表达式为

$$\varepsilon_r=1+\frac{\omega_p^2}{j\omega(j\omega+\nu)} \tag{2.2.27}$$

其中 ω_p 是等离子体振荡频率，ν 是等离子体碰撞频率。

2.2.3 无源区域电磁场波动方程

1. 时域求解

可以根据麦克斯韦方程组得到一种仅含电场或仅含磁场的二阶偏微分方程，称为波动方程，它的解揭示了电磁波的性质。简单起见，这里只分析电磁波在 LHI 媒质中的传播特性。在 LHI 媒质、无源区域中，$\boldsymbol{J}=0$，$\rho=0$，麦克斯韦方程组可以写为下面的形式：

$$\nabla\times\boldsymbol{H}=\varepsilon\frac{\partial\boldsymbol{E}}{\partial t} \tag{2.2.28a}$$

$$\nabla\times\boldsymbol{E}=-\mu\frac{\partial\boldsymbol{H}}{\partial t}\tag{2.2.28b}$$

$$\nabla\cdot\boldsymbol{E}=0\tag{2.2.28c}$$

$$\nabla\cdot\boldsymbol{H}=0\tag{2.2.28d}$$

推导上式用到了本构关系式(2.2.15)。

将式(2.2.28b)两边求旋度，再将式(2.2.28a)代入，可得

$$\nabla\times\nabla\times\boldsymbol{E}=-\varepsilon\mu\frac{\partial^2\boldsymbol{E}}{\partial t^2}\tag{2.2.29}$$

根据式(2.1.17e)，上式可写为

$$\nabla(\nabla\cdot\boldsymbol{E})-\nabla^2\boldsymbol{E}=-\varepsilon\mu\frac{\partial^2\boldsymbol{E}}{\partial t^2}\tag{2.2.30}$$

再根据式(2.2.28c)，电场的散度为零，式(2.2.30)写为

$$\nabla^2\boldsymbol{E}-\varepsilon\mu\frac{\partial^2\boldsymbol{E}}{\partial t^2}=0\tag{2.2.31}$$

式(2.2.31)中 $\boldsymbol{E}$ 是矢量场。式(2.2.31)写成 $\boldsymbol{E}$ 的分量形式为

$$\nabla^2E_x-\varepsilon\mu\frac{\partial^2E_x}{\partial t^2}=0\tag{2.2.32a}$$

$$\nabla^2E_y-\varepsilon\mu\frac{\partial^2E_y}{\partial t^2}=0\tag{2.2.32b}$$

$$\nabla^2E_z-\varepsilon\mu\frac{\partial^2E_z}{\partial t^2}=0\tag{2.2.32c}$$

其中 E_x、E_y、E_z 是 $\boldsymbol{E}$ 在 x、y、z 方向的分量。可见，这三个分量都满足同样的微分方程，即

$$\nabla^2u(x,\ y,\ z,\ t)-\varepsilon\mu\frac{\partial^2u(x,\ y,\ z,\ t)}{\partial t^2}=0\tag{2.2.33}$$

其中 u 可以代表 E_x、E_y、E_z 中的任意一个分量。式(2.2.33)就是亥姆霍兹方程的时域形式，在直角坐标系中，可用分离变量法求解。

将 $u(x,\ y,\ z,\ t)$ 写成分离变量的形式，即

$$u(x,\ y,\ z,\ t)=X(x)Y(y)Z(z)T(t)\tag{2.2.34}$$

将式(2.2.34)中的 $u(x,\ y,\ z,\ t)$ 代入式(2.2.33)，两边除以 $u(x,\ y,\ z,\ t)$，得到

$$\frac{1}{X(x)}\frac{\mathrm{d}^2X(x)}{\mathrm{d}x^2}+\frac{1}{Y(y)}\frac{\mathrm{d}^2Y(y)}{\mathrm{d}y^2}+\frac{1}{Z(z)}\frac{\mathrm{d}^2Z(z)}{\mathrm{d}z^2}-\varepsilon\mu\frac{1}{T(t)}\frac{\mathrm{d}^2T(t)}{\mathrm{d}t^2}=0\tag{2.2.35}$$

式(2.2.35)中四项分别只与 x、y、z、t 有关。令各项分别等于常数 $-k_x^2$、$-k_y^2$、$-k_z^2$ 和 $-\omega^2$，得到

$$\frac{1}{X(x)}\frac{\mathrm{d}^2X(x)}{\mathrm{d}x^2}=-k_x^2\tag{2.2.36a}$$

$$\frac{1}{Y(y)}\frac{\mathrm{d}^2Y(y)}{\mathrm{d}y^2}=-k_y^2\tag{2.2.36b}$$

$$\frac{1}{Z(z)}\frac{\mathrm{d}^2Z(z)}{\mathrm{d}z^2}=-k_z^2\tag{2.2.36c}$$

$$\frac{1}{T(t)}\frac{\mathrm{d}^2T(t)}{\mathrm{d}t^2}=-\omega^2\tag{2.2.36d}$$

其中 k_x、k_y、k_z 和 ω 都取正数，容易看出这些常数有如下关系：

$$k_x^2+k_y^2+k_z^2=\omega^2\varepsilon\mu=\frac{\omega^2}{v^2} \tag{2.2.37}$$

其中 $v=1/\sqrt{\varepsilon\mu}$ 为电磁波在介质中的传播速度。

于是，偏微分方程式(2.2.33)化为互相独立的常微分方程组式(2.2.36)。求解式(2.2.36)各常微分方程，得到如下结果：

$$X(x)=C_{x1}\cos k_x x+C_{x2}\sin k_x x \tag{2.2.38a}$$

$$Y(y)=C_{y1}\cos k_y y+C_{y2}\sin k_y y \tag{2.2.38b}$$

$$Z(z)=C_{z1}\cos k_z z+C_{z2}\sin k_z z \tag{2.2.38c}$$

$$T(t)=C_{t1}\cos\omega t+C_{t2}\sin\omega t \tag{2.2.38d}$$

其中 C_{w1}、C_{w2} 都是实常数，$w=x$，y，z，t。将上式中 $X(x)$、$Y(y)$、$Z(z)$、$T(t)$ 进行相乘，便可得到 $u(x, y, z, t)$ 的解，可以看出最终可以写成 16 项相加的形式，每一项为两个三角函数的乘积。根据欧拉公式

$$\cos\theta=\frac{\mathrm{e}^{\mathrm{j}\theta}+\mathrm{e}^{-\mathrm{j}\theta}}{2} \tag{2.2.39a}$$

$$\sin\theta=\frac{\mathrm{e}^{\mathrm{j}\theta}-\mathrm{e}^{-\mathrm{j}\theta}}{2\mathrm{j}} \tag{2.2.39b}$$

还可以将式(2.2.38)中各函数表示成指数函数的形式，即

$$X(x)=C'_{x1}\mathrm{e}^{-\mathrm{j}k_x x}+C'_{x2}\mathrm{e}^{\mathrm{j}k_x x} \tag{2.2.40a}$$

$$Y(y)=C'_{y1}\mathrm{e}^{-\mathrm{j}k_y y}+C'_{y2}\mathrm{e}^{\mathrm{j}k_y y} \tag{2.2.40b}$$

$$Z(z)=C'_{z1}\mathrm{e}^{-\mathrm{j}k_z z}+C'_{z2}\mathrm{e}^{\mathrm{j}k_z z} \tag{2.2.40c}$$

$$T(t)=C'_{t1}\mathrm{e}^{\mathrm{j}\omega t}+C'_{t2}\mathrm{e}^{-\mathrm{j}\omega t} \tag{2.2.40d}$$

其中 C'_{w1}、C'_{w2} 都是复常数，$w=x$，y，z，t。

式(2.2.38)和式(2.2.40)这两种表示方法是等价的。三角函数形式直接表示场随空间和时间的变化情况，比较直观，但是在表示有耗复杂媒质中的电磁现象时，表达式非常复杂，不便推导。指数形式在研究时谐场时非常简便，但结果并不直接表示场的物理意义，需要再变换到时域，才能表示场随时间的变化情况。一般来说，在研究电磁波的传播、电磁散射等开域问题中，将结果写成指数的形式比较方便。而在研究波导、谐振腔等封闭区域问题中，将结果写成三角函数的形式比较方便，但是在中间的推导过程中，仍然是指数形式效率更高。本书主要研究电磁波的散射，属于开域问题，因此将结果写成指数的形式处理起来较为方便。

2. 频域求解

波动方程在频域中少了一个变元，求解更加简单。由式(2.2.28)可得无源 LHI 媒质中麦克斯韦旋度方程组频域形式为

$$\nabla\times\boldsymbol{H}(x, y, z)=\mathrm{j}\omega\varepsilon\boldsymbol{E}(x, y, z) \tag{2.2.41a}$$

$$\nabla\times\boldsymbol{E}(x, y, z)=-\mathrm{j}\omega\mu\boldsymbol{H}(x, y, z) \tag{2.2.41b}$$

$$\nabla\cdot\boldsymbol{E}(x, y, z)=0 \tag{2.2.41c}$$

$$\nabla\cdot\boldsymbol{H}(x, y, z)=0 \tag{2.2.41d}$$

对式(2.2.41b)求旋度，将式(2.2.41a)代入，得到

$$\nabla\times\nabla\times\boldsymbol{E}(x, y, z)=k^2\boldsymbol{E}(x, y, z) \tag{2.2.42}$$

上式中 $k>0$ 是波数，满足关系 $k^2=\omega^2\varepsilon\mu$。

利用式(2.1.17e)以及式(2.2.41c)，式(2.2.42)可写为

$$\nabla^2\boldsymbol{E}(x, y, z)+k^2\boldsymbol{E}(x, y, z)=0 \tag{2.2.43}$$

$\boldsymbol{E}(x, y, z)$的每个分量都满足下式：

$$\nabla^2 u(x, y, z)+k^2 u(x, y, z)=0 \tag{2.2.44}$$

其中 $u(x, y, z)$可以代表 $E_x(x, y, z)$、$E_y(x, y, z)$或 $E_z(x, y, z)$。式(2.2.44)就是亥姆霍兹方程的频域形式。

用分离变量法求解式(2.2.44)，令

$$u(x, y, z)=X(x)Y(y)Z(z) \tag{2.2.45}$$

上式与式(2.2.34)中的 $X(x)$、$Y(y)$、$Z(z)$区别在于上式在复数域内求解，$X(x)$、$Y(y)$、$Z(z)$都是空间坐标的复函数，而式(2.2.34)中 $X(x)$、$Y(y)$、$Z(z)$都是空间坐标的实函数。

将式(2.2.45)代入式(2.2.44)，两边除以 u，得到

$$\frac{1}{X(x)}\frac{\mathrm{d}^2X(x)}{\mathrm{d}x^2}+\frac{1}{Y(y)}\frac{\mathrm{d}^2Y(y)}{\mathrm{d}y^2}+\frac{1}{Z(z)}\frac{\mathrm{d}^2Z(z)}{\mathrm{d}z^2}+k^2=0 \tag{2.2.46}$$

上式中前三项分别只与 x、y、z 相关，令各项分别等于常数 $-k_x^2$、$-k_y^2$ 和 $-k_z^2$，其中 k_x、k_y 和 k_z 都取正数，得到

$$\frac{1}{X(x)}\frac{\mathrm{d}^2X(x)}{\mathrm{d}x^2}=-k_x^2 \tag{2.2.47a}$$

$$\frac{1}{Y(y)}\frac{\mathrm{d}^2Y(y)}{\mathrm{d}y^2}=-k_y^2 \tag{2.2.47b}$$

$$\frac{1}{Z(z)}\frac{\mathrm{d}^2Z(z)}{\mathrm{d}z^2}=-k_z^2 \tag{2.2.47c}$$

上式为三个独立的常微分方程，求解结果为

$$X(x)=C_{x1}\mathrm{e}^{-\mathrm{j}k_x x}+C_{x2}\mathrm{e}^{\mathrm{j}k_x x} \tag{2.2.48a}$$

$$Y(y)=C_{y1}\mathrm{e}^{-\mathrm{j}k_y y}+C_{y2}\mathrm{e}^{\mathrm{j}k_y y} \tag{2.2.48b}$$

$$Z(z)=C_{z1}\mathrm{e}^{-\mathrm{j}k_z z}+C_{z2}\mathrm{e}^{\mathrm{j}k_z z} \tag{2.2.48c}$$

其中 C_{w1}、C_{w2} 都是复常数，$w=x, y, z$。

将 $X(x)$、$Y(y)$、$Z(z)$相乘，就得到 $u(x, y, z)$的通解，可以看出最终可以写成 8 项相加的形式，如下所示：

$$\begin{aligned}u=&C_{x1}C_{y1}C_{z1}\mathrm{e}^{\mathrm{j}(-k_x x-k_y y-k_z z)}+C_{x1}C_{y1}C_{z2}\mathrm{e}^{\mathrm{j}(-k_x x-k_y y+k_z z)}\\&+C_{x1}C_{y2}C_{z1}\mathrm{e}^{\mathrm{j}(-k_x x+k_y y-k_z z)}+C_{x1}C_{y2}C_{z2}\mathrm{e}^{\mathrm{j}(-k_x x+k_y y+k_z z)}\\&+C_{x2}C_{y1}C_{z1}\mathrm{e}^{\mathrm{j}(k_x x-k_y y-k_z z)}+C_{x2}C_{y1}C_{z2}\mathrm{e}^{\mathrm{j}(k_x x-k_y y+k_z z)}\\&+C_{x2}C_{y2}C_{z1}\mathrm{e}^{\mathrm{j}(k_x x+k_y y-k_z z)}+C_{x2}C_{y2}C_{z2}\mathrm{e}^{\mathrm{j}(k_x x+k_y y+k_z z)}\end{aligned} \tag{2.2.49}$$

以式(2.2.48a)为例，讨论电磁波的传播方向。将式(2.2.48a)写成时域形式，得到

$$X(x, t)=|C_{x1}|\cos(\omega t-k_x x+\varphi_{x1})+|C_{x2}|\cos(\omega t+k_x x+\varphi_{x2}) \tag{2.2.50}$$

其中 $\varphi_{x1}=\arg C_{x1}$，$\varphi_{x2}=\arg C_{x2}$。分别令式(2.2.50)中两项的相位为常数，即

$$\omega t - k_x x + \varphi_{x1} = C_1 \tag{2.2.51a}$$

$$\omega t + k_x x + \varphi_{x2} = C_2 \tag{2.2.51b}$$

式(2.2.51)两式分别对 t 求导，得到相速分别为 ω/k_x 和 $-\omega/k_x$。由此可以判断，式(2.2.50)的第一项表示向 x 正方向传播的电磁波，第二项表示向 x 负方向传播的电磁波。

向两个方向传播的形式在研究中需要用到，如果将三个分量各个方向都考虑到，那么最终得到 8 项相加的形式(如式(2.2.49)所示)，非常复杂。究其原因，是因为规定 k_x、k_y 和 k_z 都只能取正数，电磁波传播方向只能通过符号来加以分别。

还可以采用另一种比较简洁的方法来表示电磁波的传播方向。只取式(2.2.48)中各式的第一项，同时允许 k_x、k_y 和 k_z 的取值不再局限于正数，可以取负数。于是，k_x 取正数表示电磁波向 x 正方向传播，k_x 取负数表示电磁波向 x 负方向传播。k_y、k_z 的取值符号与电磁波传播方向的关系类似。之所以只取第一项，是因为这样的取法使得波矢量意义很明确，波矢量方向就代表了电磁波传播的方向。采用上述方法，式(2.2.49)的表达式就可简化为

$$u(x, y, z) = C\mathrm{e}^{-\mathrm{j}(k_x x + k_y y + k_z z)} \tag{2.2.52}$$

其中 $C = C_{x1} C_{y1} C_{z1}$。

$u(x, y, z)$的时域形式为

$$u(x, y, z, t) = |C|\cos(\omega t - k_x x - k_y y - k_z z + \varphi) \tag{2.2.53}$$

其中 $\varphi = \arg C$。可以看出，上式表示的是一个沿(k_x, k_y, k_z)方向传播的平面波。设 φ_0 是等相位面的相位，则等相位面满足方程

$$\omega t - k_x x - k_y y - k_z z = \varphi_0 \tag{2.2.54}$$

可以看出等相位面是一个平面。在电磁波传播过程中，该平面的法向不变，但平面的位置随着时间 t 的增加沿着平面的法向(k_x, k_y, k_z)移动。单位时间内移动的距离恰好就是电磁波传播的速度，即

$$v = \frac{1}{\omega}\sqrt{k_x^2 + k_y^2 + k_z^2} \tag{2.2.55}$$

$u(x, y, z)$还可以写成下面的形式：

$$u(x, y, z) = C\mathrm{e}^{-\mathrm{j}\boldsymbol{k}\cdot\boldsymbol{r}} \tag{2.2.56}$$

其中 $\boldsymbol{k} = (k_x, k_y, k_z)$称为波矢量，$\boldsymbol{r} = (x, y, z)$为位置矢量。由式(2.2.54)可知，波矢量方向与等相位面呈垂直关系。

电场 $\boldsymbol{E}(\boldsymbol{r})$的三个分量都可以表示为式(2.2.56)的形式，因此 $\boldsymbol{E}(\boldsymbol{r})$可以表示为

$$\boldsymbol{E}(\boldsymbol{r}) = \boldsymbol{E}_0 \mathrm{e}^{-\mathrm{j}\boldsymbol{k}\cdot\boldsymbol{r}} \tag{2.2.57}$$

式中 $\boldsymbol{E}_0$ 是复矢量，每个分量都是复数，包含了电场相应分量的幅度和相位信息。

在无耗媒质中，有时候将 $\boldsymbol{k}$ 写成大小和方向分离的形式，即 $\boldsymbol{k} = k\hat{\boldsymbol{k}}$，此时式(2.2.56)可以写成

$$u(\boldsymbol{r}) = C\mathrm{e}^{-\mathrm{j}k\hat{\boldsymbol{k}}\cdot\boldsymbol{r}} \tag{2.2.58}$$

2.2.4　平面电磁波的传播特性

对于平面波形式，类似于对时间的导数等价于乘以 $\mathrm{j}\omega$，对空间的导数也有一个等价的因子相乘的关系。对于式(2.2.56)中的 $u(x, y, z)$和式(2.2.57)中的 $\boldsymbol{E}(x, y, z)$，容易证明下式：

$$\nabla u(x, y, z)=-\mathrm{j}\boldsymbol{k}u(x, y, z) \tag{2.2.59a}$$

$$\nabla\cdot\boldsymbol{E}(x, y, z)=-\mathrm{j}\boldsymbol{k}\cdot\boldsymbol{E}(x, y, z) \tag{2.2.59b}$$

$$\nabla\times\boldsymbol{E}(x, y, z)=-\mathrm{j}\boldsymbol{k}\times\boldsymbol{E}(x, y, z) \tag{2.2.59c}$$

于是，对于LHI媒质中的平面电磁波，可以建立对空间坐标的导数与波数的对应关系，非常类似于对时间的导数与角频率的关系式(2.1.52)：

$$\nabla\rightarrow-\mathrm{j}\boldsymbol{k} \tag{2.2.60a}$$

$$\nabla\cdot\rightarrow-\mathrm{j}\boldsymbol{k}\cdot \tag{2.2.60b}$$

$$\nabla\times\rightarrow-\mathrm{j}\boldsymbol{k}\times \tag{2.2.60c}$$

将这个对应关系应用到无源区域麦克斯韦旋度方程组，可得到

$$-\mathrm{j}\boldsymbol{k}\times\boldsymbol{H}(x, y, z)=\mathrm{j}\omega\varepsilon\boldsymbol{E}(x, y, z) \tag{2.2.61a}$$

$$-\mathrm{j}\boldsymbol{k}\times\boldsymbol{E}(x, y, z)=-\mathrm{j}\omega\mu\boldsymbol{H}(x, y, z) \tag{2.2.61b}$$

$$-\mathrm{j}\boldsymbol{k}\cdot\boldsymbol{E}(x, y, z)=0 \tag{2.2.61c}$$

$$-\mathrm{j}\boldsymbol{k}\cdot\boldsymbol{H}(x, y, z)=0 \tag{2.2.61d}$$

其中，式(2.2.61c)和式(2.2.61d)分别可以通过$\boldsymbol{k}$点乘式(2.2.61a)和式(2.2.61b)得到。

将$\boldsymbol{E}$点乘式(2.2.61a)的两边，可以得到$\boldsymbol{E}\cdot\boldsymbol{H}=0$。结合式(2.2.61c)和式(2.2.61d)可见，电磁波的传播方向、电场方向、磁场方向相互正交。

将式(2.2.61a)和式(2.2.61b)写成下面的形式：

$$-\boldsymbol{k}\times\boldsymbol{H}(x, y, z)=\omega\varepsilon\boldsymbol{E}(x, y, z) \tag{2.2.62a}$$

$$\boldsymbol{k}\times\boldsymbol{E}(x, y, z)=\omega\mu\boldsymbol{H}(x, y, z) \tag{2.2.62b}$$

由式(2.2.62)可见，$\boldsymbol{E}$、$\boldsymbol{H}$、$\boldsymbol{k}$呈右手螺旋关系。

将$\boldsymbol{E}$、$\boldsymbol{H}$、$\boldsymbol{k}$的幅度和大小分开，写成$\boldsymbol{E}=E\hat{\boldsymbol{e}}$、$\boldsymbol{H}=H\hat{\boldsymbol{h}}$、$\boldsymbol{k}=k\hat{\boldsymbol{k}}$，其中$E$、$H$表示电场和磁场的幅度和相位，$\hat{\boldsymbol{e}}$、$\hat{\boldsymbol{h}}$表示电场和磁场的方向矢量。式(2.2.62)可以写为

$$-H\hat{\boldsymbol{k}}\times\hat{\boldsymbol{h}}=\frac{\omega\varepsilon}{k}E\hat{\boldsymbol{e}} \tag{2.2.63a}$$

$$E\hat{\boldsymbol{k}}\times\hat{\boldsymbol{e}}=\frac{\omega\mu}{k}H\hat{\boldsymbol{h}} \tag{2.2.63b}$$

定义波阻抗η为

$$\eta=\sqrt{\frac{\mu}{\varepsilon}} \tag{2.2.64}$$

根据波数k的定义，容易得到

$$\frac{\omega\varepsilon}{k}=\frac{1}{\eta} \tag{2.2.65a}$$

$$\frac{\omega\mu}{k}=\eta \tag{2.2.65b}$$

因此，式(2.2.63)可写成

$$-\eta H\hat{\boldsymbol{k}}\times\hat{\boldsymbol{h}}=E\hat{\boldsymbol{e}} \tag{2.2.66a}$$

$$E\hat{\boldsymbol{k}}\times\hat{\boldsymbol{e}}=\eta H\hat{\boldsymbol{h}} \tag{2.2.66b}$$

由式(2.2.66)，可以看出$E=\eta H$，即电场和磁场的幅度的比为固定值η。

在真空中，η为常数，称为真空波阻抗，表示为η_0，即

$$\eta_0=\sqrt{\frac{\mu_0}{\varepsilon_0}}\approx 120\pi\ \Omega\approx 377\ \Omega \tag{2.2.67}$$

由前面的分析，可以得出 LHI 媒质中均匀平面电磁波传播的结论：

(1) 电磁波的传播方向、电场方向、磁场方向互相垂直，三者呈右手螺旋关系；

(2) 电场和磁场的大小呈正比关系，比例为波阻抗。

可见，在 LHI 媒质中，传播方向给定的情况下，电场和磁场只要给出一个，另一个就可以完全确定。所以在解决一些电磁波的问题中，有时并不需要把电场和磁场的解全部求解出来，只要给出一个即可。

再次强调，上面给出的两条结论不能去掉 LHI 媒质、均匀平面电磁波的前提。对于复杂媒质、非均匀或非平面电磁波，这些结论很可能不成立。在复杂媒质中，电磁波的传播方向与电场、磁场可能不是垂直关系，甚至电磁波的传播方向、速度等概念的定义都非常复杂，需要具体情况具体分析，不能仅简单应用简单媒质中的结论。

2.2.5　电磁波的极化

电磁波是横波，电场或磁场的振动方向与传播方向垂直。传播方向给定的情况下，电场方向还有无穷多种选择。因此，要完整描述电磁波的传播特性，还需要给出电场或磁场的振动方向。根据前面的分析，电场确定后，磁场也随之确定，所以原则上来说，用电场或磁场来定义极化都可以。但是依据传统，都以电场方向作为参考来定义极化方向。

电磁波的极化定义为电磁波在空间传播的过程中，空间某一点的电场矢量端点随时间的变化情况。由于均匀平面电磁波电场随空间和时间变化的周期性，在空间任意一处，电场矢量端点的轨迹是相同的。因此，要确定电磁波的极化，并不需要给定空间具体位置。为简便起见，以原点处电场随时间的变化为代表研究极化特性。

根据电场矢量端点轨迹的形状，电磁波的极化分为以下几类：

(1) 线极化：电场矢量端点的轨迹是直线；

(2) 圆极化：电场矢量端点的轨迹是圆；

(3) 椭圆极化：电场矢量端点的轨迹是椭圆。

在所有的极化方式中，椭圆极化波是最一般的形式，线极化和圆极化可以看做椭圆极化的特殊情形。线极化就是椭圆的短半轴为零的情形，即偏心率为 1，而圆极化就是椭圆的短半轴和场半轴相同的情形，即偏心率为 0。

对于圆极化波和椭圆极化波，根据电场矢量端点运动的方向，可以分为以下两类：

(1) 右手螺旋极化：电场矢量端点的旋转方向与电磁波传播方向呈右手螺旋关系；

(2) 左手螺旋极化：电场矢量端点的旋转方向与电磁波传播方向呈左手螺旋关系。

假设电磁波传播方向是 z 方向，电场只在 x 和 y 方向有分量。设原点处电场的两个分量表达式为

$$E_x(t)=E_{x0}\cos(\omega t+\varphi_x) \tag{2.2.68a}$$

$$E_y(t)=E_{y0}\cos(\omega t+\varphi_y) \tag{2.2.68b}$$

其中 E_{x0} 和 E_{y0} 分别是电场在 x 和 y 方向分量的幅度。φ_x 和 φ_y 分别是电场在 x 和 y 方向分量的初相位。

几种典型电磁波极化情形示意图如图 2.1 所示。

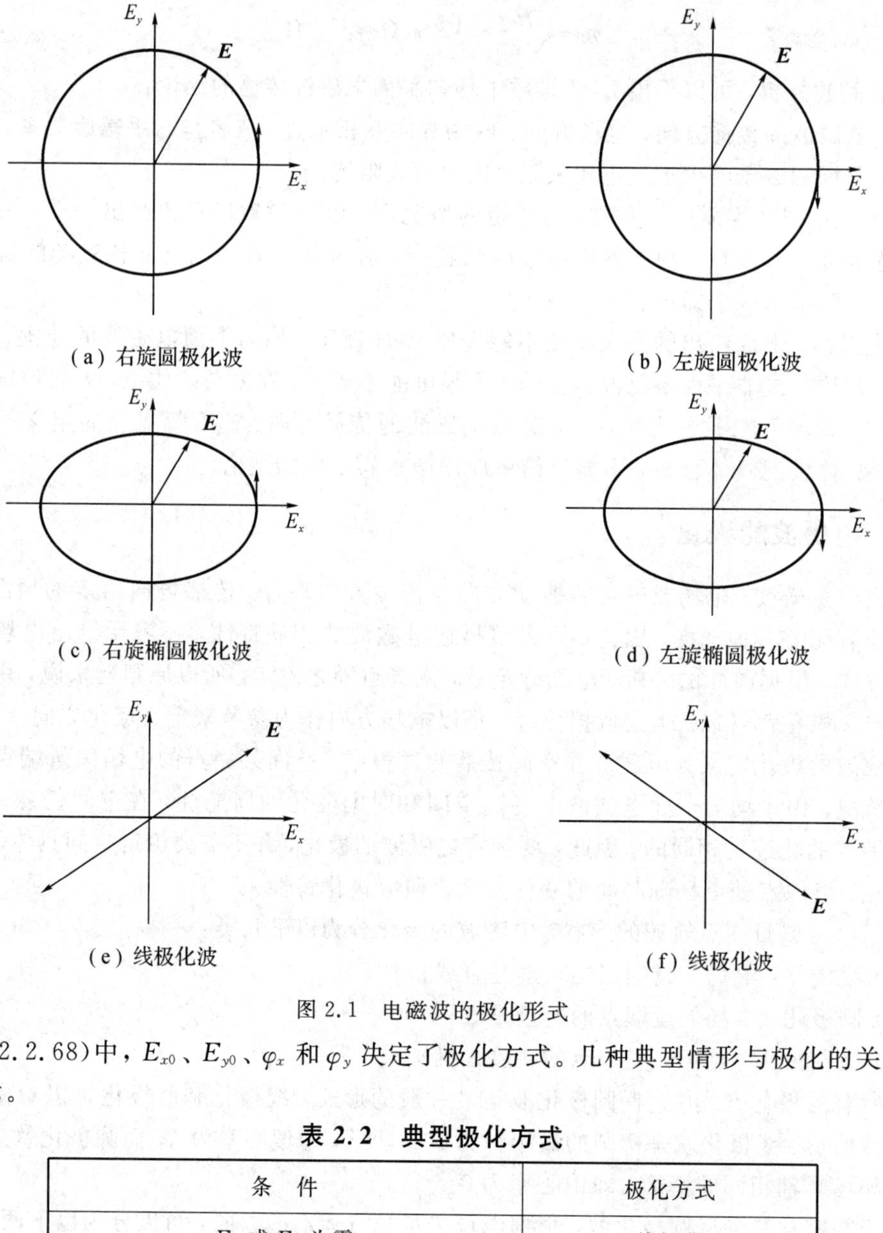

(a) 右旋圆极化波　(b) 左旋圆极化波

(c) 右旋椭圆极化波　(d) 左旋椭圆极化波

(e) 线极化波　(f) 线极化波

图 2.1　电磁波的极化形式

式(2.2.68)中，E_{x0}、E_{y0}、φ_x 和 φ_y 决定了极化方式。几种典型情形与极化的关系如表 2.2 所示。

表 2.2　典型极化方式

条　件	极化方式
E_{x0} 或 E_{y0} 为零	线极化
$\varphi_x=\varphi_y$ 或 $\varphi_x=\varphi_y+\pi$	线极化
$E_{x0}=E_{y0}$ 且 $\varphi_y-\varphi_x=\pi/2$	右手圆极化
$E_{x0}=E_{y0}$ 且 $\varphi_y-\varphi_x=-\pi/2$	左手圆极化

2.3　电磁辐射

电磁辐射主要研究已知电流、电荷，求在空间中所产生的场的问题。电磁辐射在天线理论中具有很重要的意义，天线的本质就是将电流转化为电磁波能量，在空间辐射出去。在研究电磁散射问题的过程中，学习一些电磁辐射的基础理论，对于理解问题的本质非常重要，有利于建立全面的电磁散射概念。很多电磁散射问题的求解可以归结为两步：第一步求散射体的表面电流；第二步求这个表面电流的辐射场，这个辐射场就是入射电磁波的散射场。因此，研究电磁辐射对于深刻理解电磁散射也很重要。

2.3.1　格林函数

在求电磁散射的过程中，格林函数非常重要。格林函数就是点源所产生的场。一个辐射体可以看做很多点源所产生的辐射场的叠加。源与场有线性关系，因此知道点源的辐射场后，将多个点源的辐射场相加，或者将连续分布的源进行积分，就得到总的辐射场。很多情况下，电流或电荷是连续分布的，此时就表现为积分形式。

在时谐场情形可以表示成空间的函数。当辐射源在原点时，三维自由空间格林函数满足下式：

$$\nabla^2 G(\boldsymbol{r})+k^2 G(\boldsymbol{r})=-\delta(\boldsymbol{r}) \tag{2.3.1}$$

其中，$\delta(\boldsymbol{r})$是狄拉克函数，具有如下性质：

$$\delta(\boldsymbol{r})=\begin{cases}0 & |\boldsymbol{r}|\neq 0\\ \infty & |\boldsymbol{r}|=0\end{cases} \tag{2.3.2a}$$

$$\int_{R^3}\delta(\boldsymbol{r})\mathrm{d}V=1 \tag{2.3.2b}$$

狄拉克函数还有选择性，即对一个三维场 $u(\boldsymbol{r})$，有

$$\int u(\boldsymbol{r}')\delta(\boldsymbol{r}-\boldsymbol{r}')\mathrm{d}V'=u(\boldsymbol{r}) \tag{2.3.3}$$

式中，积分区域为包含 $\boldsymbol{r}'$的任意区域。

由于对称性，格林函数只与到原点的距离有关，而与角度无关，因此在极坐标系下求解较为方便。根据式(2.1.45d)，将式(2.3.1)表示成球坐标系下的形式，即

$$\frac{1}{r^2}\frac{\mathrm{d}}{\mathrm{d}r}\left(r^2\frac{\mathrm{d}G(\boldsymbol{r})}{\mathrm{d}r}\right)+k^2G(\boldsymbol{r})=-\delta(\boldsymbol{r}) \tag{2.3.4}$$

其中 $r=|\boldsymbol{r}|$。

在源点之外的区域，由狄拉克函数的性质，式(2.3.4)两边都为零，即

$$\frac{1}{r^2}\frac{\mathrm{d}}{\mathrm{d}r}\left(r^2\frac{\mathrm{d}G(\boldsymbol{r})}{\mathrm{d}r}\right)+k^2G(\boldsymbol{r})=0 \tag{2.3.5}$$

式(2.3.5)可以写成下面的形式：

$$\frac{\mathrm{d}^2 rG(\boldsymbol{r})}{\mathrm{d}r^2}+k^2 rG(\boldsymbol{r})=0 \tag{2.3.6}$$

求解 $rG(\boldsymbol{r})$，得到

$$rG(\boldsymbol{r})=C_1\mathrm{e}^{-\mathrm{j}kr}+C_2\mathrm{e}^{\mathrm{j}kr} \tag{2.3.7}$$

其中 C_1、C_2 表示任意常数。进一步化简得到

$$G(\boldsymbol{r})=C_1\frac{\mathrm{e}^{-\mathrm{j}kr}}{r}+C_2\frac{\mathrm{e}^{\mathrm{j}kr}}{r} \tag{2.3.8}$$

由于约定时谐因子为 $\mathrm{e}^{\mathrm{j}\omega t}$，因此上式右边第一项表示外向行波，第二项表示内向行波。内向行波不符合物理意义，因此略去，只保留第一项，所以格林函数可以写成

$$G(\boldsymbol{r})=C\frac{\mathrm{e}^{-\mathrm{j}kr}}{r} \tag{2.3.9}$$

其中 C 是常数，接下来求常数 C。

将式(2.3.9)代入式(2.3.4)，两边在以原点为圆心、半径为 ε 的小球内积分，得到

$$C\int_V \nabla\cdot\nabla\frac{\mathrm{e}^{-\mathrm{j}kr}}{r}\mathrm{d}V+Ck^2\int_V\frac{\mathrm{e}^{-\mathrm{j}kr}}{r}\mathrm{d}V=-1 \tag{2.3.10}$$

将式(2.3.10)第 2 个积分写成球坐标的形式，如下所示：

$$\begin{aligned}Ck^2\int_V\frac{\mathrm{e}^{-\mathrm{j}kr}}{r}\mathrm{d}V&=Ck^2\int_0^{2\pi}\int_0^{\pi}\int_0^{\varepsilon}\frac{\mathrm{e}^{-\mathrm{j}kr}}{r}r^2\sin\theta\,\mathrm{d}r\,\mathrm{d}\theta\,\mathrm{d}\varphi\\&=Ck^2\int_0^{2\pi}\int_0^{\pi}\int_0^{\varepsilon}\mathrm{e}^{-\mathrm{j}kr}r\sin\theta\,\mathrm{d}r\,\mathrm{d}\theta\,\mathrm{d}\varphi\end{aligned} \tag{2.3.11}$$

令 $\varepsilon\to 0$，上式趋向于 0。

根据高斯定理，将式(2.3.10)第一个积分化为面积分，得到

$$C\int_V\nabla\cdot\nabla\frac{\mathrm{e}^{-\mathrm{j}kr}}{r}\mathrm{d}V=C\int_S\hat{\boldsymbol{n}}\cdot\nabla\frac{\mathrm{e}^{-\mathrm{j}kr}}{r}\mathrm{d}S \tag{2.3.12}$$

将对球面的积分写成球坐标的形式，得到

$$C\int_V\nabla\cdot\nabla\frac{\mathrm{e}^{-\mathrm{j}kr}}{r}\mathrm{d}V=C\int_0^{2\pi}\int_0^{\pi}\hat{\boldsymbol{n}}\cdot\hat{\boldsymbol{r}}\frac{\mathrm{e}^{-\mathrm{j}k\varepsilon}}{\varepsilon}\left(-\mathrm{j}k-\frac{1}{\varepsilon}\right)\varepsilon^2\sin\theta\,\mathrm{d}\theta\,\mathrm{d}\varphi \tag{2.3.13}$$

其中 $\hat{\boldsymbol{r}}=\hat{\boldsymbol{n}}$，因此 $\hat{\boldsymbol{n}}\cdot\hat{\boldsymbol{r}}=1$。当 $\varepsilon\to 0$ 时，式(2.3.13)右边的积分趋于 $-4\pi C$。与式(2.3.10)对比，得到 $C=1/(4\pi)$，于是得到格林函数的表达式为

$$G(\boldsymbol{r})=\frac{\mathrm{e}^{-\mathrm{j}kr}}{4\pi r} \tag{2.3.14}$$

位于 $\boldsymbol{r}'$ 的点源格林函数为

$$G(\boldsymbol{r},\boldsymbol{r}')=\frac{\mathrm{e}^{-\mathrm{j}kR}}{4\pi R} \tag{2.3.15}$$

其中 $R=|\boldsymbol{r}-\boldsymbol{r}'|$。

式(2.3.15)表示的格林函数满足下式：

$$\nabla^2 G(\boldsymbol{r},\boldsymbol{r}')+k^2G(\boldsymbol{r},\boldsymbol{r}')=-\delta(\boldsymbol{r}-\boldsymbol{r}') \tag{2.3.16}$$

在电磁学中，一般用 $\boldsymbol{r}'$ 表示电流源、电荷源等源的位置矢量，$\boldsymbol{r}$ 表示电场、磁场等场的位置矢量。

2.3.2 位函数

1. 标量电位和矢量磁位

电场和磁场可以用位函数来表示。由于 $\nabla\cdot\boldsymbol{B}=0$，则 $\boldsymbol{B}$ 必然可以表示为某个矢量的旋度，即

$$\boldsymbol{B}=\nabla\times\boldsymbol{A} \tag{2.3.17}$$

称 $\boldsymbol{A}$ 为矢量磁位。将 $\boldsymbol{B}$ 代入麦克斯韦方程组，得到

$$\nabla\times\boldsymbol{E}=-\nabla\times\frac{\partial\boldsymbol{A}}{\partial t} \tag{2.3.18}$$

移项，得到

$$\nabla\times\left(\boldsymbol{E}+\frac{\partial\boldsymbol{A}}{\partial t}\right)=0 \tag{2.3.19}$$

根据式(2.3.19)，$\boldsymbol{E}+\frac{\partial \mathbf{A}}{\partial t}$的旋度为零，因此括号中的式子可以表示为某个标量的梯度，如下所示：

$$\boldsymbol{E}+\frac{\partial \mathbf{A}}{\partial t}=-\nabla\varphi \tag{2.3.20}$$

其中 φ 是标量电位。因此，$\boldsymbol{E}$ 可以用矢量磁位和标量电位表示为

$$\boldsymbol{E}=-\frac{\partial \mathbf{A}}{\partial t}-\nabla\varphi \tag{2.3.21}$$

于是，求解电场和磁场就转化为求解位函数 $\mathbf{A}$ 和 φ。

2. 洛伦茨(Lorenz)规范

$\mathbf{A}$ 和 φ 的选择不是唯一的。如果已有 $\mathbf{A}$ 和 φ 满足式(2.3.17)和式(2.3.21)，ψ 是任意标量场，则下面的 $\mathbf{A}'$ 和 φ' 也满足位函数的要求：

$$\mathbf{A}'=\mathbf{A}+\nabla\psi \tag{2.3.22a}$$

$$\varphi'=\varphi-\frac{\partial\psi}{\partial t} \tag{2.3.22b}$$

因此，$\mathbf{A}$ 和 φ 的选择非常灵活。要唯一确定 $\mathbf{A}$ 和 φ，还需要额外的条件，这种条件称为规范条件。常用的规范有两种：一种是库伦规范，即 $\nabla\cdot\mathbf{A}$；另一种是洛伦茨规范，即

$$\nabla\cdot\mathbf{A}+\mu\varepsilon\frac{\partial\varphi}{\partial t}=0 \tag{2.3.23}$$

在研究电磁波理论时，采用洛伦茨规范更加便利，本书假定标量位和矢量位满足洛伦茨规范。

将式(2.3.21)代入麦克斯韦方程组，注意到本构关系，得到

$$\nabla\times\nabla\times\left(\frac{1}{\mu}\mathbf{A}\right)=\frac{\partial}{\partial t}\left(-\frac{\partial\mathbf{A}}{\partial t}-\nabla\varphi\right)+\boldsymbol{J} \tag{2.3.24}$$

利用式(2.1.17e)，式(2.3.24)可以写为

$$\nabla^2\mathbf{A}-\varepsilon\mu\frac{\partial^2\mathbf{A}}{\partial t^2}=\nabla\left(\nabla\cdot\mathbf{A}+\varepsilon\mu\frac{\partial\varphi}{\partial t}\right)-\mu\boldsymbol{J} \tag{2.3.25}$$

将式(2.3.21)代入麦克斯韦方程组，注意到本构关系，可以得到

$$\nabla^2\varphi-\varepsilon\mu\frac{\partial^2\varphi}{\partial t^2}=-\frac{\partial}{\partial t}\left(\nabla\cdot\mathbf{A}+\varepsilon\mu\frac{\partial\varphi}{\partial t}\right)-\frac{\rho}{\varepsilon} \tag{2.3.26}$$

观察式(2.3.25)和式(2.3.26)，$\mathbf{A}$ 和 φ 在两个方程中都出现，给求解带来不便。如果采用洛伦茨规范式(2.3.23)，则式(2.3.25)和式(2.3.26)都可以简化，成为

$$\nabla^2\mathbf{A}-\varepsilon\mu\frac{\partial^2\mathbf{A}}{\partial t^2}=-\mu\boldsymbol{J} \tag{2.3.27a}$$

$$\nabla^2\varphi-\varepsilon\mu\frac{\partial^2\varphi}{\partial t^2}=-\frac{\rho}{\varepsilon} \tag{2.3.27b}$$

式(2.3.27a)中只含有 $\mathbf{A}$，式(2.3.27b)中只含有 φ，求解起来更加便利。

在频域内求解不需考虑对时间的导数，处理起来较为方便。变换到频域后，洛伦茨规范、式(2.3.27a)和式(2.3.27b)分别成为

$$\nabla\cdot\mathbf{A}+\mathrm{j}\omega\varepsilon\mu\varphi=0 \tag{2.3.28a}$$

$$\nabla^2\mathbf{A}+k^2\mathbf{A}=-\mu\boldsymbol{J} \tag{2.3.28b}$$

$$\nabla^2\varphi+k^2\varphi=-\frac{\rho}{\varepsilon} \tag{2.3.28c}$$

其中 $k^2=\omega^2\varepsilon\mu$ 为波数。式(2.3.28b)和式(2.3.28c)都是非齐次亥姆霍兹方程。式(2.3.28b)形式上是矢量方程，但是可以写成3个完全相同的标量方程。

由洛伦茨规范式(2.3.28a)，$\boldsymbol{A}$ 和 φ 不是互相独立的，求出 $\boldsymbol{A}$ 之后，φ 就可以求出。因此，重点在于求解 $\boldsymbol{A}$。

3. 位函数的求解

当已知电流、电荷时，求解电场的示意图如图2.2所示。

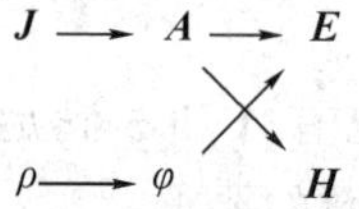

图2.2　由电流和电荷计算电场的过程

位函数成为了求解电场和磁场的中间变量。下面来求解式(2.3.28b)和式(2.3.28c)，要利用前面引入的格林函数 $G(\boldsymbol{r},\boldsymbol{r}')$。

这里以求解式(2.3.28c)为例进行讲解。首先将式(2.3.28c)的自变量写成 $\boldsymbol{r}'$ 的函数形式，即

$$\nabla'^2\varphi(\boldsymbol{r}')+k^2\varphi(\boldsymbol{r}')=-\frac{\rho(\boldsymbol{r}')}{\varepsilon} \tag{2.3.29}$$

其中 ∇'^2 表示对 $\boldsymbol{r}'$ 的拉普拉斯算子。

将 $G(\boldsymbol{r},\boldsymbol{r}')$ 乘以式(2.3.29)再减去 φ 乘以式(2.3.16)，得到

$$G(\boldsymbol{r},\boldsymbol{r}')\nabla'^2\varphi(\boldsymbol{r}')-\varphi(\boldsymbol{r}')\nabla'^2G(\boldsymbol{r},\boldsymbol{r}')=-G(\boldsymbol{r},\boldsymbol{r}')\frac{\rho(\boldsymbol{r}')}{\varepsilon}+\varphi(\boldsymbol{r}')\delta(\boldsymbol{r}-\boldsymbol{r}') \tag{2.3.30}$$

两边积分，积分区域 V' 包含所有的源：

$$\int_{V'}G(\boldsymbol{r},\boldsymbol{r}')\nabla'^2\varphi(\boldsymbol{r}')-\varphi(\boldsymbol{r}')\nabla'^2G(\boldsymbol{r},\boldsymbol{r}')\mathrm{d}V'=\int_{V'}-G(\boldsymbol{r},\boldsymbol{r}')\frac{\rho(\boldsymbol{r}')}{\varepsilon}+\varphi(\boldsymbol{r}')\delta(\boldsymbol{r}-\boldsymbol{r}')\mathrm{d}V' \tag{2.3.31}$$

再利用格林第二公式即式(2.1.40b)，将式(2.3.31)写成面积分的形式，可以得到

$$\oint_{S'}G(\boldsymbol{r},\boldsymbol{r}')\hat{\boldsymbol{n}}\cdot\nabla\varphi(\boldsymbol{r}')-\varphi(\boldsymbol{r}')\hat{\boldsymbol{n}}\cdot\nabla G(\boldsymbol{r},\boldsymbol{r}')\mathrm{d}S'=\int_{V'}-G(\boldsymbol{r},\boldsymbol{r}')\frac{\rho(\boldsymbol{r}')}{\varepsilon}\mathrm{d}V'+\int_{V'}\varphi(\boldsymbol{r}')\delta(\boldsymbol{r}-\boldsymbol{r}')\mathrm{d}V' \tag{2.3.32}$$

其中 S' 为积分区域的边界，$\hat{\boldsymbol{n}}$ 为 S' 上的外法向量。

根据狄拉克函数的性质式(2.3.3)，式(2.3.32)可写为

$$\varphi(\boldsymbol{r})=\int_{V'}G(\boldsymbol{r},\boldsymbol{r}')\frac{\rho(\boldsymbol{r}')}{\varepsilon}\mathrm{d}V'+\oint_{S}'G(\boldsymbol{r},\boldsymbol{r}')\hat{\boldsymbol{n}}\cdot\nabla\varphi(\boldsymbol{r}')-\varphi(\boldsymbol{r}')\hat{\boldsymbol{n}}\cdot\nabla G(\boldsymbol{r},\boldsymbol{r}')\mathrm{d}S' \tag{2.3.33}$$

φ 满足远场辐射条件，当积分区域无限大时，上式右边面积分趋向于零。由于电荷一般分布在有限区域，右边第一个积分区域是有限的，因此，标量位函数可以写成下面的形式：

$$\varphi(\boldsymbol{r})=\frac{1}{\varepsilon}\int_{V'}G(\boldsymbol{r},\boldsymbol{r}')\rho(\boldsymbol{r}')\mathrm{d}V' \tag{2.3.34a}$$

采用同样的方法，可得矢量位函数 $\boldsymbol{A}$ 的形式为

$$\boldsymbol{A}(\boldsymbol{r}) = \mu\int_{V'} G(\boldsymbol{r},\ \boldsymbol{r}')\boldsymbol{J}(\boldsymbol{r}')\mathrm{d}V' \tag{2.3.34b}$$

当源分布在曲面上时，电荷源可用面电荷密度 $\rho_s(\boldsymbol{r}')$ 表示，电流源可用面电流密度 $\boldsymbol{J}_s(\boldsymbol{r}')$ 表示，位函数计算公式为

$$\varphi(\boldsymbol{r}) = \frac{1}{\varepsilon}\int_{S'} G(\boldsymbol{r},\ \boldsymbol{r}')\rho_s(\boldsymbol{r}')\mathrm{d}S' \tag{2.3.35a}$$

$$\boldsymbol{A}(\boldsymbol{r}) = \mu\int_{S'} G(\boldsymbol{r},\ \boldsymbol{r}')\boldsymbol{J}_s(\boldsymbol{r}')\mathrm{d}S' \tag{2.3.35b}$$

当源分布在曲线上时，电荷源可用线电荷密度 $\lambda(\boldsymbol{r}')$ 表示，电流源可用电流 $\boldsymbol{I}(\boldsymbol{r}')$ 表示，位函数计算公式为

$$\varphi(\boldsymbol{r}) = \frac{1}{\varepsilon}\int_{l'} G(\boldsymbol{r},\ \boldsymbol{r}')\lambda(\boldsymbol{r}')\mathrm{d}l' \tag{2.3.36a}$$

$$\boldsymbol{A}(\boldsymbol{r}) = \mu\int_{l'} G(\boldsymbol{r},\ \boldsymbol{r}')\boldsymbol{I}(\boldsymbol{r}')\mathrm{d}l' \tag{2.3.36b}$$

在点源情形，电荷源为点电荷，用 $Q(\boldsymbol{r}')$ 表示，电流源为赫兹偶极子，用 $\boldsymbol{I}(\boldsymbol{r}')\mathrm{d}l$ 表示，位函数计算公式为

$$\varphi(\boldsymbol{r})=\frac{1}{\varepsilon}G(\boldsymbol{r},\ \boldsymbol{r}')Q(\boldsymbol{r}') \tag{2.3.37a}$$

$$\boldsymbol{A}(\boldsymbol{r})=\mu G(\boldsymbol{r},\ \boldsymbol{r}')\boldsymbol{I}(\boldsymbol{r}')\mathrm{d}l \tag{2.3.37b}$$

导体内部区域没有电流和电荷，所有的源都集中在表面，因此式(2.3.35)在计算导体的散射中经常用到。

4. 引入磁荷和磁流时的位函数

引入磁荷和磁流时，需要引入相应的矢量电位函数 $\boldsymbol{F}$ 和标量磁位函数 φ_m。与计算矢量磁位和标量电位类似，$\boldsymbol{F}$ 和 φ_m 也有下面的关系：

$$\nabla\cdot\boldsymbol{F}+\mathrm{j}\omega\varepsilon\mu\varphi_m=0 \tag{2.3.38a}$$

$$\nabla^2\boldsymbol{F}+k^2\boldsymbol{F}=-\varepsilon\boldsymbol{M} \tag{2.3.38b}$$

$$\nabla^2\varphi_m+k^2\varphi_m=-\frac{\rho_m}{\mu} \tag{2.3.38c}$$

其中式(2.3.38a)是洛伦茨规范。

计算标量磁位和矢量电位的公式为

$$\varphi_m(\boldsymbol{r}) = \frac{1}{\varepsilon}\int_{V'} G(\boldsymbol{r},\ \boldsymbol{r}')\rho_m(\boldsymbol{r}')\mathrm{d}V' \tag{2.3.39a}$$

$$\boldsymbol{F}(\boldsymbol{r}) = \mu\int_{V'} G(\boldsymbol{r},\ \boldsymbol{r}')\boldsymbol{M}(\boldsymbol{r}')\mathrm{d}V' \tag{2.3.39b}$$

由位函数计算电场和磁场的公式成为

$$\boldsymbol{E}=-\frac{\partial\boldsymbol{A}}{\partial t}-\nabla\varphi-\frac{1}{\varepsilon}\nabla\times\boldsymbol{F} \tag{2.3.40a}$$

$$\boldsymbol{H}=-\frac{\partial\boldsymbol{F}}{\partial t}-\nabla\varphi_m+\frac{1}{\mu}\nabla\times\boldsymbol{A} \tag{2.3.40b}$$

由电流、电荷、磁流、磁荷计算电场和磁场的过程如图 2.3 所示。

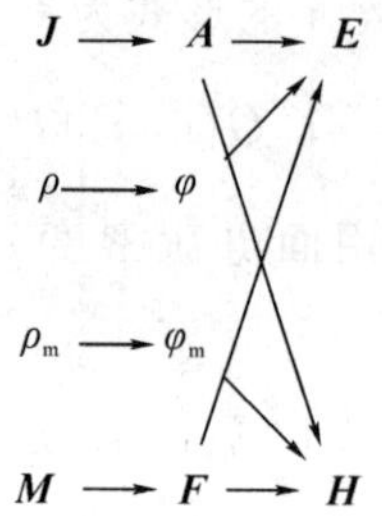

图 2.3　由电流、电荷、磁流、磁荷计算电场和磁场的过程

2.4　媒质中电磁波的传播

2.4.1　导体中电磁波的传播

研究介质中电磁波的传播对于理解吸波材料、大气损耗、电磁波反射、电磁波折射等原理至关重要。考虑到电阻效应时，将本构关系 $\boldsymbol{D}=\varepsilon\boldsymbol{E}$、$\boldsymbol{J}=\sigma\boldsymbol{E}$ 代入麦克斯韦方程组，可得

$$\nabla\times\boldsymbol{H}=(\mathrm{j}\omega\varepsilon+\sigma)\boldsymbol{E}\tag{2.4.1}$$

可以将上式写为

$$\nabla\times\boldsymbol{H}=\mathrm{j}\omega\varepsilon\left(1+\frac{\sigma}{\mathrm{j}\omega\varepsilon}\right)\boldsymbol{E}\tag{2.4.2}$$

则波数 k 表示为

$$k=\omega\sqrt{\mu\varepsilon\left(1+\frac{\sigma}{\mathrm{j}\omega\varepsilon}\right)}\tag{2.4.3}$$

k 的计算结果一般是复数，可表示为 $k=k'-\mathrm{j}k''$。以在 xy 平面均匀分布、向 z 方向传播的电磁波为例，电场或磁场在媒质中的分布可表示为

$$u(z)=u_0\mathrm{e}^{-\mathrm{j}kz}=u_0\mathrm{e}^{-\mathrm{j}k'z}\mathrm{e}^{-k''z}\tag{2.4.4}$$

由式(2.4.4)可见，由于虚部 k'' 的作用，电磁波在媒质中传播时幅度随传播距离以指数衰减。定义趋肤深度为 $d=1/k''$，表示电磁波幅度衰减到原来的 $1/\mathrm{e}\approx0.37$ 时所经过的距离。

在两种特殊情况下，k 的计算可以用近似值来表示。一种情况是电导率 σ 很大的时候，即媒质为良导体，k 可以近似为

$$k\approx\omega\sqrt{\mu\varepsilon\frac{\sigma}{\mathrm{j}\omega\varepsilon}}=\sqrt{\frac{\omega\mu\sigma}{2}}(1-\mathrm{j})\tag{2.4.5}$$

此时趋肤深度为

$$d=\sqrt{\frac{2}{\omega\mu\sigma}}\tag{2.4.6}$$

一种情况是电导率 σ 很小时，k 可根据牛顿二项展开式加以近似。牛顿二项展开式为

$$(1+x)^{-1/2}\approx1+\frac{1}{2}x\tag{2.4.7}$$

其中 x 是很小的数。于是，k 可以近似为

$$k \approx \omega\sqrt{\mu\varepsilon}\left(1+\frac{1}{2}\frac{\sigma}{\mathrm{j}\omega\varepsilon}\right) \tag{2.4.8}$$

此时趋肤深度为

$$d=\frac{2}{\sigma}\sqrt{\frac{\varepsilon}{\mu}} \tag{2.4.9}$$

一般情况下，由式(2.4.3)计算的波数为

$$k=\omega\sqrt{\mu\varepsilon}\left(\sqrt{\frac{\sqrt{1+\left(\frac{\sigma}{\omega\varepsilon}\right)^2}+1}{2}}-\mathrm{j}\sqrt{\frac{\sqrt{1+\left(\frac{\sigma}{\omega\varepsilon}\right)^2}-1}{2}}\right) \tag{2.4.10}$$

得到趋肤深度为

$$d=\frac{1}{\omega\sqrt{\mu\varepsilon}}\sqrt{\frac{2}{\sqrt{1+\left(\frac{\sigma}{\omega\varepsilon}\right)^2}-1}} \tag{2.4.11}$$

采用复数的根式计算式(2.4.10)比较方便。设 $x-\mathrm{j}y=r\mathrm{e}^{\mathrm{j}\theta}$，可得

$$\begin{aligned}\sqrt{x-\mathrm{j}y}&=\sqrt{r(\cos\theta-\mathrm{j}\sin\theta)}\\&=\sqrt{r}\left(\cos\frac{\theta}{2}-\mathrm{j}\sin\frac{\theta}{2}\right)\\&=\sqrt{r}\left(\sqrt{\frac{1+\cos\theta}{2}}-\mathrm{j}\sqrt{\frac{1-\cos\theta}{2}}\right)\\&=\sqrt{\frac{r+r\cos\theta}{2}}-\mathrm{j}\sqrt{\frac{r-r\cos\theta}{2}}\\&=\sqrt{\frac{r+x}{2}}-\mathrm{j}\sqrt{\frac{r-x}{2}}\end{aligned} \tag{2.4.12}$$

令上式中 $x=1$，$y=\frac{\sigma}{\omega\varepsilon}$，就可得到式(2.4.10)。

2.4.2　一般媒质中电磁波的传播

一般媒质中，介电常数和磁导率都可表示为复数，即

$$\varepsilon_r=\varepsilon_r'-\mathrm{j}\varepsilon_r''=\varepsilon_r'(1-\mathrm{j}\tan\delta_e)=\sqrt{\varepsilon_r'^2+\varepsilon_r''^2}\,\mathrm{e}^{-\mathrm{j}\delta_e} \tag{2.4.13a}$$

$$\mu_r=\mu_r'-\mathrm{j}\mu_r''=\mu_r'(1-\mathrm{j}\tan\delta_m)=\sqrt{\mu_r'^2+\mu_r''^2}\,\mathrm{e}^{-\mathrm{j}\delta_m} \tag{2.4.13b}$$

其中虚部 ε'' 和 μ'' 表示损耗，δ_e 和 δ_m 分别为介电常数和磁导率的辐角，$\tan\delta_e$ 和 $\tan\delta_m$ 分别为电损耗正切和磁损耗正切，表示为

$$\tan\delta_e=\frac{\varepsilon''}{\varepsilon'} \tag{2.4.14a}$$

$$\tan\delta_m=\frac{\mu''}{\mu'} \tag{2.4.14b}$$

波数 k 计算结果如下：

$$k=\omega\sqrt{\varepsilon\mu}\sqrt{\varepsilon_r\mu_r}=\omega\sqrt{\varepsilon\mu}\sqrt{\varepsilon_r'^2+\varepsilon_r''^2}\sqrt{\mu_r'^2+\mu_r''^2}\,[\cos(\delta_e+\delta_m)-\mathrm{j}\sin(\delta_e+\delta_m)] \tag{2.4.15}$$

吸波材料的介电常数和磁导率必须要有虚部，电磁波才能在其中衰减。虚部越大，趋肤深度就越小，电磁波衰减得越快，同样厚度的吸波材料就能达到越好的隐身效果。但是，

吸波材料要有良好的吸波效果，除了有虚部外，还需要具有良好的匹配效果，使得电磁波能够进入吸波材料内部。研究电磁波在不同分界面的反射、透射对于吸波材料的研究也具有重要意义。

2.5 电磁波的反射和透射

2.5.1 电磁场边界条件

一般来说，场量都是有限值，而电流密度、电荷密度可以无限大，此时就表现为面电流、面电荷或者线电流、线电荷。

将麦克斯韦方程组旋度方程两边积分，再利用高斯定理，得到下式：

$$\int_S \hat{\boldsymbol{n}} \times \boldsymbol{H} \mathrm{d}S = \int_V \nabla \times \boldsymbol{H} \mathrm{d}V = \mathrm{j}\omega \int_V \boldsymbol{D} \mathrm{d}V + \int_V \boldsymbol{J} \mathrm{d}V \tag{2.5.1}$$

积分区域为圆柱形，该圆柱形两个底面分别位于电磁参数不同的两个区域，并且平行于分界面，如图 2.4 所示。

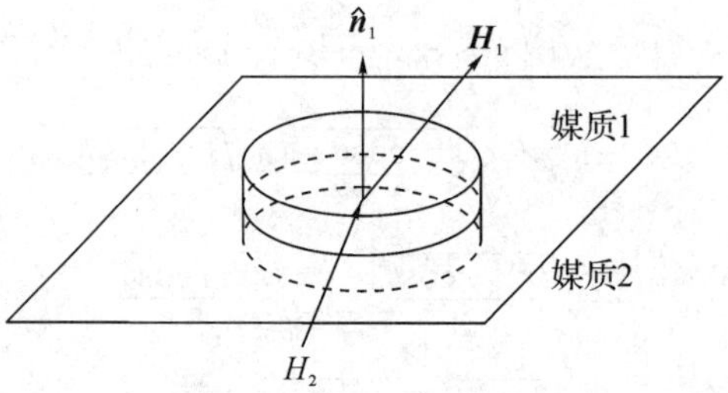

图 2.4 边界条件

圆柱的高 $\delta\to 0$ 时，由于场的有限性，右侧第一个积分趋向于零，而第二个积分可以写成面积分的形式，被积函数用面电流密度代替：

$$\int_V \boldsymbol{J} \mathrm{d}V = \int_S \boldsymbol{J}_s \mathrm{d}S \tag{2.5.2}$$

式(2.5.2)左边的面积分式则只剩下上下两个面的贡献，圆柱侧面的贡献忽略不计，得到

$$\int_S \hat{\boldsymbol{n}} \times \boldsymbol{H} \mathrm{d}S = \int_S \hat{\boldsymbol{n}}_1 \times (\boldsymbol{H}_1 - \boldsymbol{H}_2) \mathrm{d}S \tag{2.5.3}$$

其中 $\hat{\boldsymbol{n}}_1$ 的方向是由区域 2 指向区域 1。因此，式(2.5.1)成为

$$\int_S \hat{\boldsymbol{n}}_1 \times (\boldsymbol{H}_1 - \boldsymbol{H}_2) \mathrm{d}S = \int_S \boldsymbol{J}_s \mathrm{d}S \tag{2.5.4}$$

上式积分在任一区域内都成立，因此得到下式：

$$\hat{\boldsymbol{n}}_1 \times (\boldsymbol{H}_1 - \boldsymbol{H}_2) = \boldsymbol{J}_s \tag{2.5.5}$$

为简便起见，由区域 2 指向区域 1 的单位向量用 $\hat{\boldsymbol{n}}$ 表示，则得到边界条件：

$$\hat{\boldsymbol{n}} \times (\boldsymbol{H}_1 - \boldsymbol{H}_2) = \boldsymbol{J}_s \tag{2.5.6a}$$

同理，根据麦克斯韦方程组其他方程，得到其他边界条件：

$$\hat{\boldsymbol{n}} \times (\boldsymbol{E}_1 - \boldsymbol{E}_2) = \boldsymbol{0} \tag{2.5.6b}$$

$$\hat{\boldsymbol{n}} \cdot (\boldsymbol{D}_1 - \boldsymbol{D}_2) = \sigma \tag{2.5.6c}$$

$$\hat{\boldsymbol{n}} \cdot (\boldsymbol{B}_1 - \boldsymbol{B}_2) = 0 \tag{2.5.6d}$$

式(2.5.6a)、式(2.5.6b)、式(2.5.6c)、式(2.5.6d)就是电磁场的边界条件。由此可以看出，电场的切向分量和磁通密度的法向分量都是连续的。在不同介质交界面处，一般情况下表面电流密度 $\boldsymbol{J}_s$ 和表面电荷密度 σ 均为零，因此界面处磁场的切向分量和电通密度的法向分量也是连续的。

2.5.2　相位匹配条件

平面电磁波照射到不同介质交界面时，一般会发生反射、透射现象。设交界面在 yz 平面，$\hat{\boldsymbol{i}}$ 为入射波方向，$\hat{\boldsymbol{r}}$ 为反射波方向，$\hat{\boldsymbol{t}}$ 为透射波方向，θ_i、θ_r、θ_t 分别为入射角、反射角和投射角，如图 2.5 所示。

入射场、反射场和透射场可分别表示为

$$\boldsymbol{A}_i=\boldsymbol{A}_{i0}\mathrm{e}^{-\mathrm{j}\boldsymbol{k}_i\cdot\boldsymbol{r}} \tag{2.5.7a}$$

$$\boldsymbol{A}_r=\boldsymbol{A}_{r0}\mathrm{e}^{-\mathrm{j}\boldsymbol{k}_r\cdot\boldsymbol{r}} \tag{2.5.7b}$$

$$\boldsymbol{A}_t=\boldsymbol{A}_{t0}\mathrm{e}^{-\mathrm{j}\boldsymbol{k}_t\cdot\boldsymbol{r}} \tag{2.5.7c}$$

其中：$\boldsymbol{k}_i$、$\boldsymbol{k}_r$、$\boldsymbol{k}_t$ 分别是入射、反射、透射波的波数；$\boldsymbol{A}_i$、$\boldsymbol{A}_r$ 和 $\boldsymbol{A}_t$ 分别表示入射场、反射场和透射场，可以表示电场或磁场的各个分量。根据边界条件，分界面处没有电流源和电荷源时，法向分量和切向分量在分界面处都连续，即 $x=0$ 时，有

$$\boldsymbol{A}_i+\boldsymbol{A}_r=\boldsymbol{A}_t \tag{2.5.8}$$

可得

$$\boldsymbol{A}_{i0}\mathrm{e}^{-\mathrm{j}(k_{iy}y+k_{iz}z)}+\boldsymbol{A}_{r0}\mathrm{e}^{-\mathrm{j}(k_{ry}y+k_{rz}z)}=\boldsymbol{A}_{t0}\mathrm{e}^{-\mathrm{j}(k_{ty}y+k_{tz}z)} \tag{2.5.9}$$

由于上式对任意 y、z 都成立，所以有以下等式：

$$k_{iy}=k_{ry}=k_{ty} \tag{2.5.10a}$$

$$k_{iz}=k_{rz}=k_{tz} \tag{2.5.10b}$$

上式可以说明，入射方向、反射方向和透射方向的波矢量在 yz 平面上的投影在同一点。这就是说，入射方向、反射方向和透射方向位于同一平面，而且这一平面经过法线，如图 2.6 所示。

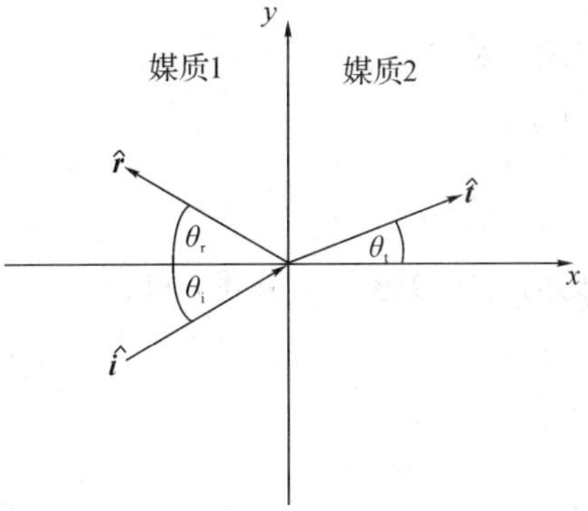

图 2.5　电磁波的反射和透射

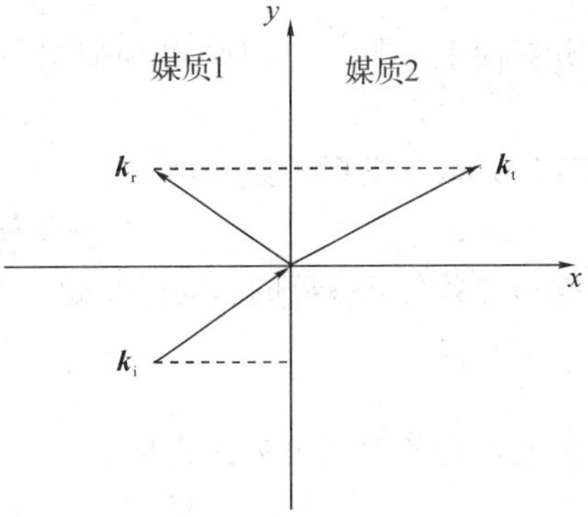

图 2.6　入射、反射和透射波矢量的关系

由式(2.5.10)可以得到

$$\begin{vmatrix} k_{ix} & k_{iy} & k_{iz} \\ k_{rx} & k_{ry} & k_{rz} \\ k_{tx} & k_{ty} & k_{tz} \end{vmatrix}=0 \tag{2.5.11}$$

可见，$k_{ix}\hat{\boldsymbol{x}}+k_{iy}\hat{\boldsymbol{y}}+k_{iz}\hat{\boldsymbol{z}}$、$k_{rx}\hat{\boldsymbol{x}}+k_{ry}\hat{\boldsymbol{y}}+k_{rz}\hat{\boldsymbol{z}}$、$k_{tx}\hat{\boldsymbol{x}}+k_{ty}\hat{\boldsymbol{y}}+k_{tz}\hat{\boldsymbol{z}}$ 这三个矢量都在同一平面上。在后面的研究中，可以进一步假定这个平面就是 xy 平面，可以简化分析。由于反射波和入射波位于同一种媒质内，因此波数相同，波矢量在 x 方向的分量相反，所以有 $k_{rx}=-k_{ix}$。

2.5.3 反射系数和透射系数

入射波照射到介质分界面，电场可以分解为垂直于入射平面的分量和平行于入射平面的分量。这两种情形可以分别加以研究，再根据波的线性特性将结果叠加起来，就可以得到总的反射场和透射场。电场平行于入射平面时，根据电场和磁场的正交性，磁场方向垂直于入射平面。电场垂直于入射平面的情形称为正交极化(Perpendicular)、水平极化(Horizontal)，此时电磁波称为横电波(Transverse Electric，TE)或简称为 E 波或 s 波。磁场垂直于入射平面的情形称为平行极化(Parallel)、垂直极化(Vertical)，此时电磁波称为横磁波(Transverse Magnetic，TM)或简称为 M 波或 p 波。

对 TE 波，电场方向只有 z 分量。入射波、反射波和透射波可以写成下面的形式：

$$E_{iz}=E_{iz0}\,\mathrm{e}^{-\mathrm{j}(k_{ix}x+k_y y)} \tag{2.5.12a}$$

$$E_{rz}=E_{rz0}\,\mathrm{e}^{-\mathrm{j}(-k_{ix}x+k_y y)} \tag{2.5.12b}$$

$$E_{tz}=E_{tz0}\,\mathrm{e}^{-\mathrm{j}(k_{tx}x+k_y y)} \tag{2.5.12c}$$

由于相位匹配条件，三个波矢量的 y 分量保持一致，用同一个 k_y 来表示。定义 TE 波的反射系数 R_{TE}、透射系数 T_{TE} 分别为

$$R_{TE}=\frac{E_{rz}}{E_{iz}} \tag{2.5.13a}$$

$$T_{TE}=\frac{E_{tz}}{E_{iz}} \tag{2.5.13b}$$

因此，反射波和透射波又可以表示为

$$E_{rz}=R_{TE}E_{iz0}\,\mathrm{e}^{-\mathrm{j}(-k_{ix}x+k_y y)} \tag{2.5.14a}$$

$$E_{tz}=T_{TE}E_{iz0}\,\mathrm{e}^{-\mathrm{j}(k_{tx}x+k_y y)} \tag{2.5.14b}$$

在分界面上，即 $x=0$ 处，电场的切向分量连续，因此可得

$$E_{iz}+E_{rz}=E_{tz} \tag{2.5.15}$$

用反射系数和透射系数表示，有

$$1+R_{TE}=T_{TE} \tag{2.5.16}$$

根据边界条件，磁场的切向分量也连续。磁场的切向分量是 y 分量，可得

$$\frac{k_{ix}}{\mu_i}(1-R_{TE})=\frac{k_{tx}}{\mu_t}T_{TE} \tag{2.5.17}$$

可得反射系数和透射系数表达式如下：

$$R_{TE}=\frac{1-p_{TE}}{1+p_{TE}} \tag{2.5.18a}$$

$$T_{TE}=\frac{2}{1+p_{TE}} \tag{2.5.18b}$$

其中，p_{TE} 表达式如下：

$$p_{TE}=\frac{\mu_i k_{tx}}{\mu_t k_{ix}} \tag{2.5.19}$$

同理，可得到 TM 波反射系数、透射系数如下：

$$R_{TM}=\frac{1-p_{TM}}{1+p_{TM}} \tag{2.5.20a}$$

$$T_{TM}=\frac{2}{1+p_{TM}} \tag{2.5.20b}$$

其中，p_{TM}表达式如下：

$$p_{TM}=\frac{\varepsilon_i k_{tx}}{\varepsilon_t k_{ix}} \tag{2.5.21}$$

由式(2.5.18)和式(2.5.19)可知，如果 $p_{TE}=0$，则在 TE 波入射时界面没有反射；如果 $p_{TM}=0$，则在 TM 波入射时界面没有反射。因此，在设计吸波材料的时候，就要尽量使得 R_{TE}或 R_{TM}小，以减少反射回波。

前面提到的“反射系数”和“透射系数”表示反射或透射的电场或磁场与入射电场或磁场的比值，对于损耗介质，这些系数往往还是复数，其相位代表了相位的变化，幅度代表了反射或透射场的幅度与入射场幅度的比值。

有时候为了表示相对于入射场的反射的功率，需要引入“反射率”的概念。反射率是反射系数模的平方，表示反射的功率和入射的功率之比。

设媒质 1 为真空，即 $\varepsilon_{r1}=1$，$\mu_{r1}=1$，媒质 2 的电磁参数为 $\varepsilon_{r2}=3$，$\mu_{r2}=1$。计算电磁波从媒质 1 入射到媒质 2 时的反射系数，如图 2.7(a)所示。可以看出，TM 波情形下，在入射角为 60°时，反射系数为 0，表明所有能量都穿透过去了。这个角度称为布儒斯特角。TE 波入射时，反射系数为负，说明相位发生了反转。TM 波入射情形，入射角低于布儒斯特角时反射波与入射波同相，入射角大于布儒斯特角时反射波发生相位反转。图 2.7(b)给出了反射率随入射角的变化情况。

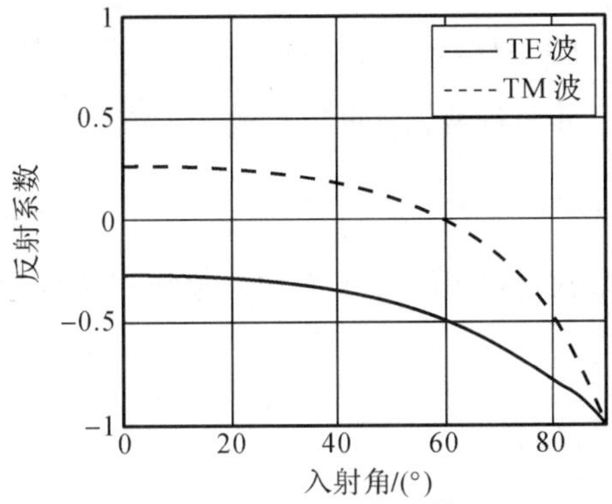

(a) 反射系数

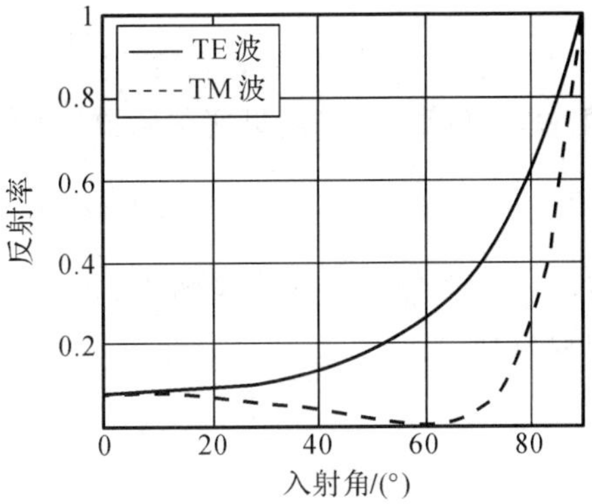

(b) 反射率

图 2.7　反射系数和反射率

2.5.4　垂直入射时的匹配条件

垂直入射时，反射系数有简单的形式，此时

$$p_{TE}=\sqrt{\frac{\varepsilon_t}{\mu_t}}\sqrt{\frac{\mu_i}{\varepsilon_i}} \tag{2.5.22}$$

$$p_{TM}=\sqrt{\frac{\mu_t}{\varepsilon_t}}\sqrt{\frac{\varepsilon_i}{\mu_i}} \tag{2.5.23}$$

其中 p_{TE} 和 p_{TM} 的关系为

$$p_{TE}p_{TM}=1 \tag{2.5.24}$$

容易证明，此时反射系数有如下关系：

$$R_{TE}=-R_{TM} \tag{2.5.25}$$

当 $p_{TE}=1$ 时，反射系数为零，入射波在两种界面之间零反射，电磁波全部透过去。此时，两种界面满足条件：

$$\sqrt{\frac{\mu_t}{\varepsilon_t}}=\sqrt{\frac{\mu_i}{\varepsilon_i}} \tag{2.5.26}$$

定义波阻抗 $\eta=\sqrt{\mu/\varepsilon}$，因此上式又称为阻抗匹配条件，即两界面电磁波无反射的条件是波阻抗相等。设计吸波材料时，为了能使更多的能量进入吸波材料，需要将其电磁参数设计得尽量与空气相匹配，即吸波材料的阻抗尽量接近真空波阻抗 377 Ω。

2.6 电磁散射

2.6.1 无限长导体圆柱

导体圆柱的散射可以用分离变量法来求解。设导体圆柱半径为 a，电磁波由右向左照射，设入射波为振幅为 1 的 TM 波，电场方向为 z 轴，则入射波可表示为

$$E_z^{\mathrm{i}}=\mathrm{e}^{\mathrm{j}kx}=\mathrm{e}^{\mathrm{j}kr\cos\varphi} \tag{2.6.1}$$

上式上标 i 表示“入射波”(Incident)，r 表示极径，φ 表示极角。利用贝塞尔(Bessel)函数的展开公式，入射波可以写成

$$E_z^{\mathrm{i}}=\mathrm{e}^{\mathrm{j}kr\cos\varphi}=\sum_{n=-\infty}^{+\infty}\mathrm{j}^n J_n(kr)\mathrm{e}^{\mathrm{j}n\varphi} \tag{2.6.2}$$

其中 $J_n(kr)$ 是第一类 n 阶贝塞尔函数。散射波是外向行波，故可以写成

$$E_z^{\mathrm{s}}=\sum_{n=-\infty}^{+\infty}\mathrm{j}^n a_n H_n^{(2)}(kr)\mathrm{e}^{\mathrm{j}n\varphi} \tag{2.6.3}$$

其中 $H_n^{(2)}(kr)$ 是第二类汉克尔函数，a_n 是待定系数。利用圆柱表面切向电场连续的边界条件，可以得到

$$a_n=-\frac{J_n(ka)}{H_n^{(2)}(ka)} \tag{2.6.4}$$

则散射场为

$$E_z^{\mathrm{s}}=-\sum_{n=-\infty}^{+\infty}\mathrm{j}^n\frac{J_n(ka)}{H_n^{(2)}(ka)}H_n^{(2)}(kr)\mathrm{e}^{\mathrm{j}n\varphi} \tag{2.6.5}$$

二维 RCS 有时候也称散射宽度(Scatter Width，SW)，单位为 m。带相位的 RCS 计算公式为

$$\sqrt{\sigma^{\mathrm{TM}}}=-\sum_{n=-\infty}^{+\infty}\mathrm{j}^n\frac{J_n(ka)}{H_n^{(2)}(ka)}\sqrt{2\pi r}H_n^{(2)}(kr)\mathrm{e}^{\mathrm{j}n\varphi} \tag{2.6.6}$$

利用汉克尔函数的渐近公式

$$H_n^{(2)}(kr)\sim\sqrt{\frac{2}{\pi kr}}\mathrm{e}^{-\mathrm{j}[kr-(n+\frac{1}{2})\frac{\pi}{2}]} \tag{2.6.7}$$

将 RCS 对 πa 归一化，得到

$$\sqrt{\frac{\sigma^{\text{TM}}}{\pi a}} = -\frac{2}{\sqrt{\pi k a}} e^{-j\left(kr-\frac{\pi}{4}\right)} \sum_{n=-\infty}^{+\infty} (-1)^n \frac{J_n(ka)}{H_n^{(2)}(ka)} e^{jn\varphi} \tag{2.6.8}$$

上式中因子 e^{-jkr} 为从原点到场点的相位延迟，可以忽略，上式可写为

$$\sqrt{\frac{\sigma^{\text{TM}}}{\pi a}} = -\frac{2e^{j\pi/4}}{\sqrt{\pi k a}} \sum_{n=-\infty}^{+\infty} (-1)^n \frac{J_n(ka)}{H_n^{(2)}(ka)} e^{jn\varphi} \tag{2.6.9}$$

由上式，给定 ka 和 φ，可以计算相应 σ 的值。这里研究 σ 随 φ 和 ka 变化的趋势，需要计算 ka 和 φ 取多个值时的 σ。设 σ 可以表示成一个二维数组，行表示双站角 φ，列表示归一化频率 ka。φ 取值从 0 度到 360 度，共 361 个采样点。ka 取值从 $0.01\times 2\pi$ 到 2π，步长为 $0.01\times 2\pi$，共 100 个采样点，则 σ 随频率、双站角的变化可用 100×361 的矩阵表示。

将 RCS 计算公式写成

$$\sqrt{\frac{\sigma^{\text{TM}}}{\pi a}} = -\frac{2e^{j\pi/4}}{\sqrt{\pi}} \sum_{n=-\infty}^{+\infty} g(\varphi, n) h(n, ka) \tag{2.6.10}$$

其中

$$g(\varphi, n) = (-1)^n \frac{1}{\sqrt{ka}} \frac{J_n(ka)}{H_n^{(2)}(ka)} \tag{2.6.11}$$

$$h(n, ka) = e^{jn\varphi} \tag{2.6.12}$$

写成这样的形式，就符合第 1 章所述巧用矩阵乘法的方法，很方便地计算出结果，体现在 MATLAB 中连求和的语句也省去了。

以上计算的是 TM 极化的 RCS。对于 TE(Transverse Electric)极化，用类似的方法可以得到如下结果：

$$\sqrt{\frac{\sigma^{\text{TE}}}{\pi a}} = -\frac{2e^{j\pi/4}}{\sqrt{\pi k a}} \sum_{n=-\infty}^{+\infty} (-1)^n \frac{J'_n(ka)}{H_n^{(2)\prime}(ka)} e^{jn\varphi} \tag{2.6.13}$$

TE 极化的 RCS 也是 100×361 的数组，还有很多部分计算相似。

计算导体圆柱 RCS 的代码如下所示。单站 RCS 随频率的变化的幅度和相位如图 2.8 所示。$ka=2\pi$ 时双站 RCS 随双站角变化的幅度和相位如图 2.9 所示。

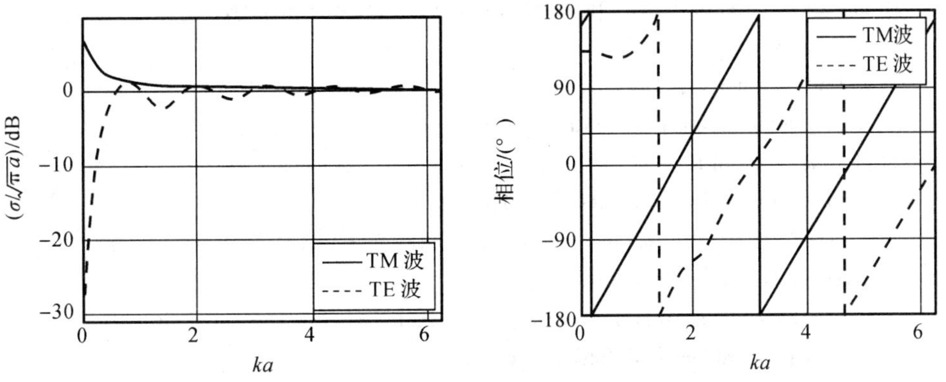

(a) 归一化 RCS　　(b) 相位

图 2.8　单站 RCS 及相位随频率变化(2/m1.m)

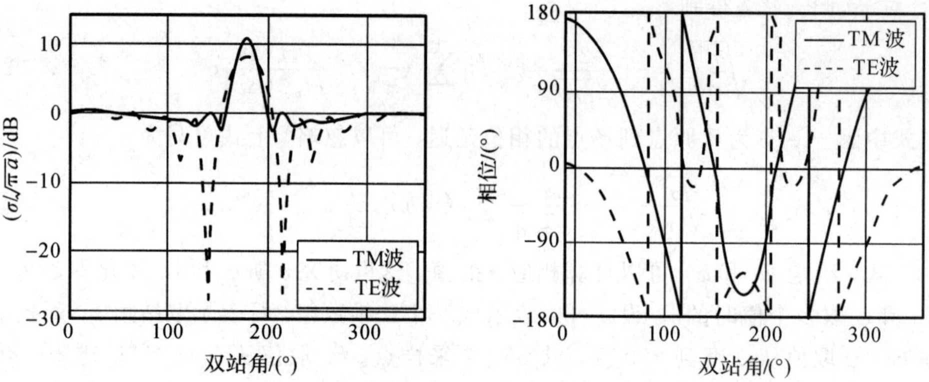

(a) 归一化 RCS　　(b) 相位

图 2.9　双站 RCS 及相位随双站角变化(2/m1.m)

代码 2.1　导体圆柱 RCS 解析解(2/m1.m)

```
sca=0:360;
nf=100;
f=(1:nf)'/nf;
ka=f*2*pi*1;
jn=@(n, x)besselj(n, x);
hn=@(n, x)besselh(n, 2, x);
jd=@(n, x)besselj(n-1, x)-n./x.*besselj(n, x);
hd=@(n, x)besselh(n-1, 2, x)-n./x.*besselh(n, 2, x);
n=-80:80;
jn=bsxfun(jn, n, ka);
hn=bsxfun(hn, n, ka);
jd=bsxfun(jd, n, ka);
hd=bsxfun(hd, n, ka);
tmptm=-2*exp(1j*pi/4)./sqrt(ka*pi)*(-1).^n.*jn./hn;
tmptm(isnan(tmptm))=0;
tmpte=-2*exp(1j*pi/4)./sqrt(ka*pi)*(-1).^n.*jd./hd;
tmpte(isnan(tmpte))=0;
rcstm=tmptm*exp(1j*n'*sca*pi/180);
rcste=tmpte*exp(1j*n'*sca*pi/180);
plot(ka, 20*log10(abs(rcstm(:, 1))), ka, 20*log10(abs(rcste(:, 1))));
saveas(gcf, [mfilename, 'frcs.png']);
plot(sca, 20*log10(abs(rcstm(end, :))), sca, 20*log10(abs(rcste(end, :))));
saveas(gcf, [mfilename, 'arcs.png']);
plot(ka, angle(rcstm(:, 1))*180/pi, ka, angle(rcste(:, 1))*180/pi);
saveas(gcf, [mfilename, 'fphase.png']);
plot(sca, angle(rcstm(end, :))*180/pi, sca, angle(rcste(end, :))*180/pi);
saveas(gcf, [mfilename, 'aphase.png']);
data=[real(rcstm(:, 1)), imag(rcstm(:, 1)), real(rcste(:, 1)), imag(rcste(:, 1))];
```

```
save([mfilename, 'f.dat'], 'data', '-ascii');
data=[real(rcstm(end, :));imag(rcstm(end, :));real(rcste(end, :));imag(rcste(end, :))]';
save([mfilename, 'a.dat'], 'data', '-ascii');
```

2.6.2　无限长介质圆柱

设无限长介质圆柱的相对介电常数为 ε_r，相对磁导率为 μ_r，定义相对波数为 $k_r=\sqrt{\varepsilon_r\mu_r}$，则 TM 和 TE 极化下散射场为

$$E^S=-\sum_{n=-\infty}^{+\infty}\mathrm{j}^n\frac{\sqrt{\varepsilon_r}J_n(ka)J'_n(k_rka)-\sqrt{\mu_r}J'_n(ka)J_n(k_rka)}{\sqrt{\varepsilon_r}H_n^{(2)}(ka)J'_n(k_rka)-\sqrt{\mu_r}H_n^{(2)\prime}(ka)J_n(k_rka)}H_n^{(2)}(kr)\mathrm{e}^{-\mathrm{j}n\varphi} \tag{2.6.14a}$$

$$H^S=-\sum_{n=-\infty}^{+\infty}\mathrm{j}^n\frac{\sqrt{\mu_r}J_n(ka)J'_n(k_rka)-\sqrt{\varepsilon_r}J'_n(ka)J_n(k_rka)}{\sqrt{\mu_r}H_n^{(2)}(ka)J'_n(k_rka)-\sqrt{\varepsilon_r}H_n^{(2)\prime}(ka)J_n(k_rka)}H_n^{(2)}(kr)\mathrm{e}^{-\mathrm{j}n\varphi} \tag{2.6.14b}$$

由散射场表达式，结合汉克尔函数的大宗量渐近式，可以得出归一化 RCS 表达式为

$$\sqrt{\frac{\sigma^{TM}}{\pi a}}=-\frac{2\mathrm{e}^{\mathrm{j}\pi/4}}{\sqrt{\pi ka}}\sum_{n=-\infty}^{+\infty}\frac{\sqrt{\varepsilon_r}J_n(ka)J'_n(k_rka)-\sqrt{\mu_r}J'_n(ka)J_n(k_rka)}{\sqrt{\varepsilon_r}H_n^{(2)}(ka)J'_n(k_rka)-\sqrt{\mu_r}H_n^{(2)\prime}(ka)J_n(k_rka)}\mathrm{e}^{-\mathrm{j}n\varphi} \tag{2.6.15a}$$

$$\sqrt{\frac{\sigma^{TE}}{\pi a}}=-\frac{2\mathrm{e}^{\mathrm{j}\pi/4}}{\sqrt{\pi ka}}\sum_{n=-\infty}^{+\infty}\frac{\sqrt{\mu_r}J_n(ka)J'_n(k_rka)-\sqrt{\varepsilon_r}J'_n(ka)J_n(k_rka)}{\sqrt{\mu_r}H_n^{(2)}(ka)J'_n(k_rka)-\sqrt{\varepsilon_r}H_n^{(2)\prime}(ka)J_n(k_rka)}\mathrm{e}^{-\mathrm{j}n\varphi} \tag{2.6.15b}$$

2.6.3　理想导体球

当理想导体球的尺寸远大于电磁波的波长时，其单站 RCS 与导体球的横截面积非常接近。因此当目标的 RCS 很大时，单站 RCS 可以定义为与其散射能量等效的理想导体球的横截面积 πa^2，其中 a 是导体球半径。也就是说，如果用一个半径为 a 的导体球代替目标，同一部雷达在相同条件下测量得到的回波功率相同，那么该目标的 RCS 就是该导体球的横截面积 πa^2。注意这个定义只有在目标的 RCS 很大时成立，即等效导体球的频率位于高频区。

用解析法求解电磁辐射与散射的边值问题，可以得到精确的函数表达式，并能根据参数的变化，推断出解的变化趋势。这种方法所能解决的问题不多，只能解决圆柱、球、椭球等边界与正交坐标系重合的几何体的电磁散射。解析法满足不了工程方面的需要，但对于分析电磁散射特性，具有重要的参考意义。

设导体球球心位于原点，电磁波向 $-z$ 方向入射，电场方向平行于 x 轴，磁场方向平行于 y 轴，如图 2.10 所示。不同方向的电磁散射特性也不相同，比较有代表性的两种情形是在 E 面和 H 面上的散射。E 面为电磁波传播方向与电场方向确定的平面，H 面为电磁波传播方向与磁场方向确定的平面。图 2.10 中，E 面是 xz 平面，H 面是 yz 平面。

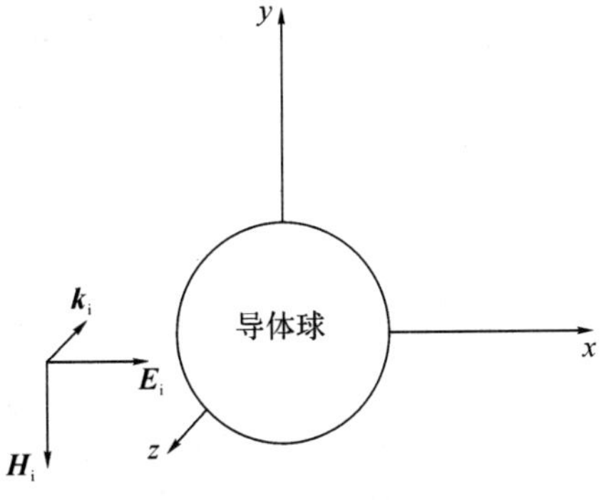

图 2.10　金属球的散射示意图

下面计算导体球的 RCS。在球坐标中，电磁场的通解可以表示为横电波（TE 波）与横磁波（TM

波)的叠加。横电波表示其电场没有 $\hat{\boldsymbol{r}}$ 分量，横磁波表示其磁场没有 $\hat{\boldsymbol{r}}$ 分量。按照 Debye 理论，这两种波都可以由两个标量波函数导出，如下所示[3]：

$$\boldsymbol{H}^{\mathrm{TM}}=\nabla\times(\boldsymbol{r}\pi^{\mathrm{TM}}) \tag{2.6.16a}$$

$$\boldsymbol{E}^{\mathrm{TE}}=\nabla\times(\boldsymbol{r}\pi^{\mathrm{TE}}) \tag{2.6.16b}$$

其中 π^{TM} 和 π^{TE} 分别为标量 Debye 电位和标量 Debye 磁位。注意这里的 Debye 电位 π 是斜体，表示位函数，而本书中圆周率用正体的 π 表示。

因为电场和磁场都满足矢量波动方程，可以证明，在无源、均匀且各向同性的无界空间，这两个标量位函数都满足齐次 Helmholtz 方程：

$$\nabla^2\pi^{\mathrm{TE,\,TM}}+k^2\pi^{\mathrm{TE,\,TM}}=0 \tag{2.6.17}$$

从而，有

$$\pi_{nm}^{\mathrm{TE}}=\begin{Bmatrix} j_n(kr) \\ h_n^{(2)}(kr)\end{Bmatrix}P_n^m(\cos\theta)\mathrm{e}^{-\mathrm{j}m\varphi} \tag{2.6.18a}$$

$$\pi_{nm}^{\mathrm{TM}}=\begin{Bmatrix} j_n(kr) \\ h_n^{(2)}(kr)\end{Bmatrix}P_n^m(\cos\theta)\mathrm{e}^{-\mathrm{j}m\varphi} \tag{2.6.18b}$$

其中 $j_n(kr)$ 是球贝塞尔函数，$h_n^{(2)}(kr)$ 是第二类球汉克尔函数。上式中，“{}”表示其中的两个函数可视情况替换或线性组合使用。Debye 位的通解由上述级数项的线性组合而得。由于 π 满足 Helmoholtz 方程，通过分离变量法求解过程可知

$$\frac{\partial}{\partial r}\left(r^2\,\frac{\partial\pi_{nm}^{\mathrm{TE}}}{\partial r}\right)+(kr)^2=n(n+1) \tag{2.6.19}$$

$$\frac{\partial}{\partial r}\left(r^2\,\frac{\partial\pi_{nm}^{\mathrm{TM}}}{\partial r}\right)+(kr)^2=n(n+1) \tag{2.6.20}$$

当求得 Debye 位函数后，就可以导出相应的电磁场，如下所示：

$$\boldsymbol{E}=\nabla\times(\boldsymbol{r}\pi^{\mathrm{TE}})+\frac{1}{\mathrm{j}\omega\varepsilon}\nabla\times\nabla\times(\boldsymbol{r}\pi^{\mathrm{TM}}) \tag{2.6.21a}$$

$$\boldsymbol{H}=\nabla\times(\boldsymbol{r}\pi^{\mathrm{TM}})-\frac{1}{\mathrm{j}\omega\mu}\nabla\times\nabla\times(\boldsymbol{r}\pi^{\mathrm{TE}}) \tag{2.6.21b}$$

求解电场和磁场的各分量，可得

$$E_r=\frac{1}{\mathrm{j}\omega\varepsilon}\frac{1}{r}\left[\frac{\partial}{\partial r}\left(r^2\,\frac{\partial\pi^{\mathrm{TM}}}{\partial r}\right)+(kr)^2\right] \tag{2.6.22a}$$

$$E_\theta=\frac{1}{\sin\theta}\frac{\partial\pi^{\mathrm{TE}}}{\partial\varphi}+\frac{1}{\mathrm{j}\omega\varepsilon}\frac{\partial}{\partial\theta}\left(\frac{1}{r}\frac{\partial r\pi^{\mathrm{TM}}}{\partial r}\right) \tag{2.6.22b}$$

$$E_\varphi=-\frac{\partial\pi^{\mathrm{TE}}}{\partial\theta}+\frac{1}{\mathrm{j}\omega\varepsilon}\frac{1}{\sin\theta}\frac{\partial}{\partial\varphi}\left(\frac{1}{r}\frac{\partial r\pi^{\mathrm{TM}}}{\partial r}\right) \tag{2.6.22c}$$

$$H_r=-\frac{1}{\mathrm{j}\omega\mu}\frac{1}{r}\left[\frac{\partial}{\partial r}\left(r^2\,\frac{\partial\pi^{\mathrm{TE}}}{\partial r}\right)+(kr)^2\right] \tag{2.6.22d}$$

$$H_\theta=\frac{1}{\sin\theta}\frac{\partial\pi^{\mathrm{TM}}}{\partial\varphi}-\frac{1}{\mathrm{j}\omega\mu}\frac{\partial}{\partial\theta}\left(\frac{1}{r}\frac{\partial r\pi^{\mathrm{TE}}}{\partial r}\right) \tag{2.6.22e}$$

$$H_\varphi=-\frac{\partial\pi^{\mathrm{TM}}}{\partial\theta}-\frac{1}{\mathrm{j}\omega\mu}\frac{1}{\sin\theta}\frac{\partial}{\partial\varphi}\left(\frac{1}{r}\frac{\partial r\pi^{\mathrm{TE}}}{\partial r}\right) \tag{2.6.22f}$$

推导上式时，使用了

$$\nabla\times(\boldsymbol{r}\pi)=\nabla\pi\times\boldsymbol{r}=\frac{1}{\sin\theta}\frac{\partial\pi}{\partial\varphi}\hat{\boldsymbol{\theta}}-\frac{\partial\pi}{\partial\theta}\hat{\boldsymbol{\varphi}} \tag{2.6.23}$$

以及

$$\begin{aligned}\nabla\times\nabla\times(\boldsymbol{r}\pi)&=\nabla\times(\nabla\pi\times\boldsymbol{r})\\&=(\nabla\cdot\boldsymbol{r})\nabla\pi+(\boldsymbol{r}\cdot\nabla)\pi-(\nabla\cdot\nabla\pi)\boldsymbol{r}-(\pi\cdot\nabla)\boldsymbol{r}\\&=2\nabla\pi+r\frac{\partial\nabla\pi}{\partial r}+k^2\nabla\pi\boldsymbol{r}\\&=\frac{1}{r}\left[\frac{\partial}{\partial r}\left(r^2\frac{\partial\nabla\pi}{\partial r}\right)+(kr)^2\pi\hat{\boldsymbol{r}}\right]\\&=\frac{1}{r}\left[\frac{\partial}{\partial r}\left(r^2\frac{\partial\pi}{\partial r}\right)+(kr)^2\right]\hat{\boldsymbol{r}}+\frac{\partial}{\partial\theta}\left(\frac{1}{r}\frac{\partial r\pi}{\partial r}\right)\hat{\boldsymbol{\theta}}+\frac{1}{\sin\theta}\frac{\partial}{\partial\varphi}\left(\frac{1}{r}\frac{\partial r\pi}{\partial r}\right)\hat{\boldsymbol{\varphi}}\end{aligned}\tag{2.6.24}$$

利用式(2.6.19)，可以将 E_r 和 H_r 的每个基函数写为

$$E_{r,nm}=\frac{1}{\mathrm{j}\omega\varepsilon}\frac{n(n+1)}{r}\pi_{nm}^{\mathrm{TM}}\tag{2.6.25a}$$

$$H_{r,nm}=-\frac{1}{\mathrm{j}\omega\mu}\frac{n(n+1)}{r}\pi_{nm}^{\mathrm{TE}}\tag{2.6.25b}$$

则电场和磁场在 θ 和 φ 方向的分量可以写为

$$E_\theta=\frac{1}{\sin\theta}\frac{\partial\pi^{\mathrm{TE}}}{\partial\varphi}+\frac{k}{\mathrm{j}\omega\varepsilon}\frac{\partial\tilde{\pi}^{\mathrm{TM}}}{\partial\theta}\tag{2.6.26a}$$

$$E_\varphi=-\frac{\partial\pi^{\mathrm{TE}}}{\partial\theta}+\frac{k}{\mathrm{j}\omega\varepsilon}\frac{1}{\sin\theta}\frac{\partial\tilde{\pi}^{\mathrm{TM}}}{\partial\varphi}\tag{2.6.26b}$$

$$H_\theta=\frac{1}{\sin\theta}\frac{\partial\pi^{\mathrm{TM}}}{\partial\varphi}-\frac{k}{\mathrm{j}\omega\mu}\frac{\partial\tilde{\pi}^{\mathrm{TE}}}{\partial\theta}\tag{2.6.26c}$$

$$H_\varphi=-\frac{\partial\pi^{\mathrm{TM}}}{\partial\theta}-\frac{k}{\mathrm{j}\omega\mu}\frac{1}{\sin\theta}\frac{\partial\tilde{\pi}^{\mathrm{TE}}}{\partial\varphi}\tag{2.6.26d}$$

其中函数 $\tilde{\pi}^{\mathrm{TM}}$ 和 $\tilde{\pi}^{\mathrm{TE}}$ 定义为

$$\tilde{\pi}^{\mathrm{TM}}=\frac{1}{kr}\frac{\partial(kr\pi^{\mathrm{TM}})}{\partial(kr)}\tag{2.6.27a}$$

$$\tilde{\pi}^{\mathrm{TE}}=\frac{1}{kr}\frac{\partial(kr\pi^{\mathrm{TE}})}{\partial(kr)}\tag{2.6.27b}$$

入射电场和磁场表达式分别为

$$\boldsymbol{E}_{\mathrm{i}}=E\hat{\boldsymbol{x}}\mathrm{e}^{\mathrm{j}kz}\tag{2.6.28a}$$

$$\boldsymbol{H}_{\mathrm{i}}=-H\hat{\boldsymbol{y}}\mathrm{e}^{\mathrm{j}kz}\tag{2.6.28b}$$

由于 $\mathrm{e}^{\mathrm{j}kz}$ 与坐标 φ 无关，并且在原点是有限的，因此可以展开为

$$\mathrm{e}^{\mathrm{j}kz}=\mathrm{e}^{\mathrm{j}kr\cos\theta}=\sum_{n=0}^{\infty}(2n+1)\mathrm{j}^n j_n(kr)P_n(\cos\theta)\tag{2.6.29}$$

其中 $P_n(\cos\theta)$是勒让德函数。

下面根据这一展开式导出电场的 $\hat{\boldsymbol{r}}$ 分量展开式和相应的 Debye 位的展开式。为此，注意到

$$\sin\theta\mathrm{e}^{\mathrm{j}kr\cos\theta}=\frac{1}{-\mathrm{j}kr}\frac{\mathrm{d}\mathrm{e}^{\mathrm{j}kr\cos\theta}}{\mathrm{d}\theta}\tag{2.6.30}$$

考虑到 $\hat{\boldsymbol{r}}\cdot\hat{\boldsymbol{x}}=\sin\theta$，得到

$$E_{\mathrm{ir}}=\boldsymbol{E}_{\mathrm{i}}\cdot\hat{\boldsymbol{r}}=E\cos\varphi\frac{1}{-\mathrm{j}kr}\sum_{n=1}^{\infty}(2n+1)\mathrm{j}^n j_n(kr)\frac{\mathrm{d}P_n(\cos\theta)}{\mathrm{d}\theta}\tag{2.6.31}$$

注意上式求和从 $n=1$ 开始，因为 $n=0$ 时，$P_n(\cos\theta)=1$ 是常数，导数为零。结合式(2.6.22a)和式(2.6.25a)，可得入射场的 Debye 电位函数 π_i^{TM}，即

$$\pi_i^{TM} = j\omega\varepsilon E\cos\varphi \frac{1}{-jk}\sum_{n=1}^{\infty}\frac{2n+1}{n(n+1)}j^n j_n(kr)\frac{dP_n(\cos\theta)}{d\theta} \tag{2.6.32a}$$

同理，得到入射场的 Debye 磁位函数 π_i^{TE}，即

$$\pi_i^{TE} = j\omega\mu H\sin\varphi \frac{1}{-jk}\sum_{n=1}^{\infty}\frac{2n+1}{n(n+1)}j^n j_n(kr)\frac{dP_n(\cos\theta)}{d\theta} \tag{2.6.32b}$$

设散射场的 Debye 电位函数和磁位函数分别为 π_s^{TM} 和 π_s^{TE}，表达式如下：

$$\pi_s^{TM} = j\omega\varepsilon E\cos\varphi \frac{1}{jk}\sum_{n=1}^{\infty}\frac{2n+1}{n(n+1)}j^n a_n^{TM} h_n^{(2)}(kr)\frac{dP_n(\cos\theta)}{d\theta} \tag{2.6.33a}$$

$$\pi_s^{TE} = j\omega\mu H\sin\varphi \frac{1}{jk}\sum_{n=1}^{\infty}\frac{2n+1}{n(n+1)}j^n a_n^{TE} h_n^{(2)}(kr)\frac{dP_n(\cos\theta)}{d\theta} \tag{2.6.33b}$$

其中 a_n^{TM} 和 a_n^{TE} 是待定系数，$h_n^{(2)}(kr)$是第二类球汉克尔函数。

总的电位函数和磁位函数为入射场电位函数和散射场电位函数的叠加，即

$$\pi^{TM} = j\omega\varepsilon E\cos\varphi \frac{1}{jk}\sum_{n=1}^{\infty}\frac{2n+1}{n(n+1)}j^n\left[-j_n^{(2)}(kr)+a_n^{TM}h_n^{(2)}(kr)\right]\frac{dP_n(\cos\theta)}{d\theta} \tag{2.6.34a}$$

$$\pi^{TE} = j\omega\mu H\sin\varphi \frac{1}{jk}\sum_{n=1}^{\infty}\frac{2n+1}{n(n+1)}j^n\left[-j_n^{(2)}(kr)+a_n^{TE}h_n^{(2)}(kr)\right]\frac{dP_n(\cos\theta)}{d\theta} \tag{2.6.34b}$$

在球体表面，电场的切向分量为零。将上式代入式(2.6.26a)和式(2.6.26b)，利用边界条件可以得到 a_n^{TM} 和 a_n^{TE} 的值，即

$$a_n^{TM}=\frac{\tilde{j}_n(ka)}{\tilde{h}_n^{(2)}(ka)} \tag{2.6.35a}$$

$$a_n^{TE}=\frac{j_n(ka)}{h_n^{(2)}(ka)} \tag{2.6.35b}$$

其中 $\tilde{j}_n(x)$和 $\tilde{h}_n^{(2)}(x)$定义如下：

$$\tilde{j}_n(x)=\frac{1}{x}\frac{dxj_n(x)}{dx} \tag{2.6.36a}$$

$$\tilde{h}_n^{(2)}(x)=\frac{1}{x}\frac{dxh_n^{(2)}(x)}{dx} \tag{2.6.36b}$$

求得散射场的位函数后，即可求得空间任意一点的散射场。对于计算 RCS，更关心的是远场，得到电场的远场切向分量为

$$E_{s\theta}\to j^n h_n^{(2)}(kr)\frac{2n+1}{n(n+1)}E\cos\varphi\left(\frac{1}{\sin\theta}\frac{dP_n(\cos\theta)}{d\theta}\frac{j_n(ka)}{h_n^{(2)}(ka)}-\frac{d^2P_n(\cos\theta)}{d\theta^2}\frac{\tilde{j}_n(ka)}{\tilde{h}_n^{(2)}(ka)}\right) \tag{2.6.37a}$$

$$E_{s\varphi}\to j^n h_n^{(2)}(kr)\frac{2n+1}{n(n+1)}E\sin\varphi\left(-\frac{d^2P_n(\cos\theta)}{d\theta^2}\frac{j_n(ka)}{h_n^{(2)}(ka)}+\frac{1}{\sin\theta}\frac{dP_n(\cos\theta)}{d\theta}\frac{\tilde{j}_n(ka)}{\tilde{h}_n^{(2)}(ka)}\right) \tag{2.6.37b}$$

推导上式时用到了球汉克尔函数的远场近似 $\tilde{h}_n^{(2)}(x)\to -jh_n^{(2)}(x)$。进一步，利用汉克尔函数的远场近似 $h_n^{(2)}(x)\to j^n h_0^{(2)}(x)$，电场的远场切向分量可以表示为

$$E_{s\theta}\to(-1)h_0^{(2)}(kr)\frac{2n+1}{n(n+1)}E\cos\varphi\left(\frac{1}{\sin\theta}\frac{dP_n(\cos\theta)}{d\theta}\frac{j_n(ka)}{h_n^{(2)}(ka)}-\frac{d^2P_n(\cos\theta)}{d\theta^2}\frac{\tilde{j}_n(ka)}{\tilde{h}_n^{(2)}(ka)}\right) \tag{2.6.38a}$$

$$E_{s\varphi}\to(-1)h_0^{(2)}(kr)\frac{2n+1}{n(n+1)}E\sin\varphi\left(-\frac{d^2P_n(\cos\theta)}{d\theta^2}\frac{j_n(ka)}{h_n^{(2)}(ka)}+\frac{1}{\sin\theta}\frac{dP_n(\cos\theta)}{d\theta}\frac{\tilde{j}_n(ka)}{\tilde{h}_n^{(2)}(ka)}\right) \tag{2.6.38b}$$

而 $h_0^{(2)}(x)$ 的大宗量渐近式为

$$h_0^{(2)}(x) \sim \frac{e^{-jx}}{-jx} \tag{2.6.39}$$

由此可以得到 RCS 的表达式。计算 E 面 RCS 时取 $\varphi=0$，电场取 $E_{s\theta}$ 分量。计算 H 面 RCS 时取 $\varphi=-\frac{\pi}{2}$，电场取 $E_{s\varphi}$ 分量。再将 RCS 相对于导体球的横截面积 πa^2 归一化，略去因子 e^{-jkr}，得到无量纲量，于是得到 E 面和 H 面归一化复量 RCS 为

$$\sqrt{\frac{\sigma_E}{\pi a^2}}=\frac{2j}{ka}(-1)^n\frac{2n+1}{n(n+1)}\left(\frac{1}{\sin\theta}\frac{dP_n(\cos\theta)}{d\theta}\frac{j_n(ka)}{h_n^{(2)}(ka)}-\frac{d^2P_n(\cos\theta)}{d\theta^2}\frac{\tilde{j}_n(ka)}{\tilde{h}_n^{(2)}(ka)}\right) \tag{2.6.40a}$$

$$\sqrt{\frac{\sigma_H}{\pi a^2}}=\frac{2j}{ka}(-1)^n\frac{2n+1}{n(n+1)}\left(\frac{d^2P_n(\cos\theta)}{d\theta^2}\frac{j_n(ka)}{h_n^{(2)}(ka)}-\frac{1}{\sin\theta}\frac{dP_n(\cos\theta)}{d\theta}\frac{\tilde{j}_n(ka)}{\tilde{h}_n^{(2)}(ka)}\right) \tag{2.6.40b}$$

在单站情形，$\theta=0$，此时有

$$\frac{1}{\sin\theta}\frac{dP_n(\cos\theta)}{d\theta}=\frac{d^2P_n(\cos\theta)}{d\theta^2}=-\frac{n(n+1)}{2} \tag{2.6.41}$$

因此，单站 RCS 表示为

$$\sqrt{\frac{\sigma}{\pi a^2}}=\frac{-j}{ka}(-1)^n(2n+1)\left(\frac{j_n(ka)}{h_n^{(2)}(ka)}-\frac{\tilde{j}_n(ka)}{\tilde{h}_n^{(2)}(ka)}\right) \tag{2.6.42}$$

需要注意的是，连带 Legendre 函数 P_n^1 有两种定义。一种定义为

$$P_n^1=-\frac{\partial P_n(\cos\theta)}{\partial\theta} \tag{2.6.43}$$

另一种为

$$P_n^1=\frac{\partial P_n(\cos\theta)}{\partial\theta} \tag{2.6.44}$$

为避免歧义，这里在推导过程中直接使用了 $\frac{\partial P_n(\cos\theta)}{\partial\theta}$。在程序编制时，要注意所用编程语言函数库采用的是哪种定义。MATLAB 中使用的是后面一种定义。

计算导体球 RCS 的代码如下所示。单站 RCS 随频率的变化的幅度和相位如图 2.11 所示。$ka=2\pi$ 时双站 RCS 随双站角变化的幅度和相位如图 2.12 所示。

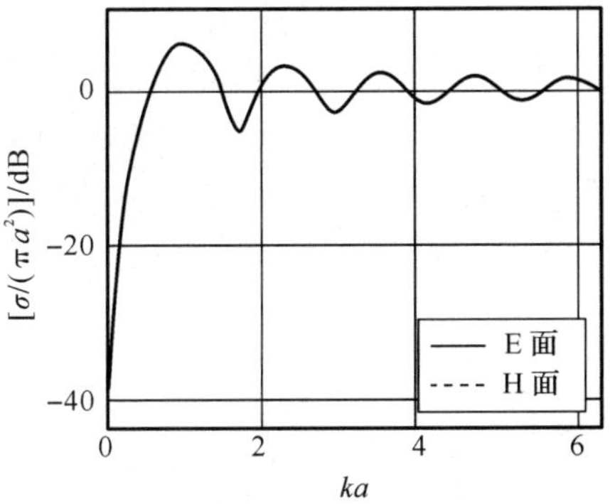

(a) 归一化 RCS

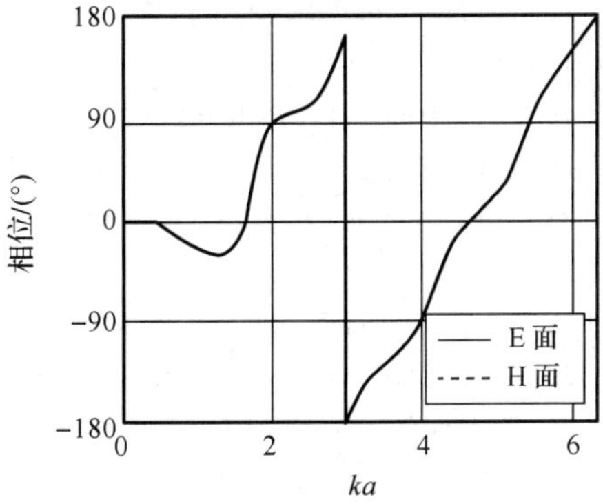

(b) 相位

图 2.11　单站 RCS 及相位随频率变化(2/m2.m)

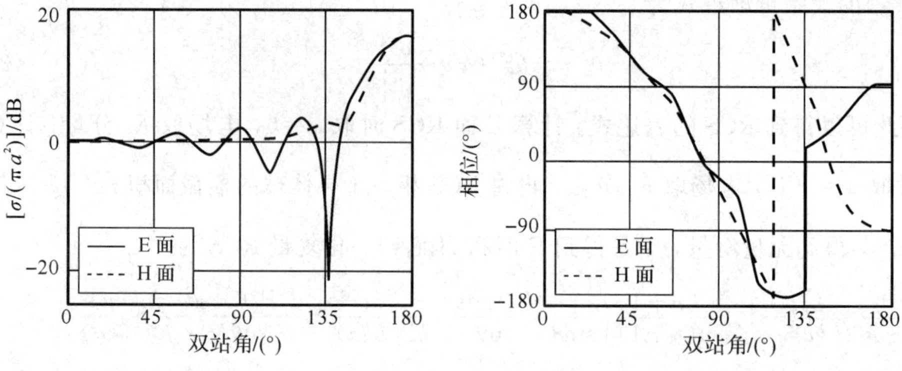

(a) 归一化 RCS　　　　(b) 相位

图 2.12　双站 RCS 及相位随双站角变化(2/m2.m)

代码 2.2　导体球 RCS 解析解(2/m2.m)

```
theta=0:180;
nf=100;
f=(1:nf)'/nf;
ka=f*2*pi;
n=1:80;
jn=@(n, x)besselj(n+.5, x);
hn=@(n, x)besselh(n+.5, 2, x);
jd=@(n, x)besselj(n-.5, x)-n./x.*besselj(n+.5, x);
hd=@(n, x)besselh(n-.5, 2, x)-n./x.*besselh(n+.5, 2, x);
jn=bsxfun(jn, n, ka);
hn=bsxfun(hn, n, ka);
jd=bsxfun(jd, n, ka);
hd=bsxfun(hd, n, ka);
pds=zeros(length(n), length(theta));
pdd=zeros(length(n), length(theta));
costheta=cosd(theta);
sintheta=sind(theta);
cottheta=cotd(theta);
pn=legendre(1, costheta);
pds(1, :)=pn(2, :)./sintheta;
pdd(1, :)=cottheta.*pn(2, :);
for nn=n(2:end)
    pn=legendre(nn, costheta);
    pds(nn, :)=pn(2, :)./sintheta;
    pdd(nn, :)=cottheta.*pn(2, :)+pn(3, :);
end
pds(:, [1, end])=[-n.*(n+1)/2; (-1).^n.*n.*(n+1)/2]';
pdd(:, [1, end])=[pds(:, 1), -pds(:, end)];
tmpte=2j./ka.*((-1).^n.*(2*n+1)./(n.*(n+1))).*jn./hn;
```

```
tmpte(isnan(tmpte))=0;
tmptm=2j./ka.*((-1).^n.*(2*n+1)./(n.*(n+1))).*jd./hd;
tmptm(isnan(tmptm))=0;
rcse=tmpte*pds-tmptm*pdd;
rcsh=tmpte*pdd-tmptm*pds;
plot(ka, 20*log10(abs(rcse(:, 1))), ka, 20*log10(abs(rcsh(:, 1))));
saveas(gcf, [mfilename, 'frcs.png']);
plot(ka, angle(rcse(:, 1))*180/pi, ka, angle(rcsh(:, 1))*180/pi);
saveas(gcf, [mfilename, 'fphase.png']);
plot(theta, 20*log10(abs(rcse(end, :))), theta, 20*log10(abs(rcsh(end, :))));
saveas(gcf, [mfilename, 'arcs.png']);
plot(theta, angle(rcse(end, :))*180/pi, theta, angle(rcsh(end, :))*180/pi);
saveas(gcf, [mfilename, 'aphase.png']);
data=[real(rcse(:, 1)), imag(rcse(:, 1)), real(rcsh(:, 1)), imag(rcsh(:, 1))];
save([mfilename, 'f.dat'], 'data', '-ascii');
data=[real(rcse(end, :)); imag(rcse(end, :)); real(rcsh(end, :)); imag(rcsh
(end, :))]';
save([mfilename, 'a.dat'], 'data', '-ascii');
```

复习思考题

1. 给出平面电磁波的定义。沿 z 方向传播的麦克斯韦方程组电场和磁场形式如下所示：

$$\frac{\partial E_x}{\partial z}=-\mathrm{j}\omega\mu_0 H_y \tag{1}$$

$$\frac{\partial H_y}{\partial z}=-\mathrm{j}\omega\varepsilon_0 E_x \tag{2}$$

推导电场和磁场的解。

2. 考虑一个沿 $\hat{z}$ 方向传播的电磁波

$$\boldsymbol{E}=\hat{\boldsymbol{x}}E_x\cos(\omega t-kz-\psi_x)+\hat{\boldsymbol{y}}E_y\cos(\omega t-kz-\psi_y)$$

其中，E_x、E_y、ψ_x、ψ_y 都是实数。

(1) 设 $E_x=2$，$E_y=1$，$\psi_x=\pi/2$，$\psi_y=\pi/4$，这是什么极化的电磁波？

(2) 设 $E_x=1$，$E_y=0$，$\psi_x=0$，$\psi_y=0$，这是一个线极化波。证明它可以由一个右旋圆极化波和一个左旋圆极化波合成得到。

(3) 设 $E_x=1$，$E_y=1$，$\psi_x=\pi/4$，$\psi_y=-\pi/4$，这是一个圆极化波。证明它可以分解为两个线极化波。

3. 在一个频率为 2.5 GHz 的微波炉中有一个底部为圆形的牛排，其介电常数 $\varepsilon_r=40$，电导率 $\sigma=20\ \Omega/\text{m}$，求穿透深度。

4. 分别计算海水在频率 100 Hz 和 5 MHz 时的损耗角正切和趋肤深度。在上述频率下，海水的电导率 $\sigma=45\ \text{S/m}$，介电常数 $\varepsilon_r=80$，磁导率 $\mu_r=1$。

第 3 章 FDTD 差分格式

麦克斯韦方程组是微分方程，不能在计算机中直接求解。通过 Yee 网格可以将麦克斯韦方程组用差分方程近似，模拟电场和磁场随时间的变化情况。在巧妙设计的 Yee 网格中，电场和磁场在空间上和时间上都交错分布，迭代非常方便。为了简化程序的编写，将麦克斯韦方程组进行改写成等量纲的形式。本章还介绍了空间网格和时间网格划分的方法以及约束条件。对有损耗的介质的仿真给出了两种差分格式，并进行了比较。

3.1 麦克斯韦方程组的改写

将麦克斯韦方程组改写成等量纲的形式，可以简化公式，有利于代码的编写。等量纲形式的麦克斯韦方程组具有更加优美的对称性，而且方程中可以不出现介电常数、磁导率等物理常数。这种形式的方程组能够以更方便的形式进行数值差分。由于时变情形的麦克斯韦方程组散度方程可以由旋度方程和电荷守恒定律导出，因此只对旋度方程改写即可。时域形式的两个旋度方程可以写为[4]

$$\nabla\times\eta_0\boldsymbol{H}=\mathrm{j}\omega\varepsilon_0\eta_0\varepsilon_r\boldsymbol{E}+\eta_0\boldsymbol{J} \tag{3.1.1a}$$

$$\nabla\times\boldsymbol{E}=-\mathrm{j}\omega\frac{\mu_0}{\eta_0}\mu_r\eta_0\boldsymbol{H}+\boldsymbol{M} \tag{3.1.1b}$$

以上两式可以改写成

$$\nabla\times\tilde{\boldsymbol{H}}=\frac{\mathrm{j}\omega}{c}\varepsilon_r\boldsymbol{E}+\tilde{\boldsymbol{J}} \tag{3.1.2a}$$

$$\nabla\times\boldsymbol{E}=-\frac{\mathrm{j}\omega}{c}\mu_r\tilde{\boldsymbol{H}}-\boldsymbol{M} \tag{3.1.2b}$$

其中 $\tilde{\boldsymbol{H}}=\eta_0\boldsymbol{H}$，$\tilde{\boldsymbol{J}}=\eta_0\boldsymbol{J}$。可以看到，上式中 $\tilde{\boldsymbol{H}}$ 和 $\boldsymbol{E}$ 的量纲相同，$\tilde{\boldsymbol{J}}$ 和 $\boldsymbol{M}$ 的量纲相同。推导式(3.1.2a)和式(3.1.2b)时用到了下面的关系：

$$\varepsilon_0\eta_0=\frac{\mu_0}{\eta_0}=\frac{1}{c} \tag{3.1.3}$$

将本构关系

$$\boldsymbol{J}=\sigma\boldsymbol{E} \tag{3.1.4a}$$

$$\boldsymbol{M}=\sigma_m\boldsymbol{H} \tag{3.1.4b}$$

改写为

$$\tilde{\boldsymbol{J}}=\tilde{\sigma}\boldsymbol{E} \tag{3.1.5a}$$

$$\boldsymbol{M}=\tilde{\sigma}_m\tilde{\boldsymbol{H}} \tag{3.1.5b}$$

其中$\tilde{\sigma}=\eta_0\sigma$，$\tilde{\sigma}_m=\sigma_m/\eta_0$，两者又有相同的量纲。因此，式(3.1.2a)和式(3.1.2b)可以进一步写为

$$\nabla\times\widetilde{\boldsymbol{H}}=\frac{\mathrm{j}\omega}{c}\varepsilon_{\mathrm{r}}\boldsymbol{E}+\widetilde{\sigma}\boldsymbol{E} \tag{3.1.6a}$$

$$\nabla\times\boldsymbol{E}=-\frac{\mathrm{j}\omega}{c}\mu_{\mathrm{r}}\widetilde{\boldsymbol{H}}-\widetilde{\sigma}_{\mathrm{m}}\boldsymbol{M} \tag{3.1.6b}$$

设仿真时间步长为 Δt，式(3.1.6a)和式(3.1.6b)的两边分别乘以 $c\Delta t$，得到

$$c\Delta t\nabla\times\widetilde{\boldsymbol{H}}=\mathrm{j}\omega\Delta t\varepsilon_{\mathrm{r}}\boldsymbol{E}+c\Delta t\,\widetilde{\sigma}\boldsymbol{E} \tag{3.1.7a}$$

$$c\Delta t\nabla\times\boldsymbol{E}=-\mathrm{j}\omega\Delta t\mu_{\mathrm{r}}\widetilde{\boldsymbol{H}}-c\Delta t\,\widetilde{\sigma}_{\mathrm{m}}\widetilde{\boldsymbol{H}} \tag{3.1.7b}$$

式中右边的 $\mathrm{j}\omega\Delta t$ 又是无量纲量。经中心差分后，$\mathrm{j}\omega\Delta t\boldsymbol{E}$ 恰好成为两个相邻时间步长的电场之差，$\mathrm{j}\omega\Delta t\widetilde{\boldsymbol{H}}$ 成为两个相邻时间步长的磁场之差。左边的算子 $c\Delta t\nabla\times$经中心差分后，恰好是时间因子 $s=c\Delta t/\delta$，也是无量纲量，其中 δ 是空间步长。这种形式大大简化了离散过程，消除了介电常数、磁导率、光速等很大或很小的物理常数，减小了仿真误差。在仿真中，只需要设定时间因子 s 等无量纲参量。需要知道最终的物理结果时，再换算回具有物理量纲的结果即可。

在无耗、无源条件下，麦克斯韦旋度方程可以写为

$$\nabla\times\widetilde{\boldsymbol{H}}=\frac{\mathrm{j}\omega}{c}\boldsymbol{E} \tag{3.1.8a}$$

$$\nabla\times\boldsymbol{E}=-\frac{\mathrm{j}\omega}{c}\widetilde{\boldsymbol{H}} \tag{3.1.8b}$$

将上面两式变换到时域，其形式为

$$\nabla\times\widetilde{\boldsymbol{H}}=\frac{1}{c}\frac{\partial\boldsymbol{E}}{\partial t} \tag{3.1.9a}$$

$$\nabla\times\boldsymbol{E}=-\frac{1}{c}\frac{\partial\widetilde{\boldsymbol{H}}}{\partial t} \tag{3.1.9b}$$

将偏微分方程离散后，电场和磁场只能在有限个采样点处采样。在三维空间中，电场和磁场是空间和时间的四维函数。设 x、y、z、t 方向的采样步长分别为 Δx、Δy、Δz、Δt。设 $f(x, y, z, t)$代表电场或磁场在直角坐标系中的某一分量，在空间和时间域中的离散用 $f^n(i, j, k)$表示为

$$f^n(i, j, k)=f(i\Delta x, j\Delta y, k\Delta z, n\Delta t) \tag{3.1.10}$$

在电磁学中，k 往往还用来表示波数，需要根据上下文进行区分。本书中，正体形式的 j 表示虚单位，在阅读时注意区分。

3.2　Yee 元胞形式和时间推进

3.2.1　一维情形

1966 年，Yee 首次提出用交错网格对麦克斯韦方程组进行离散化的方法[5]。后来，这一方法得到迅速发展，并得以广泛应用[6,7]。

首先研究无源区域一维情形，不考虑电导率和导磁率，这种情形最为简单。设平面电磁波向 z 方向传播，电场沿 x 轴方向，磁场沿 y 轴方向，式(3.1.9a)和式(3.1.9b)可以简化为

$$\frac{\partial \widetilde{H}_y}{\partial z}=-\frac{1}{c}\frac{\partial E_x}{\partial t} \tag{3.2.1a}$$

$$\frac{\partial E_x}{\partial z}=-\frac{1}{c}\frac{\partial \widetilde{H}_y}{\partial t} \tag{3.2.1b}$$

对上面的方程进行离散。原则上说，电场和磁场在空间和时间上的采样方式有多种选择，只要满足时间和空间交错即可。在空间上，电场可以在整数或半整数倍空间步长上采样，在时间上，电场也可以在整数或半整数倍时间步长上采样。两两组合，电场一共有 4 种采样方案，并没有本质区别。磁场采样方式与电场相交错即可。

如无特别说明，本书全部采用电场在整数空间步长和时间步长上采样，磁场在半整数空间步长和时间步长上采样的方案。只有在极少数情形，如研究二维 TE 情形电磁行为时，将电场和磁场的采样方式交换，即磁场在整数空间步长和时间步长上采样，电场在半整数空间步长和时间步长上采样。再结合对偶原理，可将 TM 波的代码改动少许，即实现可对 TE 情形进行仿真。

一维情形下，电场和磁场在空间、时间坐标上的分布如图 3.1 所示。

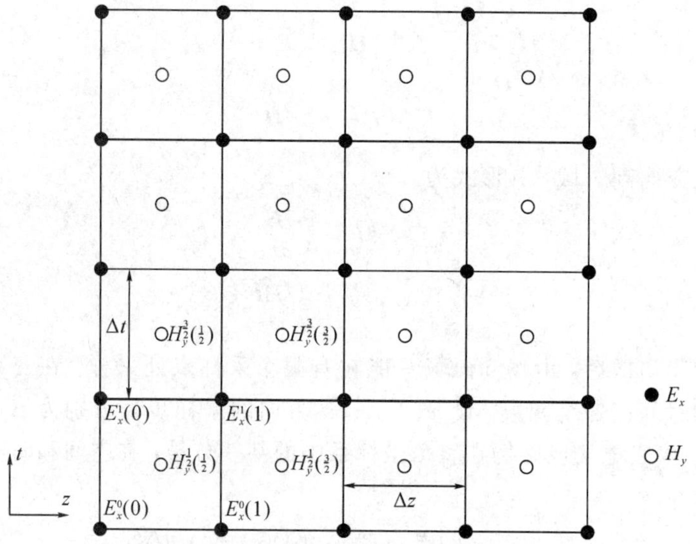

图 3.1　一维情形电场和磁场在空间和时间坐标上的采样方法

一维麦克斯韦方程采用中心差分离散后成为[8]

$$E_x^n(k)=E_x(k\Delta z,\ n\Delta t) \tag{3.2.2a}$$

$$\widetilde{H}_y^{n+\frac{1}{2}}\left(k+\frac{1}{2}\right)=\widetilde{H}_y\left(\left(k+\frac{1}{2}\right)\Delta z,\ \left(n+\frac{1}{2}\right)\Delta t\right) \tag{3.2.2b}$$

可以看到，电场和磁场在时间和空间上都呈交错排列。电场在整数倍的空间和时间步长上采样，磁场在半整数倍的空间和时间步长上采样。

在仿真中，也可以将磁场和电场的采样位置交换，即磁场在整数空间步长处采样，电场在半整数空间步长处采样。时间采样方式也可以交换，即磁场在整数时间步长处采样，电场在半整数时间步长处采样。仿真结果没有本质的区别。本书中，除非特殊说明，电场都在整数空间和时间步长处采样，磁场都在半整数空间和时间步长处采样。

将式(3.2.1a)在网格点$\left(k,\ n+\frac{1}{2}\right)$处离散，将式(3.2.1b)在网格点$\left(k+\frac{1}{2},\ n\right)$处离

散，分别进行中心差分，得到

$$\frac{\widetilde{H}_y^{n+\frac{1}{2}}\left(k+\frac{1}{2}\right)-\widetilde{H}_y^{n+\frac{1}{2}}\left(k-\frac{1}{2}\right)}{\Delta z}=-\frac{E_x^{n+1}(k)-E_x^n(k)}{c\Delta t} \tag{3.2.3a}$$

$$\frac{E_x^n(k+1)-E_x^n(k)}{\Delta z}=-\frac{\widetilde{H}_y^{n+\frac{1}{2}}\left(k+\frac{1}{2}\right)-\widetilde{H}_y^{n-\frac{1}{2}}\left(k+\frac{1}{2}\right)}{c\Delta t} \tag{3.2.3b}$$

设时间稳定因子 $s=c\Delta t/\Delta z$，得到迭代公式为

$$E_x^{n+1}(k)=E_x^n(k)-s\left[\widetilde{H}_y^{n+\frac{1}{2}}\left(k+\frac{1}{2}\right)-\widetilde{H}_y^{n+\frac{1}{2}}\left(k-\frac{1}{2}\right)\right] \tag{3.2.4a}$$

$$\widetilde{H}_y^{n+\frac{1}{2}}\left(k+\frac{1}{2}\right)=\widetilde{H}_y^{n-\frac{1}{2}}\left(k+\frac{1}{2}\right)-s[E_x^n(k+1)-E_x^n(k)] \tag{3.2.4b}$$

根据上面两式将 $\widetilde{H}_y$ 和 E_x 依次更新。每次更新分为两步：

(1) 通过式(3.2.4b)用 $\widetilde{H}_x^{n-\frac{1}{2}}$ 和 E_x^n 计算 $\widetilde{H}_y^{n+\frac{1}{2}}$；

(2) 通过式(3.2.4a)用 E_x^n 和 $\widetilde{H}_y^{n+\frac{1}{2}}$ 计算 E_x^{n+1}。

在更新过程中，并不需要存储每一个时间步的 E_x 和 $\widetilde{H}_y$，而只要存储一个时间步的值即可。计算出新值后，旧值就用新值代替。

每一个场量的计算需要当前的值和左右两侧半个网格处另一个场的值进行更新。当场量位于边界时，无法采用这种方法进行计算。如果需要模拟无限大空间，则需要引入吸收边界条件，详见后续章节。如果需要引入源，则可在边界处设置该处场随时间的变化，引入入射波。

下面通过具体的例子进行说明。计算区域划分为 100 个网格，入射电磁波为正弦波，在左侧边界处引入，时间稳定因子为 0.5，仿真 100 时间步。MATLAB 代码如下所示。

代码 3.1　一维电磁波的传播(3/m1.m)

```
s=0.5;
nd=20;
nz=100;
e=zeros(1, nz+1);
h=0;
hfig=plot(0:nz, e);
ylim([-2, 2]);
for n=1:nd/s*5
    h=h-s*diff(e);
    e(2:end-1)=e(2:end-1)-s*diff(h);
    e(1)=sin(2*pi*n*s/nd);
    set(hfig, 'ydata', e);
    drawnow;
end
ea=-sin(2*pi*(0:nz)/nd);
hold on;
plot(0:nz, ea);
saveas(gcf, [mfilename, '.png']);
```

```
19 data=[e; ea]';
20 save([mfilename, '.dat'], 'data', '-ascii');
```

仿真结果如图 3.2 所示。

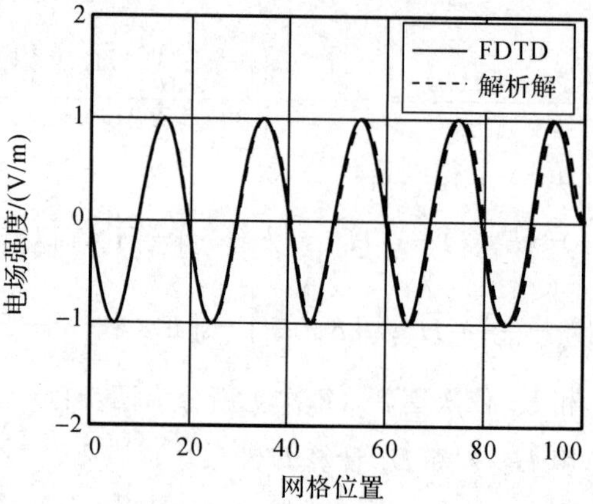

图 3.2　无吸收边界，仿真 100 时间步(3/m1.m)

由图 3.2 可见，网格划分和场点采样方式能够保证电磁波仿真的正确性，电磁波从左侧传播到右侧，波形没有畸变。

观察上面的代码，分析其中的编程技巧。代码中并没有设置介电常数、磁导率、光速等物理常数，而是全部采用无量纲量表示。

第 1 行设置了时间稳定因子为 0.5，第 2 行设置了一个波长内的元胞数为 20，即元胞尺寸为 $\lambda/20$。第 3 行设置了 z 方向的元胞数量为 100。由于电磁波只沿 z 方向传播，因此只需设置该方向的元胞数即可。第 4 行为电场分配了 1 行、101 列的数组，第 5 行为磁场分配了 1 行、100 列的数组。第 5 行只为磁场强度 h 赋予了初值 0，并没有为 h 分配数组。第 6 行和第 7 行给出了电场强度在 z 轴上的分布。第 6 行设置了坐标图的句柄 hfig。这样在曲线更新时，只需要利用这个句柄更新曲线中的数据即可，而不需要重绘整幅图片，这样能够提高动画的刷新速度。第 7 行设置了曲线 y 坐标的上下限，避免仿真过程中，曲线因幅度范围的变化而跳动。

第 8 行到第 14 行为电场和磁场的迭代过程。其中第 9、10 行表示场的迭代，用 MATLAB 自带的 diff 函数实现差分。第 11 行给电场的第一个值设置了源。第 12 行的作用是更新曲线图的坐标值，在仿真时可以实时观察到电场的变化情况。第 14 行和 15 行将仿真结果保存为数值形式和图片形式，方便后处理。

该仿真采用正弦波作为激励源，源函数的形式为 $f(t)=\sin\omega t$。将之离散化为 $f^n=f(n\Delta t)$，进一步写为

$$f^n=\sin(\omega n\Delta t)=\sin(n2\pi f\Delta t)=\sin\left(n2\pi\frac{c\Delta t}{\lambda}\right)=\sin\left(n2\pi\frac{s}{N}\right) \tag{3.2.5}$$

其中 N 是一个波长要划分的网格数量，在程序中用 nd 表示。采用这种方式，将设定的频率直接表现在网格密度和时间因子上，不需要写出频率信息。

在第 9 行循环的第一步，根据 MATLAB 标量与向量运算的法则，经一步计算，就自动给 h 分配好了所需的空间，而且尺寸恰好与 e 相匹配。因此，第 5 行就不需要确定 h 的具体尺寸。采用这种方法可以提高程序的鲁棒性，简化代码。本书中大量的代码采用这种自动

计算出数组尺寸的方法。

第 15 行是运行若干整数个周期后，电场强度的理论值，用于与精确值进行对比。

本书中的仿真结果如果是曲线形式，则不采用 MATLAB 绘制的曲线，而是用更专业的绘图工具绘制。MATLAB 绘制的曲线图难以保证图形各种标注的自体、尺寸与正文的一致性。如果是图片形式，则直接采用 MATLAB 中的 imagesc 函数绘制的图片。

在一维情形下，电场和磁场的迭代类似传输线上电流和电压的迭代。传输线上的电报方程为

$$\frac{\partial V}{\partial x}=-L\frac{\partial I}{\partial t} \tag{3.2.6a}$$

$$\frac{\partial I}{\partial x}=-C\frac{\partial V}{\partial t} \tag{3.2.6b}$$

其中：I 是电流；V 是电压；C 是每单位长度的电容，单位为 F/m；L 是每单位长度的电感，单位为 H/m。将上式离散，得到如下方程：

$$\frac{V^n(j+1)-V^n(j)}{\Delta x}=-L\frac{I^{n+\frac{1}{2}}\left(j+\frac{1}{2}\right)-I^{n-\frac{1}{2}}\left(j+\frac{1}{2}\right)}{\Delta t} \tag{3.2.7a}$$

$$\frac{I^{n+\frac{1}{2}}\left(j+\frac{1}{2}\right)-I^{n+\frac{1}{2}}\left(j-\frac{1}{2}\right)}{\Delta x}=-C\frac{V^{n+1}(j)-V^n(j)}{\Delta t} \tag{3.2.7b}$$

写成显式形式，即

$$I^{n+\frac{1}{2}}\left(j+\frac{1}{2}\right)=I^{n-\frac{1}{2}}\left(j+\frac{1}{2}\right)-\frac{\Delta t}{L\Delta x}(V^n(j+1)-V^n(j)) \tag{3.2.8a}$$

$$V^{n+1}(j)=V^n(j)-\frac{\Delta t}{C\Delta x}\left[I^{n+\frac{1}{2}}\left(j+\frac{1}{2}\right)-I^{n+\frac{1}{2}}\left(j-\frac{1}{2}\right)\right] \tag{3.2.8b}$$

通过上式的迭代，就可以由 $n-\frac{1}{2}$ 时间步的电流计算得出 $n+\frac{1}{2}$ 时间步的电流，由 n 时间步的电压计算得出 $n+1$ 时间步的电压。

3.2.2 损耗的处理

下面研究考虑电导率和导磁率时的差分方程。在一维情形，电场和磁场的微分方程为

$$\frac{\partial \widetilde{H}_y}{\partial z}=-\frac{1}{c}\frac{\partial E_x}{\partial t}-\tilde{\sigma}E_x \tag{3.2.9a}$$

$$\frac{\partial \widetilde{H}_x}{\partial z}=-\frac{1}{c}\frac{\partial \widetilde{H}_y}{\partial t}-\tilde{\sigma}_{\mathrm{m}}\widetilde{H}_y \tag{3.2.9b}$$

将式(3.2.9a)在网格点$\left(k,\ n+\frac{1}{2}\right)$处离散，得到的差分式恰好是在式(3.2.3a)的基础上加上损耗项。将式(3.2.9b)在网格点$\left(k+\frac{1}{2},\ n\right)$处离散，得到类似的差分公式。因此，式(3.2.9a)和式(3.2.9b)分别差分为

$$\frac{\widetilde{H}_y^{n+\frac{1}{2}}\left(k+\frac{1}{2}\right)-\widetilde{H}_y^{n+\frac{1}{2}}\left(k-\frac{1}{2}\right)}{\Delta z}=-\frac{E_x^{n+1}(k)-E_x^n(k)}{c\Delta t}-\tilde{\sigma}\frac{E_x^{n+1}(k)+E_x^n(k)}{2} \tag{3.2.10a}$$

$$\frac{E_x^n(k+1)-E_x^n(k)}{\Delta z}=-\frac{\widetilde{H}_y^{n+\frac{1}{2}}\left(k+\frac{1}{2}\right)-\widetilde{H}_y^{n-\frac{1}{2}}\left(k+\frac{1}{2}\right)}{c\Delta t}-\widetilde{\sigma}_m\frac{\widetilde{H}_y^{n+\frac{1}{2}}\left(k+\frac{1}{2}\right)+\widetilde{H}_y^{n-\frac{1}{2}}\left(k+\frac{1}{2}\right)}{2}$$

(3.2.10b)

上式利用了平均值近似

$$E_x^{n+\frac{1}{2}}(k)=\frac{E_x^{n+1}(k)+E_x^n(k)}{2}$$

(3.2.11a)

$$\widetilde{H}_y^n\left(k+\frac{1}{2}\right)=\frac{\widetilde{H}_y^{n+\frac{1}{2}}\left(k+\frac{1}{2}\right)+\widetilde{H}_y^{n-\frac{1}{2}}\left(k+\frac{1}{2}\right)}{2}$$

(3.2.11b)

最终得到显式差分形式为

$$E_x^{n+1}(i)=\frac{2-\widetilde{\sigma}c\Delta t}{2+\widetilde{\sigma}c\Delta t}E_x^n(i)-\frac{2s}{2+\widetilde{\sigma}c\Delta t}\left[\widetilde{H}_y^{n+\frac{1}{2}}\left(i+\frac{1}{2}\right)-\widetilde{H}_y^{n+\frac{1}{2}}\left(i-\frac{1}{2}\right)\right]$$

(3.2.12a)

$$\widetilde{H}_y^{n+1}\left(i+\frac{1}{2}\right)=\frac{2-\widetilde{\sigma}_m c\Delta t}{2+\widetilde{\sigma}_m c\Delta t}\widetilde{H}_y^{n-\frac{1}{2}}\left(i+\frac{1}{2}\right)-\frac{2s}{2+\widetilde{\sigma}_m c\Delta t}\left[E_x^n(i+1)-E_x^n(i)\right]$$

(3.2.12b)

其中$\widetilde{\sigma}c\Delta t$和$\widetilde{\sigma}_m c\Delta t$都是无量纲量。

下面通过算例对算法进行验证。仿真区域划分为 200 个网格,时间稳定因子为 0.5,网格长度为 1/20 个波长,仿真 1000 时间步。图 3.3(a)的算例中,$\widetilde{\sigma}c\Delta t=0.004$,$\widetilde{\sigma}_m c\Delta t=0$,即只有电损耗,不考虑磁损耗。图 3.3(b)的算例中,$\widetilde{\sigma}c\Delta t=0.004$,$\widetilde{\sigma}_m c\Delta t=0.004$,即电损耗和磁损耗都考虑。图中还给出了电场分布的解析解,与仿真结果进行对比。

只考虑电损耗的代码如下所示。

代码 3.2   只考虑电损耗的仿真(3/m2.m)

```
1 s=.5;
2 nd=20;
3 x=.004;
4 nz=200;
5 ca=(2-x)/(2+x);
6 cb=2/(2+x);
7 e=zeros(1, nz+1);
8 h=0;
9 hfig=plot(0:nz, e);
10 ylim([-2, 2]);
11 for n=1:400
12     h=h-s*diff(e);
13     e(2:end-1)=ca*e(2:end-1)-s*cb*diff(h);
14     e(1)=sin(2*pi*n*s/nd);
15     set(hfig, 'ydata', e);
16     drawnow;
17 end
18 ea=imag(exp(-2j*pi/nd*(0:nz)*sqrt(1-1j*nd*x/(2*pi*s))));
19 hold on;
20 plot(0:nz, ea);
```

```
21 saveas(gcf, [mfilename, '.png']);
22 data=[e; ea]';
23 save([mfilename, '.dat'], 'data', '-ascii');
```

两种损耗都考虑的代码如下所示。仿真结果及与解析解的对比如图 3.3 所示。从仿真结果可见，中心差分的结果与理论结果相吻合，验证了算法的正确性。

代码 3.3　两种损耗都考虑的仿真(3/m3.m)

```
1 s=.5;
2 nd=20;
3 x=.004;
4 nz=200;
5 ca=(2-x)/(2+x);
6 cb=2/(2+x);
7 e=zeros(1, nz+1);
8 h=0;
9 hfig=plot(0:nz, e);
10 ylim([-2, 2]);
11 for n=1:400
12     h=ca*h-s*cb*diff(e);
13     e(2:end-1)=ca*e(2:end-1)-s*cb*diff(h);
14     e(1)=sin(2*pi*n*s/nd);
15     set(hfig, 'ydata', e);
16     drawnow;
17 end
18 ea=imag(exp(-2j*pi/nd*(0:nz)*(1-1j*nd*x/(2*pi*s))));
19 hold on;
20 plot(0:nz, ea);
21 saveas(gcf, [mfilename, '.png']);
22 data=[e; ea]';
23 save([mfilename, '.dat'], 'data', '-ascii');
```

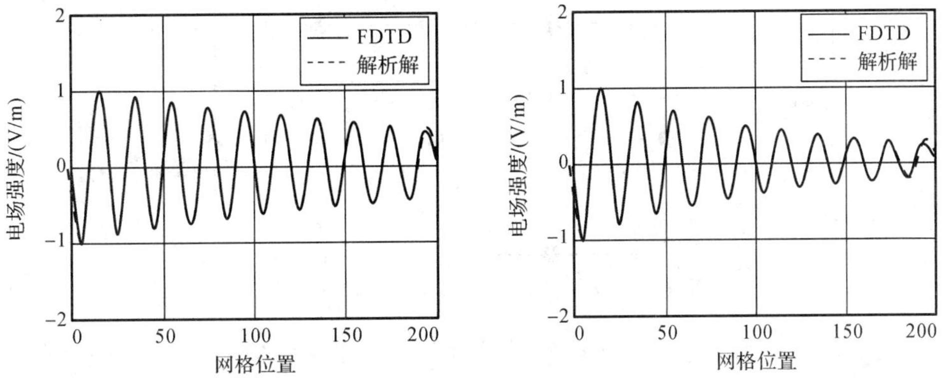

(a) 只有电损耗(3/m2.m)　　　　　(b) 同时存在电损耗和磁损耗(3/m3.m)

图 3.3　考虑损耗时的仿真结果

3.2.3 二维情形

二维情形下，电磁场不随 z 轴方向发生变化，因此电磁问题退化为 xy 平面的问题。本书中，对于 TM 波，电场在整数倍的空间步长和时间步长处采样，磁场在半整数倍的空间步长和时间步长处采样，如图 3.4(a)所示。这种方式电场在正方形的顶点采样，磁场在正方形边的中点采样[9]。对于 TE 波，电场在半整数倍的空间步长和时间步长处采样，磁场在整数倍的空间步长和时间步长处采样，如图 3.4(b)所示。这种方式磁场在正方形的顶点采样，电场在正方形边的中点采样。

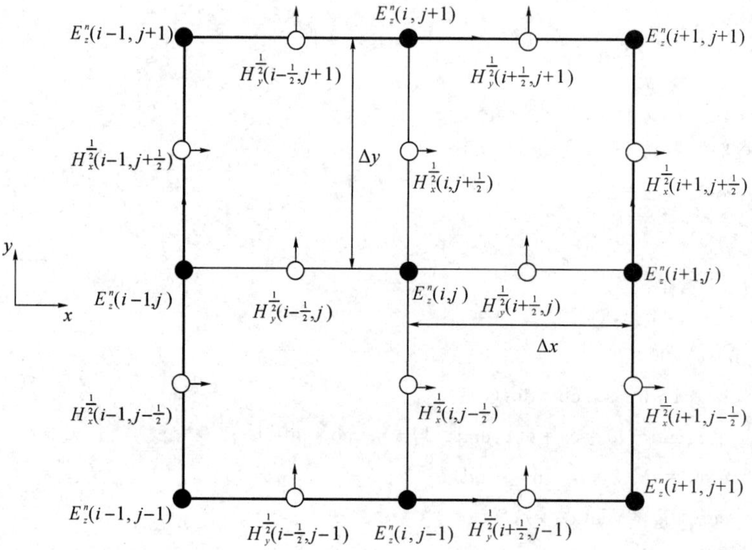

(a) TM波

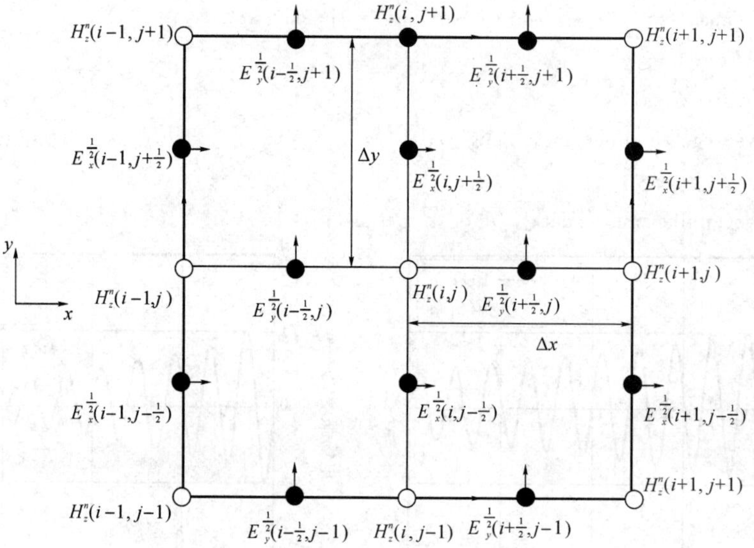

(b) TE波

图 3.4 二维情形电场和磁场采样方案

以 TM 波为例，介绍电场和磁场时间推进方式。电场和磁场分别表示为 $\boldsymbol{E}^n$ 和 $\widetilde{\boldsymbol{H}}^{n+\frac{1}{2}}$，交替推进方式如下所示：

(1) 利用 $\boldsymbol{E}^n$，将 $\widetilde{\boldsymbol{H}}^{n-\frac{1}{2}}$ 更新为 $\widetilde{\boldsymbol{H}}^{n+\frac{1}{2}}$；

(2) 利用 $\widetilde{\boldsymbol{H}}^{n+\frac{1}{2}}$，将 $\boldsymbol{E}^n$ 更新为 $\boldsymbol{E}^{n+1}$。

通过以上两步的反复迭代，最终得到所有时间步的电场和磁场。

以 TM 波电场和磁场的更新为例，说明电场的时间推进公式。$E_z(i, j)$的更新需要用到周围的 4 个磁场，即 $\widetilde{H}_x\left(i, j+\frac{1}{2}\right)$、$\widetilde{H}_x\left(i, j-\frac{1}{2}\right)$、$\widetilde{H}_y\left(i+\frac{1}{2}, j\right)$、$\widetilde{H}_y\left(i-\frac{1}{2}, j\right)$。将麦克斯韦方程离散，得到电场的更新公式

$$\begin{aligned}E_z^{n+1}(i, j)=E_z^n(i, j)+s\Big[&\widetilde{H}_y^{n+\frac{1}{2}}\left(i+\frac{1}{2}, j\right)-\widetilde{H}_y^{n+\frac{1}{2}}\left(i-\frac{1}{2}, j\right)\\&-\widetilde{H}_x^{n+\frac{1}{2}}\left(i, j+\frac{1}{2}\right)+\widetilde{H}_x^{n+\frac{1}{2}}\left(i, j-\frac{1}{2}\right)\Big]\end{aligned} \tag{3.2.13}$$

同理，得到磁场的更新公式

$$\widetilde{H}_x^{n+\frac{1}{2}}\left(i, j+\frac{1}{2}\right)=\widetilde{H}_x^{n+\frac{1}{2}}\left(i, j+\frac{1}{2}\right)-s[E_z^n(i, j+1)-E_z^n(i, j)] \tag{3.2.14a}$$

$$\widetilde{H}_y^{n+\frac{1}{2}}\left(i+\frac{1}{2}, j\right)=\widetilde{H}_y^{n+\frac{1}{2}}\left(i+\frac{1}{2}, j\right)+s[E_z^n(i+1, j)-E_z^n(i, j)] \tag{3.2.14b}$$

TE 波的更新公式与此类似，即

$$\widetilde{H}_z^{n+1}(i, j)=\widetilde{H}_z^n(i, j)-s\left[\begin{array}{l}E_y^{n+\frac{1}{2}}\left(i+\frac{1}{2}, j\right)-E_y^{n+\frac{1}{2}}\left(i-\frac{1}{2}, j\right)\\-E_x^{n+\frac{1}{2}}\left(i, j+\frac{1}{2}\right)+E_x^{n+\frac{1}{2}}\left(i, j-\frac{1}{2}\right)\end{array}\right] \tag{3.2.15a}$$

$$E_x^{n+\frac{1}{2}}\left(i, j+\frac{1}{2}\right)=E_x^{n+\frac{1}{2}}\left(i, j+\frac{1}{2}\right)+s[\widetilde{H}_z^n(i, j+1)-\widetilde{H}_z^n(i, j)] \tag{3.2.15b}$$

$$E_y^{n+\frac{1}{2}}\left(i+\frac{1}{2}, j\right)=E_y^{n+\frac{1}{2}}\left(i+\frac{1}{2}, j\right)-s[\widetilde{H}_z^n(i+1, j)-\widetilde{H}_z^n(i, j)] \tag{3.2.15c}$$

下面通过线电流源生成柱面波的电磁仿真算例进行验证。仿真区域划分为 100×100 的网格，网格长度为波长的 1/20，时间稳定因子为 0.5，截断边界电场恒为零。在中心位置，加载线电流源。下面是仿真 100 时间步的代码。

代码 3.4 二维电磁波 100 时间步的仿真结果(3/m4.m)

```
s=.5;
nd=20;
nx=100;
ny=100;
e=zeros(nx+1, ny+1);
hx=0;
hy=0;
hfig=imagesc(0, 0, e, .02*[-1, 1]);
axis equal tight;
colorbar;
```

```
for n=1:100
    hx=hx-s*diff(e(2:end-1, :), 1, 2);
    hy=hy+s*diff(e(:, 2:end-1), 1, 1);
    e(2:end-1, 2:end-1)=e(2:end-1, 2:end-1)+s*(diff(hy, 1, 1)-diff(hx,
    1, 2));
    e(nx/2+1, ny/2+1)=e(nx/2+1, ny/2+1)+sin(2*pi*n*s/nd);
    set(hfig, 'cdata', e);
    drawnow;
end
saveas(gcf, [mfilename, '.png']);
```

下面是仿真 200 时间步的代码，只需将相应的行改成循环 200 时间步即可，如下所示。

代码 3.5 二维电磁波 200 时间步的仿真结果(3/m5.m)

```
for n=1:200
```

仿真结束后的电场分布分别如图 3.5(a)和图 3.5(b)所示。由图 3.5(a)，仿真结果说明电磁波的波形的等相位线为圆形，能够模拟柱面波的传播，仿真 100 时间步后，电磁波恰好传播到了边界处。由图 3.5(b)，仿真 200 时间步后，电磁波传播到边界发生了反射，反射波和入射波叠加到一起，呈现出电场分布。

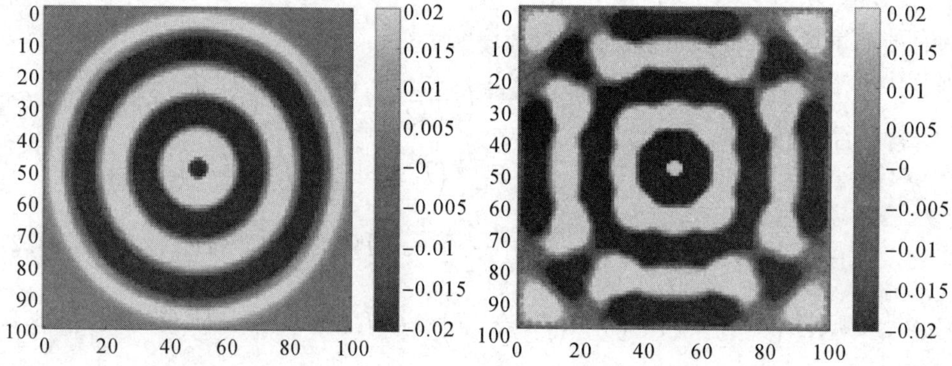

(a) 仿真100时间步(3/m4.m)　　(b) 仿真200时间步(3/m5.m)

图 3.5　TM 情形线电流源产生的柱面波传播二维仿真结果

3.2.4 三维情形

三维情形电场和磁场的采样方式也有 4 种，只要保证网格在三维空间中周期排列，每个电场矢量周围有 4 个磁场矢量，每个磁场矢量周围有 4 个电场矢量，使得差分格式能够顺利推进即可。这里给出有代表性的两种。一种如图 3.6(a)所示，电场和磁场分别在立方体的棱边中心和面的中心采样，形成交错网格形式。在时间采样方面，电场在整数时间步采样，磁场在半整数时间步采样。另一种如图 3.6(b)所示，电场和磁场分别在立方体的面和棱边中心采样，同时电场在半整数时间步采样，磁场在整数时间步采样。

在实际应用中，一般习惯上采用图 3.6(a)的采样方式，即电场在棱边中心采样，磁场在面的中心采样。

研究三维网格的仿真效果。仿真区域划分为 100×100×100 个网格，四周用导体截断，中心采用正弦偶极子激励。将过偶极子且与 z 轴垂直的平面上电场随时间变化显示出来，并在仿真结束后将电场的分布以图片形式保存下来。下面是仿真 100 时间步的代码，仿真结果如图 3.7(a)所示。

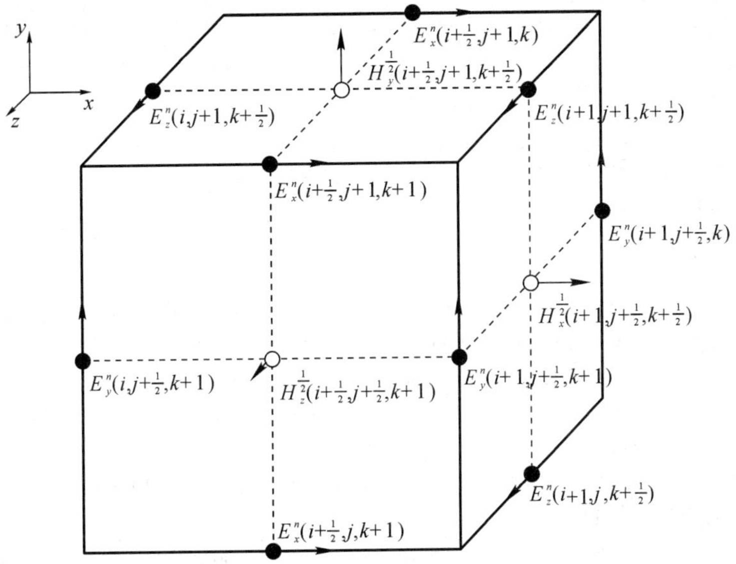

(a) 电场在棱边的中心采样

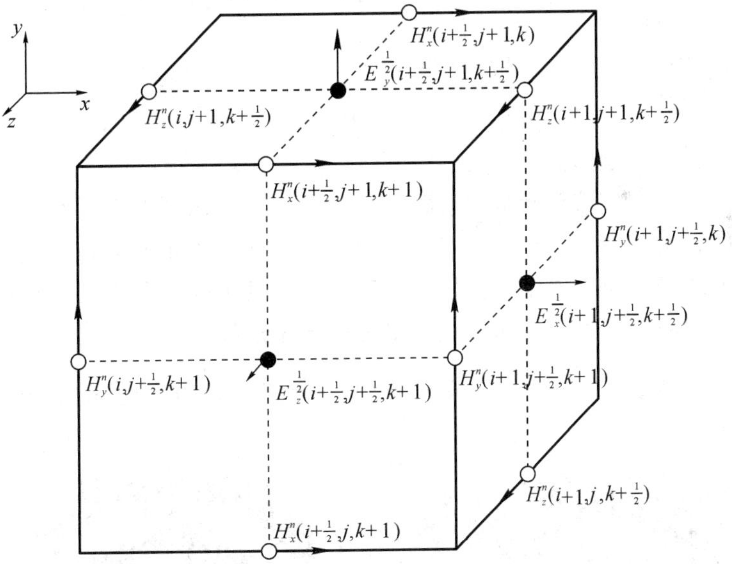

(b) 磁场在棱边的中心采样

图 3.6　电场和磁场的采样方案

代码 3.6　三维电磁波仿真 100 时间步电场分布(3/m6.m)

```
s=.5;
nd=20;
nx=100;
```

```
ny=100;
nz=100;
ex=zeros(nx, ny+1, nz+1);
ey=zeros(nx+1, ny, nz+1);
ez=zeros(nx+1, ny+1, nz);
hx=0;
hy=0;
hz=0;
hfig=imagesc(0, 0, ez(:, :, nz/2+1), .001*[-1, 1]);
axis equal tight;
colorbar;
for n=1:100
    hx=hx-s*(diff(ez(2:end-1, :, :), 1, 2)-diff(ey(2:end-1, :, :), 1, 3));
    hy=hy-s*(diff(ex(:, 2:end-1, :), 1, 3)-diff(ez(:, 2:end-1, :), 1, 1));
    hz=hz-s*(diff(ey(:, :, 2:end-1), 1, 1)-diff(ex(:, :, 2:end-1), 1, 2));
    ex(:, 2:end-1, 2:end-1)=ex(:, 2:end-1, 2:end-1)+s*(diff(hz, 1, 2)-
    diff(hy, 1, 3));
    ey(2:end-1, :, 2:end-1)=ey(2:end-1, :, 2:end-1)+s*(diff(hx, 1, 3)-
    diff(hz, 1, 1));
    ez(2:end-1, 2:end-1, :)=ez(2:end-1, 2:end-1, :)+s*(diff(hy, 1, 1)-
    diff(hx, 1, 2));
    ez(nx/2+1, ny/2+1, nz/2+1)=ez(nx/2+1, ny/2+1, nz/2+1)+sin(2*pi*n
    *s/nd);
    set(hfig, 'cdata', ez(:, :, nz/2+1));
    drawnow;
end
saveas(gcf, [mfilename, '.png']);
```

下面是仿真 200 时间步的代码，只需将相应的行改成循环 200 时间步即可，仿真结果如图 3.7(b)所示。由图 3.7(a)，仿真 100 时间步的结果表明电磁波在垂直于 z 轴的平面上的分布只随半径变化，与方向无关。由图 3.7(b)，仿真 200 时间步后，电磁波照射到边界处发生反射，反射波和入射波叠加形成如图所示场的分布。

代码 3.7 三维电磁波仿真 100 时间步电场分布(3/m7.m)

```
for n=1:200
```

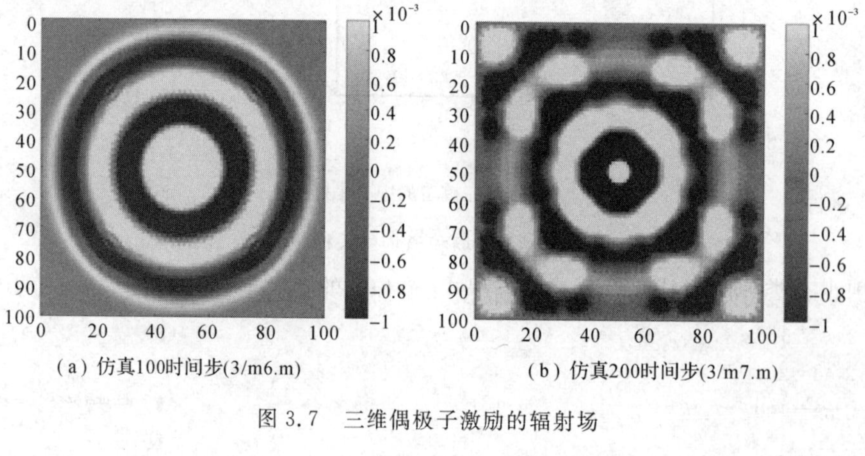

(a) 仿真100时间步(3/m6.m)　　(b) 仿真200时间步(3/m7.m)

图 3.7　三维偶极子激励的辐射场

3.3　空间步长和时间步长稳定性

首先研究场随时间变化时离散对时间步长 Δt 的要求。考虑时谐场情形，即 $f(t)=f_0 e^{j\omega t}$，这一稳态解是一阶微分方程 $\frac{\partial f}{\partial t}=j\omega f$ 的解。用差分近似代替左端的一阶导数，方程变为

$$\frac{f^{n+\frac{1}{2}}-f^{n-\frac{1}{2}}}{\Delta t}=j\omega f^n \tag{3.3.1}$$

式中，$f^n=f(n\Delta t)$。当 Δt 足够小时，定义数值增长因子 q 为

$$q=\frac{f^{n+\frac{1}{2}}}{f^n}=\frac{f^n}{f^{n-\frac{1}{2}}} \tag{3.3.2}$$

得到

$$q^2-j\omega\Delta tq-1=0 \tag{3.3.3}$$

上式的解为 $q=\frac{j\omega\Delta t}{2}\pm\sqrt{1-\left(\frac{\omega\Delta t}{2}\right)^2}$。上式表明数值稳定性要求在时间步 $n\to\infty$，Δt 足够小时，增长因子 $|q|\leqslant 1$，因此得到 Δt 需满足的条件：

$$\frac{\omega\Delta t}{2}\leqslant 1 \tag{3.3.4}$$

上式又可以写为 $\Delta t\leqslant\frac{T}{\pi}$。从后面各向异性的分析可以看出，这里对 Δt 的要求很宽松。如果满足各向异性的条件，那么这里的数值稳定性肯定能够满足要求。

3.4　Courant - Friedrichs - Lewy 稳定性条件

从麦克斯韦方程组可知在真空中，电磁场的任何直角坐标分量满足齐次波动方程

$$\frac{\partial^2 f}{\partial x^2}+\frac{\partial^2 f}{\partial y^2}+\frac{\partial^2 f}{\partial z^2}+\frac{\omega^2}{c^2}f=0 \tag{3.4.1}$$

考虑平面波的解，即

$$f(x, y, z, t)=f_0 e^{j\omega t-j(k_x x+k_y y+k_z z)} \tag{3.4.2}$$

设 x、y、z 方向上的步长为 Δx、Δy、Δz，采用有限差分近似，二阶导数可以近似为

$$\frac{\partial^2 f}{\partial x^2}\approx\frac{f(x+\Delta x)-2f(x)+f(x-\Delta x)}{\Delta x^2} \tag{3.4.3}$$

将式(3.4.2)代入上式，得到

$$\frac{\partial^2 f}{\partial x^2}\approx\frac{e^{jk_x\Delta x}-2+e^{-jk_x\Delta x}}{\Delta x^2}f(x)=-\mathrm{sinc}^2\left(\frac{k_x\Delta x}{2}\right)k_x^2 f \tag{3.4.4}$$

其余两项也有类似的形式，因此波动方程式(3.4.1)的离散形式为

$$\mathrm{sinc}^2\left(\frac{k_x\Delta x}{2}\right)k_x^2+\mathrm{sinc}^2\left(\frac{k_y\Delta y}{2}\right)k_y^2+\mathrm{sinc}^2\left(\frac{k_z\Delta z}{2}\right)k_z^2-\frac{\omega^2}{c^2}=0 \tag{3.4.5}$$

这一等式给出了波动方程离散后平面波中的波矢量各分量 k_x、k_y、k_z 与频率 ω 之间应该满

足的关系。上式两边乘以$\frac{c\Delta t}{2}$，又可以写为

$$\left(\frac{c\Delta t}{2}\right)^2\left[\operatorname{sinc}^2\left(\frac{k_x\Delta x}{2}\right)k_x^2+\operatorname{sinc}^2\left(\frac{k_y\Delta y}{2}\right)k_y^2+\operatorname{sinc}^2\left(\frac{k_z\Delta z}{2}\right)k_z^2\right]=\left(\frac{\omega\Delta t}{2}\right)^2\leqslant 1 \quad (3.4.6)$$

注意到

$$\operatorname{sinc}^2\left(\frac{k_x\Delta x}{2}\right)k_x^2\leqslant\frac{4}{\Delta x^2} \quad (3.4.7)$$

因此可得到对任意的 k_x、k_y、k_z 均成立的一个充分条件是

$$(c\Delta t)^2\left(\frac{1}{\Delta x^2}+\frac{1}{\Delta y^2}+\frac{1}{\Delta y^2}\right)\leqslant 1 \quad (3.4.8)$$

即

$$c\Delta t\leqslant\frac{1}{\sqrt{\frac{1}{\Delta x^2}+\frac{1}{\Delta y^2}+\frac{1}{\Delta y^2}}} \quad (3.4.9)$$

上式给出了空间和时间离散间隔之间应该满足的关系，又称为 Courant - Friedrichs - Lewy(CFL)稳定性条件[10]。

在实际应用中，为方便起见，往往取三个空间方向的步长相同，即 $\Delta x=\Delta y=\Delta z=\delta$。定义时间稳定因子 $s=c\Delta t/\delta$，得到

$$s\leqslant\frac{1}{\sqrt{3}} \quad (3.4.10)$$

显然，在二维和一维情形，s 需要满足的条件分别为 $s\leqslant\frac{1}{\sqrt{2}}$和 $s\leqslant 1$。在一维情形，时间稳定因子必须不大于 1。当 $s=1$ 时能够对电磁波的传播过程精确仿真，从源产生的信号严格向右方传播，没有误差。

下面是仿真 100 时间步的代码。仿真结果如图 3.8 所示。由图 3.8 可见，时间稳定因子选为 1 后，能够模拟电磁波的传播。

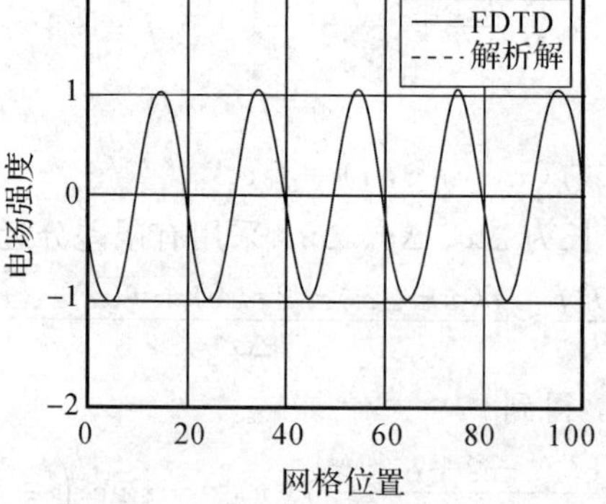

图 3.8　时间稳定因子为 1 时仿真结果(3/m8. m)

代码 3.8　时间稳定因子为 1 时的仿真结果(3/m8. m)

```
nd=20;
nz=100;
```

```
3 e=zeros(1, nz+1);
4 h=0;
5 hfig=plot(0:nz, e);
6 ylim([-2, 2]);
7 for n=1:100
8     h=h-diff(e);
9     e(2:end-1)=e(2:end-1)-diff(h);
10    e(1)=sin(2*pi*n/nd);
11    set(hfig, 'ydata', e);
12    drawnow;
13 end
14 ea=-sin(2*pi*(0:nz)/nd);
15 hold on;
16 plot(0:nz, ea);
17 saveas(gcf, [mfilename, '.png']);
18 data=[e; ea]';
19 save([mfilename, '.dat'], 'data', '-ascii');
```

进行数值仿真试验，验证时间稳定因子如果不满足条件时的仿真结果。图 3.11 显示了时间稳定因子 s 分别取 1.01 和 1.05 时的仿真情形。仿真区域划分为 100 个网格，网格长度为波长的 1/20，激励源为正弦波，仿真 50 个时间步。

代码 3.9 时间稳定因子为 1.01 时的仿真结果(3/m9.m)

```
1 s=1.01;
2 nd=20;
3 nz=100;
4 e=zeros(1, nz+1);
5 h=0;
6 hfig=plot(0:nz, e);
7 for n=1:50
8     h=h-s*diff(e);
9     e(2:end-1)=e(2:end-1)-s*diff(h);
10    e(1)=sin(2*pi*n*s/nd);
11    set(hfig, 'ydata', e);
12    drawnow;
13 end
14 saveas(gcf, [mfilename, '.png']);
15 data=e';
16 save([mfilename, '.dat'], 'data', '-ascii');
```

下面是时间稳定因子取为 1.05 的代码，只需将第一行修改即可，如下所示。由图 3.9 可见，如果时间稳定因子大于 1，则仿真结果会发散，仿真 50 个时间步以后，电场强度就远远超出 1 V/m。因此，在一维仿真中，时间稳定因子不能大于 1。由以上分析可知，时间步长的取值一般要满足 CFL 稳定性条件。在实际仿真计算中，往往取 $s=0.5$，这样可以满足一维、二维、三维的时间稳定要求。

代码 3.10 时间稳定因子为 1.05 时的仿真结果(3/m10.m)

```
1 s=1.05;
```

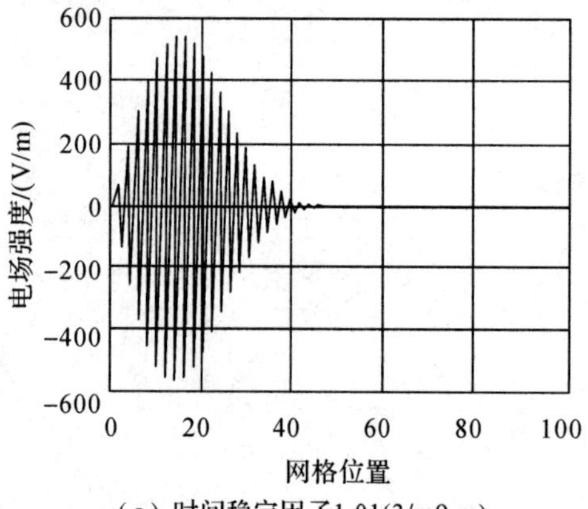

(a) 时间稳定因子1.01(3/m9.m)

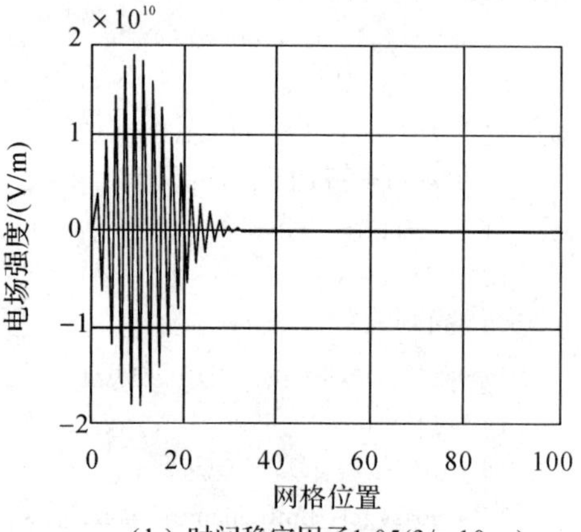

(b) 时间稳定因子1.05(3/m10.m)

图 3.9 数值发散情形

3.5 FDTD 差分的数值色散和各向异性特性

下面研究数值色散对空间离散间隔的要求。考虑一维波动方程

$$\frac{\partial^2 f}{\partial x^2}+\frac{\omega^2}{c^2}f=0 \tag{3.5.1}$$

将平面波 $f(x, t)=f_0\mathrm{e}^{\mathrm{j}(\omega t-kx)}$ 代入上式，得到

$$\left(-k^2+\frac{\omega^2}{c^2}\right)f=0 \tag{3.5.2}$$

即 $k=\dfrac{\omega}{c}$，可以得到相速 $v_\varphi=\dfrac{\omega}{k}$。

在用有限差分代替波动方程二阶导数后，得到

$$\operatorname{sinc}^2\left(\frac{k\delta}{2}\right)k^2-\frac{\omega^2}{c^2}=0 \tag{3.5.3}$$

其中 δ 是网格尺寸。至此可以看到，即使介质本身是无色散的，对于波动方程作差分近似，即离散处理也将导致波的色散。这种现象将对时域数值积分计算带来误差。相速 v_φ 的表达式为

$$v_\varphi=\frac{\omega}{k}=c\left|\operatorname{sinc}\frac{k\delta}{2}\right| \tag{3.5.4}$$

v_φ/c 与 $k\delta/2$ 的关系如图 3.10(a)所示。由该图可见，v_φ/c 随着 $k\delta/2$ 的增加而减小。当 $k\delta/2=1$ 时，相速小于光速的 0.85，误差较大。一般情况下，要求 $k\delta/2\leqslant\pi/12$，即 $\delta\leqslant\lambda/12$，网格尺寸小于波长的 1/12，计算得知此时相速与光速之比为 0.989。在实际仿真过程中，往往要求网格尺寸小于波长的 1/20，计算得知此时相速与光速之比为 0.996。

数值离散还可能会导致各向异性，在不同的方向上，电磁波传播的相速不同。在二维情形，相速在不同方向上的变化如下所示：

$$\frac{v_\varphi}{c}=\sqrt{\cos^2\varphi\,\mathrm{sinc}^2\left(\frac{\pi\delta\cos\varphi}{\lambda}\right)+\sin^2\varphi\,\mathrm{sinc}^2\left(\frac{\pi\delta\sin\varphi}{\lambda}\right)} \tag{3.5.5}$$

由上式，相速在不同方向上具有不同的速度。设 $N=\lambda/\delta$，图 3.10(b)表示取不同的 N 时，离散带来的各向异性曲线。由图 3.10(b)可见，空间离散步长越小，离散导致的各向异性越小，越有利于计算的精确性。一般计算过程中，λ/δ 取值为 20，但在一些特殊介质的时域计算过程中，由于介质的复杂性，λ/δ 的取值要更高才能达到较好的精度，有时候需要取为 60 或更大。

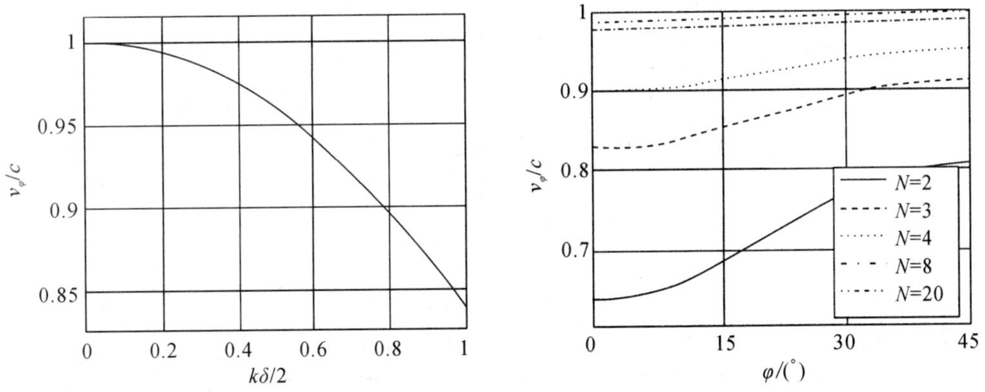

(a) 色散特性与网格长度的关系　　(b) 不同网格长度的各向异性

图 3.10　差分近似导致的色散特性和各向异性

3.6　指数差分格式

在进行时间推进时，除了二阶差分方法外，还有一种方法是指数差分[4]。式(3.2.9a)的通解是

$$E_x(t)=-\frac{1}{\tilde{\sigma}}\frac{\partial\widetilde{H}_y}{\partial z}+C\mathrm{e}^{-\tilde{\sigma}ct} \tag{3.6.1}$$

其中 C 是任意常数。由 $E_x(n\Delta t)=E_x^n$，$E_x((n+1)\Delta t)=E_x^{n+1}$，可以得到

$$E_x^n=-\frac{1}{\tilde{\sigma}}\frac{\partial\widetilde{H}_y}{\partial z}\bigg|_{t=n\Delta t}+C\mathrm{e}^{-\tilde{\sigma}cn\Delta t} \tag{3.6.2a}$$

$$E_x^{n+1}=-\frac{1}{\tilde{\sigma}}\frac{\partial\widetilde{H}_y}{\partial z}\bigg|_{t=(n+1)\Delta t}+C\mathrm{e}^{-\tilde{\sigma}c(n+1)\Delta t} \tag{3.6.2b}$$

上面两式中，$t=n\Delta t$ 和 $t=(n+1)\Delta t$ 时刻的$\frac{\partial\widetilde{H}_y}{\partial z}$都用 $t=\left(n+\frac{1}{2}\right)\Delta t$ 时候的值来近似，即

$$E_x^n=-\frac{1}{\tilde{\sigma}}\frac{\widetilde{H}_y^{n+\frac{1}{2}}}{\Delta z}+C\mathrm{e}^{-\tilde{\sigma}cn\Delta t} \tag{3.6.3a}$$

$$E_x^{n+1}=-\frac{1}{\tilde{\sigma}}\frac{\widetilde{H}_y^{n+\frac{1}{2}}}{\Delta z}+C\mathrm{e}^{-\tilde{\sigma}c(n+1)\Delta t} \tag{3.6.3b}$$

消去常数 C，得到由 E_x^n 计算 E_x^{n+1} 的递推公式，同理可以得到由 $\widetilde{H}_y^{n-\frac{1}{2}}$ 计算 $\widetilde{H}_y^{n+\frac{1}{2}}$ 的递推公式，分别为

$$E_x^{n+1}(i)=\mathrm{e}^{-\tilde{\sigma}c\Delta t}E_x^n(i)-s\frac{1-\mathrm{e}^{-\tilde{\sigma}c\Delta t}}{\tilde{\sigma}c\Delta t}\left[\widetilde{H}_y^{n+\frac{1}{2}}\left(i+\frac{1}{2}\right)-\widetilde{H}_y^{n+\frac{1}{2}}\left(i-\frac{1}{2}\right)\right] \tag{3.6.4a}$$

$$\widetilde{H}_y^{n+\frac{1}{2}}\left(i+\frac{1}{2}\right)=\mathrm{e}^{-\tilde{\sigma}_\mathrm{m}c\Delta t}\widetilde{H}_y^{n-\frac{1}{2}}\left(i+\frac{1}{2}\right)-s\frac{1-\mathrm{e}^{-\tilde{\sigma}_\mathrm{m}c\Delta t}}{\tilde{\sigma}_\mathrm{m}c\Delta t}[E_x^n(i+1)-E_x^n(i)] \tag{3.6.4b}$$

以上两式为电场和磁场的指数差分格式。中心差分格式和指数差分格式可以写成统一的形式，即

$$E_x^{n+1}(i)=A_\mathrm{E}E_x^n(i)-sB_\mathrm{E}\left(\widetilde{H}_y^{n+\frac{1}{2}}\left(i+\frac{1}{2}\right)-\widetilde{H}_y^{n+\frac{1}{2}}\left(i-\frac{1}{2}\right)\right) \tag{3.6.5a}$$

$$\widetilde{H}_y^{n+\frac{1}{2}}\left(i+\frac{1}{2}\right)=A_\mathrm{H}\widetilde{H}_y^{n-\frac{1}{2}}\left(i+\frac{1}{2}\right)-sB_\mathrm{H}(E_x^n(i+1)-E_x^n(i)) \tag{3.6.5b}$$

其中 A_E、B_E、A_H 和 B_H 是迭代系数。中心差分和指数差分系数的对比如表 3.1 所示。

表 3.1　中心差分和指数差分的系数对比

差分格式	A_E	B_E	A_H	B_H
中心差分	$\dfrac{2-\tilde{\sigma}c\Delta t}{2+\tilde{\sigma}c\Delta t}$	$\dfrac{2}{2+\tilde{\sigma}c\Delta t}$	$\dfrac{2-\tilde{\sigma}_\mathrm{m}c\Delta t}{2+\tilde{\sigma}_\mathrm{m}c\Delta t}$	$\dfrac{2}{2+\tilde{\sigma}_\mathrm{m}c\Delta t}$
指数差分	$\mathrm{e}^{-\tilde{\sigma}c\Delta t}$	$\dfrac{1-\mathrm{e}^{-\tilde{\sigma}c\Delta t}}{\tilde{\sigma}c\Delta t}$	$\mathrm{e}^{-\tilde{\sigma}_\mathrm{m}c\Delta t}$	$\dfrac{1-\mathrm{e}^{-\tilde{\sigma}_\mathrm{m}c\Delta t}}{\tilde{\sigma}_\mathrm{m}c\Delta t}$

可以看出，当 $\tilde{\sigma}c\Delta t$ 和 $\tilde{\sigma}_\mathrm{m}c\Delta t$ 很小时，两种差分格式是统一的，趋近于同一值。但是，$\tilde{\sigma}c\Delta t$ 或 $\tilde{\sigma}_\mathrm{m}c\Delta t$ 很大时，两者相差较大，下面对比两者差异。以电场的更新系数为例，设两种差分格式的系数之比为 λ_a 和 λ_b，即

$$\lambda_a(\tilde{\sigma}c\Delta t)=\frac{2-\tilde{\sigma}c\Delta t}{2+\tilde{\sigma}c\Delta z}\mathrm{e}^{\tilde{\sigma}c\Delta t} \tag{3.6.6a}$$

$$\lambda_b(\tilde{\sigma}c\Delta t)=\frac{2}{2+\tilde{\sigma}c\Delta t}\frac{\tilde{\sigma}c\Delta t}{1-\mathrm{e}^{-\tilde{\sigma}c\Delta t}} \tag{3.6.6b}$$

两者随 $\tilde{\sigma}c\Delta t$ 的变化如图 3.11 所示。

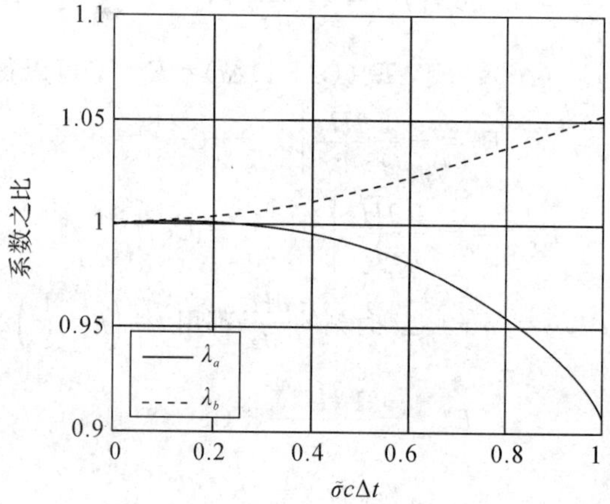

图 3.11　中心差分和指数差分系数之比

由图 3.11 可见，中心差分格式和指数差分格式在 $\tilde{\sigma}c\Delta t$ 较小时，两者一致，当 $\tilde{\sigma}c\Delta t$ 较大时，两者差异较大。

下面通过算例来验证指数差分格式。在算例中，电场和磁场都加了损耗，计算区域划分为 200 个网格，网格长度为自由空间中波长的 1/20，仿真 1000 时间步。

下面是只有电损耗的代码，$\tilde{\sigma} c\Delta t=0.004$，只需将代码 3.2 中相应行的代码改为如下即可。

代码 3.11　只考虑电损耗的指数差分格式仿真结果(3/m11.m)

```
5 ca=exp(-x);
6 cb=(1-ca)/x;
```

计算结果如图 3.12(a)所示。

下面是电损耗和磁损耗的代码，设$\tilde{\sigma} c\Delta t=0.004$，$\tilde{\sigma}_{m} c\Delta t=0.004$，只需将代码 3.3 中相应行的代码改为如下即可。

代码 3.12　两种损耗都考虑的指数差分格式仿真结果(3/m12.m)

```
5 ca=exp(-x);
6 cb=(1-ca)/x;
```

计算结果如图 3.12(b)所示。

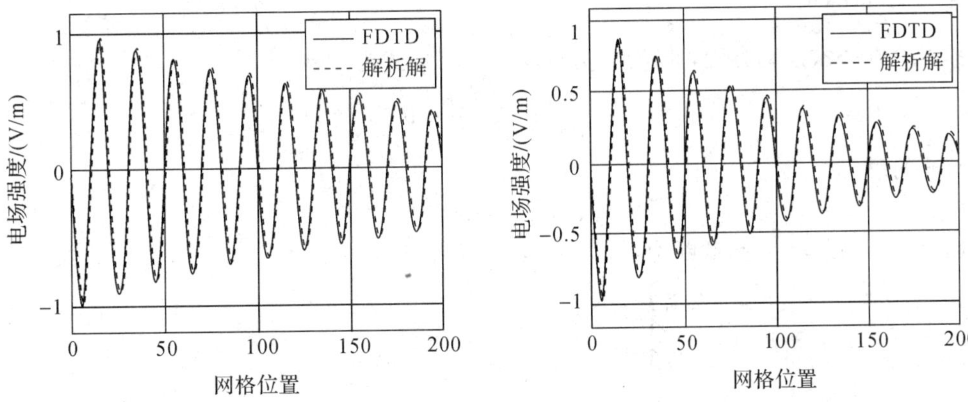

(a) 只有电损耗(3/m11.m)　　(b) 同时存在电损耗和磁损耗(3/m12.m)

图 3.12　指数差分仿真结果

图 3.12 中还对解析解进行了对比。由图 3.12 可见，指数差分能够较为精确地对两种损耗下的传播特性进行仿真。与前面中心差分格式的结果对比，两者仿真结果基本相同。

复习思考题

1. 编程实现一维情形电场在半时间步长和半空间步长采样、磁场在整数时间步长和整数空间步长处采样的 FDTD 差分格式。

2. 编程实现不同时间稳定因子 s 的取值对仿真中电磁波传播速度的影响。

第 4 章　Mur 吸收边界条件

由于计算机容量的限制，FDTD 计算区域只能限制在有限区域。为了能够模拟无限大区域的电磁行为，必须在计算区域的截断边界处给出吸收边界条件。吸收边界条件的发展经历了最开始的简单插值边界，到后来广泛采用的 Mur 吸收边界[11]。近年来发展了完全匹配层吸收边界，吸收效果越来越好[12]。本章研究 Mur 吸收边界条件及其在 FDTD 中的形式。在角点和棱边处，需要特殊考虑。

4.1　Engqist－Majda 吸收边界条件

4.1.1　一维情形

考虑一维齐次波动方程，场沿 x 方向传播，其形式为

$$\frac{\partial^2 f}{\partial x^2}-\frac{1}{c^2}\frac{\partial^2 f}{\partial t^2}=0 \tag{4.1.1}$$

其平面波的解为

$$f(x,\ t)=A\mathrm{e}^{\mathrm{j}\omega t-\mathrm{j}k_x x} \tag{4.1.2}$$

其中，$\omega=k_x c$。设 $x=0$ 是截断边界，如图 4.1 所示。

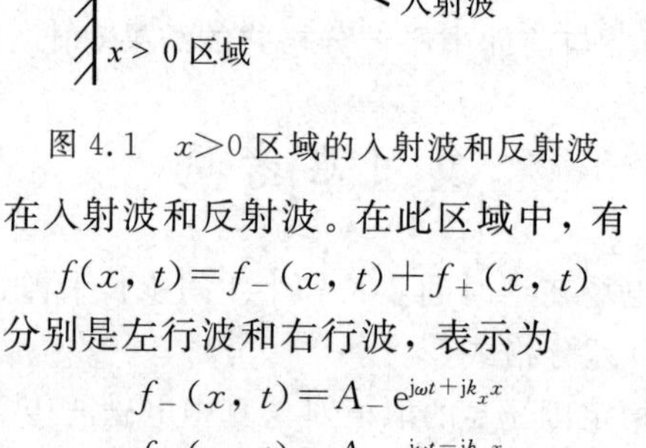

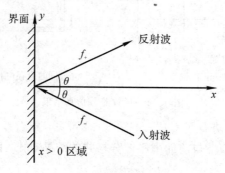

图 4.1　$x>0$ 区域的入射波和反射波

在 $x\geqslant 0$ 的区域同时存在入射波和反射波。在此区域中，有

$$f(x,\ t)=f_-(x,\ t)+f_+(x,\ t) \tag{4.1.3}$$

其中 $f_-(x,\ t)$和 $f_+(x,\ t)$分别是左行波和右行波，表示为

$$f_-(x,\ t)=A_-\mathrm{e}^{\mathrm{j}\omega t+\mathrm{j}k_x x} \tag{4.1.4}$$

$$f_+(x,\ t)=A_+\mathrm{e}^{\mathrm{j}\omega t-\mathrm{j}k_x x} \tag{4.1.5}$$

对于界面 $x=0$ 而言，f_-表示入射波，而 f_+表示反射波。将式(4.1.2)代入式(4.1.1)，同时保留对 x 的导数，得到

$$\frac{\partial^2 f}{\partial x^2}+\frac{\omega^2}{c^2}f=0 \tag{4.1.6}$$

上式可写为 $Lf=0$，其中微分算子 L 定义为

$$L=\frac{\partial^2}{\partial x^2}+\frac{\omega^2}{c^2} \tag{4.1.7}$$

定义左行波算子 L_- 和右行波算子 L_+ 为

$$L_-=\frac{\partial}{\partial x}-\frac{\mathrm{j}\omega}{c} \tag{4.1.8}$$

$$L_+=\frac{\partial}{\partial x}+\frac{\mathrm{j}\omega}{c} \tag{4.1.9}$$

则有 $L_-L_+=L_+L_-=L$。进一步化简可以得到

$$L_-f_-=0 \tag{4.1.10}$$

$$L_+f_+=0 \tag{4.1.11}$$

如果将左行波算子 L_- 作用在平面波 $f(x,\ t)$上，则有

$$L_-f=L_-f_-+L_-f_+=L_-f_+ \tag{4.1.12}$$

其结果只剩下和右行波相关联的部分。因此，若在截断边界处设置边界条件

$$L_-f\big|_{x=0}=0 \tag{4.1.13}$$

就相当于使截断界面处的右行波即反射波的成分等于零。将 L_- 的形式代入上式，得到

$$\left(\frac{\partial}{\partial x}-\frac{\mathrm{j}\omega}{c}\right)f\bigg|_{x=0}=0 \tag{4.1.14}$$

将上式做以下算子替换：

$$\mathrm{j}\omega\rightarrow\frac{\partial}{\partial t} \tag{4.1.15}$$

过渡到时域，得到算子方程：

$$\left(\frac{\partial}{\partial x}-\frac{1}{c}\frac{\partial}{\partial t}\right)f\bigg|_{x=0}=0 \tag{4.1.16}$$

上式就是 Engqist - Majda 吸收边界条件的一维形式，适用于截断边界位于所讨论区域左侧的情况[13]。当截断边界位于所讨论区域右侧 $x=a$ 位置时，相应公式变为

$$\left(\frac{\partial}{\partial x}+\frac{1}{c}\frac{\partial}{\partial t}\right)f\bigg|_{x=0}=0 \tag{4.1.17}$$

4.1.2 二维情形

二维情形的齐次波动方程为

$$\frac{\partial^2 f}{\partial x^2}+\frac{\partial^2 f}{\partial y^2}-\frac{1}{c^2}\frac{\partial^2 f}{\partial t^2}=0 \tag{4.1.18}$$

其平面波的解为

$$f(x,\ y,\ t)=A\mathrm{e}^{\mathrm{j}\omega t-\mathrm{j}k_x x-\mathrm{j}k_y y} \tag{4.1.19}$$

其中，$\omega=\sqrt{k_x^2+k_y^2}c=kc$。仍然设 $x=0$ 是截断边界，则 $x\geqslant 0$ 的区域同时存在入射波和反射波。$f(x,\ y,\ t)$可以表示为

$$f(x,\ y,\ t)=f_-(x,\ y,\ t)+f_+(x,\ y,\ t) \tag{4.1.20}$$

其中 $f_-(x,\ y,\ t)$是左行波，代表入射波，$f_+(x,\ y,\ t)$是右行波，代表反射波，可表示为

$$f_-(x,\ y,\ t)=A_-\mathrm{e}^{\mathrm{j}\omega t+\mathrm{j}k_x x-\mathrm{j}k_y y} \tag{4.1.21}$$

$$f_+(x,\ y,\ t)=A_+\mathrm{e}^{\mathrm{j}\omega t-\mathrm{j}k_x x-\mathrm{j}k_y y} \tag{4.1.22}$$

将式(4.1.19)代入式(4.1.18)，同时保留对 x 的导数，得到

$$\frac{\partial^2 f}{\partial x^2}+\frac{\omega^2}{c^2}f-k_y^2 f=\frac{\partial^2 f}{\partial x^2}+(k^2-k_y^2)f=0 \tag{4.1.23}$$

定义微分算子 $L=\frac{\partial^2}{\partial x^2}+(k^2-k_y^2)$，得到 $Lf=0$。

定义左行波算子 L_- 和右行波算子 L_+ 为

$$L_-=\frac{\partial}{\partial x}-\mathrm{j}\sqrt{k^2-k_y^2} \tag{4.1.24}$$

$$L_+=\frac{\partial}{\partial x}+\mathrm{j}\sqrt{k^2-k_y^2} \tag{4.1.25}$$

则有 $L_-L_+=L_+L_-=L$。同样，可以得到

$$L_- f_-=0 \tag{4.1.26}$$

$$L_+ f_+=0 \tag{4.1.27}$$

如果将左行波算子 L_- 作用在平面波 $f(x, y, t)$上，则有

$$L_- f=L_- f_-+L_- f_+=L_- f_+ \tag{4.1.28}$$

其结果只剩下和右行波相关联的部分。因此，若在截断边界处设置边界条件

$$L_- f|_{x=0}=0 \tag{4.1.29}$$

就相当于使截断界面处的右行波即反射波的成分等于零。将 L_- 的形式代入上式，得到

$$\left(\frac{\partial}{\partial x}-\mathrm{j}\sqrt{k^2-k_y^2}\right)f\bigg|_{x=0}=0 \tag{4.1.30}$$

将上式过渡到时域，作以下算子替换：

$$\mathrm{j}k\rightarrow\frac{1}{c}\frac{\partial}{\partial t},\ -\mathrm{j}k_y\rightarrow\frac{\partial}{\partial y} \tag{4.1.31}$$

因此，算子方程变为

$$\left(\frac{\partial}{\partial x}-\sqrt{\frac{1}{c^2}\frac{\partial^2}{\partial t^2}-\frac{\partial^2}{\partial y^2}}\right)f\bigg|_{x=0}=0 \tag{4.1.32}$$

上式就是 Engqist - Majda 吸收边界条件的二维形式，适用于截断边界位于所讨论区域左侧的情况[13]。当截断边界位于所讨论区域右侧 $x=a$ 位置时，相应公式变为

$$\left(\frac{\partial}{\partial x}+\sqrt{\frac{1}{c^2}\frac{\partial^2}{\partial t^2}-\frac{\partial^2}{\partial y^2}}\right)f\bigg|_{x=a}=0 \tag{4.1.33}$$

4.1.3 三维情形

三维情形和二维的推导过程非常类似，这里直接写出截断边界的公式。截断边界位于左侧 $x=0$ 和右侧 $x=a$ 时的相应公式分别为

$$\left(\frac{\partial}{\partial x}-\sqrt{\frac{1}{c^2}\frac{\partial^2}{\partial t^2}-\frac{\partial^2}{\partial y^2}-\frac{\partial^2}{\partial z^2}}\right)f\bigg|_{x=0}=0 \tag{4.1.34a}$$

$$\left(\frac{\partial}{\partial x}+\sqrt{\frac{1}{c^2}\frac{\partial^2}{\partial t^2}-\frac{\partial^2}{\partial y^2}-\frac{\partial^2}{\partial z^2}}\right)f\bigg|_{x=a}=0 \tag{4.1.34b}$$

4.2　一阶和二阶近似

4.2.1　一阶近似

二维和三维情形的 Engqist - Majda 吸收边界条件含有根号内的求导运算，从实际计算角度来看是无法实现的。这种算符的含义应理解为 Taylor 级数展开后的结果。上面的吸收边界条件展开后有无数项，必须加以截断。下面以二维情形为例，研究截断近似方法。将式(4.1.24)写为

$$L_- = \frac{\partial}{\partial x} - \mathrm{j}k\sqrt{1-\left(\frac{k_y}{k}\right)^2} \tag{4.2.1}$$

利用 x 小于 1 时的 Taylor 展开公式，忽略高阶项，得到

$$\sqrt{1-x} \approx 1 - \frac{x}{2} \tag{4.2.2}$$

若取上式第一项作为近似，则式(4.2.1)可近似为

$$L_- = \frac{\partial}{\partial x} - \mathrm{j}k = \frac{\partial}{\partial x} - \frac{\mathrm{j}\omega}{c} \tag{4.2.3}$$

该形式恰好和一维情形的左行波算子相同。将上式代回式(4.1.30)，过渡到时域，得到

$$\left(\frac{\partial}{\partial x} - \frac{1}{c}\frac{\partial}{\partial t}\right) f\Big|_{x=0} = 0 \tag{4.2.4}$$

下面检验近似程度。将式(4.1.20)代入上式，得到

$$\left(\frac{\partial}{\partial x} - \frac{1}{c}\frac{\partial}{\partial t}\right) f\Big|_{x=0} = \left[\left(\mathrm{j}k_x - \frac{\mathrm{j}\omega}{c}\right) f_- + \left(-\mathrm{j}k_x - \frac{\mathrm{j}\omega}{c}\right) f_+\right]\Big|_{x=0} = 0 \tag{4.2.5}$$

即

$$\frac{f_+}{f_-}\Big|_{x=0} = -\frac{k-k_x}{k+k_x} \tag{4.2.6}$$

设入射角为 θ，则有 $k_x = k\cos\theta$，上式又可写为

$$\frac{f_+}{f_-}\Big|_{x=0} = -\frac{1-\cos\theta}{1+\cos\theta} = -\tan^2\frac{\theta}{2} \tag{4.2.7}$$

这就是一阶近似吸收边界条件在 $x=0$ 界面所残留的反射波与入射波之比，即反射系数。

4.2.2　二阶近似

若将式(4.2.2)保留到第二项，则式(4.2.1)可近似为

$$L_- = \frac{\partial}{\partial x} - \mathrm{j}k\left[1 - \frac{1}{2}\left(\frac{k_y}{k}\right)^2\right] \tag{4.2.8}$$

代入式(4.1.30)，得到

$$\left(\frac{\partial}{\partial x} - \mathrm{j}k - \frac{1}{2}\frac{k_y^2}{\mathrm{j}k}\right) f\Big|_{x=0} = 0 \tag{4.2.9}$$

进一步写为

$$\left(\mathrm{j}k\frac{\partial}{\partial x} + k^2 - \frac{1}{2}k_y^2\right) f\Big|_{x=0} = 0 \tag{4.2.10}$$

过渡到时域，可得

$$\left(\frac{1}{c}\frac{\partial^2}{\partial x\partial t}-\frac{1}{c^2}\frac{\partial^2}{\partial t^2}+\frac{1}{2}\frac{\partial^2}{\partial y^2}\right)f\bigg|_{x=0}=0 \tag{4.2.11}$$

这就是 $x=0$ 平面作为区域左侧界面不产生反射波的二阶近似吸收边界条件。

下面检验近似程度。将式(4.1.20)代入上式，注意到

$$\left(\frac{1}{c}\frac{\partial^2}{\partial x\partial t}-\frac{1}{c^2}\frac{\partial^2}{\partial t^2}+\frac{1}{2}\frac{\partial^2}{\partial y^2}\right)f_-=\left(-kk_x+k^2-\frac{k_y^2}{2}\right)f_- \tag{4.2.12}$$

$$\left(\frac{1}{c}\frac{\partial^2}{\partial x\partial t}-\frac{1}{c^2}\frac{\partial^2}{\partial t^2}+\frac{1}{2}\frac{\partial^2}{\partial y^2}\right)f_+=\left(kk_x+k^2-\frac{k_y^2}{2}\right)f_+ \tag{4.2.13}$$

则可以得到下列等式：

$$\frac{f_+}{f_-}\bigg|_{x=0}=-\frac{2k^2-k_y^2-2kk_x}{2k^2-k_y^2+2kk_x} \tag{4.2.14}$$

设入射角为 θ，则有 $k_x=k\cos\theta$，上式又可写为

$$\frac{f_+}{f_-}\bigg|_{x=0}=-\frac{2-\sin^2\theta-2\cos\theta}{2-\sin^2\theta+2\cos\theta}=-\tan^4\frac{\theta}{2} \tag{4.2.15}$$

这就是二阶近似吸收边界条件在 $x=0$ 界面所残留的反射波与入射波之比。一阶和二阶近似的结果反射率随入射角变化如图 4.2 所示。

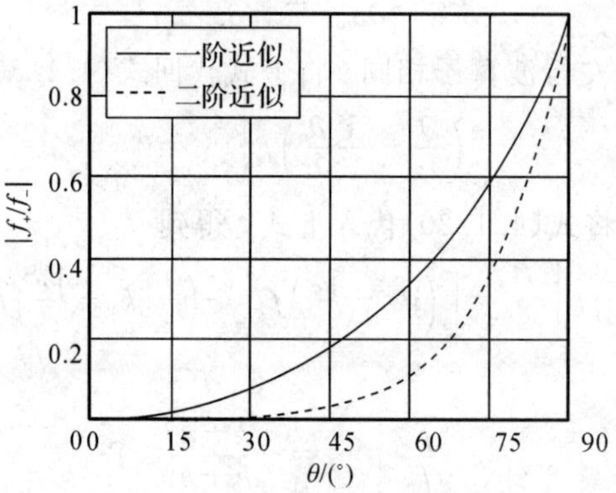

图 4.2　近似吸收边界条件作用后反射波与入射波之比

4.3　FDTD 差分形式

4.3.1　一维情形

研究一维情形下一阶 Mur 吸收边界条件离散化形式。设电场在整数空间网格和整数时间步长上采样，磁场在半整数空间网格和半整数时间步长上采样。电磁波沿 z 方向传播，电场强度是 E_x，归一化磁场强度是 $\widetilde{H}_y$。

设吸收边界在 $x=0$ 处。在 $x=\delta/2$ 处进行离散，选择时间点为 $t=\Delta t/2$。将式(4.2.4)进行中心离散，得到

$$\frac{1}{\delta}\left[E_x^{n+\frac{1}{2}}(1)-E_x^{n+\frac{1}{2}}(0)\right]-\frac{1}{c\Delta t}\left[E_x^{n+1}\left(\frac{1}{2}\right)-E_x^{n}\left(\frac{1}{2}\right)\right]=0 \tag{4.3.1}$$

电场强度在半整数时间步长 $E_x^{n+\frac{1}{2}}(i)$ 处没有采样，使用两侧相邻的整数时间步上的插

值近似。同样，电场强度在半整数空间步长 $E_x^n\left(i+\frac{1}{2}\right)$处没有采样，使用两侧相邻的整数空间步上的插值近似，近似关系式为

$$E_x^{n+\frac{1}{2}}(i)=\frac{E_x^{n+1}(i)+E_x^n(i)}{2} \tag{4.3.2a}$$

$$E_x^n\left(i+\frac{1}{2}\right)=\frac{E_x^n(i+1)+E_x^n(i)}{2} \tag{4.3.2b}$$

将上式代入式(4.3.1)，注意到截断边界在左侧，因此在边界上 $i=0$，边界内侧的网格为 $i=1$，得到

$$\frac{1}{2\delta}[E_x^{n+1}(1)+E_x^n(1)-E_x^{n+1}(0)-E_x^n(0)]-\frac{1}{2c\Delta t}[E_x^{n+1}(1)+E_x^{n+1}(1)-E_x^n(0)-E_x^n(0)]=0 \tag{4.3.3}$$

利用 $s=c\Delta t/\delta$，进一步得到

$$s[E_x^{n+1}(1)+E_x^n(1)-E_x^{n+1}(0)-E_x^n(0)]-[E_x^{n+1}(1)+E_x^{n+1}(1)-E_x^n(0)-E_x^n(0)]=0 \tag{4.3.4}$$

将上式中边界处的电场在 $n+1$ 时间步的值 $E_x^{n+1}(0)$显式表示出来，即

$$E_x^{n+1}(0)=E_x^n(1)+\frac{s-1}{s+1}[E_x^{n+1}(1)-E_x^n(0)] \tag{4.3.5}$$

在用上式迭代计算时，先计算 n 时间步的电场和 $n+1$ 时间步边界以外的电场，然后计算 $n+1$ 时间步边界上的电场。注意到计算中用到了 $E_x^n(0)$，但 $E_x^n(0)$在 $n+1$ 时间步更新后，该值已经不存在了。一种方法是设置变量，在仿真的过程中先将该值保存下来，待更新边界处的 $E_x(0)$时再使用。还有一种方法，就是将更新过程分为两步，第一步更新只需要用到 n 时间步的电场，第二步更新需要用到 $n+1$ 时间步的电场。第二步的更新需要在内部电场 $n+1$ 时间步的电场更新完后，再去更新边界上的电场。使用这种方法可以少设置变量，同时减少代码量。

使用 Mur 吸收边界，对 100 个元胞区域进行仿真。左侧边界为正弦激励源，右侧边界用一阶 Mur 吸收边界条件截断，仿真 1000 时间步，代码如下所示，仿真结果如图 4.3 所示。由图 4.3 可见，使用 Mur 吸收边界后，仿真 1000 时间步的过程中，电磁波在边界没有反射，能够模拟无限大空间电磁波的传播。

代码 4.1　Mur 吸收边界条件截断一维电磁波(4/m1.m)

```
s=0.5;
nd=20;
nz=100;
cm=(s-1)/(s+1);
e=zeros(1, nz+1);
h=0;
hfig=plot(0:nz, e);
ylim([-2, 2]);
for n=1:1000
    h=h-s * diff(e);
    e(end)=e(end-1)-cm * e(end);
```

```
    e(2:end-1)=e(2:end-1)-s*diff(h);
    e(end)=e(end)+cm*e(end-1);
    e(1)=sin(n*2*pi*s/nd);
    set(hfig,'ydata',e);
    drawnow;
end
saveas(gcf,[mfilename,'.png']);
data=e';
save([mfilename,'.dat'],'data','-ascii');
```

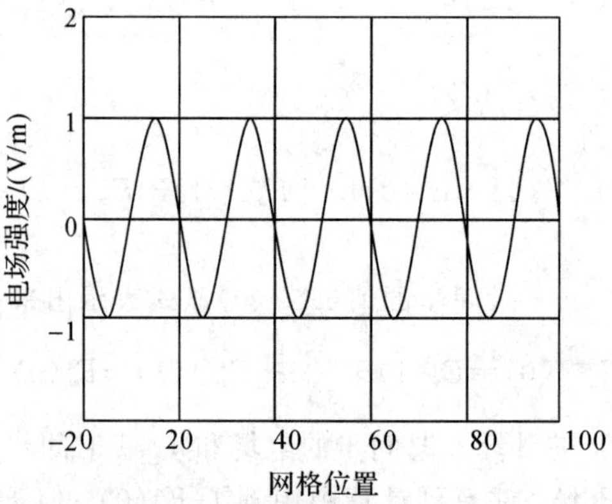

图 4.3　一维一阶 Mur 吸收边界仿真结果(4/m1.m)

4.3.2　二维情形

二维情形的一阶近似与一维情形相同。对于二阶近似，Mur 指出二维情形下吸收边界条件可以降低为只含电场和磁场分量的一阶导数，从而使数值计算大大简化。对于 TM 波，可以得到

$$\left(\frac{1}{c}\frac{\partial^2}{\partial x\partial t}-\frac{1}{c^2}\frac{\partial^2}{\partial t^2}-\frac{1}{2}\frac{\partial^2}{\partial y^2}\right)E_z\bigg|_{x=0}=0 \tag{4.3.6}$$

根据电场和磁场的关系，上式可以化为

$$\left(\frac{1}{c}\frac{\partial^2 E_z}{\partial x\partial t}-\frac{1}{c^2}\frac{\partial^2 E_z}{\partial t^2}+\frac{1}{2c}\frac{\partial^2 \widetilde{H}_x}{\partial y\partial t}\right)\bigg|_{x=0}=0 \tag{4.3.7}$$

将上式对 t 积分，并设初始时刻场为零，得到

$$\left(\frac{\partial E_z}{\partial x}-\frac{1}{c}\frac{\partial E_z}{\partial t}+\frac{1}{2}\frac{\partial \widetilde{H}_x}{\partial y}\right)\bigg|_{x=0}=0 \tag{4.3.8}$$

对于 TE 波，令式(4.2.11)中 $f=\widetilde{H}_z$，可以得到

$$\left(\frac{1}{c}\frac{\partial^2}{\partial x\partial t}-\frac{1}{c^2}\frac{\partial^2}{\partial t^2}-\frac{1}{2}\frac{\partial^2}{\partial y^2}\right)\widetilde{H}_z\bigg|_{x=0}=0 \tag{4.3.9}$$

根据电场和磁场的关系，上式可以化为

$$\left(\frac{1}{c}\frac{\partial^2 \widetilde{H}_z}{\partial x\partial t}-\frac{1}{c^2}\frac{\partial^2 \widetilde{H}_z}{\partial t^2}-\frac{1}{2c}\frac{\partial^2 E_x}{\partial y\partial t}\right)\bigg|_{x=0}=0 \tag{4.3.10}$$

将上式对 t 积分，并设初始时刻场为零，得到

$$\left(\frac{\partial \widetilde{H}_z}{\partial x}-\frac{1}{c}\frac{\partial \widetilde{H}_z}{\partial t}-\frac{1}{2}\frac{\partial E_x}{\partial y}\right)\bigg|_{x=0}=0 \tag{4.3.11}$$

这里以 TM 波为例研究二阶吸收边界离散方法。与一阶吸收边界条件式(4.2.4)对比，二阶吸收边界条件式(4.3.8)多了一项，即

$$\frac{\partial \widetilde{H}_x^{n+\frac{1}{2}}\left(\frac{1}{2},\ j\right)}{\partial y}=\frac{\widetilde{H}_x^{n+\frac{1}{2}}\left(\frac{1}{2},\ j+\frac{1}{2}\right)-\widetilde{H}_x^{n+\frac{1}{2}}\left(\frac{1}{2},\ j-\frac{1}{2}\right)}{\Delta y} \tag{4.3.12}$$

为了消去上式中 $\widetilde{H}_x\left(\frac{1}{2}\right)$的值，可利用线性插值关系：

$$\widetilde{H}_x^{n+\frac{1}{2}}\left(\frac{1}{2},\ j+\frac{1}{2}\right)=\frac{\widetilde{H}_x^{n+\frac{1}{2}}\left(0,\ j+\frac{1}{2}\right)+\widetilde{H}_x^{n+\frac{1}{2}}\left(1,\ j+\frac{1}{2}\right)}{2} \tag{4.3.13}$$

为简便起见，设两个维度上的网格尺寸相同，即 $\Delta x=\Delta y=\delta$，得到边界处电场更新的显式公式为

$$\begin{aligned}E_x^{n+1}(0)=&E_x^n(1)+\frac{s-1}{s+1}\left[E_x^{n+1}(1)-E_x^n(0)\right]-\frac{s}{2(s+1)}\left[\widetilde{H}_x^{n+\frac{1}{2}}\left(0,\ j+\frac{1}{2}\right)\right.\\&\left.-\widetilde{H}_x^{n+\frac{1}{2}}\left(0,\ j-\frac{1}{2}\right)+\widetilde{H}_x^{n+\frac{1}{2}}\left(1,\ j+\frac{1}{2}\right)-\widetilde{H}_x^{n+\frac{1}{2}}\left(1,\ j-\frac{1}{2}\right)\right]\end{aligned} \tag{4.3.14}$$

在二维矩形计算区域的角点，吸收边界条件的离散式需要特殊考虑。用二阶 Mur 吸收边界条件更新边界处的电场时，需要用到两侧的磁场，因此二阶 Mur 吸收边界条件在角点处无法使用。可以采用一阶 Mur 吸收边界条件来处理角点处的电场。假设电磁波沿 45°方向向角点处传播，则角点处的电场可以通过与角点相邻的对角线处的电场来更新。此时，网格长度可以看做$\sqrt{2}\delta$，相应的时间稳定因子变成 $s/\sqrt{2}$。以(0, 0)处角点为例，角点处的吸收边界条件成为

$$\begin{aligned}E_z^{n+1}(0,\ 0)&=E_z^{n+1}(1,\ 1)+\frac{s/\sqrt{2}-1}{s/\sqrt{2}+1}\left[E_z^{n+1}(1,\ 1)-E_z^n(0,\ 0)\right]\\&=E_z^{n+1}(1,\ 1)+\frac{s-\sqrt{2}}{s-\sqrt{2}}\left[E_z^{n+1}(1,\ 1)-E_z^n(0,\ 0)\right]\end{aligned} \tag{4.3.15}$$

通过正方形区域 TM 波线电流源的传播对算法进行验证。首先考虑一阶吸收边界条件。一维 TM 波吸收边界中的代码并没有计算边界上的磁场，因为在更新电场的过程中，并没有用到边界上的磁场，因此边界上的磁场可以不用分配内存，不影响仿真区域内部场的计算结果。角点处的电场用于更新边界处的磁场，当边界处的磁场不用计算时，角点处的电场也不用计算了。一阶吸收边界条件代码如下所示，计算结果如图 4.4(a)所示。

代码 4.2 一阶 Mur 吸收边界条件截断二维电磁波(4/m2.m)

```
s=0.5;
nd=20;
nx=100;
ny=100;
cm=(s-1)/(s+1);
e=zeros(nx+1, ny+1);
hx=0;
```

```
hy=0;
hfig=imagesc(0, 0, e, 0.02*[-1, 1]);
axis equal tight;
colorbar;
for n=1:1000
    hx=hx-s*diff(e(2:end-1, :), 1, 2);
    hy=hy+s*diff(e(:, 2:end-1), 1, 1);
    e(2:end-1, [1, end])=e(2:end-1, [2, end-1])-cm*e(2:end-1, [1, end]);
    e([1, end], 2:end-1)=e([2, end-1], 2:end-1)-cm*e([1, end], 2:end-1);
    e(2:end-1, 2:end-1)=e(2:end-1, 2:end-1)+s*(diff(hy, 1, 1)-diff(hx, 1, 2));
    e(2:end-1, [1, end])=e(2:end-1, [1, end])+cm*e(2:end-1, [2, end-1]);
    e([1, end], 2:end-1)=e([1, end], 2:end-1)+cm*e([2, end-1], 2:end-1);
    e(nx/2+1, ny/2+1)=e(nx/2+1, ny/2+1)+sin(2*pi*n*s/nd);
    set(hfig, 'cdata', e);
    drawnow;
end
saveas(gcf, [mfilename, '.png']);
```

研究二阶吸收边界条件。在利用二阶吸收边界条件更新边界处的电场时，需要用到边界处的磁场，因此边界处的磁场不能忽略。同时，角点处的电场也需要更新。角点处的电场采用一阶 Mur 吸收边界条件处理。考虑二阶吸收边界的代码如下所示，计算结果如图 4.4(b)所示。

代码 4.3 二阶 Mur 吸收边界条件截断二维电磁波(4/m3.m)

```
s=0.5;
nd=20;
nx=100;
ny=100;
cm=(s-1)/(s+1);
cm2=(s-sqrt(2))/(s+sqrt(2));
e=zeros(nx+1, ny+1);
hx=0;
hy=0;
hfig=imagesc(0, 0, e, 0.02*[-1, 1]);
axis equal tight;
colorbar;
for n=1:1000
    hx=hx-s*diff(e, 1, 2);
    hy=hy+s*diff(e, 1, 1);
```

```
    e(2:end-1, [1, end])=e(2:end-1, [2, end-1])-cm*e(2:end-1, [1, end]);
    e([1, end], 2:end-1)=e([2, end-1], 2:end-1)-cm*e([1, end], 2:end-1);
    e([1, end], [1, end])=e([2, end-1], [2, end-1])-cm2*e([1, end], [1, end]);
    e(2:end-1, 2:end-1)=e(2:end-1, 2:end-1)+s*(diff(hy(:, 2:end-1), 1, 1)-diff(hx(2:end-1, :), 1, 2));
    e(2:end-1, [1, end])=e(2:end-1, [1, end])+cm*e(2:end-1, [2, end-1])+.5*s/(s+1)*[sum(diff(hy(:, [1, 2]), 1, 1), 2), sum(diff(hy(:, [end-1, end]), 1, 1), 2)];
    e([1, end], 2:end-1)=e([1, end], 2:end-1)+cm*e([2, end-1], 2:end-1)-.5*s/(s+1)*[sum(diff(hx([1, 2], :), 1, 2), 1); sum(diff(hx([end-1, end], :), 1, 2), 1)];
    e([1, end], [1, end])=e([1, end], [1, end])+cm2*e([2, end-1], [2, end-1]);
    e(nx/2+1, ny/2+1)=e(nx/2+1, ny/2+1)+sin(2*pi*n*s/nd);
    set(hfig, 'cdata', e);
    drawnow;
end
saveas(gcf, [mfilename, '.png']);
```

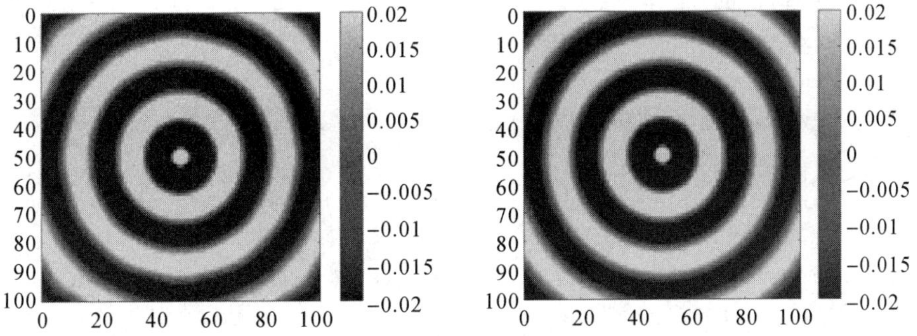

(a) 一阶吸收边界 (4/m2.m)　　(b) 二阶吸收边界 (4/m3.m)

图 4.4　二维情形 Mur 吸收边界

可见，一阶和二阶 Mur 吸收边界都能够对二维外向行波进行截断，模拟无限大空间。

4.3.3　三维情形

三维情形的一阶近似与一维情形相同。通过算例验证三维情形 Mur 吸收边界。网格尺寸为 100×100×100，仿真 300 时间步。在计算区域中心位置设置沿 z 方向的偶极子。时间稳定因子为 0.5，每个波长划分 20 个网格。将过偶极子且垂直于 z 轴截面上 E_z 的分布表示为颜色图，一阶 Mur 吸收边界条件截断三维计算区域的代码如下所示，仿真结果如图 4.5(a)所示。

代码 4.4　一阶 Mur 吸收边界条件截断三维电磁波(4/m4.m)

```
s=0.5;
nd=20;
nx=100;
ny=100;
nz=100;
cm=(s-1)/(s+1);
ex=zeros(nx, ny+1, nz+1);
ey=zeros(nx+1, ny, nz+1);
ez=zeros(nx+1, ny+1, nz);
hx=0;
hy=0;
hz=0;
h=imagesc(0, 0, ez(:, :, nz/2+1), 0.001*[-1, 1]);
axis equal tight;
colorbar;
for n=1:300
    hx=hx-s*(diff(ez(2:end-1, :, :), 1, 2)-diff(ey(2:end-1, :, :), 1, 3));
    hy=hy-s*(diff(ex(:, 2:end-1, :), 1, 3)-diff(ez(:, 2:end-1, :), 1, 1));
    hz=hz-s*(diff(ey(:, :, 2:end-1), 1, 1)-diff(ex(:, :, 2:end-1), 1, 2));
    ex(:, 2:end-1, [1, end])=ex(:, 2:end-1, [2, end-1])-cm*ex(:, 2:end-1, [1, end]);
    ex(:, [1, end], 2:end-1)=ex(:, [2, end-1], 2:end-1)-cm*ex(:, [1, end], 2:end-1);
    ey([1, end], :, 2:end-1)=ey([2, end-1], :, 2:end-1)-cm*ey([1, end], :, 2:end-1);
    ey(2:end-1, :, [1, end])=ey(2:end-1, :, [2, end-1])-cm*ey(2:end-1, :, [1, end]);
    ez(2:end-1, [1, end], :)=ez(2:end-1, [2, end-1], :)-cm*ez(2:end-1, [1, end], :);
    ez([1, end], 2:end-1, :)=ez([2, end-1], 2:end-1, :)-cm*ez([1, end], 2:end-1, :);
    ex(:, 2:end-1, 2:end-1)=ex(:, 2:end-1, 2:end-1)+s*(diff(hz, 1, 2)-diff(hy, 1, 3));
    ey(2:end-1, :, 2:end-1)=ey(2:end-1, :, 2:end-1)+s*(diff(hx, 1, 3)-diff(hz, 1, 1));
    ez(2:end-1, 2:end-1, :)=ez(2:end-1, 2:end-1, :)+s*(diff(hy, 1, 1)-diff(hx, 1, 2));
    ex(:, 2:end-1, [1, end])=ex(:, 2:end-1, [1, end])+cm*ex(:, 2:end-1, [2, end-1]);
    ex(:, [1, end], 2:end-1)=ex(:, [1, end], 2:end-1)+cm*ex(:, [2, end-1], 2:end-1);
    ey([1, end], :, 2:end-1)=ey([1, end], :, 2:end-1)+cm*ey([2, end-1],
```

```
        :, 2:end-1);
    ey(2:end-1, :, [1, end])=ey(2:end-1, :, [1, end])+cm*ey(2:end-1, :,
        [2, end-1]);
    ez(2:end-1, [1, end], :)=ez(2:end-1, [1, end], :)+cm*ez(2:end-1, [2,
        end-1], :);
    ez([1, end], 2:end-1, :)=ez([1, end], 2:end-1, :)+cm*ez([2, end-1], 2:
        end-1, :);
    ez(nx/2+1, ny/2+1, nz/2+1)=ez(nx/2+1, ny/2+1, nz/2+1)+sin(2*pi*n
        *s/nd);
    set(h, 'cdata', ez(:, :, nz/2+1));
    drawnow;
end
saveas(gcf, [mfilename, '.png']);
```

以 $x=0$ 的截断边界为例，研究三维情形的二阶近似公式。将左行波算子应用于场量，得到

$$\left(\frac{\partial}{\partial x}-\mathrm{j}\sqrt{k^2-k_y^2-k_z^2}\right)f\bigg|_{x=0}=\left(\frac{\partial}{\partial x}-\mathrm{j}k\sqrt{1-\frac{k_y^2}{k^2}-\frac{k_z^2}{k^2}}\right)f\bigg|_{x=0}=0 \tag{4.3.16}$$

将根式用牛顿公式近似，得到

$$\left[\frac{\partial}{\partial x}-\mathrm{j}k\left(1-\frac{k_y^2}{2k^2}-\frac{k_z^2}{2k^2}\right)\right]f\bigg|_{x=0}=0 \tag{4.3.17}$$

进一步写为

$$\left[\mathrm{j}k\frac{\partial}{\partial x}-(\mathrm{j}k)^2+\frac{1}{2}(-\mathrm{j}k_y)^2-\frac{1}{2}(-\mathrm{j}k_z)^2\right]f\bigg|_{x=0}=0 \tag{4.3.18}$$

变换到时域，得到

$$\left(\frac{1}{c}\frac{\partial^2}{\partial x\partial t}-\frac{1}{c^2}\frac{\partial^2}{\partial t^2}+\frac{1}{2}\frac{\partial^2}{\partial y^2}+\frac{1}{2}\frac{\partial^2}{\partial z^2}\right)f\bigg|_{x=0}=0 \tag{4.3.19}$$

下面根据三维 Yee 元胞的 $\boldsymbol{E}$ 和 $\boldsymbol{H}$ 节点的排列对二阶吸收边界进行离散。在 FDTD 截断边界上只有电场的切向分量和磁场的法向分量。由于边界面上磁场的法向分量的计算不涉及 $x<0$ 的区域，即不涉及截断边界界面外节点，因此，吸收边界条件将不考虑磁场，而只考虑电场的切向分量 E_y 和 E_z。以 E_z 为例，有

$$\left(\frac{1}{c}\frac{\partial^2}{\partial x\partial t}-\frac{1}{c^2}\frac{\partial^2}{\partial t^2}+\frac{1}{2}\frac{\partial^2}{\partial y^2}+\frac{1}{2}\frac{\partial^2}{\partial z^2}\right)E_z\bigg|_{x=0}=0 \tag{4.3.20}$$

将上式在 $\left(i+\frac{1}{2}, j, k+\frac{1}{2}\right)$ 处以及 $n\Delta t$ 处离散。注意 E_z 节点的位置在 $\left(i, j, k+\frac{1}{2}\right)$。为简便起见，设 $\Delta x=\Delta y=\Delta z=\delta$。各项的差分近似为

$$\frac{\partial^2 E_z}{\partial x\partial t}\approx\frac{E_z^{n+1}\left(i+1, j, k+\frac{1}{2}\right)-E_z^{n-1}\left(i+1, j, k+\frac{1}{2}\right)-E_z^{n+1}\left(i, j, k+\frac{1}{2}\right)+E_z^{n-1}\left(i, j, k+\frac{1}{2}\right)}{2\Delta t\delta} \tag{4.3.21a}$$

$$\frac{\partial^2 E_z}{\partial t^2}\approx\frac{E_z^{n+1}\left(i+\frac{1}{2}, j, k+\frac{1}{2}\right)-2E_z^{n}\left(i+\frac{1}{2}, j, k+\frac{1}{2}\right)+E_z^{n-1}\left(i+\frac{1}{2}, j, k+\frac{1}{2}\right)}{\Delta t^2} \tag{4.3.21b}$$

$$\frac{\partial^2 E_z}{\partial y^2} \approx \frac{E_z^n\left(i+\frac{1}{2}, j+1, k+\frac{1}{2}\right)-2E_z^n\left(i+\frac{1}{2}, j, k+\frac{1}{2}\right)+E_z^n\left(i+\frac{1}{2}, j-1, k+\frac{1}{2}\right)}{\delta^2} \tag{4.3.21c}$$

$$\frac{\partial^2 E_z}{\partial z^2} \approx \frac{E_z^n\left(i+\frac{1}{2}, j, k+\frac{3}{2}\right)-2E_z^n\left(i+\frac{1}{2}, j, k+\frac{1}{2}\right)+E_z^n\left(i+\frac{1}{2}, j, k-\frac{1}{2}\right)}{\delta^2} \tag{4.3.21d}$$

利用线性插值近似

$$E_z^n\left(i+\frac{1}{2}, j, k+\frac{1}{2}\right)=\frac{1}{2}\left[E_z^n\left(i, j, k+\frac{1}{2}\right)+E_z^n\left(i+1, j, k+\frac{1}{2}\right)\right] \tag{4.3.22}$$

将式(4.3.21a)、式(4.3.21b)、式(4.3.21c)、式(4.3.21d)代入式(4.3.20)，得到边界处 E_z 在 $n+1$ 时间步的值，即

$$E_z^{n+1}\left(i, j, k+\frac{1}{2}\right)=-E_z^{n-1}\left(i+1, j, k+\frac{1}{2}\right)+\frac{s-1}{s+1}\left[E_z^{n+1}\left(i, j, k+\frac{1}{2}\right)+E_z^{n-1}\left(i+1, j, k+\frac{1}{2}\right)\right] \\ -(2s-1)\left[E_z^n\left(i, j, k+\frac{1}{2}\right)+E_z^n\left(i+1, j, k+\frac{1}{2}\right)\right]+\frac{s^2}{2(s+1)}\Psi \tag{4.3.23}$$

其中

$$\Psi=E_z^n\left(i, j+1, k+\frac{1}{2}\right)+E_z^n\left(i, j-1, k+\frac{1}{2}\right)+E_z^n\left(i, j, k+\frac{3}{2}\right)+E_z^n\left(i, j, k-\frac{1}{2}\right) \\ +E_z^n\left(i+1, j+1, k+\frac{1}{2}\right)+E_z^n\left(i+1, j-1, k+\frac{1}{2}\right)+E_z^n\left(i+1, j, k+\frac{3}{2}\right) \\ +E_z^n\left(i+1, j, k-\frac{1}{2}\right) \tag{4.3.24}$$

观察式(4.3.23)，更新 $E_z^{n+1}\left(i, j, k+\frac{1}{2}\right)$ 时还需要第 n 和第 $n-1$ 时间步的 E_z。因此，在迭代时，需要将这些值临时存放在变量里。

通过算例验证三维情形二阶 Mur 吸收边界。网格尺寸为 100×100×100，仿真 300 时间步。将过偶极子且垂直于 z 轴截面上 E_z 的分布表示为颜色图，二阶 Mur 吸收边界条件截断三维计算区域的部分代码如下所示，仿真结果如图 4.5(b)所示。可见，二阶 Mur 吸收边界条件能够截断三维无限大空间，在边界处电磁波没有反射。

代码 4.5 二阶 Mur 吸收边界条件截断三维电磁波(4/m5.m)

```
for n=1:300
    hx=hx-s*(diff(ez(2:end-1, :, :), 1, 2)-diff(ey(2:end-1, :, :), 1, 3));
    hy=hy-s*(diff(ex(:, 2:end-1, :), 1, 3)-diff(ez(:, 2:end-1, :), 1, 1));
    hz=hz-s*(diff(ey(:, :, 2:end-1), 1, 1)-diff(ex(:, :, 2:end-1), 1, 2));
    exyt=ex(2:end-1, [1, 2, end-1, end], 3:end-2);
    exzt=ex(2:end-1, 3:end-2, [1, 2, end-1, end]);
    eyzt=ey(3:end-2, 2:end-1, [1, 2, end-1, end]);
    eyxt=ey([1, 2, end-1, end], 2:end-1, 3:end-2);
    ezxt=ez([1, 2, end-1, end], 3:end-2, 2:end-1);
```

```
ezyt=ez(3:end-2, [1, 2, end-1, end], 2:end-1);
ex(2:end-1, [1, end], 3:end-2)=-exy(:, [2, 3], :)+cm*exy(:, [1, 4], :)-2*(s-1)*cat(2, sum(ex(2:end-1, [1, 2], 3:end-2), 2), sum(ex(2:end-1, [end-1, end], 3:end-2), 2))+s^2/(2*(s+1))*cat(2, sum(ex(2:end-1, [1, 2], 4:end-1)+ex(2:end-1, [1, 2], 2:end-3)+ex(1:end-2, [1, 2], 3:end-2)+ex(3:end, [1, 2], 3:end-2), 2), sum(ex(2:end-1, [end-1, end], 4:end-1)+ex(2:end-1, [end-1, end], 2:end-3)+ex(1:end-2, [end-1, end], 3:end-2)+ex(3:end, [end-1, end], 3:end-2), 2));
ex(2:end-1, 3:end-2, [1, end])=-exz(:, :, [2, 3])+cm*exz(:, :, [1, 4])-2*(s-1)*cat(3, sum(ex(2:end-1, 3:end-2, [1, 2]), 3), sum(ex(2:end-1, 3:end-2, [end-1, end]), 3))+s^2/(2*(s+1))*cat(3, sum(ex(2:end-1, 4:end-1, [1, 2])+ex(2:end-1, 2:end-3, [1, 2])+ex(1:end-2, 3:end-2, [1, 2])+ex(3:end, 3:end-2, [1, 2]), 3), sum(ex(2:end-1, 4:end-1, [end-1, end])+ex(2:end-1, 2:end-3, [end-1, end])+ex(1:end-2, 3:end-2, [end-1, end])+ex(3:end, 3:end-2, [end-1, end]), 3));
ey(3:end-2, 2:end-1, [1, end])=-eyz(:, :, [2, 3])+cm*eyz(:, :, [1, 4])-2*(s-1)*cat(3, sum(ey(3:end-2, 2:end-1, [1, 2]), 3), sum(ey(3:end-2, 2:end-1, [end-1, end]), 3))+s^2/(2*(s+1))*cat(3, sum(ey(4:end-1, 2:end-1, [1, 2])+ey(2:end-3, 2:end-1, [1, 2])+ey(3:end-2, 1:end-2, [1, 2])+ey(3:end-2, 3:end, [1, 2]), 3), sum(ey(4:end-1, 2:end-1, [end-1, end])+ey(2:end-3, 2:end-1, [end-1, end])+ey(3:end-2, 1:end-2, [end-1, end])+ey(3:end-2, 3:end, [end-1, end]), 3));
ey([1, end], 2:end-1, 3:end-2)=-eyx([2, 3], :, :)+cm*eyx([1, 4], :, :)-2*(s-1)*cat(1, sum(ey([1, 2], 2:end-1, 3:end-2), 1), sum(ey([end-1, end], 2:end-1, 3:end-2), 1))+s^2/(2*(s+1))*cat(1, sum(ey([1, 2], 2:end-1, 4:end-1)+ey([1, 2], 2:end-1, 2:end-3)+ey([1, 2], 1:end-2, 3:end-2)+ey([1, 2], 3:end, 3:end-2), 1), sum(ey([end-1, end], 2:end-1, 4:end-1)+ey([end-1, end], 2:end-1, 2:end-3)+ey([end-1, end], 1:end-2, 3:end-2)+ey([end-1, end], 3:end, 3:end-2), 1));
ez([1, end], 3:end-2, 2:end-1)=-ezx([2, 3], :, :)+cm*ezx([1, 4], :, :)-2*(s-1)*cat(1, sum(ez([1, 2], 3:end-2, 2:end-1), 1), sum(ez([end-1, end], 3:end-2, 2:end-1), 1))+s^2/(2*(s+1))*cat(1, sum(ez([1, 2], 4:end-1, 2:end-1)+ez([1, 2], 2:end-3, 2:end-1)+ez([1, 2], 3:end-2, 1:end-2)+ez([1, 2], 3:end-2, 3:end), 1), sum(ez([end-1, end], 4:end-1, 2:end-1)+ez([end-1, end], 2:end-3, 2:end-1)+ez([end-1, end], 3:end-2, 1:end-2)+ez([end-1, end], 3:end-2, 3:end), 1));
ez(3:end-2, [1, end], 2:end-1)=-ezy(:, [2, 3], :)+cm*ezy(:, [1, 4], :)-2*(s-1)*cat(2, sum(ez(3:end-2, [1, 2], 2:end-1), 2), sum(ez(3:end-2, [end-1, end], 2:end-1), 2))+s^2/(2*(s+1))*cat(2, sum(ez(4:end-1, [1, 2], 2:end-1)+ez(2:end-3, [1, 2], 2:end-1)+ez(3:end-2, [1, 2], 1:end-2)+ez(3:end-2, [1, 2], 3:end), 2), sum(ez(4:end-1, [end-1, end], 2:end-1)+ez(2:end-3, [end-1, end], 2:end-1)+ez(3:end-2, [end-1, end], 1:end-2)+ez(3:end-2, [end-1, end], 3:end), 2));
```

```
ex(2:end-1, [1, end], [2, end-1])=ex(2:end-1, [2, end-1], [2, end-1])-cm*ex(2:end-1, [1, end], [2, end-1]);
ex(2:end-1, [2, end-1], [1, end])=ex(2:end-1, [2, end-1], [2, end-1])-cm*ex(2:end-1, [2, end-1], [1, end]);
ey([2, end-1], 2:end-1, [1, end])=ey([2, end-1], 2:end-1, [2, end-1])-cm*ey([2, end-1], 2:end-1, [1, end]);
ey([1, end], 2:end-1, [2, end-1])=ey([2, end-1], 2:end-1, [2, end-1])-cm*ey([1, end], 2:end-1, [2, end-1]);
ez([1, end], [2, end-1], 2:end-1)=ez([2, end-1], [2, end-1], 2:end-1)-cm*ez([1, end], [2, end-1], 2:end-1);
ez([2, end-1], [1, end], 2:end-1)=ez([2, end-1], [2, end-1], 2:end-1)-cm*ez([2, end-1], [1, end], 2:end-1);
ex([1, end], [1, end], 2:end-1)=ex([1, end], [2, end-1], 2:end-1)-cm*ex([1, end], [1, end], 2:end-1);
ex([1, end], 2:end-1, [1, end])=ex([1, end], 2:end-1, [2, end-1])-cm*ex([1, end], 2:end-1, [1, end]);
ey(2:end-1, [1, end], [1, end])=ey(2:end-1, [1, end], [2, end-1])-cm*ey(2:end-1, [1, end], [1, end]);
ey([1, end], [1, end], 2:end-1)=ey([2, end-1], [1, end], 2:end-1)-cm*ey([1, end], [1, end], 2:end-1);
ez([1, end], 2:end-1, [1, end])=ez([2, end-1], 2:end-1, [1, end])-cm*ez([1, end], 2:end-1, [1, end]);
ez(2:end-1, [1, end], [1, end])=ez(2:end-1, [2, end-1], [1, end])-cm*ez(2:end-1, [1, end], [1, end]);
ex(:, 2:end-1, 2:end-1)=ex(:, 2:end-1, 2:end-1)+s*(diff(hz, 1, 2)-diff(hy, 1, 3));
ey(2:end-1, :, 2:end-1)=ey(2:end-1, :, 2:end-1)+s*(diff(hx, 1, 3)-diff(hz, 1, 1));
ez(2:end-1, 2:end-1, :)=ez(2:end-1, 2:end-1, :)+s*(diff(hy, 1, 1)-diff(hx, 1, 2));
ex(:, [1, end], 2:end-1)=ex(:, [1, end], 2:end-1)+cm*ex(:, [2, end-1], 2:end-1);
ex(:, 2:end-1, [1, end])=ex(:, 2:end-1, [1, end])+cm*ex(:, 2:end-1, [2, end-1]);
ey(2:end-1, :, [1, end])=ey(2:end-1, :, [1, end])+cm*ey(2:end-1, :, [2, end-1]);
ey([1, end], :, 2:end-1)=ey([1, end], :, 2:end-1)+cm*ey([2, end-1], :, 2:end-1);
ez([1, end], 2:end-1, :)=ez([1, end], 2:end-1, :)+cm*ez([2, end-1], 2:end-1, :);
ez(2:end-1, [1, end], :)=ez(2:end-1, [1, end], :)+cm*ez(2:end-1, [2, end-1], :);
ez(nx/2+1, ny/2+1, nz/2+1)=ez(nx/2+1, ny/2+1, nz/2+1)+sin(2*pi*n
```

```
    * s/nd);
    exy=exyt;
    exz=exzt;
    eyz=eyzt;
    eyx=eyxt;
    ezx=ezxt;
    ezy=ezyt;
    set(h, 'cdata', ez(:, :, nz/2+1));
    drawnow;
end
```

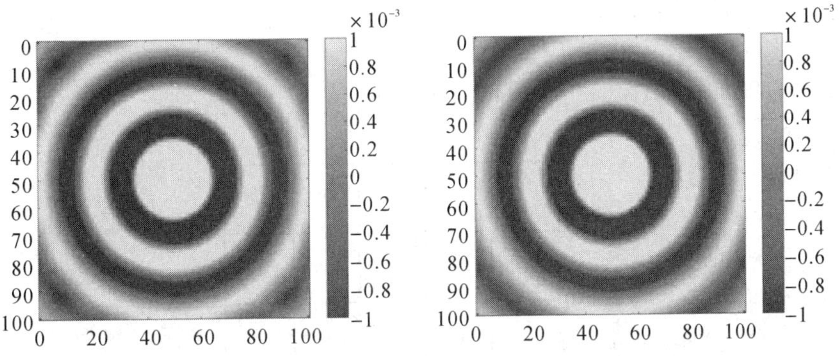

(a) 三维情形一阶 Mur 吸收边界 (4/m4.m)　(b) 三维情形二阶 Mur 吸收边界 (4/m5.m)

图 4.5　三维 Mur 吸收边界

截断边界处的磁场在更新电场时不参与计算，所以不需要设置内存。棱边处的电场不需要计算，也不需要设置。除棱边外，截断边界上的电场在边缘处采用一阶 Mur 吸收边界条件，在内部采用二阶 Mur 吸收边界条件。采用二阶 Mur 吸收边界条件时，更新边界处的电场分为两步。第一步利用 $n-1$ 和 n 时间步边界上和与边界相邻的电场，第二步利用 $n+1$ 时间步与边界相邻的电场。可以看到，在利用 $n+1$ 时间步的电场时，二阶 Mur 吸收边界和一阶 Mur 吸收边界条件的公式完全一样。因此，在第二步更新电场时，不需要将边界上边缘处的电场和内部的电场分开处理，而用统一的语句处理即可。

4.4　吸收效果评估

采用微分高斯脉冲作为入射波，网格尺寸为 100。仿真 400 时间步，脉冲从右边界反射，但还没有传播到左边界。代码如下所示，仿真结果如图 4.6 所示。

代码 4.6　Mur 边界条件对微分高斯脉冲的反射 4/m6.m

```
s=0.5;
nd=20;
nz=100;
cm=(s-1)/(s+1);
e=zeros(1, nz+1);
h=0;
```

```
hfig=plot(0:nz, e);
for n=1:400
    h=h-s * diff(e);
    e(end)=e(end-1)-cm * e(end);
    e(2:end-1)=e(2:end-1)-s * diff(h);
    e(end)=e(end)+cm * e(end-1);
    e(1)=(n * s/2/nd-1). * (exp(-4 * pi * (n * s/2/nd-1).^2));
    set(hfig, 'ydata', e);
    drawnow;
end
saveas(gcf, [mfilename, '.png']);
data=e';
save([mfilename, '.dat'], 'data', '-ascii');
```

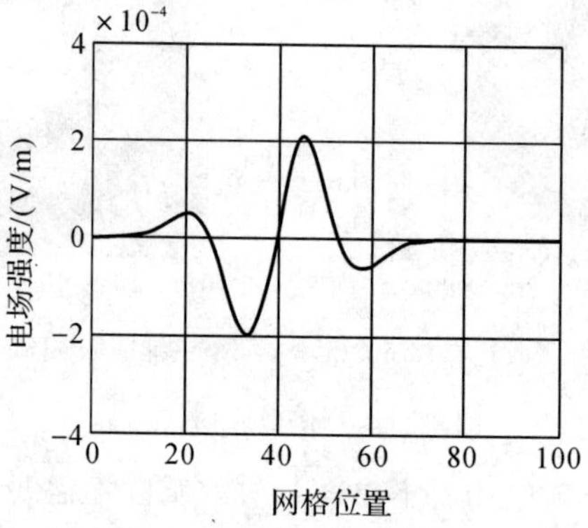

图 4.6　Mur 吸收边界仿真结果(4/m6.m)

可见，回波的峰值约为 2×10^{-4} V/m。微分高斯脉冲的峰值为 $1/\sqrt{8e\pi}=0.121$，因此可得反射系数约为 1.7×10^{-2}。

试验二维情况下二阶 Mur 吸收边界条件的吸收效果。仿真区域为 100×50 的网格，电流源位于中心。四周采用 Mur 二阶吸收边界截断。再设置一个 250×200 的区域，作为参考区域，采用相同的电流源。仿真 150 时间步，则在 150 时间步时，由于参考区域的边界距离电流源较远，此时边界处反射电磁波还来不及返回。因此，参考区域的电场可以认为是理想无限大空间的散射场，可以作为参考基准。在 100 时间步时，记录下长边一侧仿真结果与参考区域电场分布之差。再记录下 150 时间步内总的反射波随时间的变化。代码如下所示，仿真结果如图 4.7(a)和图 4.7(b)所示。

代码 4.7　二维二阶 Mur 吸收边界吸收效果测试(4/m7.m)

```
s=0.5;
nd=20;
nx=100;
ny=50;
nxr=250;
nyr=200;
```

```
7  cm=(s-1)/(s+1);
8  cm2=(s-sqrt(2))/(s+sqrt(2));
9  e=zeros(nx+1, ny+1);
10 hx=0;
11 hy=0;
12 er=zeros(nxr+1, nyr+1);
13 hxr=0;
14 hyr=0;
15 nt=150;
16 et=zeros(1, nt);
17 ert=zeros(1, nt);
18 for n=1:nt
19     hxr=hxr-s*diff(er, 1, 2);
20     hyr=hyr+s*diff(er, 1, 1);
21     er(2:end-1, 2:end-1)=er(2:end-1, 2:end-1)+s*(diff(hyr(:, 2:end-1),
       1, 1)-diff(hxr(2:end-1, :), 1, 2));
22     er(nxr/2+1, nyr/2+1)=(10-15*cos(2*pi*n*s/nd)+6*cos(2*2*pi*n*
       s/nd)-cos(3*2*pi*n*s/nd))/320*(heaviside(n)-heaviside(n-nd/s));
23     hx=hx-s*diff(e, 1, 2);
24     hy=hy+s*diff(e, 1, 1);
25     e(2:end-1, [1, end])=e(2:end-1, [2, end-1])-cm*e(2:end-1, [1,
       end]);
26     e([1, end], 2:end-1)=e([2, end-1], 2:end-1)-cm*e([1, end], 2:end-
       1);
27     e([1, end], [1, end])=e([2, end-1], [2, end-1])-cm2*e([1, end],
       [1, end]);
28     e(2:end-1, 2:end-1)=e(2:end-1, 2:end-1)+s*(diff(hy(:, 2:end-1), 1,
       1)-diff(hx(2:end-1, :), 1, 2));
29     e(2:end-1, [1, end])=e(2:end-1, [1, end])+cm*e(2:end-1, [2, end-1])
       +.5*s/(s+1)*[sum(diff(hy(:, [1, 2]), 1, 1), 2), sum(diff(hy(:, [end-1,
       end]), 1, 1), 2)];
30     e([1, end], 2:end-1)=e([1, end], 2:end-1)+cm*e([2, end-1], 2:end-1)
       -.5*s/(s+1)*[sum(diff(hx([1, 2], :), 1, 2), 1); sum(diff(hx([end-1,
       end], :), 1, 2), 1)];
31     e([1, end], [1, end])=e([1, end], [1, end])+cm2*e([2, end-1], [2,
       end-1]);
32     e(nx/2+1, ny/2+1)=(10-15*cos(2*pi*n*s/nd)+6*cos(2*2*pi*n*s/
       nd)-cos(3*2*pi*n*s/nd))/320*(heaviside(n)-heaviside(n-nd/s));
33     et(n)=sum(sum(abs(e(nx/2+1+(-nx/2+1:nx/2-1), ny/2+1+(-ny/2+1:
       ny/2-1))-er(nxr/2+1+(-nx/2+1:nx/2-1), nyr/2+1+(-ny/2+1:ny/2-
       1))).^2));
34     ert(n)=er(nxr/2+1, nyr/2+1-ny/2+1);
35     if n==100
```

```
        e100=(e(nx/2+1+(-nx/2:nx/2), ny/2+1-ny/2+1)-er(nxr/2+1+(-
    nx/2:nx/2), nyr/2+1-ny/2+1))/max(abs(ert));
    end
end
plot(0:nx, e100);
saveas(gcf, [mfilename, 'e100.png']);
plot(10*log10(et(51:end)));
saveas(gcf, [mfilename, 'et.png']);
data=e100;
save([mfilename, 'e100.dat'], 'data', '-ascii');
data=et';
save([mfilename, 'et.dat'], 'data', '-ascii');
```

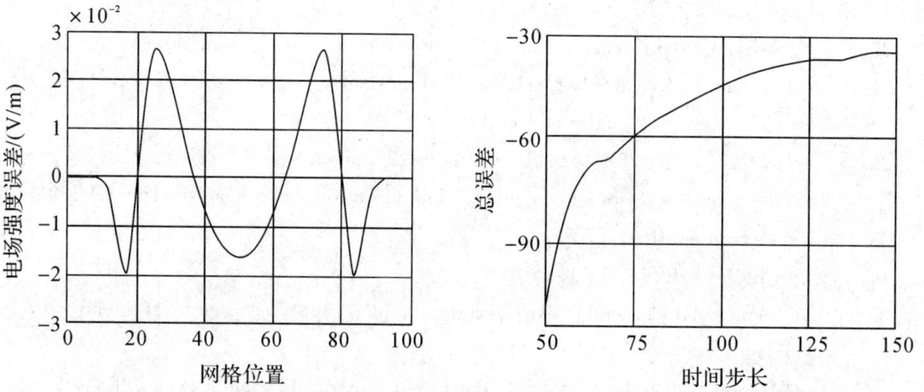

(a) 运行100时间步时的反射误差　　(b) 总误差随时间变化

图 4.7　Mur 吸收边界条件误差(4/m7.m)

复习思考题

1. 推导三阶近似吸收边界反射系数随入射角变化特性。

2. 思考在二维 TM 波 Mur 吸收边界条件实现时，边界处的磁场和角顶点处的电场为何不需要计算，即这些场量的取值为何不会影响到内部区域的场量分布。

第 5 章　完全匹配层

完全匹配层(Perfectly Matched Layer，PML)是在仿真计算区域截断边界处设置一种特殊介质层，其波阻抗与相邻介质波阻抗完全匹配，所以入射波将无反射地穿过分界面而进入 PML 层。并且其参数设置为有耗介质，电磁波进入 PML 时将迅速衰减，故有很好的吸收效果。即使 PML 为有限厚度，它对于入射波仍然有很好的吸收效果。算例验证表明，PML 吸收边界的吸收效果可以比 Mur 吸收边界高很多。

5.1　完全匹配层电磁参数

历史上大体出现过三类完全匹配层，分别是 Berenger 完全匹配层[12]、各向异性完全匹配层[14]和坐标伸缩完全匹配层[15]。Berenger 完全匹配层出现得最早，需要将电场和磁场分裂为两个场，需要更大的内存，使用不便。各向异性完全匹配层通过设置各向异性材料实现，在截断不同介质时，需要采用不同的差分格式。坐标伸缩完全匹配层通过对坐标进行变换实现，使用时只影响对空间的差分，不影响本构关系的处理，可以用统一的形式截断不同的介质，使用起来最为方便。可以在数学上证明，这三种完全匹配层是等价的。本书对这三种完全匹配层都进行介绍，并对其等价性进行证明。为简便起见，所有的证明过程都在频率域进行。在具体的 FDTD 实现时，再变换回时域。

5.1.1　Berenger 完全匹配层

这里以二维 TM 波为例研究 Berenger 完全匹配层。TM 波只有 E_z、$\widetilde{H}_x$、$\widetilde{H}_y$ 分量，直角坐标系中无源区域麦克斯韦方程组为

$$\frac{\partial \widetilde{H}_y}{\partial x}-\frac{\partial \widetilde{H}_x}{\partial y}=\frac{\mathrm{j}\omega}{c}\varepsilon_r E_z \tag{5.1.1a}$$

$$\frac{\partial E_z}{\partial y}=-\frac{\mathrm{j}\omega}{c}\mu_r \widetilde{H}_x \tag{5.1.1b}$$

$$-\frac{\partial E_z}{\partial x}=-\frac{\mathrm{j}\omega}{c}\mu_r \widetilde{H}_y \tag{5.1.1c}$$

当入射电磁波为平面波时，有

$$-\mathrm{j}k_x\widetilde{H}_y+\mathrm{j}k_y\widetilde{H}_x=\frac{\mathrm{j}\omega}{c}\varepsilon_r E_z \tag{5.1.2a}$$

$$-\mathrm{j}k_y E_z=-\frac{\mathrm{j}\omega}{c}\mu_r \widetilde{H}_x \tag{5.1.2b}$$

$$\mathrm{j}k_x E_z=-\frac{\mathrm{j}\omega}{c}\mu_r \widetilde{H}_y \tag{5.1.2c}$$

其中 k_x、k_y 是波矢量在 x 和 y 方向的分量。

在 Berenger PML 介质中，将电场 E_z 分裂为两个子分量 E_{zx} 和 E_{zy}，且 $E_z=E_{zx}+E_{zy}$。进而，将麦克斯韦方程组改写为以下形式：

$$-\mathrm{j}k_x\widetilde{H}_y=\frac{\mathrm{j}\omega}{c}\varepsilon_{rx}E_{zx} \tag{5.1.3a}$$

$$\mathrm{j}k_y\widetilde{H}_x=\frac{\mathrm{j}\omega}{c}\varepsilon_{ry}E_{zy} \tag{5.1.3b}$$

$$-\mathrm{j}k_y(E_{zx}+E_{zy})=-\frac{\mathrm{j}\omega}{c}\mu_{ry}\widetilde{H}_x \tag{5.1.3c}$$

$$\mathrm{j}k_y(E_{zx}+E_{zy})=-\frac{\mathrm{j}\omega}{c}\mu_{rx}\widetilde{H}_y \tag{5.1.3d}$$

当 $\varepsilon_{rx}=\varepsilon_{ry}$，$\mu_{rx}=\mu_{ry}$ 时，上式退化为通常形式的麦克斯韦方程。因此，可以认为上式描述的是一种普遍情况。

将式(5.1.3a)和式(5.1.3b)改写为

$$-\frac{\mathrm{j}k_x}{\varepsilon_{rx}}\widetilde{H}_y=\frac{\mathrm{j}\omega}{c}E_{zx} \tag{5.1.4a}$$

$$\frac{\mathrm{j}k_y}{\varepsilon_{ry}}\widetilde{H}_x=\frac{\mathrm{j}\omega}{c}E_{zy} \tag{5.1.4b}$$

将式(5.1.3c)和式(5.1.3d)中的 $\widetilde{H}_x$ 和 $\widetilde{H}_y$ 代入式(5.1.4a)、式(5.1.4b)，再将式(5.1.4a)和式(5.1.4b)相加，得到

$$\frac{\mathrm{j}k_x}{\varepsilon_{rx}\mu_{rx}}(E_{zx}+E_{zy})=\frac{\omega^2}{c^2}(E_{zx}+E_{zy}) \tag{5.1.5}$$

上式中电场有非零解的条件为

$$\frac{k_x^2}{\varepsilon_{rx}\mu_{rx}}+\frac{k_y^2}{\varepsilon_{ry}\mu_{ry}}=\frac{\omega^2}{c^2} \tag{5.1.6}$$

此式即 Berenger PML 介质中波矢量的分量需满足的关系，称为色散关系。

下面研究平面电磁波在分界面处的反射。设分界面为 yz 平面，即 $x=0$ 平面，分界面两侧均为 Berenger PML 介质。$x<0$ 的区域用下标 1 表示，$x>0$ 的区域用下标 2 表示。平面电磁波在两种 Berenger PML 介质分界面的传播和反射示意图如图 5.1 所示。

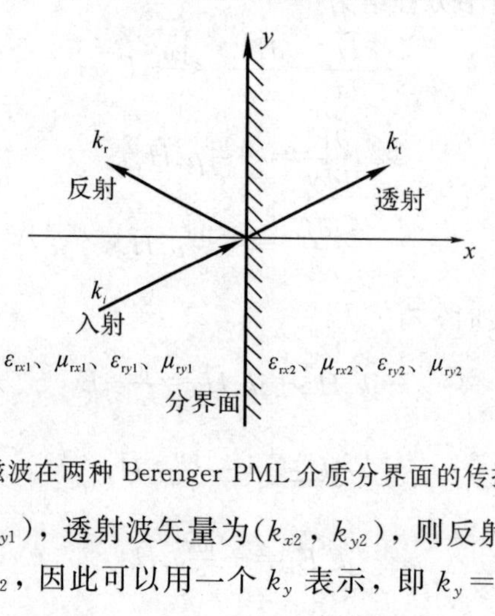

图 5.1　平面电磁波在两种 Berenger PML 介质分界面的传播和反射示意图

设入射波矢量为(k_{x1}，k_{y1})，透射波矢量为(k_{x2}，k_{y2})，则反射波矢量为($-k_{x1}$，k_{y1})。根据相位匹配条件，有 $k_{y1}=k_{y2}$，因此可以用一个 k_y 表示，即 $k_y=k_{y1}=k_{y2}$。两个区域的色散关系可以表示为

$$\frac{k_{x1}^2}{\varepsilon_{rx1}\mu_{rx1}}+\frac{k_y^2}{\varepsilon_{ry1}\mu_{ry1}}=\frac{\omega^2}{c^2} \tag{5.1.7a}$$

$$\frac{k_{x2}^2}{\varepsilon_{rx2}\mu_{rx2}}+\frac{k_y^2}{\varepsilon_{ry2}\mu_{ry2}}=\frac{\omega^2}{c^2} \tag{5.1.7b}$$

设入射电场的两个分裂场振幅分别为 E_{zx0} 和 E_{zy0}，反射系数为 R，透射电场为 T，则入射场的两个分裂场可以表示为

$$E_{zxi}=E_{zx0}\,\mathrm{e}^{-\mathrm{j}k_{x1}x-\mathrm{j}k_y y} \tag{5.1.8a}$$

$$E_{zyi}=E_{zy0}\,\mathrm{e}^{-\mathrm{j}k_{x1}x-\mathrm{j}k_y y} \tag{5.1.8b}$$

反射场的两个分裂场可以表示为

$$E_{zxr}=RE_{zx0}\,\mathrm{e}^{\mathrm{j}k_{x1}x-\mathrm{j}k_y y} \tag{5.1.9a}$$

$$E_{zyr}=RE_{zy0}\,\mathrm{e}^{\mathrm{j}k_{x1}x-\mathrm{j}k_y y} \tag{5.1.9b}$$

透射场的两个分裂场可以表示为

$$E_{zxt}=TE_{zx0}\,\mathrm{e}^{-\mathrm{j}k_{x2}x-\mathrm{j}k_y y} \tag{5.1.10a}$$

$$E_{zyt}=TE_{zy0}\,\mathrm{e}^{-\mathrm{j}k_{x2}x-\mathrm{j}k_y y} \tag{5.1.10b}$$

可以计算得到分界面两侧的电场和磁场的切向分量，然后利用连续条件求解反射系数。分界面左侧和右侧的电场分别为

$$E_z|_{x\to 0^-}=(E_{zx0}+E_{zy0})(1+R)\mathrm{e}^{-\mathrm{j}k_y y} \tag{5.1.11a}$$

$$E_z|_{x\to 0^+}=(E_{zx0}+E_{zy0})T\mathrm{e}^{-\mathrm{j}k_y y} \tag{5.1.11b}$$

分界面左侧和右侧的磁场分别为

$$\widetilde{H}_y|_{x\to 0^-}=-(E_{zx0}+E_{zy0})(1-R)\frac{k_{x1}}{\mu_{rx1}}\frac{c}{\omega}\mathrm{e}^{-\mathrm{j}k_y y} \tag{5.1.12a}$$

$$\widetilde{H}_y|_{x\to 0^+}=-(E_{zx0}+E_{zy0})T\frac{k_{x2}}{\mu_{rx2}}\frac{c}{\omega}\mathrm{e}^{-\mathrm{j}k_y y} \tag{5.1.12b}$$

根据电场和磁场的边界条件，得到

$$1+R=T \tag{5.1.13a}$$

$$\frac{k_{x1}}{\mu_{rx1}}(1-R)=\frac{k_{x2}}{\mu_{rx2}}T \tag{5.1.13b}$$

求得反射系数为

$$R=\frac{1-p_{\mathrm{TM}}}{1+p_{\mathrm{TM}}} \tag{5.1.14}$$

其中

$$p_{\mathrm{TM}}=\frac{k_{x2}}{\mu_{rx2}}\frac{\mu_{rx1}}{k_{x1}} \tag{5.1.15}$$

显然，无反射条件为 $p_{\mathrm{TM}}=1$，即

$$\frac{k_{x1}}{\mu_{rx1}}=\frac{k_{x2}}{\mu_{rx2}} \tag{5.1.16}$$

下面研究如何设置 ε_{rx1}、ε_{ry1}、μ_{rx1}、μ_{ry1}、ε_{rx2}、ε_{ry2}、μ_{rx2}、μ_{ry2}，能使任意满足式(5.1.7a)和式(5.1.7b)的 k_{x1}、k_{x2}、k_y，都能使式(5.1.16)满足，即任意入射方向的平面波，照射到界面时都没有反射。

将式(5.1.7a)和式(5.1.7b)改写为

$$\frac{k_{x1}^2}{\mu_{rx1}^2}\frac{\mu_{rx1}}{\varepsilon_{rx1}}+\frac{k_y^2}{\varepsilon_{ry1}\mu_{ry1}}=\frac{\omega^2}{c^2} \tag{5.1.17a}$$

$$\frac{k_{x2}^2}{\mu_{rx2}^2}\frac{\mu_{rx2}}{\varepsilon_{rx2}}+\frac{k_y^2}{\varepsilon_{ry2}\mu_{ry2}}=\frac{\omega^2}{c^2} \tag{5.1.17b}$$

容易看出，电磁参数满足条件

$$\frac{\mu_{rx1}}{\varepsilon_{rx1}}=\frac{\mu_{rx2}}{\varepsilon_{rx2}} \tag{5.1.18a}$$

$$\varepsilon_{ry1}\mu_{ry1}=\varepsilon_{ry2}\mu_{ry2} \tag{5.1.18b}$$

时，对于任意满足式(5.1.17a)和式(5.1.17b)的 k_{x1}、k_{x2}、k_y，都能使式(5.1.16)满足，即任意入射方向的平面波，照射到界面时都没有反射。容易看出，满足上面条件的电磁参数，对TE情形下的入射波也没有反射。

式(5.1.18a)称为阻抗匹配条件。在设置Berenger PML层时，需要界面两侧法向方向的相对介电常数和磁导率满足阻抗匹配条件，切向方向两侧的介电常数和磁导率相同。若其中之一是真空，如左侧是真空，则右侧的切向相对介电常数和相对磁导率必须设为1，法向相对介电常数和相对磁导率必须相同。为了在Berenger PML层内电磁波能够损耗，其中的相对介电常数和相对磁导率必须有虚部。

设 s_x 表示右侧切向电磁参数与左侧切向电磁参数之比，即

$$s_x=\frac{\varepsilon_{rx2}}{\varepsilon_{rx1}} \tag{5.1.19}$$

则式(5.1.18a)和式(5.1.18b)又可以写为

$$\frac{\varepsilon_{rx2}}{\varepsilon_{rx1}}=\frac{\mu_{rx2}}{\mu_{rx1}}=s_x \tag{5.1.20a}$$

$$\frac{\varepsilon_{ry2}}{\varepsilon_{ry1}}\frac{\mu_{ry2}}{\mu_{ry1}}=1 \tag{5.1.20b}$$

在仿真中，满足式(5.1.20b)的条件一般设为

$$\frac{\varepsilon_{ry2}}{\varepsilon_{ry1}}=\frac{\mu_{ry2}}{\mu_{ry1}}=1 \tag{5.1.21}$$

即边界两侧的切向电磁参数相同。

在实际计算中，PML介质层不可能延伸到半空间，只能是有限厚度。PML层的外侧通常采用理想导体截断。透入PML层的波传播到理想导体边界处会反射回来，重新回到FDTD计算区域。这样，PML层的反射系数不再等于零。假设仿真区域为自由空间，即有 $\varepsilon_{rx1}=\varepsilon_{ry1}=\mu_{rx1}=\mu_{ry1}=1$，则在PML介质层中，距离内侧界面 ρ 处，外行波为

$$f=f_0\mathrm{e}^{-\mathrm{j}k_x\rho}=f_0\mathrm{e}^{-\mathrm{j}k\cos\theta\sqrt{\varepsilon_{rx2}\mu_{rx2}}\,\rho}=f_0\mathrm{e}^{-\mathrm{j}k\cos\theta s_x\rho} \tag{5.1.22}$$

其中 θ 为入射角。s_x 可设置为

$$s_x=1+\frac{\sigma}{\mathrm{j}\omega\varepsilon}=1+\frac{\eta\sigma}{\mathrm{j}\omega\eta\varepsilon}=1+\frac{\tilde{\sigma}}{\mathrm{j}k} \tag{5.1.23}$$

$\tilde{\sigma}$在PML层中电导率变化通常采用幂函数的形式，即

$$\tilde{\sigma}(\rho)=\tilde{\sigma}_{\max}\left(\frac{\rho}{d}\right)^m \tag{5.1.24}$$

当 $m=1$ 时，$\tilde{\sigma}$为线性变化；当 $m=2$ 时，$\tilde{\sigma}$以抛物线形式增大。数值实验表明，$m=4$ 左右时，可以达到较好的吸收效果，同时吸收效果较好时的$\tilde{\sigma}_{\max}$取值为

$$\tilde{\sigma}_{\max}=\frac{4(m+1)}{5\delta} \tag{5.1.25}$$

对于上述非均匀的 PML 层，反射系数为

$$R(\theta)=\mathrm{e}^{-2\cos\theta\int_0^d \mathrm{j}k\left(1+\frac{\sigma}{\mathrm{j}\omega\varepsilon}\right)\mathrm{d}\rho}=\mathrm{e}^{-\frac{8}{5}N_{\mathrm{PML}}\cos\theta} \tag{5.1.26}$$

其中，N_{PML}是 PML 层的厚度，用元胞数表示。$N=10$ 时，垂直入射时反射系数为 $\mathrm{e}^{-16}\approx-69.5$ dB。可见，反射系数可以达到非常小的程度。

上述讨论可以推广到三维情形。在三维 PML 介质中，每个场分量分解为两个子分量，通常麦克斯韦方程组中的 6 个场分量在 PML 介质中总共分解为 12 个子分量，记为 E_{xy}、E_{xz}、E_{yz}、E_{yx}、E_{zx}、E_{zy}、$\widetilde{H}_{xy}$、$\widetilde{H}_{xz}$、$\widetilde{H}_{yz}$、$\widetilde{H}_{yx}$、$\widetilde{H}_{zx}$、$\widetilde{H}_{zy}$。PML 介质中的麦克斯韦方程变为以下形式：

$$\frac{\partial(\widetilde{H}_{zx}+\widetilde{H}_{zy})}{\partial y}=\frac{\mathrm{j}\omega}{c}\varepsilon_{\mathrm{r}y}E_{xy}\qquad \frac{\partial(E_{zx}+E_{zy})}{\partial y}=-\frac{\mathrm{j}\omega}{c}\mu_{\mathrm{r}y}\widetilde{H}_{xy} \tag{5.1.27a}$$

$$-\frac{\partial(\widetilde{H}_{yz}+\widetilde{H}_{yx})}{\partial z}=\frac{\mathrm{j}\omega}{c}\varepsilon_{\mathrm{r}z}E_{xz}\qquad -\frac{\partial(E_{yz}+E_{yx})}{\partial z}=-\frac{\mathrm{j}\omega}{c}\mu_{\mathrm{r}z}\widetilde{H}_{xz} \tag{5.1.27b}$$

$$\frac{\partial(\widetilde{H}_{xy}+\widetilde{H}_{xz})}{\partial z}=\frac{\mathrm{j}\omega}{c}\varepsilon_{\mathrm{r}z}E_{yz}\qquad \frac{\partial(E_{xy}+E_{xz})}{\partial z}=-\frac{\mathrm{j}\omega}{c}\mu_{\mathrm{r}z}\widetilde{H}_{yz} \tag{5.1.27c}$$

$$-\frac{\partial(\widetilde{H}_{zx}+\widetilde{H}_{zy})}{\partial x}=\frac{\mathrm{j}\omega}{c}\varepsilon_{\mathrm{r}x}E_{yx}\qquad -\frac{\partial(E_{zx}+E_{zy})}{\partial x}=-\frac{\mathrm{j}\omega}{c}\mu_{\mathrm{r}x}\widetilde{H}_{yx} \tag{5.1.27d}$$

$$\frac{\partial(\widetilde{H}_{yz}+\widetilde{H}_{yx})}{\partial x}=\frac{\mathrm{j}\omega}{c}\varepsilon_{\mathrm{r}x}E_{zx}\qquad \frac{\partial(E_{yz}+E_{yx})}{\partial x}=-\frac{\mathrm{j}\omega}{c}\mu_{\mathrm{r}x}\widetilde{H}_{zx} \tag{5.1.27e}$$

$$-\frac{\partial(\widetilde{H}_{xy}+\widetilde{H}_{xz})}{\partial y}=\frac{\mathrm{j}\omega}{c}\varepsilon_{\mathrm{r}y}E_{zy}\qquad -\frac{\partial(E_{xy}+E_{xz})}{\partial y}=-\frac{\mathrm{j}\omega}{c}\mu_{\mathrm{r}y}\widetilde{H}_{zy} \tag{5.1.27f}$$

其中 $\varepsilon_{\mathrm{r}x}$、$\varepsilon_{\mathrm{r}y}$、$\varepsilon_{\mathrm{r}z}$是相对介电常数，$\mu_{\mathrm{r}x}$、$\mu_{\mathrm{r}y}$、$\mu_{\mathrm{r}z}$是相对磁导率。如果 $\varepsilon_{\mathrm{r}x}=1$、$\varepsilon_{\mathrm{r}y}=1$、$\varepsilon_{\mathrm{r}z}=1$、$\mu_{\mathrm{r}x}=1$、$\mu_{\mathrm{r}y}=1$、$\mu_{\mathrm{r}z}=1$，则退化为通常的麦克斯韦方程组。

5.1.2　各向异性完全匹配层

适当选择单轴各向异性介质的本构参数也可以形成完全匹配层。Sacks 和 Genney 分别在 1995 年和 1996 年提出单轴各向异性介质 PML(Uniaxis PML，UPML)理论并应用于 FDTD 区域的吸收边界。与 Berenger 的 PML 场分量分裂理论不同，在各向异性介质中，波方程仍为通常的麦克斯韦方程，不需要改写，只需设置相应的电磁参数即可。

本书中采用更一般的各向异性介质出发来分析各向异性完全匹配层需要满足的条件。设各向异性介质的主轴平行于坐标轴，麦克斯韦方程组可以写为

$$\nabla\times\widetilde{\boldsymbol{H}}=\frac{\mathrm{j}\omega}{c}\bar{\bar{\boldsymbol{\varepsilon}}}_{\mathrm{r}}\cdot\boldsymbol{E} \tag{5.1.28a}$$

$$\nabla\times\boldsymbol{E}=-\frac{\mathrm{j}\omega}{c}\bar{\bar{\boldsymbol{\mu}}}_{\mathrm{r}}\cdot\widetilde{\boldsymbol{H}} \tag{5.1.28b}$$

其中 $\bar{\bar{\boldsymbol{\varepsilon}}}_{\mathrm{r}}$ 和 $\bar{\bar{\boldsymbol{\mu}}}_{\mathrm{r}}$ 是相对介电常数张量和相对磁导率张量，都是对角张量，表示为

$$\bar{\bar{\boldsymbol{\varepsilon}}}_{\mathrm{r}}=\begin{bmatrix}\varepsilon_{\mathrm{r}x} & & \\ & \varepsilon_{\mathrm{r}y} & \\ & & \varepsilon_{\mathrm{r}z}\end{bmatrix},\ \bar{\bar{\boldsymbol{\mu}}}_{\mathrm{r}}=\begin{bmatrix}\mu_{\mathrm{r}x} & & \\ & \mu_{\mathrm{r}y} & \\ & & \mu_{\mathrm{r}z}\end{bmatrix} \tag{5.1.29}$$

以 TM 波为例进行分析，则此时电场只有 E_z 分量，磁场只有 $\widetilde{H}_x$ 和 $\widetilde{H}_y$ 分量。麦克斯

韦方程形式为

$$-\mathrm{j}k_x\widetilde{H}_y+\mathrm{j}k_y\widetilde{H}_z=\frac{\mathrm{j}\omega}{c}\varepsilon_{rz}E_z \tag{5.1.30a}$$

$$-\mathrm{j}k_yE_z=-\frac{\mathrm{j}\omega}{c}\mu_{rx}\widetilde{H}_x \tag{5.1.30b}$$

$$\mathrm{j}k_xE_z=-\frac{\mathrm{j}\omega}{c}\mu_{ry}\widetilde{H}_y \tag{5.1.30c}$$

消去上式的 $\widetilde{H}_x$ 和 $\widetilde{H}_y$，得到色散关系：

$$\frac{k_x^2}{\varepsilon_{rz}\mu_{ry}}+\frac{k_y^2}{\varepsilon_{rz}\mu_{rx}}=\frac{\omega^2}{c^2} \tag{5.1.31}$$

设 $x=0$ 为分界面，界面两侧为不同的各向异性介质，如图 5.2 所示。

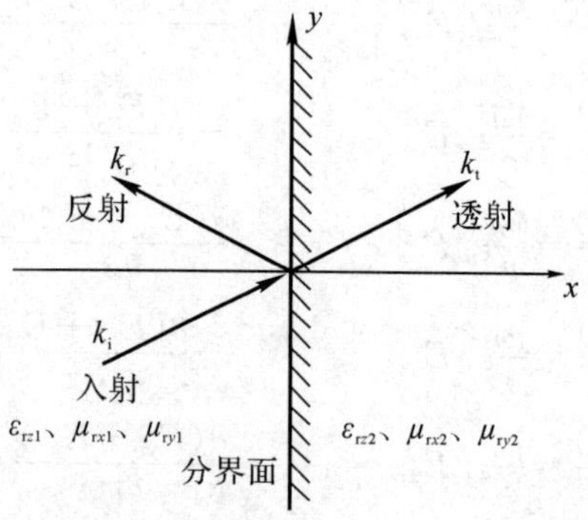

图 5.2　平面电磁波在两种各向异性 PML 介质分界面的传播和反射示意图

设入射波矢量为(k_{x1}, k_{y1})，透射波矢量为(k_{x2}, k_{y2})，则反射波矢量为$(-k_{x1}, k_{y1})$。根据相位匹配条件，有 $k_{y1}=k_{y2}$，因此可以用一个 k_y 表示，即 $k_y=k_{y1}=k_{y2}$。两个区域的色散关系可以表示为

$$\frac{k_{x1}^2}{\varepsilon_{rz1}\mu_{ry1}}+\frac{k_y^2}{\varepsilon_{rz1}\mu_{rx1}}=\frac{\omega^2}{c^2} \tag{5.1.32a}$$

$$\frac{k_{x2}^2}{\varepsilon_{rz2}\mu_{ry2}}+\frac{k_y^2}{\varepsilon_{rz2}\mu_{rx2}}=\frac{\omega^2}{c^2} \tag{5.1.32b}$$

设入射电场的振幅为 E_{z0}，反射系数为 R，透射电场为 T，则入射电场、反射电场、透射电场可以表示为

$$E_{zi}=E_{z0}\mathrm{e}^{-\mathrm{j}k_{x1}x-\mathrm{j}k_yy} \tag{5.1.33a}$$

$$E_{zr}=RE_{z0}\mathrm{e}^{\mathrm{j}k_{x1}x-\mathrm{j}k_yy} \tag{5.1.33b}$$

$$E_{zt}=TE_{z0}\mathrm{e}^{-\mathrm{j}k_{x2}x-\mathrm{j}k_yy} \tag{5.1.33c}$$

可以计算得到分界面两侧的电场和磁场的切向分量，然后利用连续条件求解反射系数。分界面左侧和右侧的电场分别为

$$E_z|_{x\to0^-}=E_{z0}(1+R)\mathrm{e}^{-\mathrm{j}k_yy} \tag{5.1.34a}$$

$$E_z|_{x\to0^+}=E_{z0}T\mathrm{e}^{-\mathrm{j}k_yy} \tag{5.1.34b}$$

分界面左侧和右侧的磁场分别为

$$\widetilde{H}_y|_{x\to0^-}=-E_{z0}(1-R)\frac{k_{x1}}{\mu_{rx1}}\frac{c}{\omega}\mathrm{e}^{-\mathrm{j}k_yy} \tag{5.1.35a}$$

$$\widetilde{H}_y|_{x\to 0^+}=-E_{z0}T\frac{k_{x2}}{\mu_{rx2}}\frac{c}{\omega}e^{-jk_y y} \tag{5.1.35b}$$

根据电场和磁场的边界条件，得到

$$1+R=T \tag{5.1.36a}$$

$$\frac{k_{x1}}{\mu_{ry1}}(1-R)=\frac{k_{x2}}{\mu_{ry2}}T \tag{5.1.36b}$$

求得反射率为

$$R=\frac{1-p_{TM}}{1+p_{TM}} \tag{5.1.37}$$

其中

$$p_{TM}=\frac{k_{x2}}{\mu_{ry2}}\frac{\mu_{ry1}}{k_{x1}} \tag{5.1.38}$$

显然，无反射条件为 $p_{TM}=1$，即

$$\frac{k_{x1}}{\mu_{ry1}}=\frac{k_{x2}}{\mu_{ry2}} \tag{5.1.39}$$

下面研究如何设置 ε_{rx1}、μ_{rx1}、μ_{ry1}、ε_{rx2}、μ_{rx2}、μ_{ry2}，能使任意满足式(5.1.32a)和式(5.1.7b)的 k_{x1}、k_{x2}、k_y，都能使式(5.1.39)满足，即任意入射方向的平面波，照射到界面时都没有反射。

将式(5.1.32a)和式(5.1.32b)改写为

$$\frac{k_{x1}^2}{\mu_{ry1}^2}\frac{\mu_{ry1}}{\varepsilon_{rz1}}+\frac{k_y^2}{\varepsilon_{rz1}\mu_{rx1}}=\frac{\omega^2}{c^2} \tag{5.1.40a}$$

$$\frac{k_{x2}^2}{\mu_{ry2}^2}\frac{\mu_{ry2}}{\varepsilon_{rz2}}+\frac{k_y^2}{\varepsilon_{rz2}\mu_{rx2}}=\frac{\omega^2}{c^2} \tag{5.1.40b}$$

容易看出，满足条件

$$\frac{\mu_{ry1}}{\varepsilon_{rz1}}=\frac{\mu_{ry2}}{\varepsilon_{rz2}} \tag{5.1.41a}$$

$$\varepsilon_{rz1}\mu_{rx1}=\varepsilon_{rz2}\mu_{rx2} \tag{5.1.41b}$$

时，对于任意满足式(5.1.40a)和式(5.1.40b)的 k_{x1}、k_{x2}、k_y，都能使式(5.1.39)满足，即任意入射方向的平面波，照射到界面时都没有反射。设$\frac{\varepsilon_{rz2}}{\varepsilon_{rz1}}=s_x$，则上式还可以写为

$$\frac{\varepsilon_{rz2}}{\varepsilon_{rz1}}=\frac{\mu_{ry2}}{\mu_{ry1}}=s_x \tag{5.1.42a}$$

$$\frac{\mu_{rx2}}{\mu_{rx1}}=\frac{1}{s_x} \tag{5.1.42b}$$

上式给出了 TM 波入射情况下无反射时电磁参数需要满足的条件，只用到了 ε_{rz}、μ_{rx} 和 μ_{ry}。对于 TE 波入射情况下无反射时电磁参数需要满足的条件，也只会用到 μ_{rz}、ε_{rx} 和 ε_{ry}，而且 TE 波的参数跟 TM 波没有耦合。为方便起见，可以将 TE 波的无反射电磁参数设置成与 TM 波对称的形式，即

$$\frac{\mu_{rz2}}{\mu_{rz1}}=\frac{\varepsilon_{ry2}}{\varepsilon_{ry1}}=s_x \tag{5.1.43a}$$

$$\frac{\varepsilon_{rx2}}{\varepsilon_{rx1}}=\frac{1}{s_x} \tag{5.1.43b}$$

因此，电磁波在垂直界面无反射时，UPML 层中的电磁参数可以设置为

$$\bar{\bar{\boldsymbol{\varepsilon}}}_{r2}=\bar{\bar{\boldsymbol{\varepsilon}}}_{r1}\cdot\begin{bmatrix}\frac{1}{s_x} & & \\ & s_x & \\ & & s_x\end{bmatrix},\ \bar{\bar{\boldsymbol{\mu}}}_{r2}=\bar{\bar{\boldsymbol{\mu}}}_{r1}\cdot\begin{bmatrix}\frac{1}{s_x} & & \\ & s_x & \\ & & s_x\end{bmatrix}\quad(\text{分界面垂直于 } x \text{ 轴})\tag{5.1.44a}$$

其中 $\bar{\bar{\boldsymbol{\varepsilon}}}_{r1}$ 和 $\bar{\bar{\boldsymbol{\mu}}}_{r1}$ 是仿真区域的相对介电常数张量和相对磁导率张量，$\bar{\bar{\boldsymbol{\varepsilon}}}_{r2}$ 和 $\bar{\bar{\boldsymbol{\mu}}}_{r2}$ 是 UPML 区域的相对介电常数张量和相对磁导率张量。当分界面垂直于 y 轴或 z 轴时，UPML 层中的电磁参数可以设置为

$$\bar{\bar{\boldsymbol{\varepsilon}}}_{r2}=\bar{\bar{\boldsymbol{\varepsilon}}}_{r1}\cdot\begin{bmatrix}s_y & & \\ & \frac{1}{s_y} & \\ & & s_y\end{bmatrix},\ \bar{\bar{\boldsymbol{\mu}}}_{r2}=\bar{\bar{\boldsymbol{\mu}}}_{r1}\cdot\begin{bmatrix}s_y & & \\ & \frac{1}{s_y} & \\ & & s_y\end{bmatrix}\quad(\text{分界面垂直于 } y \text{ 轴})\tag{5.1.44b}$$

$$\bar{\bar{\boldsymbol{\varepsilon}}}_{r2}=\bar{\bar{\boldsymbol{\varepsilon}}}_{r1}\cdot\begin{bmatrix}s_z & & \\ & s_z & \\ & & \frac{1}{s_z}\end{bmatrix},\ \bar{\bar{\boldsymbol{\mu}}}_{r2}=\bar{\bar{\boldsymbol{\mu}}}_{r1}\cdot\begin{bmatrix}s_z & & \\ & s_z & \\ & & \frac{1}{s_z}\end{bmatrix}\quad(\text{分界面垂直于 } z \text{ 轴})\tag{5.1.44c}$$

需要注意的是，UPML 区域的单轴各向异性材料应理解为电磁参数与仿真区域对应的电磁参数相比的结果表示为单轴各向异性，UPML 中的电磁参数本身不一定是单轴各向异性的。

举例来说，在截断自由空间时，UPML 中的电磁参数是单轴各向异性的，$\bar{\bar{\boldsymbol{\varepsilon}}}_{r2}$ 和 $\bar{\bar{\boldsymbol{\mu}}}_{r2}$ 可以表示为

$$\bar{\bar{\boldsymbol{\varepsilon}}}_{r2}=\begin{bmatrix}\frac{1}{s_x} & & \\ & s_y & \\ & & s_z\end{bmatrix},\ \bar{\bar{\boldsymbol{\mu}}}_{r2}=\begin{bmatrix}\frac{1}{s_x} & & \\ & s_y & \\ & & s_z\end{bmatrix}\tag{5.1.45}$$

但是，仿真区域的介质本身就是各向异性的材料时，UPML 中的介质就很可能是双轴各向异性的了。

s_x 的选择方式与 Berenger PML 类似，也需要有虚部，才能使电磁波在其中能够损耗。

5.1.3 坐标伸缩完全匹配层

完全匹配层的另一种理论由 Chew 和 Weedon 在 1994 年提出。该理论基于坐标伸缩麦克斯韦方程导出平面波在两种坐标伸缩介质分界面的无反射条件。

设修正的无源区域麦克斯韦方程组具有以下形式：

$$\nabla_s\times\widetilde{\boldsymbol{H}}=\frac{\mathrm{j}\omega}{c}\varepsilon_r\boldsymbol{E}\tag{5.1.46a}$$

$$\nabla_s\times\boldsymbol{E}=-\frac{\mathrm{j}\omega}{c}\mu_r\widetilde{\boldsymbol{H}}\tag{5.1.46b}$$

$$\nabla_s\cdot\boldsymbol{E}=0\tag{5.1.46c}$$

$$\nabla_s\cdot\widetilde{\boldsymbol{H}}=0\tag{5.1.46d}$$

其中算子∇_s定义为

$$\nabla_s=\hat{\boldsymbol{x}}\frac{1}{s_x}\frac{\partial}{\partial x}+\hat{\boldsymbol{y}}\frac{1}{s_y}\frac{\partial}{\partial y}+\hat{\boldsymbol{z}}\frac{1}{s_z}\frac{\partial}{\partial z} \tag{5.1.47}$$

式中s_x、s_y、s_z称为坐标伸缩(Coordinate Stretched)因子，它们是对应坐标的函数，即

$$s_x=s_x(x),\ s_y=s_y(y),\ s_z=s_z(z) \tag{5.1.48}$$

所以，算子∇_s可以看做是常规算子∇的各直角分量对坐标x、y、z的导数分别除以伸缩因子s_x、s_y、s_z所形成的新算子。显然，当$s_x=s_y=s_y=1$时，麦克斯韦方程组还原为通常形式。

设坐标伸缩区域中的平面波为

$$\boldsymbol{E}=\boldsymbol{E}_0\mathrm{e}^{-\mathrm{j}\boldsymbol{k}\cdot\boldsymbol{r}}=\boldsymbol{E}_0\mathrm{e}^{-\mathrm{j}(k_xx+k_yy+k_zz)} \tag{5.1.49a}$$

$$\widetilde{\boldsymbol{H}}=\widetilde{\boldsymbol{H}}_0\mathrm{e}^{-\mathrm{j}\boldsymbol{k}\cdot\boldsymbol{r}}=\widetilde{\boldsymbol{H}}_0\mathrm{e}^{-\mathrm{j}(k_xx+k_yy+k_zz)} \tag{5.1.49b}$$

其中$\boldsymbol{k}$为平面波矢量。由上式可得

$$\nabla_s\times\widetilde{\boldsymbol{H}}=-\mathrm{j}\boldsymbol{k}_s\times\widetilde{\boldsymbol{H}} \tag{5.1.50a}$$

$$\nabla_s\times\boldsymbol{E}=-\mathrm{j}\boldsymbol{k}_s\times\boldsymbol{E} \tag{5.1.50b}$$

$$\nabla_s\cdot\boldsymbol{E}=-\mathrm{j}\boldsymbol{k}_s\cdot\boldsymbol{E} \tag{5.1.50c}$$

$$\nabla_s\cdot\widetilde{\boldsymbol{H}}=-\mathrm{j}\boldsymbol{k}_s\cdot\widetilde{\boldsymbol{H}} \tag{5.1.50d}$$

其中$\boldsymbol{k}_s$为坐标伸缩后的波矢量，表示为

$$\boldsymbol{k}_s=\hat{\boldsymbol{x}}\frac{k_x}{s_x}+\hat{\boldsymbol{y}}\frac{k_y}{s_y}+\hat{\boldsymbol{z}}\frac{k_z}{s_z} \tag{5.1.51}$$

所以，矢量微分算子与平面波的波矢量运算之间有对应关系：

$$\nabla_s\rightarrow-\mathrm{j}\boldsymbol{k}_s \tag{5.1.52a}$$

$$\nabla_s\cdot\rightarrow-\mathrm{j}\boldsymbol{k}_s\cdot \tag{5.1.52b}$$

$$\nabla_s\times\rightarrow-\mathrm{j}\boldsymbol{k}_s\times \tag{5.1.52c}$$

因此，对于坐标伸缩介质中的平面波，麦克斯韦方程组变为

$$-\mathrm{j}\boldsymbol{k}_s\times\widetilde{\boldsymbol{H}}=\frac{\mathrm{j}\omega}{c}\varepsilon_\mathrm{r}\boldsymbol{E} \tag{5.1.53a}$$

$$-\mathrm{j}\boldsymbol{k}_s\times\boldsymbol{E}=-\frac{\mathrm{j}\omega}{c}\mu_\mathrm{r}\widetilde{\boldsymbol{H}} \tag{5.1.53b}$$

$$-\mathrm{j}\boldsymbol{k}_s\cdot\boldsymbol{E}=0 \tag{5.1.53c}$$

$$-\mathrm{j}\boldsymbol{k}_s\cdot\widetilde{\boldsymbol{H}}=0 \tag{5.1.53d}$$

上式中保留方程两边的j，是为了方便在频域到时域以及波矢量乘法到对空间坐标偏微分的变换。

容易证明，波矢量的三个分量满足色散关系：

$$\left(\frac{k_x}{s_x}\right)^2+\left(\frac{k_y}{s_y}\right)^2+\left(\frac{k_z}{s_z}\right)^2=\frac{\omega^2}{c^2}\varepsilon_\mathrm{r}\mu_\mathrm{r}=k^2 \tag{5.1.54}$$

设电磁波传播方向为$\hat{\boldsymbol{r}}$，则波矢量的各分量为

$$k_x=\boldsymbol{k}\cdot\hat{\boldsymbol{r}}s_x=k\hat{\boldsymbol{k}}\cdot\hat{\boldsymbol{r}}s_x \tag{5.1.55a}$$

$$k_y=\boldsymbol{k}\cdot\hat{\boldsymbol{r}}s_y=k\hat{\boldsymbol{k}}\cdot\hat{\boldsymbol{r}}s_y \tag{5.1.55b}$$

$$k_z=\boldsymbol{k}\cdot\hat{\boldsymbol{r}}s_z=k\hat{\boldsymbol{k}}\cdot\hat{\boldsymbol{r}}s_z \tag{5.1.55c}$$

显然，如果伸缩因子 s_x、s_y、s_z 是复数，而且虚部不为零，则平面波在坐标伸缩介质中将会出现衰减。

下面研究电磁波照射到分界面时的反射情况。考虑 TM 波情形，设分界面两侧都是坐标伸缩区域，如图 5.3 所示。

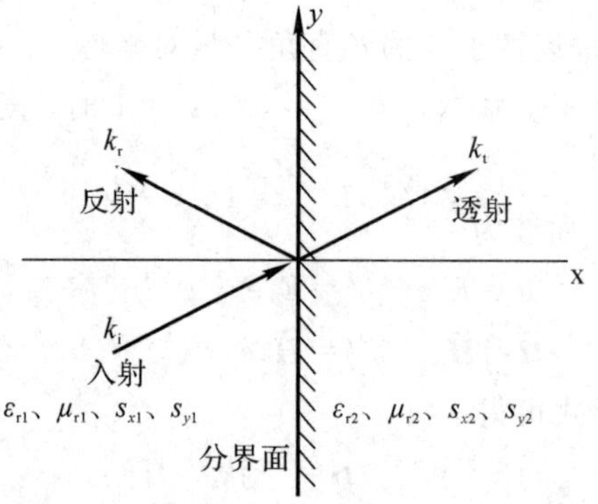

图 5.3　平面电磁波在两种坐标伸缩介质分界面的传播和反射示意图

设入射波矢量为(k_{x1}, k_{y1})，透射波矢量为(k_{x2}, k_{y2})，则反射波矢量为$(-k_{x1}, k_{y1})$。根据相位匹配条件，有 $k_{y1}=k_{y2}$，因此可以用一个 k_y 表示，即 $k_y=k_{y1}=k_{y2}$。两个区域的色散关系可以表示为

$$\left(\frac{k_{x1}}{s_{x1}}\right)^2+\left(\frac{k_y}{s_{y1}}\right)^2=\frac{\omega^2}{c^2}\varepsilon_{r1}\mu_{r1} \tag{5.1.56a}$$

$$\left(\frac{k_{x2}}{s_{x2}}\right)^2+\left(\frac{k_y}{s_{y2}}\right)^2=\frac{\omega^2}{c^2}\varepsilon_{r2}\mu_{r2} \tag{5.1.56b}$$

设入射电场的振幅为 E_{z0}，反射系数为 R，透射电场为 T，则入射电场、反射电场、透射电场可以表示为

$$E_{zi}=E_{z0}\mathrm{e}^{-\mathrm{j}k_{x1}x-\mathrm{j}k_y y} \tag{5.1.57a}$$

$$E_{zr}=RE_{z0}\mathrm{e}^{\mathrm{j}k_{x1}x-\mathrm{j}k_y y} \tag{5.1.57b}$$

$$E_{zt}=TE_{z0}\mathrm{e}^{-\mathrm{j}k_{x2}x-\mathrm{j}k_y y} \tag{5.1.57c}$$

可以计算得到分界面两侧的电场和磁场的切向分量，然后利用连续条件求解反射系数。分界面左侧和右侧的电场分别为

$$E_z|_{x\to 0^-}=E_{z0}(1+R)\mathrm{e}^{-\mathrm{j}k_y y} \tag{5.1.58a}$$

$$E_z|_{x\to 0^+}=E_{z0}T\mathrm{e}^{-\mathrm{j}k_y y} \tag{5.1.58b}$$

分界面左侧和右侧的磁场分别为

$$\widetilde{H}_y|_{x\to 0^-}=-E_{z0}(1-R)\frac{k_{x1}}{s_{x1}\mu_{r1}}\frac{c}{\omega}\mathrm{e}^{-\mathrm{j}k_y y} \tag{5.1.59a}$$

$$\widetilde{H}_y|_{x\to 0^+}=-E_{z0}T\frac{k_{x2}}{s_{x2}\mu_{r2}}\frac{c}{\omega}\mathrm{e}^{-\mathrm{j}k_y y} \tag{5.1.59b}$$

根据电场和磁场的边界条件，得到

$$1+R=T \tag{5.1.60a}$$

$$\frac{k_{x1}}{s_{x1}\mu_{r1}}(1-R)=\frac{k_{x2}}{s_{x2}\mu_{r2}}T \tag{5.1.60b}$$

求得反射率为

$$R=\frac{1-p_{\mathrm{TM}}}{1+p_{\mathrm{TM}}} \tag{5.1.61}$$

其中

$$p_{\mathrm{TM}}=\frac{k_{x2}}{s_{x2}\mu_{\mathrm{r2}}}\frac{s_{x1}\mu_{\mathrm{r1}}}{k_{x1}} \tag{5.1.62}$$

显然，无反射条件为 $p_{\mathrm{TM}}=1$，即

$$\frac{k_{x1}}{s_{x1}\mu_{\mathrm{r1}}}=\frac{k_{x2}}{s_{x2}\mu_{\mathrm{r2}}} \tag{5.1.63}$$

下面研究如何设置 $\varepsilon_{\mathrm{r1}}$、$\mu_{\mathrm{r1}}$、$s_{x1}$、$s_{y1}$、$\varepsilon_{\mathrm{r2}}$、$\mu_{\mathrm{r2}}$、$s_{x2}$、$s_{y2}$，能使任意满足式(5.1.56a)和式(5.1.56b)的 k_{x1}、k_{x2}、k_y，都能使式(5.1.63)满足，即任意入射方向的平面波，照射到界面时都没有反射。

将式(5.1.56a)和式(5.1.56b)改写为

$$\frac{k_{x1}^2}{s_{x1}^2\mu_{\mathrm{r1}}^2}\frac{\mu_{\mathrm{r1}}}{\varepsilon_{\mathrm{r1}}}+\frac{k_y^2}{s_{y1}^2\varepsilon_{\mathrm{r1}}\mu_{\mathrm{r1}}}=\frac{\omega^2}{c^2} \tag{5.1.64a}$$

$$\frac{k_{x2}^2}{s_{x2}^2\mu_{\mathrm{r2}}^2}\frac{\mu_{\mathrm{r2}}}{\varepsilon_{\mathrm{r2}}}+\frac{k_y^2}{s_{y2}^2\varepsilon_{\mathrm{r2}}\mu_{\mathrm{r2}}}=\frac{\omega^2}{c^2} \tag{5.1.64b}$$

容易看出，满足条件

$$\frac{\mu_{\mathrm{r1}}}{\varepsilon_{\mathrm{r1}}}=\frac{\mu_{\mathrm{r2}}}{\varepsilon_{\mathrm{r2}}} \tag{5.1.65a}$$

$$s_{y1}^2\varepsilon_{\mathrm{r1}}\mu_{\mathrm{r1}}=s_{y2}^2\varepsilon_{\mathrm{r2}}\mu_{\mathrm{r2}} \tag{5.1.65b}$$

时，对于任意满足式(5.1.64a)和式(5.1.64b)的 k_{x1}、k_{x2}、k_y，都能使式(5.1.63)满足，即任意入射方向的平面波，照射到界面时都没有反射。

式(5.1.65a)和式(5.1.65b)还可以写为

$$\frac{\varepsilon_{\mathrm{r2}}}{\varepsilon_{\mathrm{r1}}}=\frac{\mu_{\mathrm{r2}}}{\mu_{\mathrm{r1}}} \tag{5.1.66a}$$

$$\frac{\varepsilon_{\mathrm{r2}}}{\varepsilon_{\mathrm{r1}}}\frac{\mu_{\mathrm{r2}}}{\mu_{\mathrm{r1}}}\frac{s_{y2}^2}{s_{y1}^2}=1 \tag{5.1.66b}$$

容易看出，满足上式的条件时，TE 波入射情况下电磁波也没有反射。在实际应用中，为方便参数设置，往往设为 $\varepsilon_{\mathrm{r2}}=\varepsilon_{\mathrm{r1}}$、$\mu_{\mathrm{r2}}=\mu_{\mathrm{r1}}$，此时意味着 $s_{y2}=s_{y1}$，即切向坐标伸缩因子相同。这同时意味着在坐标伸缩介质中介质的电磁参数与仿真区域相同，不用单独为 PML 介质设置电磁参数，这一点非常方便。

无反射条件对法向坐标伸缩因子 s_{x2} 和 s_{x1} 没有要求，即它们可以取任意值。但是为了电磁波能在 PML 介质中损耗，s_{x2} 的虚部必须非零。为与仿真区域的差分格式一致，取 $s_{x1}=1$。

s_x 的选择方式与 Berenger PML 类似，也需要有虚部，才能使电磁波在其中损耗。

5.1.4　三种完全匹配层的等价证明

可以证明，在截断简单媒质时，上面的三种 PML 条件是等价的。为简便起见，只考虑平面波入射的情形。此时，对空间 x、y、z 的导数可以写成与 $-\mathrm{j}k_x$、$-\mathrm{j}k_y$、$-\mathrm{j}k_z$ 相乘的形式。

首先证明 Berenger PML 和坐标伸缩 PML 的等价性。设入射波是平面电磁波，Berenger PML 中的参数设为 $\varepsilon_{rx}=\mu_{rx}=s_x$、$\varepsilon_{ry}=\mu_{ry}=s_y$、$\varepsilon_{rz}=\mu_{rz}=s_z$，则式(5.1.27)可以写为

$$-\mathrm{j}k_y(\widetilde{H}_{zx}+\widetilde{H}_{zy})=\frac{\mathrm{j}\omega}{c}s_yE_{xy},\qquad -\mathrm{j}k_y(E_{zx}+E_{zy})=-\frac{\mathrm{j}\omega}{c}s_y\widetilde{H}_{xy}\tag{5.1.67a}$$

$$\mathrm{j}k_z(\widetilde{H}_{yz}+\widetilde{H}_{yx})=\frac{\mathrm{j}\omega}{c}s_zE_{xz},\qquad \mathrm{j}k_z(E_{yz}+E_{yx})=-\frac{\mathrm{j}\omega}{c}s_z\widetilde{H}_{xz}\tag{5.1.67b}$$

$$-\mathrm{j}k_z(\widetilde{H}_{xy}+\widetilde{H}_{xz})=\frac{\mathrm{j}\omega}{c}s_zE_{yz},\qquad -\mathrm{j}k_z(E_{xy}+E_{xz})=-\frac{\mathrm{j}\omega}{c}s_z\widetilde{H}_{yz}\tag{5.1.67c}$$

$$\mathrm{j}k_x(\widetilde{H}_{zx}+\widetilde{H}_{zy})=\frac{\mathrm{j}\omega}{c}s_xE_{yx},\qquad \mathrm{j}k_x(E_{zx}+E_{zy})=-\frac{\mathrm{j}\omega}{c}s_x\widetilde{H}_{yx}\tag{5.1.67d}$$

$$-\mathrm{j}k_x(\widetilde{H}_{yz}+\widetilde{H}_{yx})=\frac{\mathrm{j}\omega}{c}s_xE_{zx},\qquad -\mathrm{j}k_x(E_{yz}+E_{yx})=-\frac{\mathrm{j}\omega}{c}s_x\widetilde{H}_{zx}\tag{5.1.67e}$$

$$\mathrm{j}k_y(\widetilde{H}_{xy}+\widetilde{H}_{xz})=\frac{\mathrm{j}\omega}{c}s_yE_{zy},\qquad \mathrm{j}k_y(E_{xy}+E_{xz})=-\frac{\mathrm{j}\omega}{c}s_y\widetilde{H}_{zy}\tag{5.1.67f}$$

上式可以改写为

$$\frac{-\mathrm{j}k_y}{s_y}(\widetilde{H}_{zx}+\widetilde{H}_{zy})=\frac{\mathrm{j}\omega}{c}E_{xy},\qquad \frac{-\mathrm{j}k_y}{s_y}(E_{zx}+E_{zy})=-\frac{\mathrm{j}\omega}{c}\widetilde{H}_{xy}\tag{5.1.68a}$$

$$\frac{\mathrm{j}k_z}{s_z}(\widetilde{H}_{yz}+\widetilde{H}_{yx})=\frac{\mathrm{j}\omega}{c}E_{xz},\qquad \frac{\mathrm{j}k_z}{s_z}(E_{yz}+E_{yx})=-\frac{\mathrm{j}\omega}{c}\widetilde{H}_{xz}\tag{5.1.68b}$$

$$\frac{-\mathrm{j}k_z}{s_z}(\widetilde{H}_{xy}+\widetilde{H}_{xz})=\frac{\mathrm{j}\omega}{c}E_{yz},\qquad \frac{-\mathrm{j}k_z}{s_z}(E_{xy}+E_{xz})=-\frac{\mathrm{j}\omega}{c}\widetilde{H}_{yz}\tag{5.1.68c}$$

$$\frac{\mathrm{j}k_x}{s_x}(\widetilde{H}_{zx}+\widetilde{H}_{zy})=\frac{\mathrm{j}\omega}{c}E_{yx},\qquad \frac{\mathrm{j}k_x}{s_x}(E_{zx}+E_{zy})=-\frac{\mathrm{j}\omega}{c}\widetilde{H}_{yx}\tag{5.1.68d}$$

$$\frac{-\mathrm{j}k_x}{s_x}(\widetilde{H}_{yz}+\widetilde{H}_{yx})=\frac{\mathrm{j}\omega}{c}E_{zx},\qquad \frac{-\mathrm{j}k_x}{s_x}(E_{yz}+E_{yx})=-\frac{\mathrm{j}\omega}{c}\widetilde{H}_{zx}\tag{5.1.68e}$$

$$\frac{\mathrm{j}k_y}{s_y}(\widetilde{H}_{xy}+\widetilde{H}_{xz})=\frac{\mathrm{j}\omega}{c}E_{zy},\qquad \frac{\mathrm{j}k_y}{s_y}(E_{xy}+E_{xz})=-\frac{\mathrm{j}\omega}{c}\widetilde{H}_{zy}\tag{5.1.68f}$$

将各分裂场相加，并设

$$\widetilde{H}_x=\widetilde{H}_{xy}+\widetilde{H}_{xz},\qquad E_x=E_{xy}+E_{xz}\tag{5.1.69a}$$

$$\widetilde{H}_y=\widetilde{H}_{yz}+\widetilde{H}_{yx},\qquad E_y=E_{yz}+E_{yx}\tag{5.1.69b}$$

$$\widetilde{H}_z=\widetilde{H}_{zx}+\widetilde{H}_{zy},\qquad E_z=E_{zx}+E_{zy}\tag{5.1.69c}$$

得到

$$\frac{-\mathrm{j}k_y}{s_y}\widetilde{H}_z+\frac{\mathrm{j}k_z}{s_z}\widetilde{H}_y=\frac{\mathrm{j}\omega}{c}E_x,\qquad \frac{-\mathrm{j}k_y}{s_y}E_z+\frac{\mathrm{j}k_z}{s_z}E_y=-\frac{\mathrm{j}\omega}{c}\widetilde{H}_x\tag{5.1.70a}$$

$$\frac{-\mathrm{j}k_z}{s_z}\widetilde{H}_x+\frac{\mathrm{j}k_x}{s_x}\widetilde{H}_z=\frac{\mathrm{j}\omega}{c}E_y,\qquad \frac{-\mathrm{j}k_z}{s_z}E_x+\frac{\mathrm{j}k_x}{s_x}E_z=-\frac{\mathrm{j}\omega}{c}\widetilde{H}_y\tag{5.1.70b}$$

$$\frac{-\mathrm{j}k_x}{s_x}\widetilde{H}_y+\frac{\mathrm{j}k_y}{s_y}\widetilde{H}_x=\frac{\mathrm{j}\omega}{c}E_z,\qquad \frac{-\mathrm{j}k_x}{s_x}E_y+\frac{\mathrm{j}k_y}{s_y}E_x=-\frac{\mathrm{j}\omega}{c}\widetilde{H}_z\tag{5.1.70c}$$

上式正是坐标伸缩介质中平面波的麦克斯韦方程。

同样，将坐标伸缩介质中的场进行分裂，也可得到 Berenger PML 中的麦克斯韦方程形式。

下面证明 UPML 和坐标伸缩介质 PML 的等价性。假设分界面垂直于 x 轴，则 UPML 中平面波的麦克斯韦方程组为

$$-\mathrm{j}k_y\widetilde{H}_z+\mathrm{j}k_z\widetilde{H}_y=\frac{\mathrm{j}\omega}{c}\frac{1}{s_x}E_x,\quad -\mathrm{j}k_yE_z+\mathrm{j}k_zE_y=-\frac{\mathrm{j}\omega}{c}\frac{1}{s_x}\widetilde{H}_x \tag{5.1.71a}$$

$$-\mathrm{j}k_z\widetilde{H}_x+\mathrm{j}k_x\widetilde{H}_z=\frac{\mathrm{j}\omega}{c}s_xE_y,\quad -\mathrm{j}k_zE_x+\mathrm{j}k_xE_z=-\frac{\mathrm{j}\omega}{c}s_x\widetilde{H}_y \tag{5.1.71b}$$

$$-\mathrm{j}k_x\widetilde{H}_y+\mathrm{j}k_y\widetilde{H}_x=\frac{\mathrm{j}\omega}{c}s_xE_z,\quad -\mathrm{j}k_xE_y+\mathrm{j}k_yE_x=-\frac{\mathrm{j}\omega}{c}s_x\widetilde{H}_z \tag{5.1.71c}$$

将上式改写为

$$-\mathrm{j}k_y\widetilde{H}_z+\mathrm{j}k_z\widetilde{H}_y=\frac{\mathrm{j}\omega}{c}\frac{E_x}{s_x},\quad -\mathrm{j}k_yE_z+\mathrm{j}k_zE_y=-\frac{\mathrm{j}\omega}{c}\frac{\widetilde{H}_x}{s_x} \tag{5.1.72a}$$

$$-\mathrm{j}k_z\frac{\widetilde{H}_x}{s_x}+\frac{\mathrm{j}k_x}{s_x}\widetilde{H}_z=\frac{\mathrm{j}\omega}{c}E_y,\quad -\mathrm{j}k_z\frac{E_x}{s_x}+\frac{\mathrm{j}k_x}{s_x}E_z=-\frac{\mathrm{j}\omega}{c}\widetilde{H}_y \tag{5.1.72b}$$

$$-\frac{\mathrm{j}k_x}{s_x}\widetilde{H}_y+\mathrm{j}k_y\frac{\widetilde{H}_x}{s_x}=\frac{\mathrm{j}\omega}{c}E_z,\quad -\frac{\mathrm{j}k_x}{s_x}E_y+\mathrm{j}k_y\frac{E_x}{s_x}=-\frac{\mathrm{j}\omega}{c}\widetilde{H}_z \tag{5.1.72c}$$

做以下变量替换：

$$E_x'=\frac{E_x}{s_x} \tag{5.1.73a}$$

$$\widetilde{H}_x'=\frac{\widetilde{H}_x}{s_x} \tag{5.1.73b}$$

则式(5.1.72)成为

$$-\mathrm{j}k_y\widetilde{H}_z+\mathrm{j}k_z\widetilde{H}_y=\frac{\mathrm{j}\omega}{c}E_x',\quad -\mathrm{j}k_yE_z+\mathrm{j}k_zE_y=-\frac{\mathrm{j}\omega}{c}\widetilde{H}_x' \tag{5.1.74a}$$

$$-\mathrm{j}k_z\widetilde{H}_x'+\frac{\mathrm{j}k_x}{s_x}\widetilde{H}_z=\frac{\mathrm{j}\omega}{c}E_y,\quad -\mathrm{j}k_zE_x'+\frac{\mathrm{j}k_x}{s_x}E_z=-\frac{\mathrm{j}\omega}{c}\widetilde{H}_y \tag{5.1.74b}$$

$$-\frac{\mathrm{j}k_x}{s_x}\widetilde{H}_y+\mathrm{j}k_y\widetilde{H}_x'=\frac{\mathrm{j}\omega}{c}E_z,\quad -\frac{\mathrm{j}k_x}{s_x}E_y+\mathrm{j}k_yE_x'=-\frac{\mathrm{j}\omega}{c}\widetilde{H}_z \tag{5.1.74c}$$

坐标伸缩介质中 $s_y=s_z=1$，麦克斯韦方程为

$$-\mathrm{j}k_y\widetilde{H}_z+\mathrm{j}k_z\widetilde{H}_y=\frac{\mathrm{j}\omega}{c}E_x,\quad -\mathrm{j}k_yE_z+\mathrm{j}k_zE_y=-\frac{\mathrm{j}\omega}{c}\widetilde{H}_x \tag{5.1.75a}$$

$$-\mathrm{j}k_z\widetilde{H}_x+\frac{\mathrm{j}k_x}{s_x}\widetilde{H}_z=\frac{\mathrm{j}\omega}{c}E_y,\quad -\mathrm{j}k_zE_x+\frac{\mathrm{j}k_x}{s_x}E_z=-\frac{\mathrm{j}\omega}{c}\widetilde{H}_y \tag{5.1.75b}$$

$$-\frac{\mathrm{j}k_x}{s_x}\widetilde{H}_y+\mathrm{j}k_y\widetilde{H}_x=\frac{\mathrm{j}\omega}{c}E_z,\quad -\frac{\mathrm{j}k_x}{s_x}E_y+\mathrm{j}k_yE_x=-\frac{\mathrm{j}\omega}{c}\widetilde{H}_z \tag{5.1.75c}$$

可见，式(5.1.74)与式(5.1.75)的形式完全相同。至此，证明了 UPML 和坐标伸缩介质的假设是等价的。

综上所述，三种 PML 在数学上等价，但在具体的算法设计和编程实现时，会有较大的差别。在应用中，可以根据具体的需求来选用合适的 PML。比较三种 PML 的特点，坐标伸缩介质在使用过程中最为方便。在这种 PML 中，PML 中的电磁参数与仿真区域完全一致，所不同的是在 PML 中，对空间的导数需要进行一些改变。而对空间导数的离散与对时间导

数的离散之间没有耦合。在截断复杂介质时，可能要改变对时间导数的离散，而 PML 的离散则不用做任何改动，这一点极大方便了数值仿真。

5.2 Berenger 完全匹配层 FDTD 实现

5.2.1 一维情形

以截断自由空间中的电磁波为例进行说明。假设电磁波沿 z 方向传播，电场沿 x 方向，磁场沿 y 方向，则自由空间中的麦克斯韦方程为

$$-\frac{\partial \widetilde{H}_y}{\partial z}=\frac{\mathrm{j}\omega}{c}E_x \tag{5.2.1a}$$

$$\frac{\partial E_x}{\partial z}=-\frac{\mathrm{j}\omega}{c}\widetilde{H}_y \tag{5.2.1b}$$

上式中，对空间的导数只有 z 方向的，所以电场和磁场不用分裂。因此，Berenger PML 介质中的麦克斯韦方程为

$$-\frac{\partial \widetilde{H}_y}{\partial z}=\frac{\mathrm{j}\omega}{c}\varepsilon_{\mathrm{r}z}E_x \tag{5.2.2a}$$

$$\frac{\partial E_x}{\partial z}=-\frac{\mathrm{j}\omega}{c}\mu_{\mathrm{r}z}\widetilde{H}_y \tag{5.2.2b}$$

设 $\varepsilon_{\mathrm{r}z}=\varepsilon_{\mathrm{r}z}=s_z$，则 PML 满足阻抗匹配条件，$s_z$ 在 PML 介质中的分布为

$$s_z=1+\frac{\sigma}{\mathrm{j}\omega\varepsilon_0}=1+\frac{\widetilde{\sigma}}{\mathrm{j}k} \tag{5.2.3a}$$

用导磁率表示，可以写为

$$s_z=1+\frac{\sigma_{\mathrm{m}}}{\mathrm{j}\omega\mu_0}=1+\frac{\widetilde{\sigma}_{\mathrm{m}}}{\mathrm{j}k} \tag{5.2.3b}$$

阻抗匹配条件下，以上两种写法是等价的。

将式(5.2.3)代入式(5.2.2)，得到

$$-\frac{\partial \widetilde{H}_y}{\partial z}=\frac{\mathrm{j}\omega}{c}E_x+\widetilde{\sigma}E_x \tag{5.2.4a}$$

$$\frac{\partial E_x}{\partial z}=-\frac{\mathrm{j}\omega}{c}\widetilde{H}_y-\widetilde{\sigma}_{\mathrm{m}}\widetilde{H}_y \tag{5.2.4b}$$

上式的形式与导体中的麦克斯韦方程相同，因此可以用相同的迭代公式更新场量。

下面对正弦波入射进行截断。网格长度是波长的 1/20，时间稳定因子 $s=0.5$，仿真区域为 100 个元胞，仿真 1200 时间步。下面的代码是中心差分的实现方式，仿真结果如图 5.4(a)所示。

代码 5.1 中心差分实现一维 Berenger PML(5/m1.m)

```
s=.5;
nd=20;
na=10;
m=4;
```

```
nz=100;
e=zeros(1, nz+1);
h=zeros(1, nz);
xe=4/5*s*(m+1)*((1:na-1)/na).^m;
xm=4/5*s*(m+1)*((.5:na-.5)/na).^m;
ae=(2-xe)./(2+xe);
be=2./(2+xe);
am=(2-xm)./(2+xm);
bm=2./(2+xm);
hfig=plot(0:nz, e);
ylim([-2, 2]);
for n=1:nd/s*30
    h(1:end-na)=h(1:end-na)-s*diff(e(1:end-na));
    h(end-na+1:end)=am.*h(end-na+1:end)-s*bm.*diff(e(end-na:end));
    e(2:end-na)=e(2:end-na)-s*diff(h(1:end-na+1));
    e(end-na+1:end-1)=ae.*e(end-na+1:end-1)-s*be.*diff(h(end-na+
    1:end));
    e(1)=sin(2*pi*n*s/nd);
    set(hfig, 'ydata', e);
    drawnow;
end
ea=-sin(2*pi*(0:nz)/nd);
hold on;
plot(0:nz, ea);
saveas(gcf, [mfilename, '.png']);
data=[e; ea]';
save([mfilename, '.dat'], 'data', '-ascii');
```

下面的代码是指数差分的实现方式，只需将对应的行替换成指数差分系数即可，仿真结果如图 5.4(b)所示。

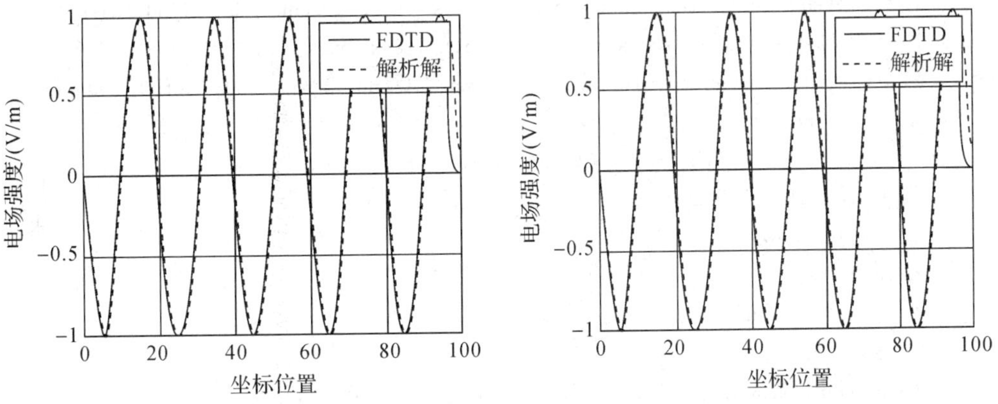

(a) 中心差分(5/m1.m)　　(b) 指数差分(5/m2.m)

图 5.4　用 Berenger PML 截断正弦波入射的仿真结果

代码 5.2 指数差分实现一维 Berenger PML(5/m2.m)

```
10 ae=exp(−xe);
11 be=(1−ae)./xe;
12 am=exp(−xm);
13 bm=(1−am)./xm;
```

下面对微分高斯脉冲入射进行截断。入射电磁波采用微分高斯脉冲，表达式为

$$f_i(t) = \left(\frac{t}{\tau}-1\right)e^{-4\pi\left(\frac{t}{\tau}-1\right)^2} \tag{5.2.5}$$

其中 $\tau = 2\ N/s$。计算区域共划分了 100 个网格，网格长度为 1/20 波长。时间稳定因子 $s = 0.5$。

这里分别采用中心差分和指数差分进行仿真。下面的代码是中心差分的实现方式，仿真结果如图 5.5(a)所示。

代码 5.3 中心差分 Berenger PML 对微分高斯脉冲的反射(5/m3.m)

```
1 s=.5;
2 nd=20;
3 na=10;
4 m=4;
5 nz=100;
6 e=zeros(1,nz+1);
7 h=zeros(1,nz);
8 xe=4/5*s*(m+1)*((1:na−1)/na).^m;
9 xm=4/5*s*(m+1)*((.5:na−.5)/na).^m;
10 ae=(2−xe)./(2+xe);
11 be=2./(2+xe);
12 am=(2−xm)./(2+xm);
13 bm=2./(2+xm);
14 hfig=plot(0:nz,e);
15 for n=1:400
16     h(1:end−na)=h(1:end−na)−s*diff(e(1:end−na));
17     h(end−na+1:end)=am.*h(end−na+1:end)−s*bm.*diff(e(end−na:end));
18     e(2:end−na)=e(2:end−na)−s*diff(h(1:end−na+1));
19     e(end−na+1:end−1)=ae.*e(end−na+1:end−1)−s*be.*diff(h(end−na+1:end));
20     e(1)=(n*s/nd/2−1).*(exp(−4*pi*(n*s/nd/2−1).^2));
21     set(hfig,'ydata',e);
22     drawnow;
23 end
24 saveas(gcf,[mfilename,'.png']);
25 data=e';
26 save([mfilename,'.dat'],'data','−ascii');
```

下面的代码是指数差分的实现方式，只需要将其中对应的行替换即可，仿真结果如图 5.5(b)所示。

代码 5.4　指数差分 Berenger PML 对微分高斯脉冲的反射(5/m4.m)

```
ae=exp(-xe);
be=(1-ae)./xe;
am=exp(-xm);
bm=(1-am)./xm;
```

由图 5.5 可见，运行 400 时间步后，两种差分方式仿真结果基本相同，反射电磁波几乎消失。Berenger PML 吸收边界条件的反射电场最大值约为 2×10^{-7} V/m，反射系数约为 165e−4。与 Mur 吸收边界条件数值仿真结果对比，表明 Berenger PML 吸收边界条件的吸收效果远好于 Mur 吸收边界条件。

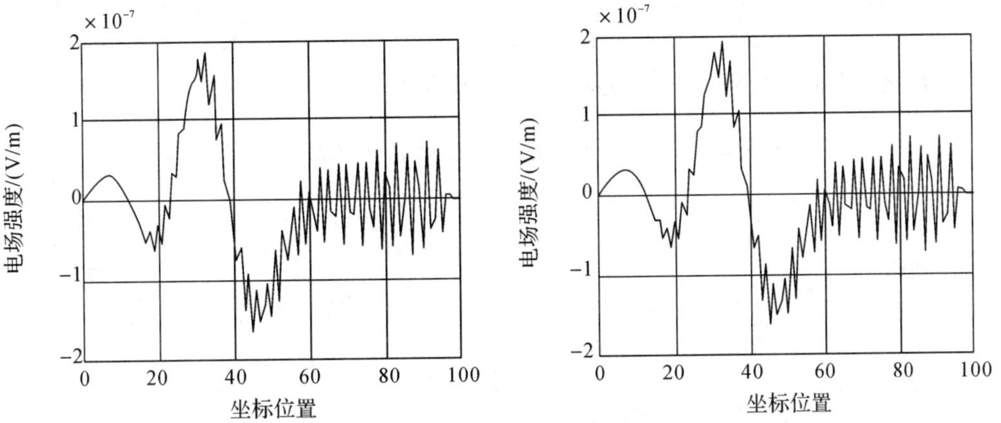

(a) 中心差分(5/m3.m)　　(b) 指数差分(5/m4.m)

图 5.5　用 Berenger PML 截断微分高斯脉冲波入射的仿真结果

5.2.2　二维情形

研究 Berenger PML 在二维情形的 MATLAB 代码实现方式。完全匹配层设置基本结构如图 5.6 所示。在 FDTD 计算区域中，麦克斯韦方程以常规的 FDTD 方法求解。在计算区域四周是 PML 层。计算区域中的散射体或辐射源产生的外行波穿过与 PML 层的分界

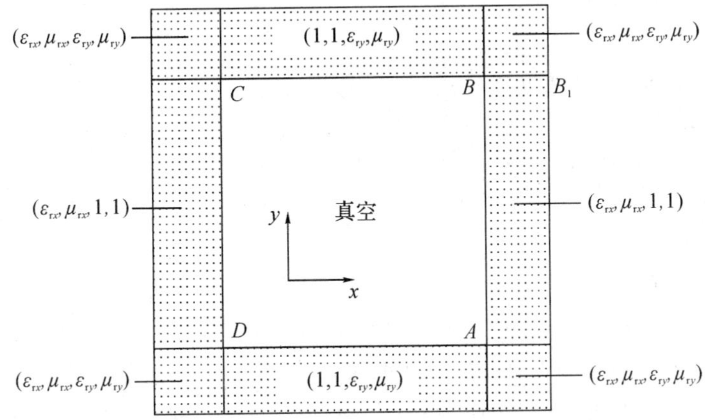

图 5.6　二维 Berenger PML 边界参数设置

面，在 PML 层中被吸收。二维情况下 PML 吸收层分为边和角顶两种区域。设靠近 PML 层的 FDTD 区域为真空，则 AB 与 CD 的 PML 界面垂直于 x 轴，其参数为 $\varepsilon_{rx}=\mu_{rx}=s_x$，$\varepsilon_{ry}=\mu_{ry}=1$，简写为 $(\varepsilon_{rx}, \mu_{rx}, 1, 1)$。同样，$BC$ 与 AD 的 PML 界面垂直于 y 轴，其参数为 $\varepsilon_{rx}=\mu_{rx}=1$，$\varepsilon_{ry}=\mu_{ry}=s_x$，简写为 $(1, 1, \varepsilon_{ry}, \mu_{ry})$。外行波在四边的 PML 界面上是无反射的。

在四个角顶区域，介质参数为 $(\varepsilon_{rx}, \mu_{rx}, \varepsilon_{ry}, \mu_{ry})$。根据前面的讨论，在角顶点和侧边的界面上，如 BB_1 和 BB_2，平面波同样可以无反射地传播。

因此，当 PML 采用以上参数时，通过 PML 层的平面波在分界面和角顶区域的 PML 分界面均没有反射。在 PML 内部，电磁波会逐渐损耗掉。

下面通过 TM 波的算例进行验证。网格尺寸为 100×100，网格长度为波长的 1/20，时间稳定因子为 0.5。仿真区域中心处有一线电流源，呈正弦方式随时间变化。PML 层厚度为 10 个网格，下面的代码是中心差分格式的实现方式，仿真结果如图 5.7(a) 所示。

代码 5.5　中心差分实现二维 Berenger PML(5/m5.m)

```
 1 s=.5;
 2 nd=20;
 3 na=10;
 4 m=4;
 5 nx=100;
 6 ny=100;
 7 ex=zeros(nx+1, ny+1);
 8 ey=zeros(nx+1, ny+1);
 9 hx=zeros(nx-1, ny);
10 hy=zeros(nx, ny-1);
11 xe=4/5 * s * (m+1) * ((1:na-1)/na).^m;
12 xm=4/5 * s * (m+1) * ((.5:na-.5)/na).^m;
13 xe=[fliplr(xe), xe];
14 xm=[fliplr(xm), xm];
15 ae=(2-xe)./(2+xe);
16 be=2./(2+xe);
17 am=(2-xm)./(2+xm);
18 bm=2./(2+xm);
19 hfig=imagesc(0, 0, ex+ey, .02 * [-1, 1]);
20 axis equal tight;
21 colorbar;
22 for n=1:1000
23     hx(:, na+1:end-na)=hx(:, na+1:end-na)-s * diff(ex(2:end-1, na+1:end
       -na)+ey(2:end-1, na+1:end-na), 1, 2);
24     hx(:, [1:na, end-na+1:end])=am. * hx(:, [1:na, end-na+1:end])-s *
       bm. * [diff(ex(2:end-1, 1:na+1)+ey(2:end-1, 1:na+1), 1, 2), diff(ex(2:
       end-1, end-na:end)+ey(2:end-1, end-na:end), 1, 2)];
```

```
    hy(na+1:end-na, :)=hy(na+1:end-na, :)+s*diff(ex(na+1:end-na, 2:end
    -1)+ey(na+1:end-na, 2:end-1), 1, 1);
    hy([1:na, end-na+1:end], :)=am'.*hy([1:na, end-na+1:end], :)+s*bm'.*
    [diff(ex(1:na+1, 2:end-1)+ey(1:na+1, 2:end-1), 1, 1); diff(ex(end-na:
    end, 2:end-1)+ey(end-na:end, 2:end-1), 1, 1)];
    ex(na+1:end-na, 2:end-1)=ex(na+1:end-na, 2:end-1)+s*diff(hy(na:
    end-na+1, :), 1, 1);
    ex([2:na, end-na+1:end-1], 2:end-1)=ae'.*ex([2:na, end-na+1:end-
    1], 2:end-1)+s*be'.*[diff(hy(1:na, :), 1, 1); diff(hy(end-na+1:end, :),
    1, 1)];
    ey(2:end-1, na+1:end-na)=ey(2:end-1, na+1:end-na)-s*diff(hx(:, na:
    end-na+1), 1, 2);
    ey(2:end-1, [2:na, end-na+1:end-1])=ae.*ey(2:end-1, [2:na, end-na
    +1:end-1])-s*be.*[diff(hx(:, 1:na), 1, 2), diff(hx(:, end-na+1:end),
    1, 2)];
    ex(nx/2+1, ny/2+1)=ex(nx/2+1, ny/2+1)+sin(2*pi*n*s/nd)/2;
    ey(nx/2+1, ny/2+1)=ey(nx/2+1, ny/2+1)+sin(2*pi*n*s/nd)/2;
    set(hfig, 'cdata', ex+ey);
    drawnow;
end
saveas(gcf, [mfilename, '.png']);
```

下面的代码是指数差分格式的实现方式，只要将中心差分的系数进行替换即可，仿真结果如图 5.7(b)所示。

代码 5.6　指数差分实现二维 Berenger PML(5/m6.m)

```
ae=exp(-xe);
be=(1-ae)./xe;
am=exp(-xm);
bm=(1-am)./xm;
```

可见，仿真结果表明 BPML 能够截断仿真区域，没有反射。

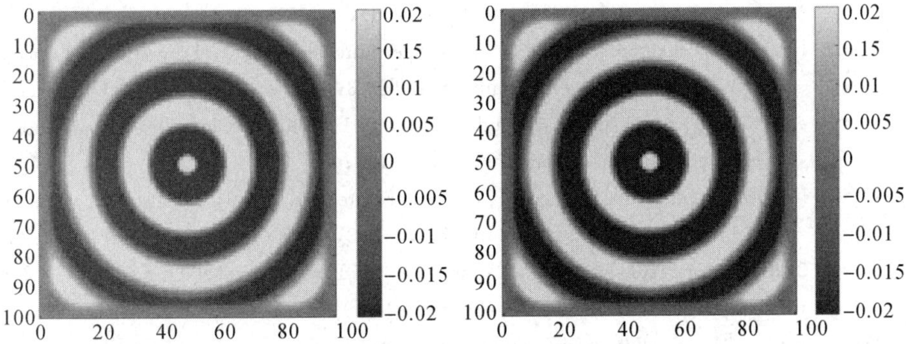

(a) 中心差分 (5/m5.m)　　(b) 指数差分 (5/m6.m)

图 5.7　二维 Berenger PML 仿真结果

5.2.3 三维情形

本小节研究三维情形 MATLAB 代码实现方式。网格尺寸为 100×100×100，网格长度为波长的 1/20，时间稳定因子为 0.5。仿真区域中心处有一偶极子，呈正弦方式随时间变化。PML 层厚度为 10 个网格。这里分别采用中心差分格式和指数差分格式进行截断。下面的代码是中心差分格式实现方式的部分代码，仿真结果如图 5.8(a)所示。

代码 5.7 中心差分实现三维 Berenger PML(5/m7.m)

```
for n=1:400
    hxy(:, na+1:end-na, :)=hxy(:, na+1:end-na, :)-s*diff(ezx(2:end-1, na+1:end-na, :)+ezy(2:end-1, na+1:end-na, :), 1, 2);
    hxz(:, :, na+1:end-na)=hxz(:, :, na+1:end-na)+s*diff(eyz(2:end-1, :, na+1:end-na)+eyx(2:end-1, :, na+1:end-na), 1, 3);
    hyz(:, :, na+1:end-na)=hyz(:, :, na+1:end-na)-s*diff(exy(:, 2:end-1, na+1:end-na)+exz(:, 2:end-1, na+1:end-na), 1, 3);
    hyx(na+1:end-na, :, :)=hyx(na+1:end-na, :, :)+s*diff(ezx(na+1:end-na, 2:end-1, :)+ezy(na+1:end-na, 2:end-1, :), 1, 1);
    hzx(na+1:end-na, :, :)=hzx(na+1:end-na, :, :)-s*diff(eyz(na+1:end-na, :, 2:end-1)+eyx(na+1:end-na, :, 2:end-1), 1, 1);
    hzy(:, na+1:end-na, :)=hzy(:, na+1:end-na, :)+s*diff(exy(:, na+1:end-na, 2:end-1)+exz(:, na+1:end-na, 2:end-1), 1, 2);
    hxy(:, [1:na, end-na+1:end], :)=permute(am, [1, 2, 3]).*hxy(:, [1:na, end-na+1:end], :)-s*permute(bm, [1, 2, 3]).*cat(2, diff(ezx(2:end-1, 1:na+1, :)+ezy(2:end-1, 1:na+1, :), 1, 2), diff(ezx(2:end-1, end-na:end, :)+ezy(2:end-1, end-na:end, :), 1, 2));
    hxz(:, :, [1:na, end-na+1:end])=permute(am, [3, 1, 2]).*hxz(:, :, [1:na, end-na+1:end])+s*permute(bm, [3, 1, 2]).*cat(3, diff(eyz(2:end-1, :, 1:na+1)+eyx(2:end-1, :, 1:na+1), 1, 3), diff(eyz(2:end-1, :, end-na:end)+eyx(2:end-1, :, end-na:end), 1, 3));
    hyz(:, :, [1:na, end-na+1:end])=permute(am, [3, 1, 2]).*hyz(:, :, [1:na, end-na+1:end])-s*permute(bm, [3, 1, 2]).*cat(3, diff(exy(:, 2:end-1, 1:na+1)+exz(:, 2:end-1, 1:na+1), 1, 3), diff(exy(:, 2:end-1, end-na:end)+exz(:, 2:end-1, end-na:end), 1, 3));
    hyx([1:na, end-na+1:end], :, :)=permute(am, [2, 3, 1]).*hyx([1:na, end-na+1:end], :, :)+s*permute(bm, [2, 3, 1]).*cat(1, diff(ezx(1:na+1, 2:end-1, :)+ezy(1:na+1, 2:end-1, :), 1, 1), diff(ezx(end-na:end, 2:end-1, :)+ezy(end-na:end, 2:end-1, :), 1, 1));
    hzx([1:na, end-na+1:end], :, :)=permute(am, [2, 3, 1]).*hzx([1:na, end-na+1:end], :, :)-s*permute(bm, [2, 3, 1]).*cat(1, diff(eyz(1:na+1, :, 2:end-1)+eyx(1:na+1, :, 2:end-1), 1, 1), diff(eyz(end-na:end, :, 2:end-1)+eyx(end-na:end, :, 2:end-1), 1, 1));
    hzy(:, [1:na, end-na+1:end], :)=permute(am, [1, 2, 3]).*hzy(:, [1:na, end-na+1:end], :)+s*permute(bm, [1, 2, 3]).*cat(2, diff(exy(:, 1:na+1, 2:end-1)+exz(:, 1:na+1, 2:end-1), 1, 2), diff(exy(:, end-na:end, 2:end
```

```
-1)+exz(:, end-na:end, 2:end-1), 1, 2));
exy(:, na+1:end-na, 2:end-1)=exy(:, na+1:end-na, 2:end-1)+s*diff(hzx(:, na:end-na+1, :)+hzy(:, na:end-na+1, :), 1, 2);
exz(:, 2:end-1, na+1:end-na)=exz(:, 2:end-1, na+1:end-na)-s*diff(hyz(:, :, na:end-na+1)+hyx(:, :, na:end-na+1), 1, 3);
eyz(2:end-1, :, na+1:end-na)=eyz(2:end-1, :, na+1:end-na)+s*diff(hxy(:, :, na:end-na+1)+hxz(:, :, na:end-na+1), 1, 3);
eyx(na+1:end-na, :, 2:end-1)=eyx(na+1:end-na, :, 2:end-1)-s*diff(hzy(na:end-na+1, :, :)+hzx(na:end-na+1, :, :), 1, 1);
ezx(na+1:end-na, 2:end-1, :)=ezx(na+1:end-na, 2:end-1, :)+s*diff(hyz(na:end-na+1, :, :)+hyx(na:end-na+1, :, :), 1, 1);
ezy(2:end-1, na+1:end-na, :)=ezy(2:end-1, na+1:end-na, :)-s*diff(hxy(:, na:end-na+1, :)+hxz(:, na:end-na+1, :), 1, 2);
exy(:, [2:na, end-na+1:end-1], 2:end-1)=permute(ae, [1, 2, 3]).*exy(:, [2:na, end-na+1:end-1], 2:end-1)+s*permute(be, [1, 2, 3]).*cat(2, diff(hzx(:, 1:na, :)+hzy(:, 1:na, :), 1, 2), diff(hzx(:, end-na+1:end, :)+hzy(:, end-na+1:end, :), 1, 2));
exz(:, 2:end-1, [2:na, end-na+1:end-1])=permute(ae, [3, 1, 2]).*exz(:, 2:end-1, [2:na, end-na+1:end-1])-s*permute(be, [3, 1, 2]).*cat(3, diff(hyz(:, :, 1:na)+hyx(:, :, 1:na), 1, 3), diff(hyz(:, :, end-na+1:end)+hyx(:, :, end-na+1:end), 1, 3));
eyz(2:end-1, :, [2:na, end-na+1:end-1])=permute(ae, [3, 1, 2]).*eyz(2:end-1, :, [2:na, end-na+1:end-1])+s*permute(be, [3, 1, 2]).*cat(3, diff(hxy(:, :, 1:na)+hxz(:, :, 1:na), 1, 3), diff(hxy(:, :, end-na+1:end)+hxz(:, :, end-na+1:end), 1, 3));
eyx([2:na, end-na+1:end-1], :, 2:end-1)=permute(ae, [2, 3, 1]).*eyx([2:na, end-na+1:end-1], :, 2:end-1)-s*permute(be, [2, 3, 1]).*cat(1, diff(hzx(1:na, :, :)+hzy(1:na, :, :), 1, 1), diff(hzx(end-na+1:end, :, :)+hzy(end-na+1:end, :, :), 1, 1));
ezx([2:na, end-na+1:end-1], 2:end-1, :)=permute(ae, [2, 3, 1]).*ezx([2:na, end-na+1:end-1], 2:end-1, :)+s*permute(be, [2, 3, 1]).*cat(1, diff(hyz(1:na, :, :)+hyx(1:na, :, :), 1, 1), diff(hyz(end-na+1:end, :, :)+hyx(end-na+1:end, :, :), 1, 1));
ezy(2:end-1, [2:na, end-na+1:end-1], :)=permute(ae, [1, 2, 3]).*ezy(2:end-1, [2:na, end-na+1:end-1], :)-s*permute(be, [1, 2, 3]).*cat(2, diff(hxy(:, 1:na, :)+hxz(:, 1:na, :), 1, 2), diff(hxy(:, end-na+1:end, :)+hxz(:, end-na+1:end, :), 1, 2));
ezx(nx/2+1, ny/2+1, nz/2+1)=ezx(nx/2+1, ny/2+1, nz/2+1)+sin(2*pi*n*s/nd)/2;
ezy(nx/2+1, ny/2+1, nz/2+1)=ezy(nx/2+1, ny/2+1, nz/2+1)+sin(2*pi*n*s/nd)/2;
set(hfig, 'cdata', ezx(:, :, nz/2+1)+ezy(:, :, nz/2+1));
drawnow;
end
```

下面的代码是指数差分格式的实现方式，只需将相应的行改成下面的形式即可，仿真结果如图 5.8(b)所示。图 5.8 是仿真 1000 时间步后两种差分格式的结果。可见，仿真结果表明 Berenger PML 能够截断仿真区域，没有反射。由上面的代码可知，Berenger 形式的 PML 在使用过程中，需要将电场和磁场进行分裂。在对同样区域的电磁问题进行仿真时，需要存储更多的内存。

代码 5.8 指数差分实现三维 Berenger PML(5/m8. m)

```
ae=exp(-xe);
be=(1-ae)./xe;
am=exp(-xm);
bm=(1-am)./xm;
```

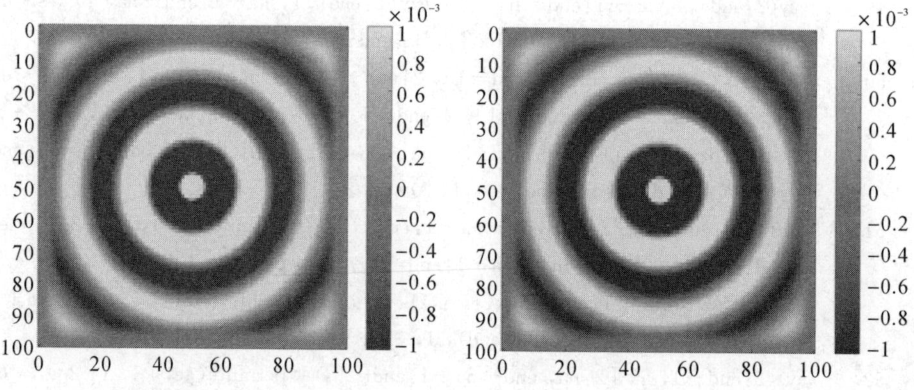

(a) 中心差分 (5/m7.m)　　(b) 指数差分 (5/m8.m)

图 5.8 三维 Berenger PML 仿真结果

5.3 各向异性完全匹配层 FDTD 实现

5.3.1 一维情形

本小节以截断自由空间中的电磁波为例进行说明。假设电磁波沿 z 方向传播，电场沿 x 方向，磁场沿 y 方向，则 UPML 中电场和磁场不需要分裂，麦克斯韦方程为

$$-\frac{\partial \widetilde{H}_y}{\partial z}=\frac{\mathrm{j}\omega}{c}s_z E_x \tag{5.3.1a}$$

$$\frac{\partial E_x}{\partial z}=-\frac{\mathrm{j}\omega}{c}s_z \widetilde{H}_y \tag{5.3.1b}$$

可见，只需在参数设置时设 $s_z=\varepsilon_{rz}=\mu_{rz}$，则一维情形的 UPML 与 Berenger PML 形式完全相同。因此，这里不需要给出具体算例，参见 Berenger PML 的结果即可。

5.3.2 二维情形

UPML 完全匹配层设置基本结构如图 5.9 所示。在 FDTD 计算区域中，麦克斯韦方程以常规的 FDTD 方法求解。在计算区域四周是 PML 层。UPML 设置在截断边界附近，这时有 4 个平面 UPML 区和 4 个棱边区。

在图 5.9 所示二维情况的棱边区，出现从一种单轴介质到另一种各向异性介质的交界面，如图中的 BB_1 和 BB_2。从前面的分析可知，判断两种各向异性介质交界面是否无反射，只需看两种介质对角线上元素之比是否满足特定的条件即可。图中所示的参数设置可以满足条件要求，因此在 BB_1 和 BB_2 这两个分界面处没有反射。

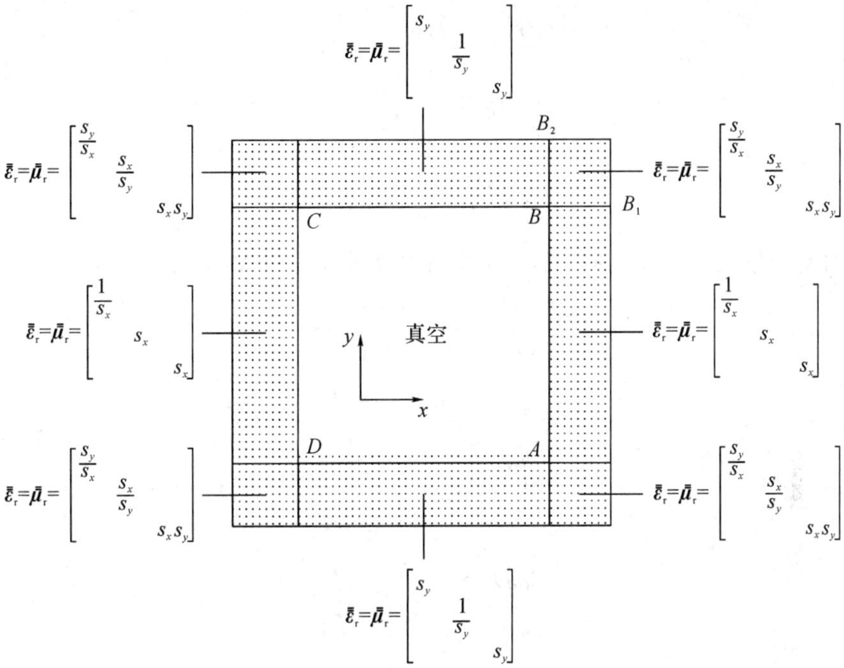

图 5.9　二维 UPML 边界参数设置

二维情形下，不需要截断垂直于 z 轴的界面，因此有 $s_z=1$。TM 波情形下，UPML 介质中平面波的麦克斯韦方程是

$$-\mathrm{j}k_x\widetilde{H}_y+\mathrm{j}k_y\widetilde{H}_z=\frac{\mathrm{j}\omega}{c}s_xs_yE_z \tag{5.3.2a}$$

$$-\mathrm{j}k_yE_z=-\frac{\mathrm{j}\omega}{c}\frac{s_y}{s_x}\widetilde{H}_x \tag{5.3.2b}$$

$$\mathrm{j}k_xE_z=-\frac{\mathrm{j}\omega}{c}\frac{s_x}{s_y}\widetilde{H}_y \tag{5.3.2c}$$

上式是一般情形。在边缘区，会出现 $s_x=1$ 或 $s_y=1$，成为上式的特殊情形。因此，只要研究上式的离散方式即可。

将式(5.3.2)写成对空间的导数形式，即得到含对空间的导数的麦克斯韦方程，即

$$\frac{\partial\widetilde{H}_y}{\partial x}-\frac{\partial\widetilde{H}_z}{\partial y}=\frac{\mathrm{j}\omega}{c}s_xs_yE_z \tag{5.3.3a}$$

$$\frac{\partial E_z}{\partial y}=-\frac{\mathrm{j}\omega}{c}\frac{s_y}{s_x}\widetilde{H}_x \tag{5.3.3b}$$

$$-\frac{\partial E_z}{\partial x}=-\frac{\mathrm{j}\omega}{c}\frac{s_x}{s_y}\widetilde{H}_y \tag{5.3.3c}$$

引入中间变量 $\widetilde{D}_z$、$\widetilde{B}_x$、$\widetilde{B}_y$，令

$$\widetilde{D}_z=s_xE_z \tag{5.3.4a}$$

$$\widetilde{B}_x=\frac{1}{s_x}\widetilde{H}_x \tag{5.3.4b}$$

$$\widetilde{B}_y=\frac{1}{s_y}\widetilde{H}_y \tag{5.3.4c}$$

则式(5.3.3)成为

$$\frac{\partial \widetilde{H}_y}{\partial x}-\frac{\partial \widetilde{H}_z}{\partial y}=\frac{\mathrm{j}\omega}{c}s_y\widetilde{D}_z \tag{5.3.5a}$$

$$\frac{\partial E_z}{\partial y}=-\frac{\mathrm{j}\omega}{c}s_y\widetilde{B}_x \tag{5.3.5b}$$

$$-\frac{\partial E_z}{\partial x}=-\frac{\mathrm{j}\omega}{c}s_x\widetilde{B}_y \tag{5.3.5c}$$

上式的差分格式与导体相同，具体见前面相关章节。将式(5.3.4)写成

$$\widetilde{D}_z=\left(1+\frac{\widetilde{\sigma}_x c}{\mathrm{j}\omega}\right)E_z \tag{5.3.6a}$$

$$\left(1+\frac{\widetilde{\sigma}_{\mathrm{m}x} c}{\mathrm{j}\omega}\right)\widetilde{B}_x=\widetilde{H}_x \tag{5.3.6b}$$

$$\left(1+\frac{\widetilde{\sigma}_{\mathrm{m}y} c}{\mathrm{j}\omega}\right)\widetilde{B}_y=\widetilde{H}_y \tag{5.3.6c}$$

即

$$\mathrm{j}\omega\widetilde{D}_z=(\mathrm{j}\omega+\widetilde{\sigma}_x c)E_z \tag{5.3.7a}$$

$$(\mathrm{j}\omega+\widetilde{\sigma}_{\mathrm{m}x} c)\widetilde{B}_x=\mathrm{j}\omega\widetilde{H}_x \tag{5.3.7b}$$

$$(\mathrm{j}\omega+\widetilde{\sigma}_{\mathrm{m}y} c)\widetilde{B}_y=\mathrm{j}\omega\widetilde{H}_y \tag{5.3.7c}$$

上面的式子可以通过中心差分或指数差分进行离散，与导体中的差分格式类似。中心差分的二维情形代码如下，仿真结果如图 5.10(a)所示。

代码 5.9 中心差分实现二维 UPML(5/m9.m)

```
s=0.5;
nd=20;
na=10;
m=4;
nx=100;
ny=100;
e=zeros(nx+1, ny+1);
hx=zeros(nx-1, ny);
hy=zeros(nx, ny-1);
d=zeros(nx-1, ny-1);
bx=zeros(nx-1, ny);
by=zeros(nx, ny-1);
d1=0;
bx1=0;
by1=0;
```

```
xe=4/5*s*(m+1)*((1:na-1)/na).^m;
xm=4/5*s*(m+1)*((.5:na-.5)/na).^m;
xe=[fliplr(xe), xe];
xm=[fliplr(xm), xm];
ae=(2-xe)./(2+xe);
be=2./(2+xe);
am=(2-xm)./(2+xm);
bm=2./(2+xm);
hfig=imagesc(0, 0, e, 0.02*[-1, 1]);
axis equal tight;
colorbar;
for n=1:1000
    bx(:, na+1:end-na)=bx(:, na+1:end-na)-s.*diff(e(2:end-1, na+1:end-na), 1, 2);
    bx(:, [1:na, end-na+1:end])=am.*bx(:, [1:na, end-na+1:end])-s*bm.*[diff(e(2:end-1, 1:na+1), 1, 2), diff(e(2:end-1, end-na:end), 1, 2)];
    hx(na:end-na+1, :)=bx(na:end-na+1, :);
    hx([1:na-1, end-na+2:end], :)=hx([1:na-1, end-na+2:end], :)+(1+xe'/2).*bx([1:na-1, end-na+2:end], :)-(1-xe'/2).*bx1;
    bx1=bx([1:na-1, end-na+2:end], :);
    by(na+1:end-na, :)=by(na+1:end-na, :)+s.*diff(e(na+1:end-na, 2:end-1), 1, 1);
    by([1:na, end-na+1:end], :)=am'.*by([1:na, end-na+1:end], :)+s*bm'.*[diff(e(1:na+1, 2:end-1), 1, 1); diff(e(end-na:end, 2:end-1), 1, 1)];
    hy(:, na:end-na+1)=by(:, na:end-na+1);
    hy(:, [1:na-1, end-na+2:end])=hy(:, [1:na-1, end-na+2:end])+(1+xe/2).*by(:, [1:na-1, end-na+2:end])-(1-xe/2).*by1;
    by1=by(:, [1:na-1, end-na+2:end]);
    d(:, na:end-na+1)=d(:, na:end-na+1)+s*(diff(hy(:, na:end-na+1), 1, 1)-diff(hx(:, na:end-na+1), 1, 2));
    d(:, [1:na-1, end-na+2:end])=ae.*d(:, [1:na-1, end-na+2:end])+s*be.*([diff(hy(:, 1:na-1), 1, 1)-diff(hx(:, 1:na), 1, 2), diff(hy(:, end-na+2:end), 1, 1)-diff(hx(:, end-na+1:end), 1, 2)]);
    d(nx/2, ny/2)=d(nx/2, ny/2)+sin(2*pi*n*s/nd);
    e(na+1:end-na, 2:end-1)=d(na:end-na+1, :);
    e([2:na, end-na+1:end-1], 2:end-1)=ae'.*e([2:na, end-na+1:end-1], 2:end-1)+be'.*(d([1:na-1, end-na+2:end], :)-d1);
    d1=d([1:na-1, end-na+2:end], :);
    set(hfig, 'cdata', e);
    drawnow;
end
```

```
saveas(gcf, [mfilename, '.png']);
```

指数差分的二维情形代码如下所示，只需修改相应的行即可，仿真结果如图 5.10(b)所示。

代码 5.10 指数差分实现二维 UPML(5/m10.m)

```
ae=exp(-xe);
be=(1-ae)./xe;
am=exp(-xm);
bm=(1-am)./xm;
```

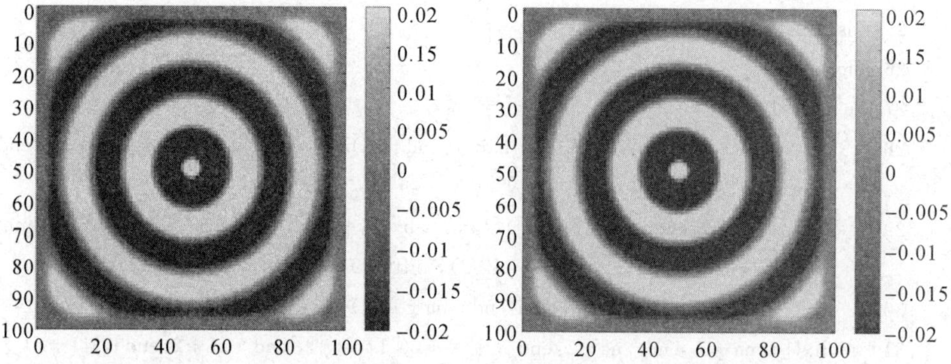

(a) 中心差分 (5/m9.m)　　(b) 指数差分 (5/m10.m)

图 5.10　二维各向异性完全匹配层

5.3.3 三维情形

UPML 将吸收层内的媒质参数设置为各向异性，切向分量与内部区域相同，而法向分量不同。通过设置各分量，可以使得电磁波在不同入射角度、入射频率下均在界面处无反射，进入到吸收层内的电磁波被吸收层内的媒质耗散，达到截断的目的。

在角顶点区，UPML 中的介质参数设定还需要考虑相邻的 UPML 介质的匹配特性，因此电磁参数的一般形式为

$$\bar{\bar{\boldsymbol{\varepsilon}}}_{r2}=\begin{bmatrix}\frac{s_z s_y}{s_x} & & \\ & \frac{s_x s_z}{s_y} & \\ & & \frac{s_y s_x}{s_z}\end{bmatrix},\ \bar{\bar{\boldsymbol{\mu}}}_{r2}=\begin{bmatrix}\frac{s_z s_y}{s_x} & & \\ & \frac{s_x s_z}{s_y} & \\ & & \frac{s_y s_x}{s_z}\end{bmatrix} \tag{5.3.8}$$

其中

$$s_x=1+\frac{\sigma_x}{\mathrm{j}\omega\varepsilon_0}=1+\frac{\tilde{\sigma}_x}{\mathrm{j}\omega} \tag{5.3.9}$$

$$s_y=1+\frac{\sigma_y}{\mathrm{j}\omega\varepsilon_0}=1+\frac{\tilde{\sigma}_y}{\mathrm{j}\omega} \tag{5.3.10}$$

$$s_z=1+\frac{\sigma_z}{\mathrm{j}\omega\varepsilon_0}=1+\frac{\tilde{\sigma}_z}{\mathrm{j}\omega} \tag{5.3.11}$$

以电场的更新为例，说明差分格式。UPML 介质中麦克斯韦方程的一般形式是

$$\frac{\partial \widetilde{H}_z}{\partial y}-\frac{\partial \widetilde{H}_x}{\partial z}=\frac{\mathrm{j}\omega}{c}\frac{s_z s_y}{s_x}E_x \tag{5.3.12a}$$

$$\frac{\partial \widetilde{H}_x}{\partial z}-\frac{\partial \widetilde{H}_y}{\partial x}=\frac{\mathrm{j}\omega}{c}\frac{s_x s_z}{s_y}E_y \tag{5.3.12b}$$

$$\frac{\partial \widetilde{H}_y}{\partial x}-\frac{\partial \widetilde{H}_z}{\partial y}=\frac{\mathrm{j}\omega}{c}\frac{s_y s_x}{s_z}E_z \tag{5.3.12c}$$

在边缘区和平面区，ε_r 和 μ_r 的参数设置可以一定程度上简化，会出现 $s_x=1$ 或 $s_y=1$，成为上式的特殊情形。因此，只要研究式(5.3.12)的离散方式即可。

引入中间变量 $\widetilde{D}_x$、$\widetilde{D}_y$、$\widetilde{D}_z$，令

$$\widetilde{D}_x=\frac{s_y}{s_x}E_x \tag{5.3.13a}$$

$$\widetilde{D}_y=\frac{s_z}{s_y}E_y \tag{5.3.13b}$$

$$\widetilde{D}_z=\frac{s_x}{s_z}E_z \tag{5.3.13c}$$

则式(5.3.12)成为

$$\frac{\partial \widetilde{H}_z}{\partial y}-\frac{\partial \widetilde{H}_x}{\partial z}=\frac{\mathrm{j}\omega}{c}s_z\widetilde{D}_x \tag{5.3.14a}$$

$$\frac{\partial \widetilde{H}_x}{\partial z}-\frac{\partial \widetilde{H}_y}{\partial x}=\frac{\mathrm{j}\omega}{c}s_x\widetilde{D}_y \tag{5.3.14b}$$

$$\frac{\partial \widetilde{H}_y}{\partial x}-\frac{\partial \widetilde{H}_z}{\partial y}=\frac{\mathrm{j}\omega}{c}s_y\widetilde{D}_z \tag{5.3.14c}$$

上式的差分格式与导体中的形式相同。

辅助方程式(5.3.13)还可以写为

$$s_x\widetilde{D}_x=s_yE_x \tag{5.3.15a}$$

$$s_y\widetilde{D}_y=s_zE_y \tag{5.3.15b}$$

$$s_z\widetilde{D}_z=s_xE_z \tag{5.3.15c}$$

展开，得到

$$(\mathrm{j}\omega+\widetilde{\sigma}_x c)\widetilde{D}_x=(\mathrm{j}\omega+\widetilde{\sigma}_y c)E_x \tag{5.3.16a}$$

$$(\mathrm{j}\omega+\widetilde{\sigma}_y c)\widetilde{D}_y=(\mathrm{j}\omega+\widetilde{\sigma}_z c)E_y \tag{5.3.16b}$$

$$(\mathrm{j}\omega+\widetilde{\sigma}_z c)\widetilde{D}_z=(\mathrm{j}\omega+\widetilde{\sigma}_x c)E_z \tag{5.3.16c}$$

将上面时域方程用中心差分格式离散，得到

$$(2+\widetilde{\sigma}_x c\Delta t)\widetilde{D}_x^{n+1}-(2-\widetilde{\sigma}_x c\Delta t)\widetilde{D}_x^{n}=(2+\widetilde{\sigma}_y c\Delta t)E_x^{n+1}-(2-\widetilde{\sigma}_y c\Delta t)E_x^{n} \tag{5.3.17a}$$

$$(2+\widetilde{\sigma}_y c\Delta t)\widetilde{D}_y^{n+1}-(2-\widetilde{\sigma}_y c\Delta t)\widetilde{D}_y^{n}=(2+\widetilde{\sigma}_z c\Delta t)E_y^{n+1}-(2-\widetilde{\sigma}_z c\Delta t)E_y^{n} \tag{5.3.17b}$$

$$(2+\widetilde{\sigma}_z c\Delta t)\widetilde{D}_z^{n+1}-(2-\widetilde{\sigma}_z c\Delta t)\widetilde{D}_z^{n}=(2+\widetilde{\sigma}_x c\Delta t)E_z^{n+1}-(2-\widetilde{\sigma}_x c\Delta t)E_z^{n} \tag{5.3.17c}$$

离散时用到了中心近似。最终得到显式更新公式：

$$E_x^{n+1}=\frac{2-\widetilde{\sigma}_y c\Delta t}{2+\widetilde{\sigma}_y c\Delta t}E_x^{n}+\frac{1}{2+\widetilde{\sigma}_y c\Delta t}\left[(2+\widetilde{\sigma}_x c\Delta t)\widetilde{D}_x^{n+1}-(2-\widetilde{\sigma}_x c\Delta t)\widetilde{D}_x^{n}\right] \tag{5.3.18a}$$

$$E_y^{n+1}=\frac{2-\tilde{\sigma}_z c\Delta t}{2+\tilde{\sigma}_z c\Delta t}E_y^n+\frac{1}{2+\tilde{\sigma}_z c\Delta t}\left[(2+\tilde{\sigma}_y c\Delta t)\tilde{D}_y^{n+1}-(2-\tilde{\sigma}_y c\Delta t)\tilde{D}_y^n\right] \tag{5.3.18b}$$

$$E_z^{n+1}=\frac{2-\tilde{\sigma}_x c\Delta t}{2+\tilde{\sigma}_x c\Delta t}E_z^n+\frac{1}{2+\tilde{\sigma}_x c\Delta t}\left[(2+\tilde{\sigma}_z c\Delta t)\tilde{D}_z^{n+1}-(2-\tilde{\sigma}_z c\Delta t)\tilde{D}_z^n\right] \tag{5.3.18c}$$

可见，在更新电场 E_x、E_y、E_z 时，需要同时用到 $\tilde{D}_x^{n+1}$、$\tilde{D}_y^{n+1}$、$\tilde{D}_z^{n+1}$ 以及 $\tilde{D}_x^n$、$\tilde{D}_y^n$、$\tilde{D}_z^n$。因此，在仿真中，需要保存两个时间步的 $\tilde{D}_x$、$\tilde{D}_y$、$\tilde{D}_z$。

采用中心差分，得到三维 UPML，部分代码如下，仿真结果如图 5.11 所示。

代码 5.11　中心差分实现三维 UPML(5/m11.m)

```
for n=1:1000
    bx(:, :, na+1:end-na)=bx(:, :, na+1:end-na)-s*(diff(ez(2:end-1, :, na+1:end-na), 1, 2)-diff(ey(2:end-1, :, na+1:end-na), 1, 3));
    bx(:, :, [1:na, end-na+1:end])=permute(am, [3, 1, 2]).*bx(:, :, [1:na, end-na+1:end])-s*permute(bm, [3, 1, 2]).*cat(3, diff(ez(2:end-1, :, 1:na), 1, 2)-diff(ey(2:end-1, :, 1:na+1), 1, 3), diff(ez(2:end-1, :, end-na+1:end), 1, 2)-diff(ey(2:end-1, :, end-na:end), 1, 3));
    bx1(na:end-na+1, :, :)=bx(na:end-na+1, :, :)-bx1(na:end-na+1, :, :);
    bx1([1:na-1, end-na+2:end], :, :)=permute(1+xe/2, [2, 3, 1]).*bx([1:na-1, end-na+2:end], :, :)-permute(1-xe/2, [2, 3, 1]).*bx1([1:na-1, end-na+2:end], :, :);
    hx(:, na+1:end-na, :)=hx(:, na+1:end-na, :)+bx1(:, na+1:end-na, :);
    hx(:, [1:na, end-na+1:end], :)=permute(am, [1, 2, 3]).*hx(:, [1:na, end-na+1:end], :)+permute(bm, [1, 2, 3]).*bx1(:, [1:na, end-na+1:end], :);
    bx1=bx;
    by(na+1:end-na, :, :)=by(na+1:end-na, :, :)-s*(diff(ex(na+1:end-na, 2:end-1, :), 1, 3)-diff(ez(na+1:end-na, 2:end-1, :), 1, 1));
    by([1:na, end-na+1:end], :, :)=permute(am, [2, 3, 1]).*by([1:na, end-na+1:end], :, :)-s*permute(bm, [2, 3, 1]).*cat(1, diff(ex(1:na, 2:end-1, :), 1, 3)-diff(ez(1:na+1, 2:end-1, :), 1, 1), diff(ex(end-na+1:end, 2:end-1, :), 1, 3)-diff(ez(end-na:end, 2:end-1, :), 1, 1));
    by1(:, na:end-na+1, :)=by(:, na:end-na+1, :)-by1(:, na:end-na+1, :);
    by1(:, [1:na-1, end-na+2:end], :)=permute(1+xe/2, [1, 2, 3]).*by(:, [1:na-1, end-na+2:end], :)-permute(1-xe/2, [1, 2, 3]).*by1(:, [1:na-1, end-na+2:end], :);
    hy(:, :, na+1:end-na)=hy(:, :, na+1:end-na)+by1(:, :, na+1:end-na);
```

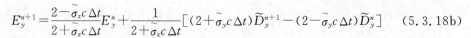

```
hy(:, :, [1:na, end-na+1:end])=permute(am, [3, 1, 2]).*hy(:, :, [1:na, end-na+1:end])+permute(bm, [3, 1, 2]).*by1(:, :, [1:na, end-na+1:end]);
by1=by;
bz(:, na+1:end-na, :)=bz(:, na+1:end-na, :)-s*(diff(ey(:, na+1:end-na, 2:end-1), 1, 1)-diff(ex(:, na+1:end-na, 2:end-1), 1, 2));
bz(:, [1:na, end-na+1:end], :)=permute(am, [1, 2, 3]).*bz(:, [1:na, end-na+1:end], :)-s*permute(bm, [1, 2, 3]).*cat(2, diff(ey(:, 1:na, 2:end-1), 1, 1)-diff(ex(:, 1:na+1, 2:end-1), 1, 2), diff(ey(:, end-na+1:end, 2:end-1), 1, 1)-diff(ex(:, end-na:end, 2:end-1), 1, 2));
bz1(:, :, na:end-na+1)=bz(:, :, na:end-na+1)-bz1(:, :, na:end-na+1);
bz1(:, :, [1:na-1, end-na+2:end])=permute(1+xe/2, [3, 1, 2]).*bz(:, :, [1:na-1, end-na+2:end])-permute(1-xe/2, [3, 1, 2]).*bz1(:, :, [1:na-1, end-na+2:end]);
hz(na+1:end-na, :, :)=hz(na+1:end-na, :, :)+bz1(na+1:end-na, :, :);
hz([1:na, end-na+1:end], :, :)=permute(am, [2, 3, 1]).*hz([1:na, end-na+1:end], :, :)+permute(bm, [2, 3, 1]).*bz1([1:na, end-na+1:end], :, :);
bz1=bz;
dx(:, :, na:end-na+1)=dx(:, :, na:end-na+1)+s*(diff(hz(:, :, na:end-na+1), 1, 2)-diff(hy(:, :, na:end-na+1), 1, 3));
dx(:, :, [1:na-1, end-na+2:end])=permute(ae, [3, 1, 2]).*dx(:, :, [1:na-1, end-na+2:end])+s*permute(be, [3, 1, 2]).*cat(3, diff(hz(:, :, 1:na-1), 1, 2)-diff(hy(:, :, 1:na), 1, 3), diff(hz(:, :, end-na+2:end), 1, 2)-diff(hy(:, :, end-na+1:end), 1, 3));
dx1(na+1:end-na, :, :)=dx(na+1:end-na, :, :)-dx1(na+1:end-na, :, :);
dx1([1:na, end-na+1:end], :, :)=permute(1+xm/2, [2, 3, 1]).*dx([1:na, end-na+1:end], :, :)-permute(1-xm/2, [2, 3, 1]).*dx1([1:na, end-na+1:end], :, :);
ex(:, na+1:end-na, 2:end-1)=ex(:, na+1:end-na, 2:end-1)+dx1(:, na:end-na+1, :);
ex(:, [2:na, end-na+1:end-1], 2:end-1)=permute(ae, [1, 2, 3]).*ex(:, [2:na, end-na+1:end-1], 2:end-1)+permute(be, [1, 2, 3]).*dx1(:, [1:na-1, end-na+2:end], :);
dx1=dx;
dy(na:end-na+1, :, :)=dy(na:end-na+1, :, :)+s*(diff(hx(na:end-na+1, :, :), 1, 3)-diff(hz(na:end-na+1, :, :), 1, 1));
dy([1:na-1, end-na+2:end], :, :)=permute(ae, [2, 3, 1]).*dy([1:na-1, end-na+2:end], :, :)+s*permute(be, [2, 3, 1]).*cat(1, diff(hx(1:na-1, :, :), 1, 3)-diff(hz(1:na, :, :), 1, 1), diff(hx(end-na+2:end, :, :), 1, 3)-diff(hz(end-na+1:end, :, :), 1, 1));
```

```
dy1(:, na+1:end-na, :)=dy(:, na+1:end-na, :)-dy1(:, na+1:end-na, :);
dy1(:, [1:na, end-na+1:end], :)=permute(1+xm/2, [1, 2, 3]).*dy(:, [1:na, end-na+1:end], :)-permute(1-xm/2, [1, 2, 3]).*dy1(:, [1:na, end-na+1:end], :);
ey(2:end-1, :, na+1:end-na)=ey(2:end-1, :, na+1:end-na)+dy1(:, :, na:end-na+1);
ey(2:end-1, :, [2:na, end-na+1:end-1])=permute(ae, [3, 1, 2]).*ey(2:end-1, :, [2:na, end-na+1:end-1])+permute(be, [3, 1, 2]).*dy1(:, :, [1:na-1, end-na+2:end]);
dy1=dy;
dz(nx/2, ny/2, nz/2+1)=dz(nx/2, ny/2, nz/2+1)+sin(2*pi*n*s/nd);
dz(:, na:end-na+1, :)=dz(:, na:end-na+1, :)+s*(diff(hy(:, na:end-na+1, :), 1, 1)-diff(hx(:, na:end-na+1, :), 1, 2));
dz(:, [1:na-1, end-na+2:end], :)=permute(ae, [1, 2, 3]).*dz(:, [1:na-1, end-na+2:end], :)+s*permute(be, [1, 2, 3]).*cat(2, diff(hy(:, 1:na-1, :), 1, 1)-diff(hx(:, 1:na, :), 1, 2), diff(hy(:, end-na+2:end, :), 1, 1)-diff(hx(:, end-na+1:end, :), 1, 2));
dz1(:, :, na+1:end-na)=dz(:, :, na+1:end-na)-dz1(:, :, na+1:end-na);
dz1(:, :, [1:na, end-na+1:end])=permute(1+xm/2, [3, 1, 2]).*dz(:, :, [1:na, end-na+1:end])-permute(1-xm/2, [3, 1, 2]).*dz1(:, :, [1:na, end-na+1:end]);
ez(na+1:end-na, 2:end-1, :)=ez(na+1:end-na, 2:end-1, :)+dz1(na:end-na+1, :, :);
ez([2:na, end-na+1:end-1], 2:end-1, :)=permute(ae, [2, 3, 1]).*ez([2:na, end-na+1:end-1], 2:end-1, :)+permute(be, [2, 3, 1]).*dz1([1:na-1, end-na+2:end], :, :);
dz1=dz;
set(hfig,'cdata',ez(:,:,nz/2+1));
drawnow;
end
```

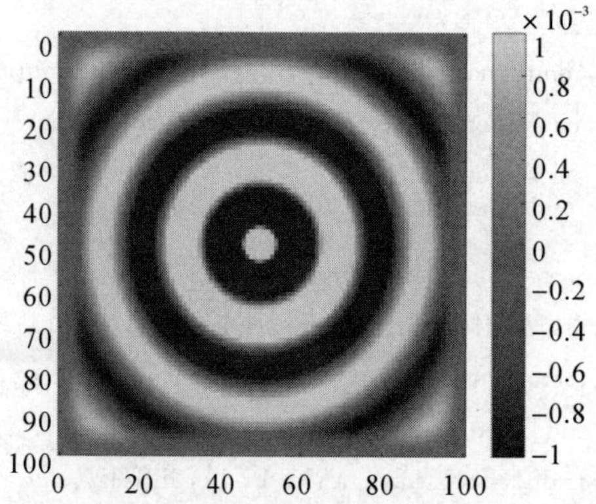

图 5.11 中心差分实现的三维各向异性完全匹配层(5/m11.m)

5.4　坐标伸缩完全匹配层 FDTD 实现

5.4.1　一维情形

设电磁波沿 z 方向传播，则坐标伸缩因子只有 s_z。坐标伸缩区域麦克斯韦方程成为

$$-\frac{1}{s_z}\frac{\partial \widetilde{H}_y}{\partial z}=\frac{\mathrm{j}\omega}{c}E_x \tag{5.4.1a}$$

$$\frac{1}{s_z}\frac{\partial E_x}{\partial z}=-\frac{\mathrm{j}\omega}{c}\widetilde{H}_y \tag{5.4.1b}$$

s_z 可以取为与前面 UPML 中 s_z 相同的形式，即

$$s_z=1+\frac{\widetilde{\sigma}_z c}{\mathrm{j}\omega} \tag{5.4.2}$$

这里以 $\widetilde{H}_y$ 为例说明空间导数的处理方法。对空间的导数可以写成两项相加的形式，成为

$$\frac{1}{s_z}\frac{\partial \widetilde{H}_y}{\partial z}=\frac{\mathrm{j}\omega}{\mathrm{j}\omega+\widetilde{\sigma}_z c}\frac{\partial \widetilde{H}_y}{\partial z}=\frac{\partial \widetilde{H}_y}{\partial z}-\frac{\widetilde{\sigma}_z c}{\mathrm{j}\omega+\widetilde{\sigma}_z c}\frac{\partial \widetilde{H}_y}{\partial z} \tag{5.4.3}$$

式(5.4.1a)两边乘以 $c\Delta t$，得到

$$-c\Delta t\,\frac{\partial \widetilde{H}_y}{\partial z}+c\Delta t\,\frac{\widetilde{\sigma}_z c}{\mathrm{j}\omega+\widetilde{\sigma}_z c}\frac{\partial \widetilde{H}_y}{\partial z}=\mathrm{j}\omega\Delta t E_x \tag{5.4.4}$$

进一步写为

$$-s\delta\,\frac{\partial \widetilde{H}_y}{\partial z}-s\Psi_{Ezy}=\mathrm{j}\omega\Delta t E_x \tag{5.4.5}$$

其中

$$\Psi_{Ezy}=-\frac{\widetilde{\sigma}_z c}{\mathrm{j}\omega+\widetilde{\sigma}_z c}\delta\,\frac{\partial \widetilde{H}_y}{\partial z} \tag{5.4.6}$$

将式(5.4.5)离散，Ψ_{Ezy} 在半整数时间步采样，得到

$$E_x^{n+1}=E_x^n-s\delta\frac{\partial \widetilde{H}_y}{\partial z}\bigg|^{n+\frac{1}{2}}-s\Psi_{Ezy}^{n+\frac{1}{2}} \tag{5.4.7}$$

Ψ_{Ezy} 的更新可以采用中心差分或指数差分方法，得到

$$\Psi_{Ezy}^{n+\frac{1}{2}}=\frac{2-\widetilde{\sigma}_z c\,\Delta t}{2+\widetilde{\sigma}_z c\,\Delta t}\Psi_{Ezy}^{n-\frac{1}{2}}-\frac{2\,\widetilde{\sigma}_z c\,\Delta t}{2+\widetilde{\sigma}_z c\,\Delta t}\delta\,\frac{\partial \widetilde{H}_y}{\partial z}\quad（中心差分格式） \tag{5.4.8a}$$

$$\Psi_{Ezy}^{n+\frac{1}{2}}=\mathrm{e}^{-\widetilde{\sigma}_z c\Delta t}\Psi_{Ezy}^{n-\frac{1}{2}}-(1-\mathrm{e}^{-\widetilde{\sigma}_z c\Delta t})\delta\,\frac{\partial \widetilde{H}_y}{\partial z}\quad（指数差分格式） \tag{5.4.8b}$$

下面计算一维电磁波的传播 CPML 吸收效果。计算区域划分 100 个网格，元胞尺寸为 1/20 波长，时间稳定因子为 $s=0.5$。入射波为正弦激励源，运行 1200 时间步。采用中心差分，代码如下所示，仿真结果如图 5.12(a)所示。

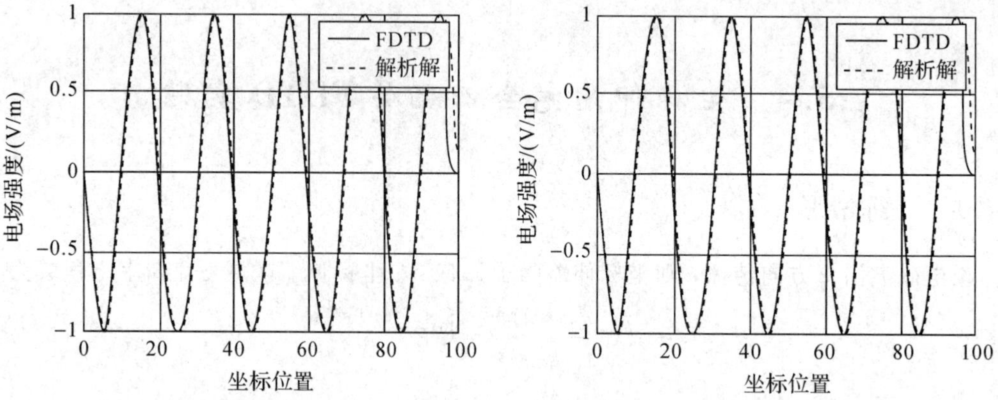

(a) 中心差分(5/m12.m)   (b) 指数差分(5/m13.m)

图 5.12　正弦波激励源 CPML 吸收边界条件运行 1000 时间步后的电场分布

代码 5.12　中心差分实现一维情形坐标伸缩 PML(5/m12.m)

```
1 s=0.5;
2 nd=20;
3 na=10;
4 m=4;
5 nz=100;
6 e=zeros(1, nz+1);
7 h=0;
8 ze=0;
9 zh=0;
10 xe=4/5 * s * (m+1) * ((1:na-1)/na).^m;
11 xm=4/5 * s * (m+1) * ((.5:na-.5)/na).^m;
12 ae=(2-xe)./(2+xe);
13 be=2 * xe./(2+xe);
14 am=(2-xm)./(2+xm);
15 bm=2 * xm./(2+xm);
16 hfig=plot(0:nz, e);
17 ylim([-2, 2]);
18 for n=1:nd/s * 30
19     h=h-s * diff(e);
20     h(end-na+1:end)=h(end-na+1:end)-s * ze;
21     zh=ae. * zh-be. * diff(h(end-na+1:end));
22     e(2:end-1)=e(2:end-1)-s * diff(h);
23     e(end-na+1:end-1)=e(end-na+1:end-1)-s * zh;
24     ze=am. * ze-bm. * diff(e(end-na:end));
25     e(1)=sin(2 * pi * n * s/nd);
26     set(hfig, 'ydata', e);
27     drawnow;
28 end
```

```
ea=-sin(2*pi*(0:nz)/nd);
hold on;
plot(0:nz, ea);
saveas(gcf, [mfilename, '.png']);
data=[e; ea]';
save([mfilename, '.dat'], 'data', '-ascii');
```

采用指数差分，对代码进行相应修改，如下所示，仿真结果如图 5.12(b)所示。

代码 5.13 指数差分实现一维情形坐标伸缩 PML(5/m13.m)

```
ae=exp(-xe);
be=1-ae;
am=exp(-xm);
bm=1-am;
```

实验微分高斯脉冲的反射波，运行 400 时间步，采用中心差分，只要将代码 5.12 的激励项修改即可，代码如下所示，最终电场分布如图 5.13(a)所示。

代码 5.14 中心差分坐标伸缩 PML 对微分高斯脉冲的反射(5/m14.m)

```
    e(1)=(n*s/nd/2-1)*exp(-4*pi*(n*s/nd/2-1)^2);
```

采用指数差分，同样，将代码对应的行修改即可，如下所示，最终电场分布如图 5.13(b)所示。

代码 5.15 指数差分坐标伸缩 PML 对微分高斯脉冲的反射(5/m15.m)

```
ae=exp(-xe);
be=1-ae;
am=exp(-xm);
bm=1-am;
```

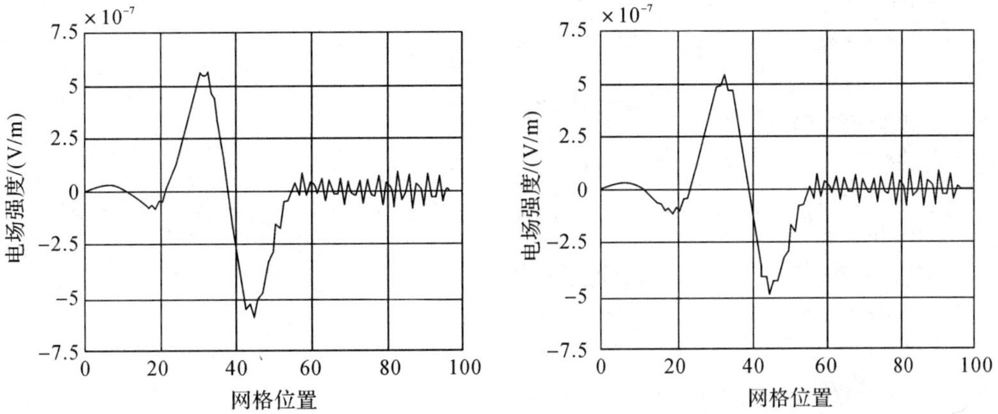

(a) 中心差分(5/m14.m)　　(b) 指数差分(5/m15.m)

图 5.13 微分高斯脉冲激励源 CPML 吸收边界条件运行 400 时间步后的电场分布

5.4.2 二维情形

坐标伸缩 PML 各区域参数设置如图 5.14 所示。

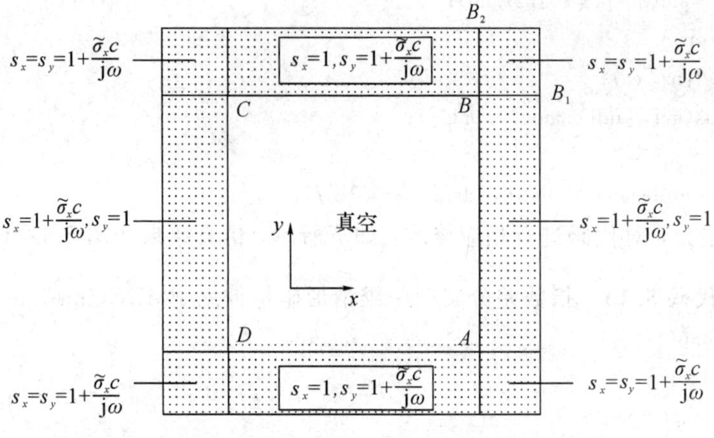

图 5.14 二维坐标伸缩 PML 边界参数设置

下面分析二维吸收效果。

在四周的截断边界使用 10 层坐标伸缩 PML 边界条件进行处理，吸收入射的电磁波。仿真区域划分为 100×100 的网格，时间稳定因子为 0.5，线激励源位于仿真区域中心。通过二维点源辐射对吸收边界条件进行了验证，采用正弦波进行激励，仿真 1000 时间步。下面是中心差分的代码，仿真结果如图 5.15(a)所示。可见，CPML 吸收层的吸波效果非常好，能够模拟无限大空间的辐射。在四周吸收边界层内，电磁波迅速衰减，起到了吸收的作用。

代码 5.16 中心差分坐标伸缩 PML 对二维辐射场的截断(5/m16. m)

```
s=0.5;
nd=20;
na=10;
m=4;
nx=100;
ny=100;
e=zeros(nx+1, ny+1);
hx=0;
hy=0;
xhy=0;
yhx=0;
xez=0;
yez=0;
xe=4/5*s*(m+1)*((1:na-1)/na).^m;
xm=4/5*s*(m+1)*((.5:na-.5)/na).^m;
xe=[fliplr(xe), xe];
xm=[fliplr(xm), xm];
ae=(2-xe)./(2+xe);
be=2*xe./(2+xe);
am=(2-xm)./(2+xm);
```

```
bm=2*xm./(2+xm);
hfig=imagesc(e, .02*[-1, 1]);
axis equal tight;
colorbar;
for n=1:1000
    hy=hy+s*diff(e(:, 2:end-1), 1, 1);
    hy([1:na, end-na+1:end], :)=hy([1:na, end-na+1:end], :)+s*xez;
    xhy=ae'.*xhy-be'.*[diff(hy(1:na, :), 1, 1); diff(hy(end-na+1:end, :), 1, 1)];
    hx=hx-s*diff(e(2:end-1, :), 1, 2);
    hx(:, [1:na, end-na+1:end])=hx(:, [1:na, end-na+1:end])-s*yez;
    yhx=ae.*yhx-be.*[diff(hx(:, 1:na), 1, 2), diff(hx(:, end-na+1:end), 1, 2)];
    e(2:end-1, 2:end-1)=e(2:end-1, 2:end-1)+s*(diff(hy, 1, 1)-diff(hx, 1, 2));
    e([2:na, end-na+1:end-1], 2:end-1)=e([2:na, end-na+1:end-1], 2:end-1)+s*xhy;
    e(2:end-1, [2:na, end-na+1:end-1])=e(2:end-1, [2:na, end-na+1:end-1])-s*yhx;
    xez=am'.*xez-bm'.*[diff(e(1:1+na, 2:end-1), 1, 1); diff(e(end-na:end, 2:end-1), 1, 1)];
    yez=am.*yez-bm.*[diff(e(2:end-1, 1:1+na), 1, 2), diff(e(2:end-1, end-na:end), 1, 2)];
    e(nx/2+1, ny/2+1)=e(nx/2+1, ny/2+1)+sin(2*pi*n*s/nd);
    set(hfig, 'cdata', e);
    drawnow;
end
saveas(gcf, [mfilename, '.png']);
```

下面是指数差分的部分代码，只要修改相应的行即可，仿真结果如图 5.15(b)所示。

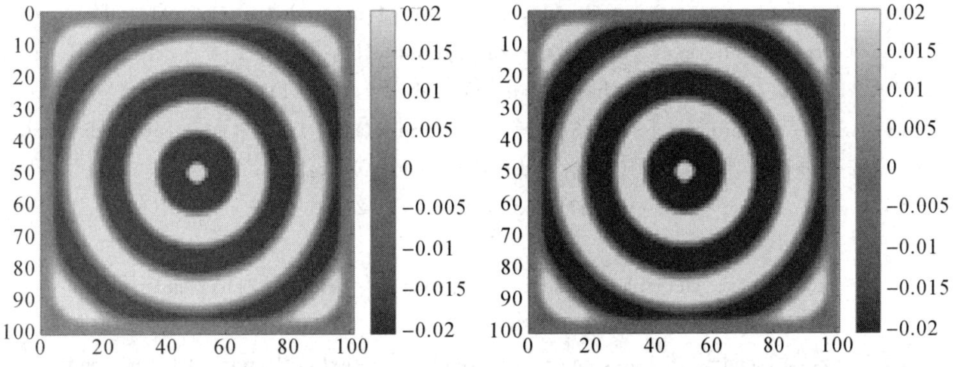

(a) 中心差分(5/m16.m)　　(b) 指数差分(5/m17.m)

图 5.15　二维点源辐射验证吸收边界

代码 5.17 指数差分坐标伸缩 PML 对二维辐射场的截断(5/m17. m)

```
18 ae＝exp(－xe);
19 be＝1－ae;
20 am＝exp(－xm);
21 bm＝1－am;
```

5.4.3 三维情形

本小节通过三维算例验证坐标伸缩匹配层。元胞数为 $100 \times 100 \times 100$，PML 层厚度为 10 个元胞，时间稳定因子为 0.5，仿真区域中心设置偶极子源，运行 1000 时间步。下面是中心差分的部分代码，仿真结果如图 5.16(a)所示。

代码 5.18 中心差分坐标伸缩 PML 对三维辐射场的截断(5/m18. m)

```
37 for n＝1:1000
38   hx＝hx－s * (diff(ez(2:end－1, :, :), 1, 2)－diff(ey(2:end－1, :, :), 1, 3));
39   hx(:, [1:na, end－na+1:end], :)＝hx(:, [1:na, end－na+1:end], :)－s * yez;
40   hx(:, :, [1:na, end－na+1:end])＝hx(:, :, [1:na, end－na+1:end])+s * zey;
41   yhx＝permute(ae, [1, 2, 3]). * yhx－permute(be, [1, 2, 3]). * cat(2, diff(hx(:,
     1:na, :), 1, 2), diff(hx(:, end－na+1:end, :), 1, 2));
42   zhx＝permute(ae, [3, 1, 2]). * zhx－permute(be, [3, 1, 2]). * cat(3, diff(hx(:,
     :, 1:na), 1, 3), diff(hx(:, :, end－na+1:end), 1, 3));
43   hy＝hy－s * (diff(ex(:, 2:end－1, :), 1, 3)－diff(ez(:, 2:end－1, :), 1, 1));
44   hy(:, :, [1:na, end－na+1:end])＝hy(:, :, [1:na, end－na+1:end])－s * zex;
45   hy([1:na, end－na+1:end], :, :)＝hy([1:na, end－na+1:end], :, :)+s * xez;
46   zhy＝permute(ae, [3, 1, 2]). * zhy－permute(be, [3, 1, 2]). * cat(3, diff(hy(:,
     :, 1:na), 1, 3), diff(hy(:, :, end－na+1:end), 1, 3));
47   xhy＝permute(ae, [2, 3, 1]). * xhy－permute(be, [2, 3, 1]). * cat(1, diff(hy(1:
     na, :, :), 1, 1), diff(hy(end－na+1:end, :, :), 1, 1));
48   hz＝hz－s * (diff(ey(:, :, 2:end－1), 1, 1)－diff(ex(:, :, 2:end－1), 1, 2));
49   hz([1:na, end－na+1:end], :, :)＝hz([1:na, end－na+1:end], :, :)－s * xey;
50   hz(:, [1:na, end－na+1:end], :)＝hz(:, [1:na, end－na+1:end], :)+s * yex;
51   xhz＝permute(ae, [2, 3, 1]). * xhz－permute(be, [2, 3, 1]). * cat(1, diff(hz(1:
     na, :, :), 1, 1), diff(hz(end－na+1:end, :, :), 1, 1));
52   yhz＝permute(ae, [1, 2, 3]). * yhz－permute(be, [1, 2, 3]). * cat(2, diff(hz(:,
     1:na, :), 1, 2), diff(hz(:, end－na+1:end, :), 1, 2));
53   ex(:, 2:end－1, 2:end－1)＝ex(:, 2:end－1, 2:end－1)+s * (diff(hz, 1, 2)－diff
     (hy, 1, 3));
54   ex(:, [2:na, end－na+1:end－1], 2:end－1)＝ex(:, [2:na, end－na+1:end
     －1], 2:end－1)+s * yhz;
55   ex(:, 2:end－1, [2:na, end－na+1:end－1])＝ex(:, 2:end－1, [2:na, end－na+
     1:end－1])－s * zhy;
56   yex＝permute(am, [1, 2, 3]). * yex－permute(bm, [1, 2, 3]). * cat(2, diff(ex(:,
     1:na+1, 2:end－1), 1, 2), diff(ex(:, end－na:end, 2:end－1), 1, 2));
```

```
zex=permute(am, [3, 1, 2]).*zex-permute(bm, [3, 1, 2]).*cat(3, diff(ex(:, 2:end-1, 1:na+1), 1, 3), diff(ex(:, 2:end-1, end-na:end), 1, 3));
ey(2:end-1, :, 2:end-1)=ey(2:end-1, :, 2:end-1)+s*(diff(hx, 1, 3)-diff(hz, 1, 1));
ey(2:end-1, :, [2:na, end-na+1:end-1])=ey(2:end-1, :, [2:na, end-na+1:end-1])+s*zhx;
ey([2:na, end-na+1:end-1], :, 2:end-1)=ey([2:na, end-na+1:end-1], :, 2:end-1)-s*xhz;
zey=permute(am, [3, 1, 2]).*zey-permute(bm, [3, 1, 2]).*cat(3, diff(ey(2:end-1, :, 1:na+1), 1, 3), diff(ey(2:end-1, :, end-na:end), 1, 3));
xey=permute(am, [2, 3, 1]).*xey-permute(bm, [2, 3, 1]).*cat(1, diff(ey(1:na+1, :, 2:end-1), 1, 1), diff(ey(end-na:end, :, 2:end-1), 1, 1));
ez(2:end-1, 2:end-1, :)=ez(2:end-1, 2:end-1, :)+s*(diff(hy, 1, 1)-diff(hx, 1, 2));
ez([2:na, end-na+1:end-1], 2:end-1, :)=ez([2:na, end-na+1:end-1], 2:end-1, :)+s*xhy;
ez(2:end-1, [2:na, end-na+1:end-1], :)=ez(2:end-1, [2:na, end-na+1:end-1], :)-s*yhx;
xez=permute(am, [2, 3, 1]).*xez-permute(bm, [2, 3, 1]).*cat(1, diff(ez(1:na+1, 2:end-1, :), 1, 1), diff(ez(end-na:end, 2:end-1, :), 1, 1));
yez=permute(am, [1, 2, 3]).*yez-permute(bm, [1, 2, 3]).*cat(2, diff(ez(2:end-1, 1:na+1, :), 1, 2), diff(ez(2:end-1, end-na:end, :), 1, 2));
ez(nx/2+1, ny/2+1, nz/2+1)=ez(nx/2+1, ny/2+1, nz/2+1)+sin(2*pi*n*s/nd);
set(hfig, 'cdata', ez(:, :, nz/2+1));
drawnow;
end
```

下面是指数差分的部分代码，只需修改相应的行即可，仿真结果如图 5.16(b)所示。可见，结果表明能够较好地吸收入射波，在边界层没有反射。

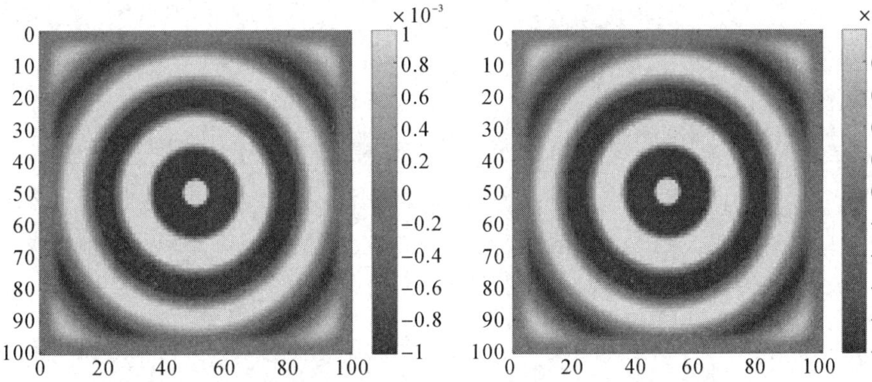

(a) 中心差分(5/m18.m)　　(b) 指数差分(5/m19.m)

图 5.16　坐标伸缩 PML 三维仿真结果

代码 5.19 指数差分坐标伸缩 PML 对二维辐射场的截断(5/m19.m)

```
ae＝exp(－xe)；
be＝1－ae；
am＝exp(－xm)；
bm＝1－am；
```

5.5 几种 PML 吸收边界的比较

Mur 吸收边界实现起来较为简单，但是吸收效果不好，尤其是大入射角时，反射率很高。而 Berenger PML 由于需要将场进行分裂，增加了内存使用量，而且在处理色散介质时比较复杂。UPML 和坐标伸缩 PML 使用起来较为灵活，容易处理介质、导体等媒质的吸收边界，对于超材料的截断也有很强的潜力。其中，坐标伸缩 PML 需要设置的参数又比 UPML 要少，而且同一种处理方法适用于吸收各种不同的介质，编程实现起来更为灵活。而 UPML 方法在吸收不同的介质时，需要采用不同的编程方法进行实现。

综合考虑，坐标伸缩 PML 兼有吸收效果好、容易实现、适用性强的特点。本书后续的代码中，需要模拟无限大空间时，都采用坐标伸缩 PML 作为吸收边界。

复习思考题

1. 证明一维情形 Berenger PML 和各向异性 PML 具有相同的格式。
2. 编程研究不同$\tilde{\sigma}_{max}$及 m 的取值对吸收效果的影响。
3. 编程实现坐标伸缩 PML 对导电介质的截断。

第 6 章 FDTD 常用激励源

在仿真过程中，需要引入激励源到计算区域。常用的激励源包括时谐场源和脉冲源两类。时谐场源的优点是仿真结果较为直观，能够观察到电磁波的传播特性，不足之处是带宽很窄，仿真结果只能表示一个频率点的特性。脉冲源包含较宽的频段，一次仿真就能得到宽频带上的电磁响应特性。在用 FDTD 进行仿真分析时，尤其是希望得到宽频段的响应时，一般采用脉冲源。常用的脉冲源包括高斯脉冲、升余弦脉冲、微分高斯脉冲、截断三余弦脉冲、截断三正弦脉冲、调制高斯脉冲等。

6.1 几种随时间变化的源

6.1.1 时谐场源

为了用 FDTD 方法来计算时谐场情况下的电磁问题，假设入射场为

$$E_{\mathrm{i}}=\begin{cases}0 & t<0\\ E_0\sin\omega t & t\geqslant 0\end{cases}\tag{6.1.1}$$

实际上，这是从 $t=0$ 开始的半无限正弦波。考虑到建立过程，上式所示激励源达到稳态时谐场时，通常需要经过 3～5 个周期。为了缩短稳态建立时间，可以引入开关函数，或称窗函数。

将式(6.1.1)重写为

$$E_i=E_0U(t)\sin\omega t\tag{6.1.2}$$

其中 $U(t)$ 为开关函数。下面讨论几种常用的开关函数。

阶梯函数形式为

$$U(t)=\begin{cases}0 & t<0\\ 1 & t\geqslant 0\end{cases}\tag{6.1.3}$$

这就是式(6.1.1)所示的时谐场源函数。

倒指数函数形式为

$$U(t)=\begin{cases}0 & t<0\\ 1-\mathrm{e}^{-7\frac{t}{t_0}} & 0\leqslant t<0\\ 1 & t\geqslant t_0\end{cases}\tag{6.1.4}$$

斜坡函数形式为

$$U(t)=\begin{cases}0 & t<0\\ \dfrac{t}{t_0} & 0\leqslant t<0\\ 1 & t\geqslant t_0\end{cases}\tag{6.1.5}$$

升余弦函数形式为

$$U(t)=\begin{cases}0 & t<0\\ \dfrac{1}{2}\left(1-\cos\dfrac{\pi t}{t_0}\right) & 0\leqslant t<0\\ 1 & t\geqslant t_0\end{cases}\tag{6.1.6}$$

下面通过一维 FDTD 检验上述开关函数的作用效果。设在距离波源为 $\lambda/4$ 和 $\lambda/2$ 的 A、B 两点所接收的电场分别为 $E_A(t)$ 和 $E_B(t)$。当达到稳态后，在理想情况下 $E_A(t)$ 和 $E_B(t)$ 应当就是振幅 E_0、相位相差 $\pi/2$ 的正弦波。取模值 $E(t)=\sqrt{E_A^2(t)+E_B^2(t)}$。在开关函数作用时间以后，$E(t)$ 应当等于 E_0。计算中，取 $t_0=T/2$，其中 T 为正弦波的周期。FDTD 元胞尺寸 $\delta=\lambda/24$，时间稳定因子 $s=0.5$。网格数量为 120，仿真步数为 120 时间步。由于仿真结束后，电磁波还没有传播到右侧边界，因此不需要设置吸收边界条件。

阶梯函数作为开关函数的完整 MATLAB 代码如下所示。

代码 6.1　阶梯函数作为开关函数的 FDTD 仿真(6/m1.m)

```
1 s=0.5;
2 nd=24;
3 nz=120;
4 nt=120;
5 e=zeros(1, nz+1);
6 h=0;
7 et=zeros(nt, 1);
8 hfig=plot(0:nz, e);
9 ylim([-2, 2]);
10 for  n=1:nt
11       h=h-s*diff(e);
12       e(2:end-1)=e(2:end-1)-s*diff(h);
13       e(1)=sin(2*pi*n*s/nd);
14       et(n)=sqrt(e(nd/4)^2+e(nd/2)^2);
15       set(hfig, 'ydata', e);
16       drawnow;
17 end
18 plot(et);
19 saveas(gcf, [mfilename, '.png']);
20 data=et;
21 save([mfilename, '.dat'], 'data', '-ascii');
```

倒指数函数只需将对应的行改为如下即可。

代码 6.2　倒指数函数作为开关函数的 FDTD 仿真(6/m2.m)

```
13 e(1)=sin(2*pi*n*s/nd)*((1-exp(-7*n*2*s/nd))*(n<=nd/2/s)+(n>
   nd/2/s));
```

斜坡函数对应的行改为如下即可。

代码 6.3 斜坡函数作为开关函数的 FDTD 仿真(6/m3.m)

```
e(1)=sin(2*pi*n*s/nd)*(n*2*s/nd*(n<=nd/2/s)+(n>nd/2/s));
```

升余弦函数对应的行改为如下即可。

代码 6.4 升余弦函数作为开关函数的 FDTD 仿真(6/m4.m)

```
e(1)=sin(2*pi*n*s/nd)*(5*(1-cos(pi*n*2*s/nd*(n<=nd/2/s)+(n>
nd/2/s));
```

仿真结果如图 6.1 所示，图中横坐标为时间步。为显示达到稳态后电场模值的变化，图 6.1(b)给出了曲线的局部图。由图可见，采用几种开关函数都可以使时谐场达到较好的稳态。采用升余弦开关函数可以使时谐场达到较好的稳态，而阶梯函数作用后会引起附加起伏，造成计算误差。倒指数函数和斜坡函数所引起的附加起伏居于两者之间。采用升余弦开关函数所引起的附加起伏最小，这是由于其平滑性最好的缘故。

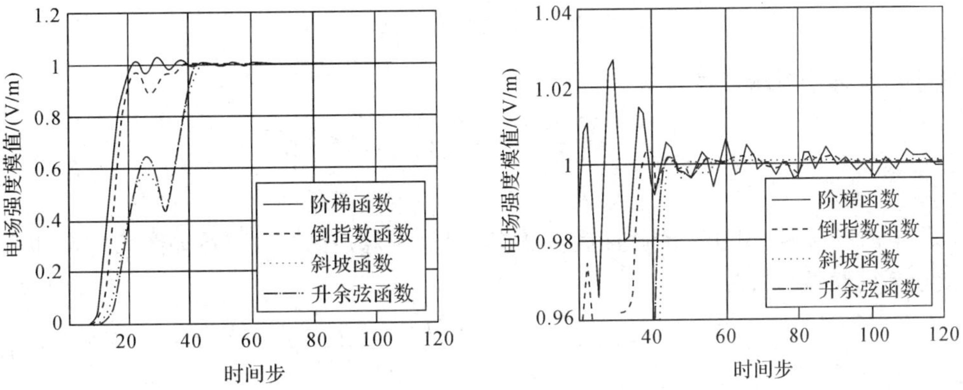

(a) 电场模值　　(b) 电场模值局部图

图 6.1 开关函数作用后所引起的附加起伏(6/m1.m)

6.1.2 脉冲源

高斯脉冲的时域表达式为

$$E_i(t)=e^{-4\pi\left(\frac{t-t_0}{\tau}\right)^2} \tag{6.1.7}$$

其中 τ 为常数，决定了高斯脉冲的宽度。脉冲峰值出现在 $t=t_0$ 时刻。高斯脉冲的时域波形如图 6.2(a)所示。

通常选择选择 $t_0=0.8\tau$ 或 $t_0=\tau$，使脉冲在起始时刻近似为零。上式的傅立叶变换为

$$E_i(f)=\frac{\tau}{2}e^{-j2\pi f t_0}e^{-\frac{\pi(f\tau)^2}{4}} \tag{6.1.8}$$

其频谱如图 6.2(b)所示，图中仅给出了大于零的频率范围。

通常可取 $f=2/\tau$ 为高斯脉冲的频宽，此时频谱为最大值的 $e^{-\pi}=0.0432$。在 $f\tau=1$ 时，为最大值的 $e^{-\pi/4}=0.456$。取 $t_0=\tau$，高斯脉冲离散化形式为

$$E_i(n)=e^{-4\pi\left(\frac{n\Delta t}{\tau}-1\right)^2}=e^{-4\pi\left(\frac{nf_{\max}\Delta t}{f_{\max}\tau}-1\right)^2}=e^{-4\pi\left(\frac{ns}{f_{\max}\tau N}-1\right)^2} \tag{6.1.9}$$

其中 N 表示单位波长的元胞数量，$f_{\max}$ 表示仿真的最大频率。当 $f_{\max}\tau=2$ 时，则上式成为

$$E_i(n)=e^{-4\pi\left(\frac{ns}{2N}-1\right)^2} \tag{6.1.10}$$

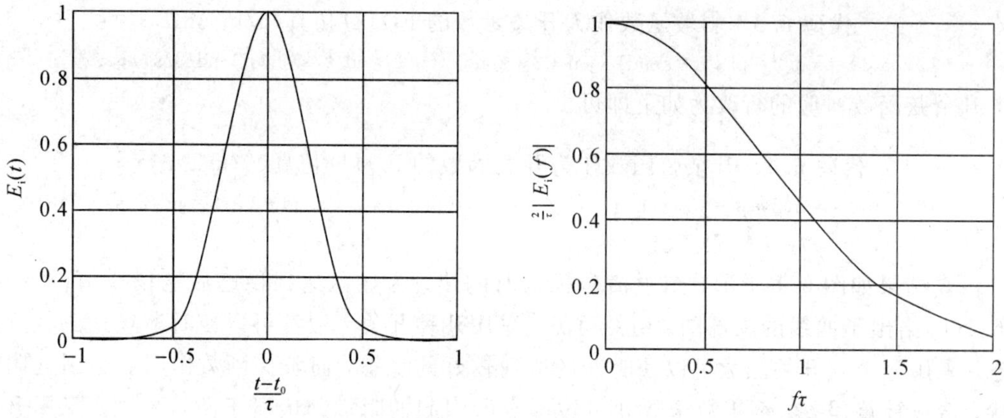

(a) 时域波形　　(b) 频谱

图 6.2　高斯脉冲及其频谱

升余弦脉冲的时域形式为

$$E_i(t)=\begin{cases}\dfrac{1}{2}\left(1-\cos\dfrac{2\pi t}{\tau}\right) & 0\leqslant t\leqslant\tau \\ 0 & \text{其他}\end{cases} \tag{6.1.11}$$

在区间$[0, \tau]$不为零，其中τ为脉冲底座宽度。升余弦脉冲的时域波形如图 6.3(a)所示。傅立叶变换后的频域形式为

$$E_i(f)=\frac{\tau}{2}e^{-j\pi f\tau}\frac{\sin(\pi f\tau)}{\pi f\tau}\frac{1}{1-(f\tau)^2} \tag{6.1.12}$$

升余弦脉冲的频谱如图 6.3(b)所示。

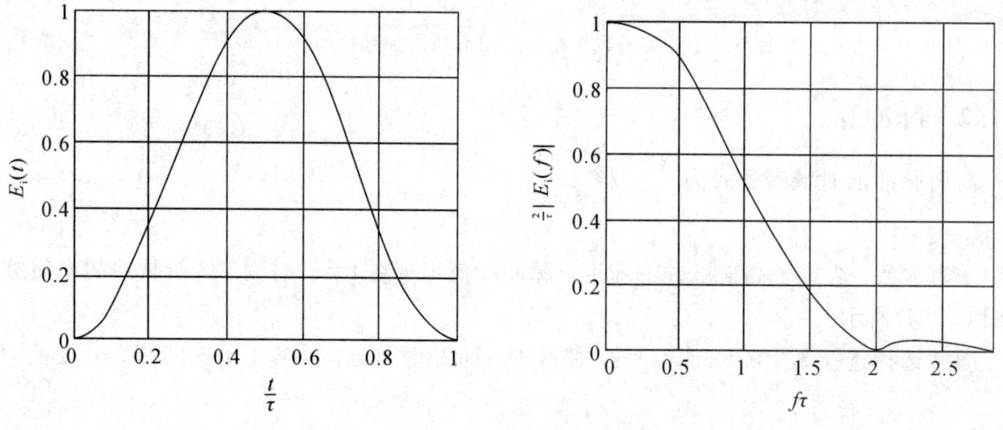

(a) 时域波形　　(b) 频谱

图 6.3　升余弦脉冲及其频谱

将高斯脉冲求导后得到微分高斯脉冲函数。略去常数因子，得到微分高斯脉冲函数的表达式为

$$E_i(t)=\frac{t-t_0}{\tau}e^{-4\pi\left(\frac{t-t_0}{\tau}\right)^2} \tag{6.1.13}$$

其时域波形如图 6.4(a)所示。

微分高斯脉冲函数的优点是不含零频率分量，其傅立叶变换后的频域形式为

$$E_{\mathrm{i}}(f)=-\frac{\mathrm{j}f\tau^{2}}{2}\mathrm{e}^{-\mathrm{j}2\pi f t_{0}}\mathrm{e}^{-\frac{\pi(f\tau)^{2}}{4}} \tag{6.1.14}$$

其频谱如图 6.4(b)所示。

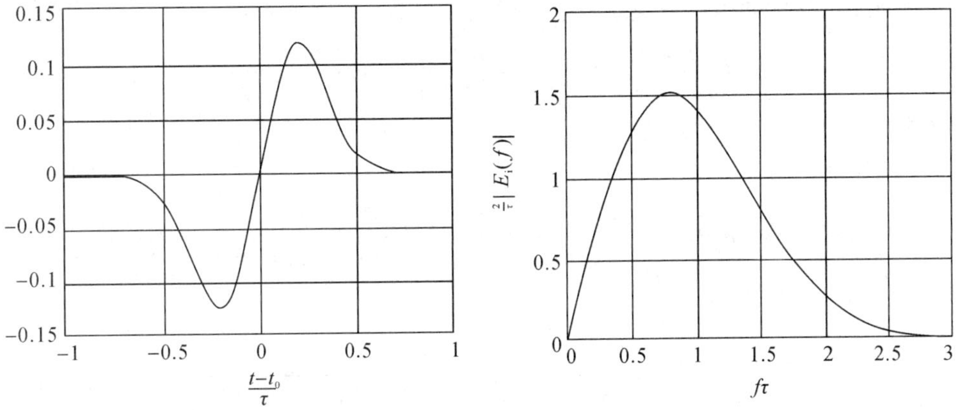

(a) 时域波形　　　　(b) 频谱

图 6.4　微分高斯脉冲及其频谱

由理论分析可知，频谱在 $f\tau=\sqrt{\frac{2}{\pi}}=0.7979$ 时取到最大值$\sqrt{\frac{2}{\pi\mathrm{e}}}$。

截断三余弦脉冲函数的时域形式为

$$E_{\mathrm{i}}(t)=\begin{cases}\frac{1}{32}\left(10-15\cos\frac{2\pi t}{\tau}+6\cos\frac{4\pi t}{\tau}-\cos\frac{6\pi t}{\tau}\right) & 0\leqslant t\leqslant\tau\\ 0 & \text{其他}\end{cases} \tag{6.1.15}$$

该函数对前 5 阶导数都为零，在底座[0，τ]内不为零。其时域波形如图 6.5(a)所示。傅立叶变换到频域为

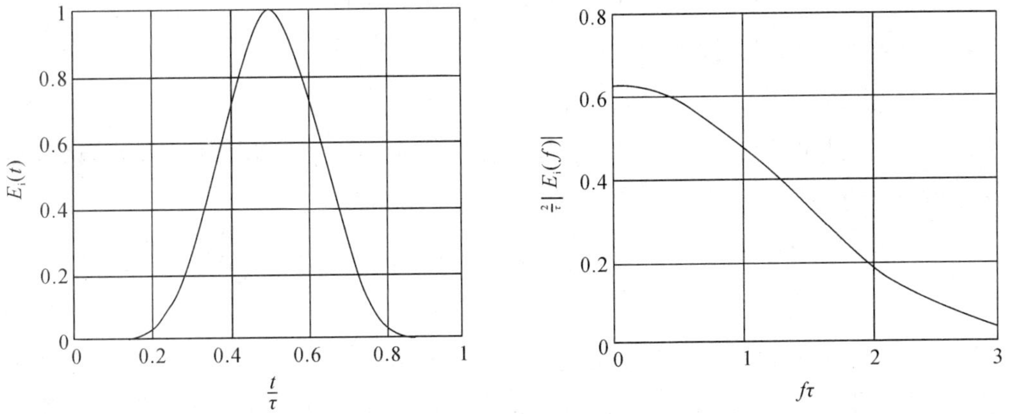

(a) 时域波形　　　　(b) 频谱

图 6.5　截断三余弦脉冲及其频谱

$$E_i(f)=\frac{\tau}{32}e^{-j\pi f\tau}\frac{\sin(\pi f\tau)}{\pi f\tau}\left(10-\frac{15(f\tau)^2}{(f\tau)^2-1}+\frac{6(f\tau)^2}{(f\tau)^2-2^2}-\frac{(f\tau)^2}{(f\tau)^2-3^2}\right) \tag{6.1.16}$$

其频谱如图 6.5(b)所示。

截断三余弦脉冲的频谱在 $f\tau=0$ 时为最大，在 $f\tau=1$ 时为最大值的 0.75，在 $f\tau=2$ 时为最大值的 0.3，在 $f\tau=3$ 时为最大值的 0.05。

截断三正弦脉冲函数是截断三余弦函数的导数，如下所示：

$$E_i(t)=\frac{1}{32}\left(15\times\frac{2\pi}{\tau}\cos\frac{2\pi t}{\tau}-6\times\frac{4\pi}{\tau}\cos\frac{4\pi t}{\tau}+\frac{6\pi}{\tau}\cos\frac{6\pi t}{\tau}\right) \tag{6.1.17}$$

其时域波形如图 6.6(a)所示。

其频域形式为

$$E_i(f)=\frac{j2\pi f\tau}{32}e^{-j\pi f\tau}\frac{\sin(\pi f\tau)}{\pi f\tau}\left[10-\frac{15(f\tau)^2}{(f\tau)^2-1}+\frac{6(f\tau)^2}{(f\tau)^2-2^2}-\frac{(f\tau)^2}{(f\tau)^2-3^2}\right] \tag{6.1.18}$$

其频谱如图 6.6(b)所示。

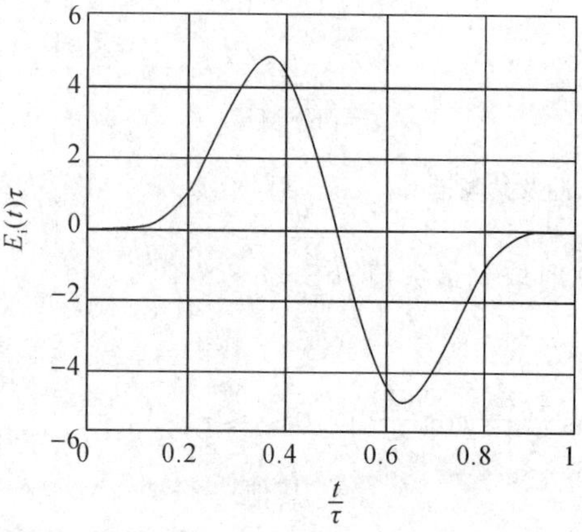

(a) 时域波形

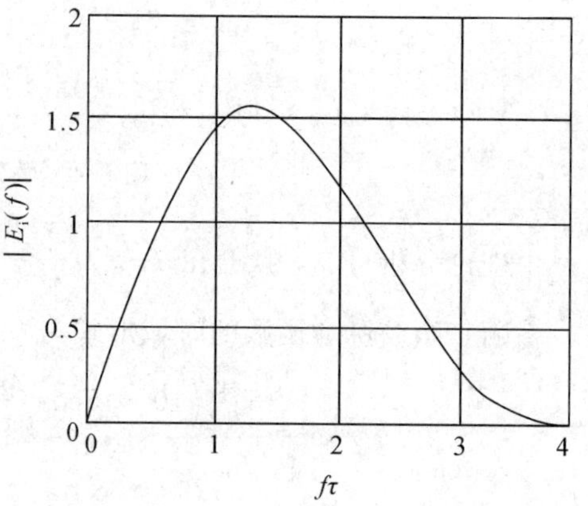

(b) 频谱

图 6.6 截断三正弦脉冲及其频谱

调制高斯脉冲函数的时域形式为

$$E_i(t)=\cos(\omega_0 t)e^{-4\pi\left(\frac{t-t_0}{\tau}\right)^2} \tag{6.1.19}$$

其中 $\omega_0=2\pi f_0$。上式第一个因子为基波表达式，中心频率为 f_0。第二项为高斯函数，通常取 $t_0=\tau$ 或 $t_0=0.8\tau$。

调制高斯脉冲的频谱为

$$E_i(f)=\frac{\tau}{4}e^{-j2\pi(f-f_0)t_0}e^{-\frac{\pi(f-f_0)^2\tau^2}{4}}+\frac{\tau}{4}e^{-j2\pi(f+f_0)t_0}e^{-\frac{\pi(f+f_0)^2\tau^2}{4}} \tag{6.1.20}$$

上面提到的几种脉冲波中，除高斯脉冲、微分高斯脉冲和调制高斯脉冲外，其他几种脉冲在截断处都为零，都为有限底座函数。升余弦脉冲在截断处的一阶导数为零。截断三余弦脉冲的波形与高斯脉冲的波形相似，但在截断处的前 5 阶导数都为零，因此比高斯脉冲有更好的平滑性。截断三正弦脉冲的波形与微分高斯脉冲的波形相似，但在截断处的前 4 阶导数都为零。微分高斯脉冲和截断三正弦脉冲的频谱都没有直流分量。

6.2　时谐场振幅和相位的提取

由于 FDTD 是时域算法，因此计算出来的都是场量的瞬时值。根据前面电磁场理论的分析，对于时谐场，空间一点的电场或磁场可以写为

$$f(x, y, z, t)=f_0(x, y, z)\cos(\omega t+\varphi(x, y, z)) \tag{6.2.1}$$

其中 $\varphi(x, y, z)$是观察点处的初相位，通常以坐标原点处的相位为参考相位。这里考虑由 FDTD 计算值提取幅值 f_0 和初相位 $\varphi(x, y, z)$的方法。

一种方法是峰值检测法。注意到时谐场在峰值处的场量对时间的导数为零，也就是说在峰值两侧的导数会变号。因此，若记录相邻三个时刻的场量分别为 f^{n-1}、f^n、f^{n+1}，则判定 f^n 为峰值的条件为

$$\frac{f^{n+1}-f^n}{\Delta t}\frac{f^n-f^{n-1}}{\Delta t}<0 \tag{6.2.2}$$

即

$$(f^{n+1}-f^n)(f^n-f^{n-1})<0 \tag{6.2.3}$$

进一步，f^n 为正峰值的条件是

$$f^n-f^{n+1}>0 \tag{6.2.4}$$

同样，f^n 为负峰值的条件是

$$f^n-f^{n+1}<0 \tag{6.2.5}$$

为了消除零点漂移的影响，取正峰值 f_0^+ 和负峰值 f_0^- 的平均值为零电平，则振幅为

$$f_0=f_0^+-\frac{f_0^++f_0^-}{2}=\frac{f_0^+-f_0^-}{2} \tag{6.2.6}$$

记录正峰值出现的时间步为 n_p，则有

$$\omega n_\mathrm{p}\Delta t+\varphi=2k\pi+\frac{\pi}{2} \tag{6.2.7}$$

其中 k 是整数。设电磁波频率为 f，则得到观察点处的初相位为

$$\varphi=2\pi\left(k-fn_\mathrm{p}\Delta t+\frac{1}{4}\right) \tag{6.2.8}$$

上式中，可以适当选取整数 k 值，使 φ 的值介于$-\pi$ 和 π 之间。

还可以采用相位滞后法确定振幅和相位。对于时谐场，空间某一点的场量采用复数表示法，有

$$\tilde{f}=f_0\mathrm{e}^{\mathrm{j}(\omega t+\varphi)} \tag{6.2.9}$$

其中 f_0 为振幅，φ 为初相位。上式还可以写成

$$\tilde{f}=f_\mathrm{R}(t)+\mathrm{j}f_\mathrm{I}(t) \tag{6.2.10}$$

其中

$$f_\mathrm{R}(t)=f_0\cos(\omega t+\varphi) \tag{6.2.11a}$$

$$f_\mathrm{I}(t)=f_0\sin(\omega t+\varphi)=f_0\cos\left(\omega t+\varphi-\frac{\pi}{2}\right)=f_0\cos\left(\omega t+\varphi-\frac{T}{4}\right) \tag{6.2.11b}$$

其中 T 为周期。上式表明实部和虚部彼此相差 1/4 个周期。根据这一特性，在 FDTD 计算达到时谐场稳态后，对于计算区域中某一观察点输出一个值为 $f_\mathrm{I}(t)$，然后程序继续向前推

进 1/4 周期，再输出另外一个值，即为 $f_R(t)$。由这两次输出值构成复数 $\tilde{f}(t)=f_R(t)+jf_I(t)$。于是，可以方便地求出时谐场的振幅为

$$f_0=|\tilde{f}(t)|=\sqrt{f_R^2(t)+f_I^2(t)} \tag{6.2.12}$$

相位的提取需要选择参考点。通常选择坐标原点的初相位作为参考相位。

复习思考题

1. 推导高斯脉冲和微分高斯脉冲的频域响应。
2. 编程实现时谐场幅度和相位的提取。

第 7 章　连接边界条件

在计算散射的过程中，需要将计算区域分为总场区和散射场区。在总场区和散射场区的分界面内外的电磁场是不连续的，相差一个入射场。但是场量在更新的时候，需要用到统一的电场或磁场，因此需要将相差的入射场加入，这就是入射波连接边界，又称总场边界，因为该边界内部是总场，外部是散射场[16]。

在连接边界处，场量时间推进公式比常规推进公式多了入射场相关的一项。在实际计算过程中，可以先采用常规公式对电场或磁场进行迭代计算，之后再针对入射场相关的项进行处理。这样可以减少编程的工作量，计算速度也得以加快。

添加连接边界入射场的流程如下：

(1) 用常规迭代公式将 $\widetilde{\boldsymbol{H}}^{n-\frac{1}{2}}$ 更新到 $\widetilde{\boldsymbol{H}}^{n+\frac{1}{2}}$；

(2) 在连接边界处，加上入射电场 $\boldsymbol{E}_{\mathrm{i}}^{n}$ 的影响；

(3) 用常规迭代公式将 $\boldsymbol{E}^{n}$ 更新到 $\boldsymbol{E}^{n+1}$；

(4) 在连接边界处，加上入射磁场 $\widetilde{\boldsymbol{H}}_{\mathrm{i}}^{n+\frac{1}{2}}$ 的影响。

7.1　总场和散射场边界入射波的引入

电磁散射问题中空间场可以表示成入射场和散射场之和，即

$$\boldsymbol{E}=\boldsymbol{E}_{\mathrm{i}}+\boldsymbol{E}_{\mathrm{s}} \tag{7.1.1a}$$

$$\widetilde{\boldsymbol{H}}=\widetilde{\boldsymbol{H}}_{\mathrm{i}}+\widetilde{\boldsymbol{H}}_{\mathrm{s}} \tag{7.1.1b}$$

用 FDTD 处理散射问题时，通常将计算区域划分为总场区和散射场区，如图 7.1 所示。总场区和散射场区的边界称为总场边界。仿真过程中，总场边界内的场都是总场，包含了入射场和散射场，而总场边界外只包含散射场。总场边界上的场既可以设定为总场，也可以设定为散射场。本书约定，总场边界上的场是总场。

这样，在截断边界附近就只有散射场，是外向行波。这样的电磁波可以通过边界面上设置的吸收边界条件吸收。

下面研究如何保证入射波只限制在总场区。设入射电场和磁场分别为 $\boldsymbol{E}_{\mathrm{i}}$ 和 $\widetilde{\boldsymbol{H}}_{\mathrm{i}}$。为了使入射波限制在总场区的有限区域内，根据等效原理，可以在总场边界上设置等效面电流源和面磁流源。因此，总场边界上的等效电流和磁流为

$$\widetilde{\boldsymbol{J}}=-\hat{\boldsymbol{n}}\times\widetilde{\boldsymbol{H}}_{\mathrm{i}} \tag{7.1.2a}$$

$$\boldsymbol{M}=\hat{\boldsymbol{n}}\times\boldsymbol{E}_{\mathrm{i}} \tag{7.1.2b}$$

其中 $\hat{n}$ 是总场边界的外法向量。所以，在总场边界上设置入射波的切向分量就可以将入射波只引入总场区。

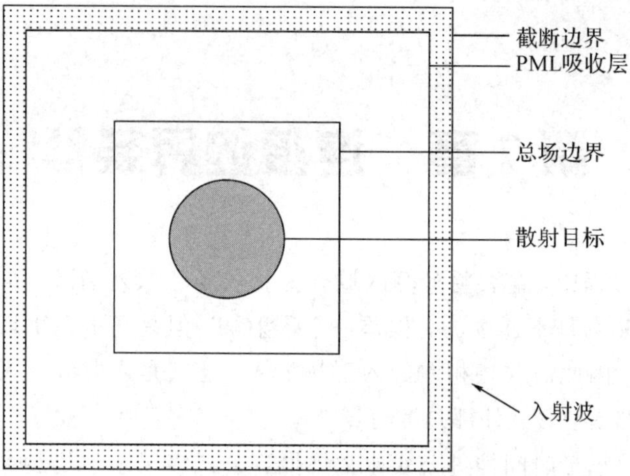

图 7.1 总场区和散射场区的划分

在实际仿真过程中，可以不引入等效电流和等效磁流的概念，而是直接将差分方程进行改写即可。只需注意到入射场和散射场都分别满足麦克斯韦方程组，在总场边界外部和内部，按照常规的差分格式进行迭代。在总场边界上，涉及的同一个差分方程中既有总场量，又有散射场量，此时通过添加或去除入射场量将方程修正为统一的总场或散射场即可。

7.1.1 一维总场边界条件

设真空中电磁波沿 z 方向传播，总场边界在 $z=k_0\Delta tz$ 位置上，右侧为总场，外侧为散射场，如图 7.2 所示。

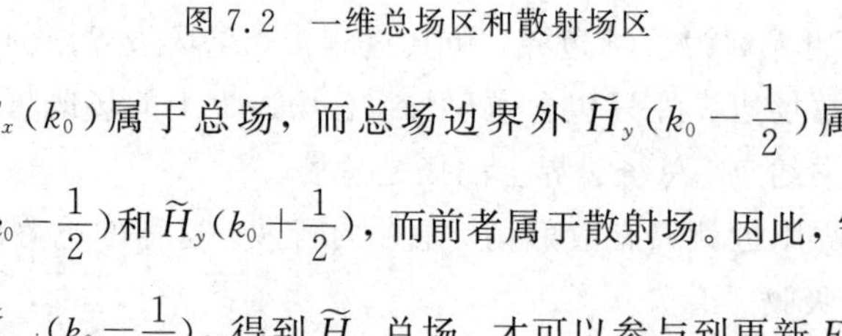

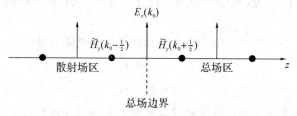

图 7.2 一维总场区和散射场区

总场边界上的 $E_x(k_0)$ 属于总场，而总场边界外 $\widetilde{H}_y(k_0-\dfrac{1}{2})$ 属于散射场。在更新 $E_x(k_0)$ 时，涉及 $\widetilde{H}_y(k_0-\dfrac{1}{2})$ 和 $\widetilde{H}_y(k_0+\dfrac{1}{2})$，而前者属于散射场。因此，需要将 $\widetilde{H}_y(k_0-\dfrac{1}{2})$ 加上该位置的入射场 $\widetilde{H}_{y,\mathrm{i}}(k_0-\dfrac{1}{2})$，得到 $\widetilde{H}_y$ 总场，才可以参与到更新 $E_x(k_0)$ 的差分方程中。差分方程成为

$$E_x^{n+1}(k_0)=E_x^n(k_0)-s\left[\widetilde{H}_y^{n+\frac{1}{2}}\left(k_0+\frac{1}{2}\right)-\widetilde{H}_y^{n-\frac{1}{2}}\left(k_0+\frac{1}{2}\right)-\widetilde{H}_{y,\mathrm{i}}^{n+\frac{1}{2}}\left(k_0-\frac{1}{2}\right)\right] \tag{7.1.3}$$

上式可进一步写为

$$E_x^{n+1}(k_0)=E_x^{n+1}(k_0)_{\mathrm{FDTD}}+\widetilde{H}_{y,\mathrm{i}}^{n+\frac{1}{2}}\left(k_0-\frac{1}{2}\right) \tag{7.1.4}$$

其中 $E_x^{n+1}(k_0)_{\mathrm{FDTD}}$ 是按照常规的 FDTD 差分格式得到的场。可见，更新总场边界上的电场

时，可以先按照统一的常规 FDTD 差分格式得到新的电场，再将总场边界上的电场单独处理，加上入射场的贡献即可。

同样，在更新散射场区的 $\widetilde{H}_y(k_0-\frac{1}{2})$时，涉及 $E_x(k_0-1)$和 $E_x(k_0)$，而后者属于总场。因此，需要将 $E_x(k_0)$减去该位置的入射场 $E_{x,\mathrm{i}}(k_0)$，得到 E_x 的散射场，才可以参与到更新 $\widetilde{H}_y(k_0-\frac{1}{2})$的差分方程中。差分方程成为

$$\widetilde{H}_y^{n+\frac{1}{2}}\left(k_0-\frac{1}{2}\right)=\widetilde{H}_y^{n+\frac{1}{2}}\left(k_0-\frac{1}{2}\right)-s[E_x^n(k_0)-E_{x,\mathrm{i}}^n(k_0)-E_x^n(k_0-1)] \tag{7.1.5}$$

上式可进一步写为

$$\widetilde{H}_y^{n+\frac{1}{2}}\left(k_0-\frac{1}{2}\right)=\widetilde{H}_y^{n+\frac{1}{2}}\left(k_0-\frac{1}{2}\right)_{\mathrm{FDTD}}+sE_{x,\mathrm{i}}^n(k_0) \tag{7.1.6}$$

其中 $\widetilde{H}_y^{n+\frac{1}{2}}\left(k_0-\frac{1}{2}\right)_{\mathrm{FDTD}}$ 是按照常规的 FDTD 差分格式得到的场。可见，更新与总场边界相邻的磁场时，可以先按照统一的常规 FDTD 差分格式得到新的磁场，再将与总场边界相邻的磁场单独处理，加上入射场的贡献即可。

7.1.2　二维总场边界条件

本小节以 TM 波为例进行说明。在总场区或散射场区，FDTD 计算公式仍为常规的迭代公式，没有变化。需要特殊处理的是总场边界上的电场以及散射场区与总场边界相邻的磁场。设总场区范围为 $i_0\leqslant i\leqslant i_a$，$j_0\leqslant j\leqslant j_b$。总场边界上的 E_z 属于总场区。

更新总场边界上的 E_z 时，需要用到与之相邻的散射场区的磁场，而后者位于散射场区，因此需要加上入射场才能够进一步参与到更新 E_z 的公式中。左侧总场边界上的电场为 $E_z(i_0,j)$，更新电场的差分公式为

$$\begin{aligned}E_z^{n+1}(i_0,j)&=E_z^n(i_0,j)+s\left[\begin{array}{l}\widetilde{H}_y^{n+\frac{1}{2}}\left(i_0+\frac{1}{2},j\right)-\widetilde{H}_y^{n+\frac{1}{2}}\left(i_0-\frac{1}{2},j\right)-\widetilde{H}_x^{n+\frac{1}{2}}\left(i_0,j+\frac{1}{2}\right)\\+\widetilde{H}_x^{n+\frac{1}{2}}\left(i_0,j-\frac{1}{2}\right)-\widetilde{H}_{y,\mathrm{i}}^{n+\frac{1}{2}}\left(i_0-\frac{1}{2},j\right)\end{array}\right]\\&=E_z^{n+1}(i_0,j)_{\mathrm{FDTD}}-s\widetilde{H}_{y,\mathrm{i}}^{n+\frac{1}{2}}\left(i_0-\frac{1}{2},j\right)\end{aligned} \tag{7.1.7a}$$

其中 $E_z^{n+1}(i_0,j)_{\mathrm{FDTD}}$是按照常规 FDTD 差分格式得到的场。

下侧总场边界上的电场为 $E_z(i,j_0)$，更新电场的差分公式为

$$\begin{aligned}E_z^{n+1}(i,j_0)&=E_z^n(i,j_0)+s\left[\begin{array}{l}\widetilde{H}_y^{n+\frac{1}{2}}\left(i+\frac{1}{2},j_0\right)-\widetilde{H}_y^{n+\frac{1}{2}}\left(i-\frac{1}{2},j_0\right)-\widetilde{H}_x^{n+\frac{1}{2}}\left(i,j_0+\frac{1}{2}\right)\\+\widetilde{H}_x^{n+\frac{1}{2}}\left(i,j_0-\frac{1}{2}\right)+\widetilde{H}_{x,\mathrm{i}}^{n+\frac{1}{2}}\left(i,j_0-\frac{1}{2}\right)\end{array}\right]\\&=E_z^{n+1}(i,j_0)_{\mathrm{FDTD}}+s\widetilde{H}_{x,\mathrm{i}}^{n+\frac{1}{2}}\left(i,j_0-\frac{1}{2}\right)\end{aligned} \tag{7.1.7b}$$

同理，其他两个边界面上的电场更新差分公式为

$$E_z^{n+1}(i_a,j)=E_z^{n+1}(i_a,j)_{\mathrm{FDTD}}+s\widetilde{H}_{y,\mathrm{i}}^{n+\frac{1}{2}}\left(i_a+\frac{1}{2},j\right) \tag{7.1.7c}$$

$$E_z^{n+1}(i,\ j_b)=E_z^{n+1}(i,\ j_b)_{\text{FDTD}}-s\widetilde{H}_{x,\text{i}}^{n+\frac{1}{2}}\left(i,j_b+\frac{1}{2}\right) \tag{7.1.7d}$$

左下侧顶点处的电场为 $E_z(i_0,\ j_0)$，更新时用到两个位于散射场的磁场，因此更新电场的差分公式为

$$\begin{aligned}E_z^{n+1}(i_0,\ j_0)&=E_z^n(i_0,\ j_0)+s\left[\begin{array}{l}\widetilde{H}_y^{n+\frac{1}{2}}\left(i_0+\frac{1}{2},j_0\right)-\widetilde{H}_y^{n+\frac{1}{2}}\left(i_0-\frac{1}{2},j_0\right)-\widetilde{H}_x^{n+\frac{1}{2}}\left(i_0,j_0+\frac{1}{2}\right)\\+\widetilde{H}_x^{n+\frac{1}{2}}\left(i_0,j_0-\frac{1}{2}\right)-\widetilde{H}_{y,\text{i}}^{n+\frac{1}{2}}\left(i_0-\frac{1}{2},j_0\right)+\widetilde{H}_{x,\text{i}}^{n+\frac{1}{2}}\left(i_0,j_0-\frac{1}{2}\right)\end{array}\right]\\&=E_z^n(i_0,j_0)_{\text{FDTD}}-s\widetilde{H}_{y,\text{i}}^{n+\frac{1}{2}}\left(i_0-\frac{1}{2},j_0\right)+s\widetilde{H}_{x,\text{i}}^{n+\frac{1}{2}}\left(i_0,j_0-\frac{1}{2}\right)\end{aligned} \tag{7.1.8a}$$

同理，其他三个顶点处的电场更新公式为

$$E_z^{n+1}(i_a,j_0)=E_z^n(i_a,j_0)_{\text{FDTD}}+s\widetilde{H}_{y,\text{i}}^{n+\frac{1}{2}}\left(i_a+\frac{1}{2},j_0\right)+s\widetilde{H}_{x,\text{i}}^{n+\frac{1}{2}}\left(i_a,j_0-\frac{1}{2}\right) \tag{7.1.8b}$$

$$E_z^{n+1}(i_0,j_b)=E_z^n(i_0,j_b)_{\text{FDTD}}-s\widetilde{H}_{y,\text{i}}^{n+\frac{1}{2}}\left(i_0-\frac{1}{2},j_b\right)-s\widetilde{H}_{x,\text{i}}^{n+\frac{1}{2}}\left(i_0,j_b+\frac{1}{2}\right) \tag{7.1.8c}$$

$$E_z^{n+1}(i_a,j_b)=E_z^n(i_a,j_b)_{\text{FDTD}}+s\widetilde{H}_{y,\text{i}}^{n+\frac{1}{2}}\left(i_a+\frac{1}{2},j_b\right)-s\widetilde{H}_{x,\text{i}}^{n+\frac{1}{2}}\left(i_a,j_b+\frac{1}{2}\right) \tag{7.1.8d}$$

7.1.3　三维总场边界条件

前面关于一维、二维总场边界的讨论可以推广到三维。三维总场边界一共有 6 个边界面，在每个边界面上有两个切向电场分量需要特殊考虑，法向分量按照常规 FDTD 公式计算。在总场区距离边界面半个网格处，有两个切向磁场分量需要特殊考虑，法向磁场分量按照常规 FDTD 公式计算。设总场区范围为 $i_0\leqslant i\leqslant i_a$、$j_0\leqslant j\leqslant j_b$、$k_0\leqslant k\leqslant k_c$。

总场边界处电场、磁场的更新公式修正方法与一维、二维类似，这里直接给出更新公式。总场边界上电场的更新公式为

$$E_x^{n+1}(i,j_0,k)=E_x^{n+1}(i,j_0,k)_{\text{FDTD}}-s\widetilde{H}_{z,\text{i}}^{n+\frac{1}{2}}\left(i,j_0-\frac{1}{2},k\right) \tag{7.1.9a}$$

$$E_x^{n+1}(i,j_b,k)=E_x^{n+1}(i,j_b,k)_{\text{FDTD}}+s\widetilde{H}_{z,\text{i}}^{n+\frac{1}{2}}\left(i,j_b+\frac{1}{2},k\right) \tag{7.1.9b}$$

$$E_x^{n+1}(i,j,k_0)=E_x^{n+1}(i,j,k_b)_{\text{FDTD}}+s\widetilde{H}_{y,\text{i}}^{n+\frac{1}{2}}\left(i,j,k_0-\frac{1}{2}\right) \tag{7.1.9c}$$

$$E_x^{n+1}(i,j,k_c)=E_x^{n+1}(i,j,k_c)_{\text{FDTD}}-s\widetilde{H}_{y,\text{i}}^{n+\frac{1}{2}}\left(i,j,k_c+\frac{1}{2}\right) \tag{7.1.9d}$$

$$E_y^{n+1}(i,j,k_0)=E_y^{n+1}(i,j,k_0)_{\text{FDTD}}-s\widetilde{H}_{x,\text{i}}^{n+\frac{1}{2}}\left(i,j,k_0-\frac{1}{2}\right) \tag{7.1.9e}$$

$$E_y^{n+1}(i,j,k_c)=E_y^{n+1}(i,j,k_c)_{\text{FDTD}}+s\widetilde{H}_{x,\text{i}}^{n+\frac{1}{2}}\left(i,j,k_c+\frac{1}{2}\right) \tag{7.1.9f}$$

$$E_y^{n+1}(i_0,j,k)=E_y^{n+1}(i_0,j,k)_{\text{FDTD}}+s\widetilde{H}_{z,\text{i}}^{n+\frac{1}{2}}\left(i_0-\frac{1}{2},j,k\right) \tag{7.1.9g}$$

$$E_y^{n+1}(i_a,j,k)=E_y^{n+1}(i_a,j,k)_{\text{FDTD}}-s\widetilde{H}_{z,\text{i}}^{n+\frac{1}{2}}\left(i_a+\frac{1}{2},j,k\right) \tag{7.1.9h}$$

$$E_z^{n+1}(i_0,j,k)=E_z^{n+1}(i_0,j,k)_{\text{FDTD}}-s\widetilde{H}_{y,\text{i}}^{n+\frac{1}{2}}\left(i_0-\frac{1}{2},j,k\right) \tag{7.1.9i}$$

$$E_z^{n+1}(i_a,j,k)=E_z^{n+1}(i_a,j,k)_{\mathrm{FDTD}}+s\widetilde{H}_{y,\mathrm{i}}^{n+\frac{1}{2}}\left(i_a+\frac{1}{2},j,k\right) \tag{7.1.9j}$$

$$E_z^{n+1}(i,j_0,k)=E_z^{n+1}(i,j_0,k)_{\mathrm{FDTD}}+s\widetilde{H}_{x,\mathrm{i}}^{n+\frac{1}{2}}\left(i,j_0-\frac{1}{2},k\right) \tag{7.1.9k}$$

$$E_z^{n+1}(i,j_b,k)=E_z^{n+1}(i,j_b,k)_{\mathrm{FDTD}}-s\widetilde{H}_{x,\mathrm{i}}^{n+\frac{1}{2}}\left(i,j_b+\frac{1}{2},k\right) \tag{7.1.9l}$$

散射场区距总场边界 1/2 个网格尺寸处磁场的更新公式为

$$\widetilde{H}_x^{n+\frac{1}{2}}\left(i,j_0-\frac{1}{2},k\right)=\widetilde{H}_x^{n+\frac{1}{2}}\left(i,j_0-\frac{1}{2},k\right)_{\mathrm{FDTD}}+sE_{z,\mathrm{i}}^{n}(i,j_0,k) \tag{7.1.10a}$$

$$\widetilde{H}_x^{n+\frac{1}{2}}\left(i,j_b+\frac{1}{2},k\right)=\widetilde{H}_x^{n+\frac{1}{2}}\left(i,j_b+\frac{1}{2},k\right)_{\mathrm{FDTD}}-sE_{z,\mathrm{i}}^{n}(i,j_b,k) \tag{7.1.10b}$$

$$\widetilde{H}_x^{n+\frac{1}{2}}\left(i,j,k_0-\frac{1}{2}\right)=\widetilde{H}_x^{n+\frac{1}{2}}\left(i,j,k_0-\frac{1}{2}\right)_{\mathrm{FDTD}}-sE_{y,\mathrm{i}}^{n}(i,j,k_0) \tag{7.1.10c}$$

$$\widetilde{H}_x^{n+\frac{1}{2}}\left(i,j,k_c+\frac{1}{2}\right)=\widetilde{H}_x^{n+\frac{1}{2}}\left(i,j,k_c+\frac{1}{2}\right)_{\mathrm{FDTD}}+sE_{y,\mathrm{i}}^{n}(i,j,k_c) \tag{7.1.10d}$$

$$\widetilde{H}_y^{n+\frac{1}{2}}\left(i,j,k_0-\frac{1}{2}\right)=\widetilde{H}_y^{n+\frac{1}{2}}\left(i,j,k_0-\frac{1}{2}\right)_{\mathrm{FDTD}}+sE_{x,\mathrm{i}}^{n}(i,j,k_0) \tag{7.1.10e}$$

$$\widetilde{H}_y^{n+\frac{1}{2}}\left(i,j,k_c+\frac{1}{2}\right)=\widetilde{H}_y^{n+\frac{1}{2}}\left(i,j,k_c+\frac{1}{2}\right)_{\mathrm{FDTD}}-sE_{x,\mathrm{i}}^{n}(i,j,k_c) \tag{7.1.10f}$$

$$\widetilde{H}_y^{n+\frac{1}{2}}\left(i_0-\frac{1}{2},j,k\right)=\widetilde{H}_y^{n+\frac{1}{2}}\left(i_0-\frac{1}{2},j,k\right)_{\mathrm{FDTD}}-sE_{z,\mathrm{i}}^{n}(i_0,j,k) \tag{7.1.10g}$$

$$\widetilde{H}_y^{n+\frac{1}{2}}\left(i_a+\frac{1}{2},j,k\right)=\widetilde{H}_y^{n+\frac{1}{2}}\left(i_a+\frac{1}{2},j,k\right)_{\mathrm{FDTD}}+sE_{z,\mathrm{i}}^{n}(i_a,j,k) \tag{7.1.10h}$$

$$\widetilde{H}_z^{n+\frac{1}{2}}\left(i_0-\frac{1}{2},j,k\right)=\widetilde{H}_z^{n+\frac{1}{2}}\left(i_0-\frac{1}{2},j,k\right)_{\mathrm{FDTD}}+sE_{y,\mathrm{i}}^{n}(i_0,j,k) \tag{7.1.10i}$$

$$\widetilde{H}_z^{n+\frac{1}{2}}\left(i_a+\frac{1}{2},j,k\right)=\widetilde{H}_z^{n+\frac{1}{2}}\left(i_a+\frac{1}{2},j,k\right)_{\mathrm{FDTD}}-sE_{y,\mathrm{i}}^{n}(i_a,j,k) \tag{7.1.10j}$$

$$\widetilde{H}_z^{n+\frac{1}{2}}\left(i,j_0-\frac{1}{2},k\right)=\widetilde{H}_z^{n+\frac{1}{2}}\left(i,j_0-\frac{1}{2},k\right)_{\mathrm{FDTD}}-sE_{x,\mathrm{i}}^{n}(i,j_0,k) \tag{7.1.10k}$$

$$\widetilde{H}_z^{n+\frac{1}{2}}\left(i,j_b+\frac{1}{2},k\right)=\widetilde{H}_z^{n+\frac{1}{2}}\left(i,j_b+\frac{1}{2},k\right)_{\mathrm{FDTD}}+sE_{x,\mathrm{i}}^{n}(i,j_b,k) \tag{7.1.10l}$$

7.2 入射波加入的 FDTD 实现方法

7.2.1 入射波加入一维总场边界

在引入非平面入射波的时候，需要计算两种场：一种是入射波的场，只包含入射波；另一种是总场和散射场分区域计算的场，总场区和散射场区表现为不连续。

在每个时间步迭代中，首先采用一维 FDTD 方法产生入射波，在仿真区域的左侧设置激励源，右侧设置吸收边界。其次在总场边界，将入射波的作用考虑进去。

对一维入射波的连接边界条件进行仿真计算，仿真区域划分为 100 个网格，连接边界距离截断边界为 20 个网格，两侧边界用 10 层坐标伸缩 PML 吸收边界条件进行处理。网格尺寸为波长的 1/20，时间稳定因子为 0.5。入射平面波激励采用正弦波，仿真 1000 时间步，下面是一维情形的仿真代码,仿真结果如图 7.3 所示。图 7.3 中,网格位置 20 右边的区域为总场区,左边的区域为散射场区。该一维例子只在左侧设置了总场边界,右侧模拟无限大空间。

代码 7.1 一维入射波连接边界(7/m1.m)

```
1 s=0.5;
2 nd=20;
3 na=10;
4 m=4;
5 nc=20;
6 nz=100;
7 ei=zeros(1, nz+1);
8 hi=0;
9 zei=0;
10 zhi=0;
11 e=zeros(1, nz+1);
12 h=0;
13 ze=0;
14 zh=0;
15 xe=4/5*s*(m+1)*((1:na-1)/na).^m;
16 xm=4/5*s*(m+1)*((.5:na-.5)/na).^m;
17 aei=exp(-xe);
18 bei=1-aei;
19 ami=exp(-xm);
20 bmi=1-ami;
21 ae=[fliplr(aei), aei];
22 be=[fliplr(bei), bei];
23 am=[fliplr(ami), ami];
24 bm=[fliplr(bmi), bmi];
25 subplot(2, 1, 1)
26 hfigi=plot(0:nz, ei);
27 ylim(2*[-1, 1]);
28 subplot(2, 1, 2)
29 hfig=plot(0:nz, e);
30 ylim(2*[-1, 1]);
31 for  n=1:1000
32     hi=hi-s*diff(ei);
33     hi(end-na+1:end)=hi(end-na+1:end)-s*zei;
34     zhi=aei.*zhi-bei.*diff(hi(end-na+1:end));
35     h=h-s*diff(e);
36     h(nc)=h(nc)+s*ei(1+nc);
37     h([1:na, end-na+1:end])=h([1:na, end-na+1:end])-s*ze;
38     zh=ae.*zh-be.*[diff(h(1:na)), diff(h(end-na+1:end))];
39     ei(2:end-1)=ei(2:end-1)-s*diff(hi);
```

```
        ei(end-na+1:end-1)=ei(end-na+1:end-1)-s*zhi;
        ei(1)=sin(2*pi*n*s/nd);
        zei=ami.*zei-bmi.*diff(ei(end-na:end));
        e(2:end-1)=e(2:end-1)-s*diff(h);
        e(1+nc)=e(1+nc)+s*hi(nc);
        e([2:na, end-na+1:end-1])=e([2:na, end-na+1:end-1])-s*zh;
        ze=am.*ze-bm.*[diff(e(1:na+1)), diff(e(end-na:end))];
        set(hfigi, 'ydata', ei);
        set(hfig, 'ydata', e);
        drawnow;
end
saveas(gcf, [mfilename, '.png']);
data=[ei; e]';
save([mfilename, '.dat'], 'data', '-ascii');
```

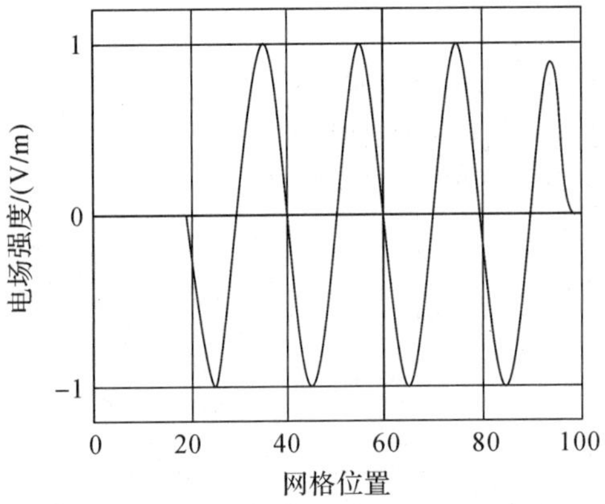

图 7.3　一维总场边界仿真结果(7/m1.m)

下面计算介质板的反射系数。时间稳定因子为 0.5，单位波长元胞数为 120，两侧用 10 层 PML 吸收边界截断。介质板的介电常数为 1.2，厚度为 40 个网格。仿真 2000 步，部分代码如下。反射率和透过率的结果如图 7.4 所示，并与解析解进行了对比。由图 7.4 可见，反射系数和透射系数的幅度计算结果与精确解吻合较好，显示了计算的精度。图 7.5 是反射系数和透射系数的相位，同时与解析解的结果进行了对比。可见，仿真得到的相位也与精确解吻合很好。

代码 7.2　介质板反射系数计算(7/m2.m)

```
for  n=1:nt
        hi=hi-s*diff(ei);
        hi(end-na+1:end)=hi(end-na+1:end)-s*zei;
        zhi=aei.*zhi-bei.*diff(hi(end-na+1:end));
        h=h-s*diff(e);
        h([1:na, end-na+1:end])=h([1:na, end-na+1:end])-s*ze;
        h(nc)=h(nc)+s*ei(1+nc);
        zh=ae.*zh-be.*[diff(h(1:na)), diff(h(end-na+1:end))];
```

```
    ei(2:end-1)=ei(2:end-1)-s*diff(hi);
    ei(end-na+1:end-1)=ei(end-na+1:end-1)-s*zhi;
    ei(1)=(n*s/2/nd-1)*exp(-4*pi*(n*s/2/nd-1)^2);
    zei=ami.*zei-bmi.*diff(ei(end-na:end));
    e(2:end-1)=e(2:end-1)-s*diff(h);
    e([2:na, end-na+1:end-1])=e([2:na, end-na+1:end-1])-s*zh;
    e(1+nc)=e(1+nc)+s*hi(nc);
    e(no+1:end-no)=e(no+1:end-no)-(1/er0-1)*s*diff(h(no:end-no+1));
    ze=am.*ze-bm.*[diff(e(1:1+na)), diff(e(end-na:end))];
    eit(n)=ei(no+1);
    ert(n)=e(no+1)-ei(no+1);
    ett(n)=e(end-no);
    drawnow;
end
nf=100;
f=(1:nf)'/nf;
eif=exp(-2j*pi*f*(1:nt)*s/nd)*eit;
erf=exp(-2j*pi*f*(1:nt)*s/nd)*ert;
etf=exp(-2j*pi*f*(1:nt)*s/nd)*ett;
r=erf./eif;
t=etf./eif;
er=((1-r).^2-t.^2)./((1+r).^2-t.^2);
n=sqrt(er0);
r01=(1-n)./(1+n);
kd=f*2*pi/nd*oz.*n;
r0=r01.*(1-exp(-2j*kd))./(1-r01.^2.*exp(-2j*kd));
t0=exp(-1j*kd).*(1-r01.^2)./(1-r01.^2.*exp(-2j*kd));
er0=er0*ones(size(er));
```

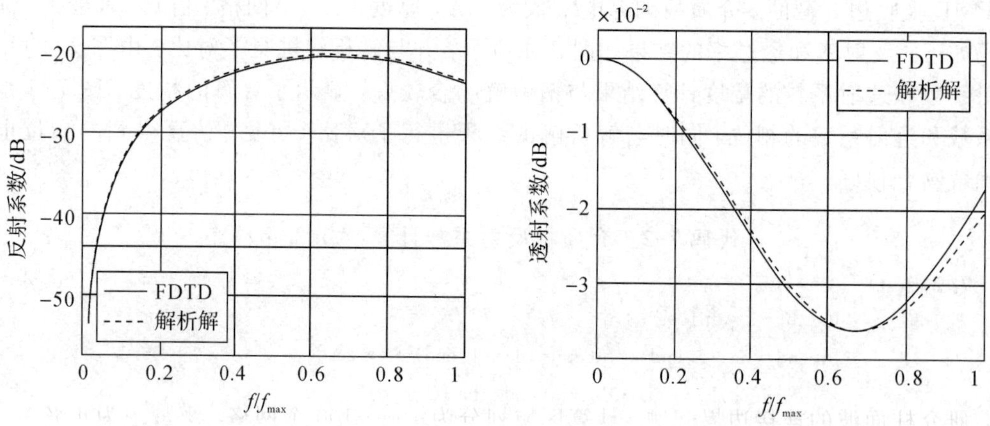

(a) 反射系数　　(b) 透射系数

图 7.4　介质板的反射系数和透射系数(7/m2.m)

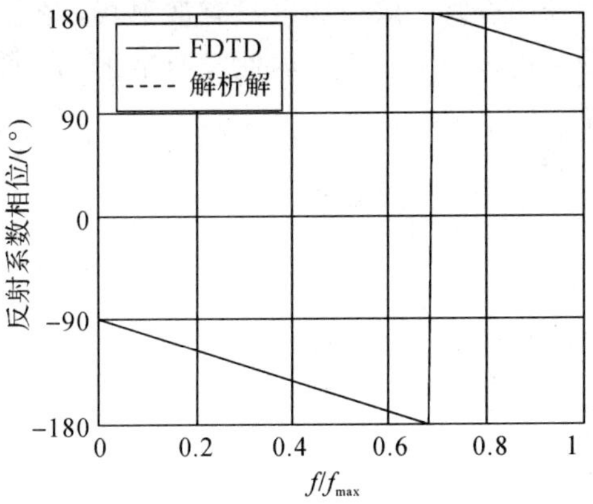

(a) 反射系数相位

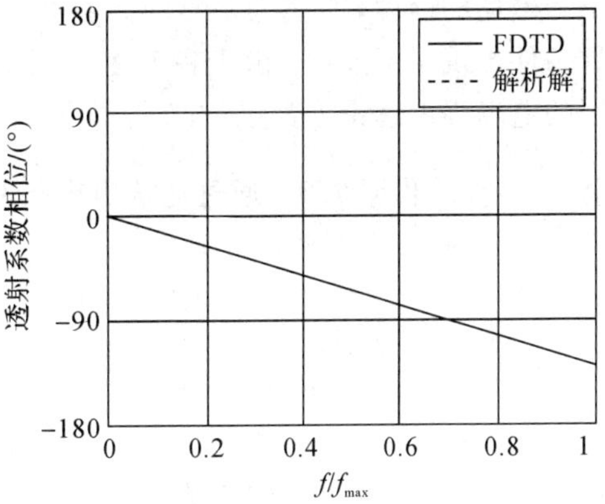

(b) 透射系数相位

图 7.5　介质板反射系数和透射系数相位(7/m2.m)

仿真得到反射系数和透射系数后，再结合介质板的厚度采用 NRW 方法进行反演得到介电常数，与精确结果进行了对比，如图 7.6 所示。

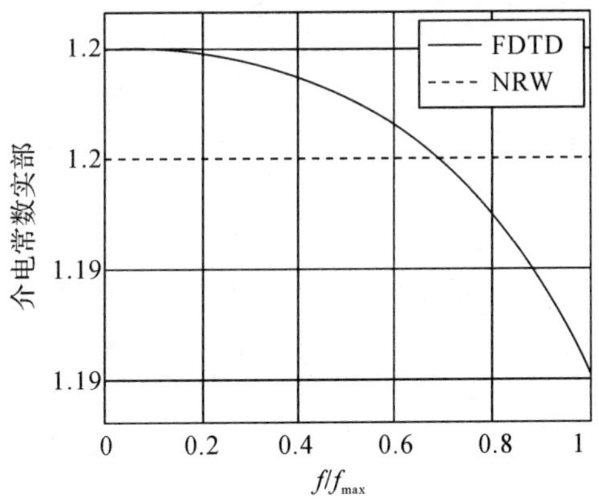

(a) 实部

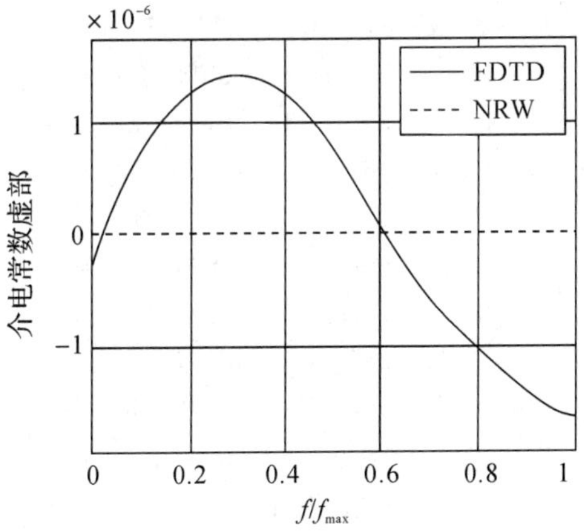

(b) 虚部

图 7.6　介质平板 NRW 反演结果(7/m2.m)

由图 7.6 可见，介质平板的反演结果与精确值较为吻合。

7.2.2　入射波加入二维总场边界

7.2.2.1　非平面波加入二维总场边界

对于柱面波或球面波，可以用上一章的方法产生，一般通过线源或点源来完成，同时需要在截断边界设置完全匹配层，对电磁波进行吸收。

研究柱面波的连接边界问题。计算区域划分为 100×100 个网格，激励源为正弦波，网格长度为 1/20 波长，四周用 10 层 CPML 吸收边界条件进行截断，辐射源位于(20，20)的网格位置处。连接边界距离截断边界为 30 个网格，仿真 1000 时间步。代码如下所示，仿真结果如图 7.7(a)所示。由图 7.7(a)可见，柱面波入射到连接边界后，通过连接边界条件处电场和磁场的处理，使得总场区是入射场和散射场的叠加，散射场区只有散射场，在连接边界条件出现了不连续。由于在上述算例中总场区内没有散射源，因此没有散射场，散射场区的电场强度理论上为零。

代码 7.3 通过连接边界条件在总场区引入柱面波(7/m3.m)

```
for  n=1:1000
     hyi=hyi+s*diff(ei(:, 2:end-1), 1, 1);
     hyi([1:na, end-na+1:end], :)=hyi([1:na, end-na+1:end], :)+s*xezi;
     xhyi=ae'.*xhyi-be'.*[diff(hyi(1:na, :), 1, 1); diff(hyi(end-na+1:end, :), 1, 1)];
     hxi=hxi-s*diff(ei(2:end-1, :), 1, 2);
     hxi(:, [1:na, end-na+1:end])=hxi(:, [1:na, end-na+1:end])-s*yezi;
     yhxi=ae.*yhxi-be.*[diff(hxi(:, 1:na), 1, 2), diff(hxi(:, end-na+1:end), 1, 2)];
     hy=hy+s*diff(e(:, 2:end-1), 1, 1);
     hy([1:na, end-na+1:end], :)=hy([1:na, end-na+1:end], :)+s*xez;
     xhy=ae'.*xhy-be'.*[diff(hy(1:na, :), 1, 1); diff(hy(end-na+1:end, :), 1, 1)];
     hx=hx-s*diff(e(2:end-1, :), 1, 2);
     hx(:, [1:na, end-na+1:end])=hx(:, [1:na, end-na+1:end])-s*yez;
     yhx=ae.*yhx-be.*[diff(hx(:, 1:na), 1, 2), diff(hx(:, end-na+1:end), 1, 2)];
     hy(nc, nc:end-nc+1)=hy(nc, nc:end-nc+1)-s*ei(1+nc, 1+nc:end-nc);
     hy(end-nc+1, nc:end-nc+1)=hy(end-nc+1, nc:end-nc+1)+s*ei(end-nc, 1+nc:end-nc);
     hx(nc:end-nc+1, nc)=hx(nc:end-nc+1, nc)+s*ei(1+nc:end-nc, 1+nc);
     hx(nc:end-nc+1, end-nc+1)=hx(nc:end-nc+1, end-nc+1)-s*ei(1+nc:end-nc, end-nc);
     ei(2:end-1, 2:end-1)=ei(2:end-1, 2:end-1)+s*(diff(hyi, 1, 1)-diff(hxi, 1, 2));
     ei([2:na, end-na+1:end-1], 2:end-1)=ei([2:na, end-na+1:end-1], 2:end-1)+s*xhyi;
     ei(2:end-1, [2:na, end-na+1:end-1])=ei(2:end-1, [2:na, end-na+1:end-1])-s*yhxi;
     ei(ns+1, ns+1)=ei(ns+1, ns+1)+sin(2*pi*n*s/nd);
     xezi=am'.*xezi-bm'.*[diff(ei(1:1+na, 2:end-1), 1, 1); diff(ei(end-na:end, 2:end-1), 1, 1)];
     yezi=am.*yezi-bm.*[diff(ei(2:end-1, 1:1+na), 1, 2), diff(ei(2:end-1, end-na:end), 1, 2)];
     e(2:end-1, 2:end-1)=e(2:end-1, 2:end-1)+s*(diff(hy, 1, 1)-diff(hx, 1, 2));
     e([2:na, end-na+1:end-1], 2:end-1)=e([2:na, end-na+1:end-1], 2:end-1)+s*xhy;
```

```
e(2:end-1, [2:na, end-na+1:end-1])=e(2:end-1, [2:na, end-na+1:end
-1])-s * yhx;
xez=am'. * xez-bm'. * [diff(e(1:1+na, 2:end-1), 1, 1); diff(e(end-na:
end, 2:end-1), 1, 1)];
yez=am. * yez-bm. * [diff(e(2:end-1, 1:1+na), 1, 2), diff(e(2:end-1, end
-na:end), 1, 2)];
e(1+nc, 1+nc:end-nc)=e(1+nc, 1+nc:end-nc)-s * hyi(nc, nc:end-nc+1);
e(end-nc, 1+nc:end-nc)=e(end-nc, 1+nc:end-nc)+s * hyi(end-nc+1,
nc:end-nc+1);
e(1+nc:end-nc, 1+nc)=e(1+nc:end-nc, 1+nc)+s * hxi(nc:end-nc+1, nc);
e(1+nc:end-nc, end-nc)=e(1+nc:end-nc, end-nc)-s * hxi(nc:end-nc+
1, end-nc+1);
set(hfig, 'cdata', e);
drawnow;
end
```

在总场区内加入散射源，研究散射源对柱面波的散射过程。计算区域设为 200×200 个网格，电流源位于(20, 20)位置处，散射场区的目标为边长为 20 个元胞尺寸的导体方柱，入射场的极化为 TM 波。总场边界距离截断边界为 30 个网格，只需定义目标边界到截断边界的网格数 no，再在电场更新完成后添加一行，设置该区域电场值为零即可。仿真 2000 时间步，代码如下所示。仿真结果如图 7.7(b)所示。由图 7.7(b)可见，导体方柱对电磁波散射计算区域被连接边界分成了总场区和散射场区。总场区的场包括了入射场和散射场，方柱所在的区域由于是导体，所以电场恒为零。散射场区出现向外辐射的柱面波，不包含入射场。

代码 7.4 导体方柱对柱面波的反射(7/m4. m)

```
e(no+1:end-no, no+1:end-no)=0;
```

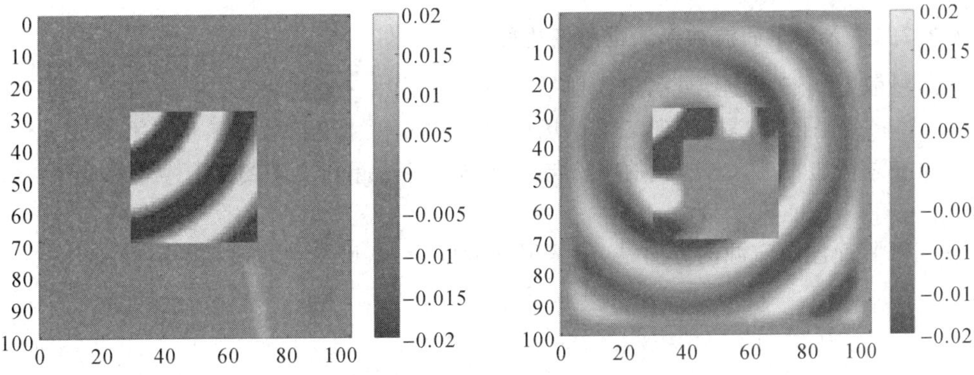

(a) 柱面波总场边界条件(7/m3.m)　　(b) 导体方柱对柱面波的散射(7/m4.m)

图 7.7 柱面波引入总场区

采用非平面波连接边界条件可以模拟高斯波束在总场区的传播。高斯波束表达式为

$$E(y)=e^{-\left(\frac{y}{y_0}\right)^2} \tag{7.2.1}$$

其中，y 表示波源相对于轴线的距离，y_0 表示高斯波束的宽度。网格区域设为 300×

300，采用正弦信号进行激励，仿真 1000 时间步，只需将添加线电流源的代码改成如下即可(见代码 7.5)。仿真得到的电场分布如图 7.8(a)所示。由图 7.8(a)可见，采用高斯波束作为入射源，形成向外的辐射的球面波。图中，连接边界条件将计算区域分成总场区和散射场区，由于在总场区没有散射体，因此散射场区的场为零。

代码 7.5 通过连接边界条件在总场区引入高斯波束(7/m5.m)

```
ei(ns+1，:)=ei(ns+1，:)+sin(2*pi*n*s/nd)*exp(-((-ny/2:ny/2)/nd).^2);
```

在上述仿真区域的散射场区设置 100×100 的导体方柱作为散射体，仿真 1000 时间步。加上一行令目标区域电场为零的代码即可，代码如下所示。仿真结果如图 7.8(b)所示。由图 7.8(b)可见，导体方柱对高斯波束主要产生向后的散射，在导体后方产生驻波。在散射场区，可以看到前向的散射场较为强烈。

代码 7.6 导体方柱对高斯波束的反射(7/m6.m)

```
e(no+1:end-no，no+1:end-no)=0;
```

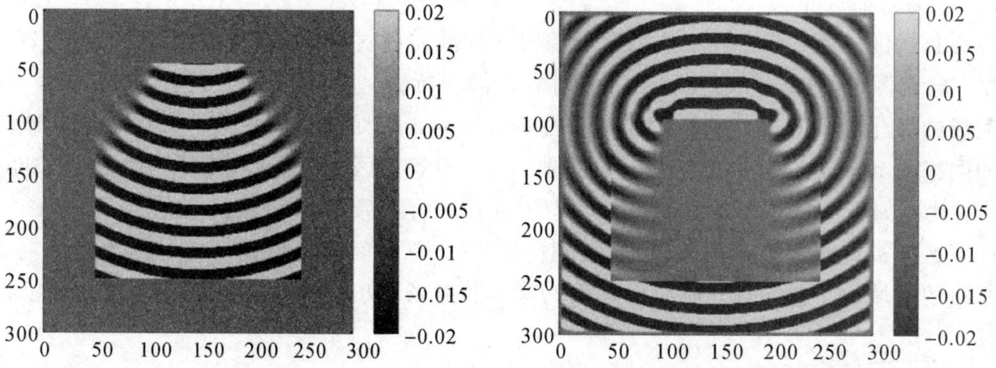

(a) 高斯波束入射场(7/m5.m)　　(b) 连接边界条件(7/m6.m)

图 7.8 导体方柱对高斯波束的散射

7.2.2.2 入射平面波加入二维总场边界

在总场散射场连接边界处引进入射平面波。首先由一维激励空间产生时域步进平面波电磁场，再将此平面波“复制”到二维总场边界。平面入射波连接边界和非平面波类似，但需要注意在总场边界上，入射波的网格与二维网格并不重合，需要进行空间矢量投影和插值计算。

设 TM 平面波的波源的方向是 φ，入射波幅度为 1，则入射波表示为

$$E_{z,i}=1 \tag{7.2.2a}$$

$$\widetilde{H}_{x,i}=-\sin\varphi \tag{7.2.2b}$$

$$\widetilde{H}_{y,i}=\cos\varphi \tag{7.2.2c}$$

入射平面波加入二维总场边界。仿真区域为 100×100 的网格，时间稳定因子为 0.5，单位波长划分为 20 个网格。仿真 1000 时间步，部分代码如下所示。仿真结果电场分布如图 7.9(a)所示。

代码 7.7 总场区加入平面波(7/m7.m)

```
for  n=1:1000
```

```
52      hi=hi-s*diff(ei);
53      hi(end-na+1:end)=hi(end-na+1:end)-s*zei;
54      zhi=aei.*zhi-bei.*diff(hi(end-na+1:end));
55      hx=hx-s*diff(e(2:end-1, :), 1, 2);
56      hx(:, [1:na, end-na+1:end])=hx(:, [1:na, end-na+1:end])-s*yez;
57      hx(nc:end-nc+1, [nc, end-nc+1])=hx(nc:end-nc+1, [nc, end-nc+1])
        -s*[-1, 1].*(ei(cyez).*(1-cyez1)+ei(cyez+1).*cyez1);
58      yhx=ae.*yhx-be.*[diff(hx(:, 1:na), 1, 2), diff(hx(:, end-na+1:end), 1, 2)];
59      hy=hy+s*diff(e(:, 2:end-1), 1, 1);
60      hy([1:na, end-na+1:end], :)=hy([1:na, end-na+1:end], :)+s*xez;
61      hy([nc, end-nc+1], nc:end-nc+1)=hy([nc, end-nc+1], nc:end-nc+1)+
        s*[-1; 1].*(ei(cxez).*(1-cxez1)+ei(cxez+1).*cxez1);
62      xhy=ae'.*xhy-be'.*[diff(hy(1:na, :), 1, 1); diff(hy(end-na+1:end, :),
        1, 1)];
63      ei(2:end-1)=ei(2:end-1)-s*diff(hi);
64      ei(end-na+1:end-1)=ei(end-na+1:end-1)-s*zhi;
65      zei=ami.*zei-bmi.*diff(ei(end-na:end));
66      ei(1)=sin(2*pi*n*s/nd);
67      e(2:end-1, 2:end-1)=e(2:end-1, 2:end-1)+s*(diff(hy, 1, 1)-diff(hx,
        1, 2));
68      e([2:na, end-na+1:end-1], 2:end-1)=e([2:na, end-na+1:end-1], 2:
        end-1)+s*xhy;
69      e(2:end-1, [2:na, end-na+1:end-1])=e(2:end-1, [2:na, end-na+1:end
        -1])-s*yhx;
70      e([1+nc, end-nc], 1+nc:end-nc)=e([1+nc, end-nc], 1+nc:end-nc)+s
        *[-1; 1].*(hi(cxhy).*(1-cxhy1)+hi(cxhy+1).*cxhy1)*ihy;
71      e(1+nc:end-nc, [1+nc, end-nc])=e(1+nc:end-nc, [1+nc, end-nc])-s
        *[-1, 1].*(hi(cyhx).*(1-cyhx1)+hi(cyhx+1).*cyhx1)*ihx;
72      xez=am'.*xez-bm'.*[diff(e(1:1+na, 2:end-1), 1, 1); diff(e(end-na:end,
        2:end-1), 1, 1)];
73      yez=am.*yez-bm.*[diff(e(2:end-1, 1:1+na), 1, 2), diff(e(2:end-1, end
        -na:end), 1, 2)];
74      set(hfig, 'cdata', e);
75      drawnow;
76 end
```

总场区设置了边长为 20 个网格的导体目标，模拟导体方柱的散射，只需在 73 行加上设置导体目标电场强度的代码即可，如下所示。仿真结果电场分布如图 7.9(b)所示。由图 7.9 可见，总场区和散射场区电磁场发生了不连续。总场区包括了入射场和散射场，而散射场区只有散射场。可见，连接边界条件设置是成功的。

代码 7.8　导体目标对平面波的散射(7/m8.m)

```
73      e(no+1:end-no, no+1:end-no)=0;
```

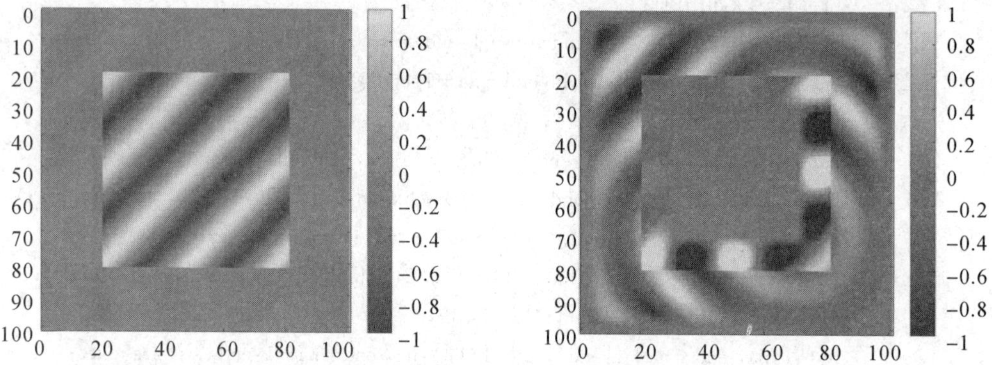

(a) 无散射体 (7/m7.m)　　(b) 有散射体 (7/m8.m)

图 7.9　二维平面波入射总场边界仿真结果

7.2.3　入射波加入三维总场边界

这里仅给出入射平面波加入三维总场边界的情形。可将平面波引进三维总场边界。设源的方向是 θ、φ，则入射方向 $\hat{\boldsymbol{i}}$ 为

$$\hat{\boldsymbol{i}}=-\sin\theta\cos\varphi\,\hat{\boldsymbol{x}}-\sin\theta\sin\varphi\,\hat{\boldsymbol{y}}-\cos\theta\,\hat{\boldsymbol{z}} \tag{7.2.3}$$

θ 和 φ 方向的单位向量为

$$\hat{\boldsymbol{\theta}}=\cos\theta\cos\varphi\,\hat{\boldsymbol{x}}+\cos\theta\sin\varphi\,\hat{\boldsymbol{y}}-\sin\theta\,\hat{\boldsymbol{z}} \tag{7.2.4a}$$

$$\hat{\boldsymbol{\varphi}}=-\sin\varphi\,\hat{\boldsymbol{x}}+\cos\varphi\,\hat{\boldsymbol{y}} \tag{7.2.4b}$$

设电场极化角度为 α，则入射电场和磁场方向为

$$\hat{\boldsymbol{e}}_{\rm i}=\hat{\boldsymbol{\theta}}\cos\alpha+\hat{\boldsymbol{\varphi}}\sin\alpha \tag{7.2.5a}$$

$$\hat{\boldsymbol{h}}_{\rm i}=-\hat{\boldsymbol{\varphi}}\cos\alpha+\hat{\boldsymbol{\theta}}\sin\alpha \tag{7.2.5b}$$

入射波幅度为 1，展开上式，则得到入射波各个分量为

$$E_{x,\rm i}=-\sin\varphi\sin\alpha+\cos\theta\cos\varphi\cos\alpha \tag{7.2.6a}$$

$$E_{y,\rm i}=\cos\varphi\sin\alpha+\cos\theta\sin\varphi\cos\alpha \tag{7.2.6b}$$

$$E_{z,\rm i}=-\sin\theta\cos\alpha \tag{7.2.6c}$$

$$\widetilde{H}_{x,\rm i}=\sin\varphi\cos\alpha+\cos\theta\cos\varphi\sin\alpha \tag{7.2.6d}$$

$$\widetilde{H}_{y,\rm i}=-\cos\varphi\cos\alpha+\cos\theta\sin\varphi\sin\alpha \tag{7.2.6e}$$

$$\widetilde{H}_{z,\rm i}=-\sin\theta\sin\alpha \tag{7.2.6f}$$

通过算例进行验证。设 $\theta=90°$，$\varphi=0°$，$\alpha=0°$，则入射电场为 $-\hat{\boldsymbol{z}}$ 方向。三维连接边界代码如下所示。仿真 1000 时间步，结果如图 7.10(a)所示。

代码 7.9　入射平面波加入总场边界(7/m9.m)

```
for  n=1:1000
     hi=hi-s*diff(ei);
     hi(end-na+1:end)=hi(end-na+1:end)-s*zei;
```

```
zhi=aei.*zhi-bei.*diff(hi(end-na+1:end));
hx=hx-s*(diff(ez(2:end-1, :, :), 1, 2)-diff(ey(2:end-1, :, :), 1, 3));
hx(:, [1:na, end-na+1:end], :)=hx(:, [1:na, end-na+1:end], :)-s*yez;
hx(:, :, [1:na, end-na+1:end])=hx(:, :, [1:na, end-na+1:end])+s*zey;
hx(nc:end-nc+1, [nc, end-nc+1], nc+1:end-nc)=hx(nc:end-nc+1, [nc, end-nc+1], nc+1:end-nc)-s*permute([-1, 1], [1, 2, 3]).*(ei(cyez).*(1-cyez1)+ei(cyez+1).*cyez1)*iez;
hx(nc:end-nc+1, nc+1:end-nc, [nc, end-nc+1])=hx(nc:end-nc+1, nc+1:end-nc, [nc, end-nc+1])+s*permute([-1, 1], [3, 1, 2]).*(ei(czey).*(1-czey1)+ei(czey+1).*czey1)*iey;
yhx=permute(ae, [1, 2, 3]).*yhx-permute(be, [1, 2, 3]).*cat(2, diff(hx(:, 1:na, :), 1, 2), diff(hx(:, end-na+1:end, :), 1, 2));
zhx=permute(ae, [3, 1, 2]).*zhx-permute(be, [3, 1, 2]).*cat(3, diff(hx(:, :, 1:na), 1, 3), diff(hx(:, :, end-na+1:end), 1, 3));
hy=hy-s*(diff(ex(:, 2:end-1, :), 1, 3)-diff(ez(:, 2:end-1, :), 1, 1));
hy(:, :, [1:na, end-na+1:end])=hy(:, :, [1:na, end-na+1:end])-s*zex;
hy([1:na, end-na+1:end], :, :)=hy([1:na, end-na+1:end], :, :)+s*xez;
hy(nc+1:end-nc, nc:end-nc+1, [nc, end-nc+1])=hy(nc+1:end-nc, nc:end-nc+1, [nc, end-nc+1])-s*permute([-1, 1], [3, 1, 2]).*(ei(czex).*(1-czex1)+ei(czex+1).*czex1)*iex;
hy([nc, end-nc+1], nc:end-nc+1, nc+1:end-nc)=hy([nc, end-nc+1], nc:end-nc+1, nc+1:end-nc)+s*permute([-1, 1], [2, 3, 1]).*(ei(cxez).*(1-cxez1)+ei(cxez+1).*cxez1)*iez;
zhy=permute(ae, [3, 1, 2]).*zhy-permute(be, [3, 1, 2]).*cat(3, diff(hy(:, :, 1:na), 1, 3), diff(hy(:, :, end-na+1:end), 1, 3));
xhy=permute(ae, [2, 3, 1]).*xhy-permute(be, [2, 3, 1]).*cat(1, diff(hy(1:na, :, :), 1, 1), diff(hy(end-na+1:end, :, :), 1, 1));
hz=hz-s*(diff(ey(:, :, 2:end-1), 1, 1)-diff(ex(:, :, 2:end-1), 1, 2));
hz([1:na, end-na+1:end], :, :)=hz([1:na, end-na+1:end], :, :)-s*xey;
hz(:, [1:na, end-na+1:end], :)=hz(:, [1:na, end-na+1:end], :)+s*yex;
hz([nc, end-nc+1], nc+1:end-nc, nc:end-nc+1)=hz([nc, end-nc+1], nc+1:end-nc, nc:end-nc+1)-s*permute([-1, 1], [2, 3, 1]).*(ei(cxey).*(1-cxey1)+ei(cxey+1).*cxey1)*iey;
hz(nc+1:end-nc, [nc, end-nc+1], nc:end-nc+1)=hz(nc+1:end-nc, [nc, end-nc+1], nc:end-nc+1)+s*permute([-1, 1], [1, 2, 3]).*(ei(cyex).*(1-cyex1)+ei(cyex+1).*cyex1)*iex;
xhz=permute(ae, [2, 3, 1]).*xhz-permute(be, [2, 3, 1]).*cat(1, diff(hz(1:na, :, :), 1, 1), diff(hz(end-na+1:end, :, :), 1, 1));
yhz=permute(ae, [1, 2, 3]).*yhz-permute(be, [1, 2, 3]).*cat(2, diff(hz(:, 1:na, :), 1, 2), diff(hz(:, end-na+1:end, :), 1, 2));
```

```
ei(2:end-1)=ei(2:end-1)-s*diff(hi);
ei(end-na+1:end-1)=ei(end-na+1:end-1)-s*zhi;
zei=ami.*zei-bmi.*diff(ei(end-na:end));
ei(1)=sin(2*pi*n*s/nd);
ex(:, 2:end-1, 2:end-1)=ex(:, 2:end-1, 2:end-1)+s*(diff(hz, 1, 2)-diff(hy, 1, 3));
ex(:, [2:na, end-na+1:end-1], 2:end-1)=ex(:, [2:na, end-na+1:end-1], 2:end-1)+s*yhz;
ex(:, 2:end-1, [2:na, end-na+1:end-1])=ex(:, 2:end-1, [2:na, end-na+1:end-1])-s*zhy;
ex(nc+1:end-nc, [1+nc, end-nc], nc+1:end-nc)=ex(nc+1:end-nc, [nc+1, end-nc], nc+1:end-nc)+s*permute([-1, 1], [1, 2, 3]).*(hi(cyhz).*(1-cyhz1)+hi(cyhz+1).*cyhz1)*ihz;
ex(nc+1:end-nc, nc+1:end-nc, [nc+1, end-nc])=ex(nc+1:end-nc, nc+1:end-nc, [nc+1, end-nc])-s*permute([-1, 1], [3, 1, 2]).*(hi(czhy).*(1-czhy1)+hi(czhy+1).*czhy1)*ihy;
yex=permute(am, [1, 2, 3]).*yex-permute(bm, [1, 2, 3]).*cat(2, diff(ex(:, 1:na+1, 2:end-1), 1, 2), diff(ex(:, end-na:end, 2:end-1), 1, 2));
zex=permute(am, [3, 1, 2]).*zex-permute(bm, [3, 1, 2]).*cat(3, diff(ex(:, 2:end-1, 1:na+1), 1, 3), diff(ex(:, 2:end-1, end-na:end), 1, 3));
ey(2:end-1, :, 2:end-1)=ey(2:end-1, :, 2:end-1)+s*(diff(hx, 1, 3)-diff(hz, 1, 1));
ey(2:end-1, :, [2:na, end-na+1:end-1])=ey(2:end-1, :, [2:na, end-na+1:end-1])+s*zhx;
ey([2:na, end-na+1:end-1], :, 2:end-1)=ey([2:na, end-na+1:end-1], :, 2:end-1)-s*xhz;
ey(nc+1:end-nc, nc+1:end-nc, [1+nc, end-nc])=ey(nc+1:end-nc, nc+1:end-nc, [nc+1, end-nc])+s*permute([-1, 1], [3, 1, 2]).*(hi(czhx).*(1-czhx1)+hi(czhx+1).*czhx1)*ihx;
ey([nc+1, end-nc], nc+1:end-nc, nc+1:end-nc)=ey([nc+1, end-nc], nc+1:end-nc, nc+1:end-nc)-s*permute([-1, 1], [2, 3, 1]).*(hi(cxhz).*(1-cxhz1)+hi(cxhz+1).*cxhz1)*ihz;
zey=permute(am, [3, 1, 2]).*zey-permute(bm, [3, 1, 2]).*cat(3, diff(ey(2:end-1, :, 1:na+1), 1, 3), diff(ey(2:end-1, :, end-na:end), 1, 3));
xey=permute(am, [2, 3, 1]).*xey-permute(bm, [2, 3, 1]).*cat(1, diff(ey(1:na+1, :, 2:end-1), 1, 1), diff(ey(end-na:end, :, 2:end-1), 1, 1));
ez(2:end-1, 2:end-1, :)=ez(2:end-1, 2:end-1, :)+s*(diff(hy, 1, 1)-diff(hx, 1, 2));
ez([2:na, end-na+1:end-1], 2:end-1, :)=ez([2:na, end-na+1:end-1], 2:end-1, :)+s*xhy;
ez(2:end-1, [2:na, end-na+1:end-1], :)=ez(2:end-1, [2:na, end-na+1:end-1], :)-s*yhx;
ez([1+nc, end-nc], nc+1:end-nc, nc+1:end-nc)=ez([nc+1, end-nc], nc
```

```
+1:end-nc, nc+1:end-nc)+s*permute([-1, 1], [2, 3, 1]).*(hi(cxhy).
*(1-cxhy1)+hi(cxhy+1).*cxhy1)*ihy;
ez(nc+1:end-nc, [nc+1, end-nc], nc+1:end-nc)=ez(nc+1:end-nc, [nc
+1, end-nc], nc+1:end-nc)-s*permute([-1, 1], [1, 2, 3]).*(hi(cyhx).
*(1-cyhx1)+hi(cyhx+1).*cyhx1)*ihx;
xez=permute(am, [2, 3, 1]).*xez-permute(bm, [2, 3, 1]).*cat(1, diff(ez
(1:na+1, 2:end-1, :), 1, 1), diff(ez(end-na:end, 2:end-1, :), 1, 1));
yez=permute(am, [1, 2, 3]).*yez-permute(bm, [1, 2, 3]).*cat(2, diff(ez
(2:end-1, 1:na+1, :), 1, 2), diff(ez(2:end-1, end-na:end, :), 1, 2));
set(hfig, 'cdata', ez(:, :, nz/2+1));
drawnow;
end
```

在总场区域设置边长为 20 个网格的导体目标，再进行仿真，只需加入设置导体区域电场强度的代码即可(见代码 7.10)。仿真结果如图 7.10(b)所示。

代码 7.10　立方体目标对平面波的散射(7/m10.m)

```
ez(no+1:end-no, no+1:end-no, no+1:end-no)=0;
```

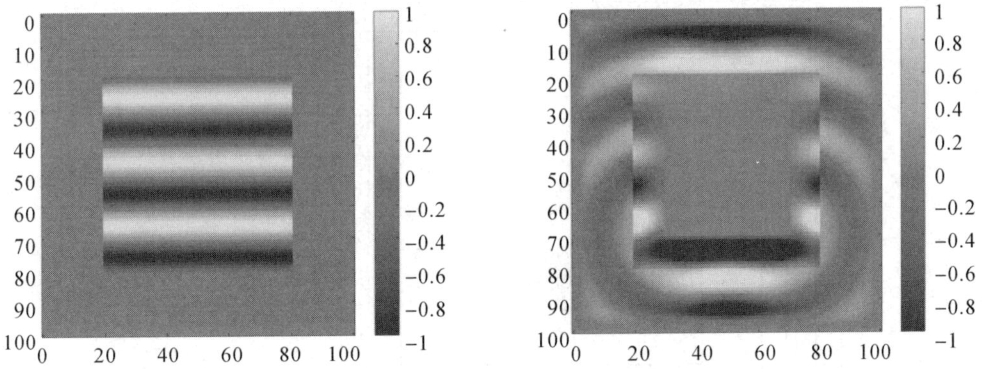

(a) 无目标(7/m9.m)　　(b) 有目标(7/m10.m)

图 7.10　三维连接边界仿真结果

复习思考题

1. 编程实现三维情形偶极子产生的辐射场加入到总场中。

2. 编程实现 10 GHz 频率电磁波垂直入射时，相对介电常数为 5、厚度为 2 mm 的介质板的反射系数。

第8章 远场外推

在计算 FDTD 区域以外的散射场时，在总场边界和吸收边界之间的散射场区设置散射数据存储边界，称为数据输出边界或外推边界。所谓远场外推，即在有限的计算区域通过外推边界上的等效电磁流而获得计算区域以外的散射或者辐射。对于时谐场情况，在计算达到稳态后提取外推边界上场的幅度和相位，然后用时谐场外推公式进行外推。对于瞬态场，需要记录外推边界上各个时刻的场值，然后通过等效原理和格林公式进行外推。

8.1 远场外推等效原理

电磁散射计算的场区划分示意图如图 8.1 所示。

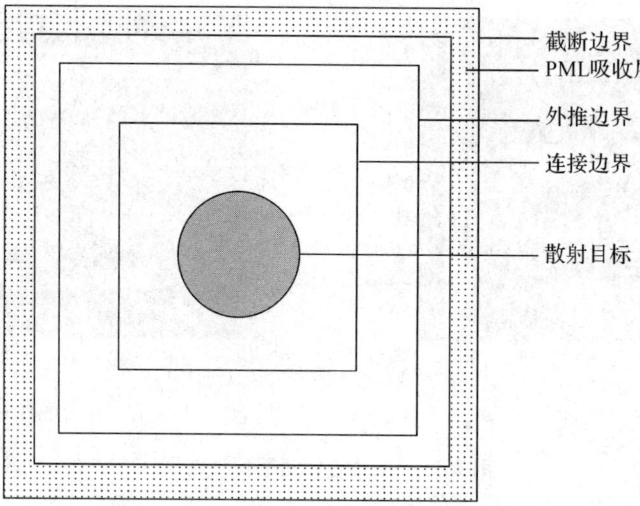

图 8.1 电磁散射计算场区划分

远场外推方法基于等效原理，在外推边界面上设置等效面电流和面磁流，将近区场外推至远区场。等效面电流和面磁流设置方式如下所示：

$$\boldsymbol{J}_s=\hat{\boldsymbol{n}}\times\boldsymbol{H} \tag{8.1.1}$$

$$\boldsymbol{M}_s=-\hat{\boldsymbol{n}}\times\boldsymbol{E} \tag{8.1.2}$$

其中 $\hat{\boldsymbol{n}}$ 为外推边界的外法向。因此，通过外推边界面上的等效电流与等效磁流，或者说该界面上的电场和磁场分量，即可以确定边界面外的电场和磁场。

电流和磁流的辐射场也可以改写成等量纲的形式。在计算 RCS 时，只需要用到电场的远区场即可。对于时谐场，电流与磁流的辐射电场为

$$\boldsymbol{E}=-\mathrm{j}\omega\boldsymbol{A}-\nabla\varphi-\frac{1}{\varepsilon}\nabla\times\boldsymbol{F} \tag{8.1.3}$$

设辐射方向为 $\hat{s}$，则远区电场为

$$E = -\mathrm{j}\omega A + \mathrm{j}k\hat{s}\varphi + \frac{1}{\varepsilon}\mathrm{j}k\hat{s}\times F \tag{8.1.4}$$

8.2　二维时谐场的外推

二维情形计算方式需要采用二维格林函数 G，表达形式如下：

$$G(\boldsymbol{r},\ \boldsymbol{r}') = \frac{1}{4\mathrm{j}}H_0^{(2)}(k|\boldsymbol{r}-\boldsymbol{r}'|) \tag{8.2.1}$$

其中 $H_0^{(2)}$ 是 0 阶第二类汉科尔函数。二维格林函数的远场近似为

$$G(\boldsymbol{r},\ \boldsymbol{r}') = \frac{1}{4\mathrm{j}}\sqrt{\frac{2}{\pi kr}}\mathrm{e}^{-\mathrm{j}(kr-\frac{\pi}{4})}\mathrm{e}^{\mathrm{j}k\hat{s}\cdot\boldsymbol{r}'} \tag{8.2.2}$$

由此，可以得到远区位函数为

$$\boldsymbol{A}(\boldsymbol{r}) = \mu\int\hat{\boldsymbol{n}}\times\boldsymbol{H}G(\boldsymbol{r},\ \boldsymbol{r}')\mathrm{d}S' = \frac{1}{4\mathrm{j}}\sqrt{\frac{2}{\pi kr}}\mathrm{e}^{-\mathrm{j}(kr-\frac{\pi}{4})}\mu\int\hat{\boldsymbol{n}}\times\boldsymbol{H}\mathrm{e}^{\mathrm{j}k\hat{s}\cdot\boldsymbol{r}'}\mathrm{d}l' \tag{8.2.3a}$$

$$\boldsymbol{F}(\boldsymbol{r}) = -\varepsilon\int\hat{\boldsymbol{n}}\times\boldsymbol{E}G(\boldsymbol{r},\ \boldsymbol{r}')\mathrm{d}S' = -\frac{1}{4\mathrm{j}}\sqrt{\frac{2}{\pi kr}}\mathrm{e}^{-\mathrm{j}(kr-\frac{\pi}{4})}\varepsilon\int\hat{\boldsymbol{n}}\times\boldsymbol{E}\mathrm{e}^{\mathrm{j}k\hat{s}\cdot\boldsymbol{r}'}\mathrm{d}l' \tag{8.2.3b}$$

其中 l' 是外推边界。

计算二维 RCS 时，只用到与接收电场方向平行的电场分量。TM 波情形下，复量二维 RCS 定义为

$$\sqrt{\sigma} = \lim_{r\to\infty}\sqrt{2\pi r}\frac{\hat{\boldsymbol{e}}_\mathrm{s}\cdot\boldsymbol{E}_\mathrm{s}}{E_\mathrm{i}} \tag{8.2.4}$$

考虑到 $\hat{\boldsymbol{e}}_\mathrm{s}=\hat{\boldsymbol{z}}$，再将电场代入上式，得到

$$\begin{aligned}\sqrt{\sigma_{\mathrm{TM}}} &= \frac{\sqrt{2\pi r}}{E_\mathrm{i}}\hat{\boldsymbol{z}}\cdot\left(-\mathrm{j}\omega\boldsymbol{A}+\mathrm{j}k\hat{\boldsymbol{s}}\varphi+\frac{1}{\varepsilon}\mathrm{j}k\hat{\boldsymbol{s}}\times\boldsymbol{F}\right)\\ &= \mathrm{j}k\frac{1}{4\mathrm{j}}\sqrt{\frac{2}{\pi kr}}\mathrm{e}^{-\mathrm{j}(kr-\frac{\pi}{4})}\frac{\sqrt{2\pi r}}{E_\mathrm{i}}\left(-\int\hat{\boldsymbol{z}}\cdot\hat{\boldsymbol{n}}\times\widetilde{\boldsymbol{H}}\mathrm{e}^{\mathrm{j}k\hat{s}\cdot\boldsymbol{r}'}\mathrm{d}l'+\int\hat{\boldsymbol{s}}\cdot\hat{\boldsymbol{n}}E_z\mathrm{e}^{\mathrm{j}k\hat{s}\cdot\boldsymbol{r}'}\mathrm{d}l'\right)\end{aligned} \tag{8.2.5}$$

上式中 $\mathrm{e}^{-\mathrm{j}kr}$ 是与距离有关的公共因子，可以略去，因此得到 TM 波 RCS 表达式为

$$\sqrt{\sigma_{\mathrm{TM}}} = \frac{\sqrt{k}\,\mathrm{e}^{\mathrm{j}\frac{\pi}{4}}}{2E_\mathrm{i}}\left(-\int\hat{\boldsymbol{z}}\cdot\hat{\boldsymbol{n}}\times\widetilde{\boldsymbol{H}}\mathrm{e}^{\mathrm{j}k\hat{s}\cdot\boldsymbol{r}'}\mathrm{d}l'+\int\hat{\boldsymbol{s}}\cdot\hat{\boldsymbol{n}}E_z\mathrm{e}^{\mathrm{j}k\hat{s}\cdot\boldsymbol{r}'}\mathrm{d}l'\right) \tag{8.2.6}$$

同理，得到 TE 波 RCS 外推公式为

$$\sqrt{\sigma_{\mathrm{TE}}} = \frac{\sqrt{k}\,\mathrm{e}^{\mathrm{j}\frac{\pi}{4}}}{2H_\mathrm{i}}\left(\int\hat{\boldsymbol{z}}\cdot\hat{\boldsymbol{n}}\times\boldsymbol{E}\mathrm{e}^{\mathrm{j}k\hat{s}\cdot\boldsymbol{r}'}\mathrm{d}l'+\int\hat{\boldsymbol{s}}\cdot\hat{\boldsymbol{n}}\widetilde{H}_z\mathrm{e}^{\mathrm{j}k\hat{s}\cdot\boldsymbol{r}'}\mathrm{d}l'\right) \tag{8.2.7}$$

8.3　三维时谐场的外推

三维时谐场外推与二维类似，只不过要注意此时的外推边界是平面，因此需要在曲面上积分。三维情形外推需要采用三维格林函数 G，表达形式如下：

$$G(\boldsymbol{r},\ \boldsymbol{r}') = \frac{\mathrm{e}^{-\mathrm{j}k|\boldsymbol{r}-\boldsymbol{r}'|}}{4\pi|\boldsymbol{r}-\boldsymbol{r}'|} \tag{8.3.1}$$

三维格林函数的远场近似为

$$G(\boldsymbol{r},\ \boldsymbol{r}')=\frac{\mathrm{e}^{-\mathrm{j}kr}}{4\pi r}\mathrm{e}^{\mathrm{j}k\hat{\boldsymbol{s}}\cdot\boldsymbol{r}'} \tag{8.3.2}$$

由此，可以得到远区位函数为

$$\boldsymbol{A}(\boldsymbol{r})=\mu\int\hat{\boldsymbol{n}}\times\boldsymbol{H}G(\boldsymbol{r},\ \boldsymbol{r}')\mathrm{d}S'=\frac{\mathrm{e}^{-\mathrm{j}kr}}{4\pi r}\mu\int\hat{\boldsymbol{n}}\times\boldsymbol{H}\mathrm{e}^{\mathrm{j}k\hat{\boldsymbol{s}}\cdot\boldsymbol{r}'}\mathrm{d}S' \tag{8.3.3a}$$

$$\boldsymbol{F}(\boldsymbol{r})=-\varepsilon\int\hat{\boldsymbol{n}}\times\boldsymbol{E}G(\boldsymbol{r},\ \boldsymbol{r}')\mathrm{d}S'=-\frac{\mathrm{e}^{-\mathrm{j}kr}}{4\pi r}\varepsilon\int\hat{\boldsymbol{n}}\times\boldsymbol{E}\mathrm{e}^{\mathrm{j}k\hat{\boldsymbol{s}}\cdot\boldsymbol{r}'}\mathrm{d}S' \tag{8.3.3b}$$

其中 S'是外推边界。

计算 RCS 时，只用到与接收电场方向平行的电场分量。复量 RCS 定义为

$$\sqrt{\sigma}=\lim_{r\to\infty}\sqrt{4\pi r^2}\frac{\hat{\boldsymbol{e}}_{\mathrm{s}}\cdot\boldsymbol{E}_{\mathrm{s}}}{E_{\mathrm{i}}} \tag{8.3.4}$$

将远区电场和位函数代入上式，得到

$$\begin{aligned}\sqrt{\sigma}&=\frac{\sqrt{4\pi r^2}}{E_{\mathrm{i}}}\hat{\boldsymbol{e}}_{\mathrm{s}}\cdot\left(-\mathrm{j}\omega\boldsymbol{A}+\mathrm{j}k\hat{\boldsymbol{s}}\varphi+\frac{1}{\varepsilon}\mathrm{j}k\hat{\boldsymbol{s}}\times\boldsymbol{F}\right)\\&=\mathrm{j}k\frac{\mathrm{e}^{-\mathrm{j}kr}}{4\pi r}\frac{\sqrt{4\pi r^2}}{E_{\mathrm{i}}}\left(-\int\hat{\boldsymbol{e}}_{\mathrm{s}}\cdot\hat{\boldsymbol{n}}\times\widetilde{\boldsymbol{H}}\mathrm{e}^{\mathrm{j}k\hat{\boldsymbol{s}}\cdot\boldsymbol{r}'}\mathrm{d}S'+\int\hat{\boldsymbol{h}}_{\mathrm{s}}\cdot\hat{\boldsymbol{n}}\times\boldsymbol{E}\mathrm{e}^{\mathrm{j}k\hat{\boldsymbol{s}}\cdot\boldsymbol{r}'}\mathrm{d}S'\right)\end{aligned} \tag{8.3.5}$$

上式中 $\mathrm{e}^{-\mathrm{j}kr}$是与距离有关的因子，可以略去，因此得到 RCS 表达式为

$$\sqrt{\sigma}=\frac{\mathrm{j}k}{2\sqrt{\pi}E_{\mathrm{i}}}\left(-\int\hat{\boldsymbol{e}}_{\mathrm{s}}\cdot\hat{\boldsymbol{n}}\times\widetilde{\boldsymbol{H}}\mathrm{e}^{\mathrm{j}k\hat{\boldsymbol{s}}\cdot\boldsymbol{r}'}\mathrm{d}S'+\int\hat{\boldsymbol{h}}_{\mathrm{s}}\cdot\hat{\boldsymbol{n}}\times\boldsymbol{E}\mathrm{e}^{\mathrm{j}k\hat{\boldsymbol{s}}\cdot\boldsymbol{r}'}\mathrm{d}S'\right) \tag{8.3.6}$$

如果在 FDTD 计算中，用某一频率的时谐场做激励源，可以外推得到该频率的 RCS。但是，用这种方法只能得到一个频率下的 RCS。实际上，作为一种时域算法，FDTD 可以通过瞬态场的激励得到远场的瞬态响应，再将瞬态信号经过傅立叶变换，得到频域响应，这样就可以求得宽频域的 RCS。因此，在实际计算中，往往采用瞬态信号作为激励，再经时频变换获得频域响应，以得到更多的信息，充分发挥 FDTD 的优势。因此，本书不再对时谐场的外推做进一步分析，但是时谐场的结果可以作为瞬态场外推的基础。

8.4 二维瞬态场的外推

8.4.1 基本公式

在 FDTD 计算中，可以将二维 RCS 相对于网格长度归一化，得到无量纲数。因此 TM 波和 TE 波的 RCS 计算公式可以改写为

$$\sqrt{\frac{\sigma_{\mathrm{TM}}(\omega)}{\delta}}=\frac{\mathrm{e}^{\mathrm{j}\frac{\pi}{4}}}{2E_{\mathrm{i}}(\omega)}\sqrt{\frac{k}{\delta}}\left(-\int\hat{\boldsymbol{z}}\cdot\hat{\boldsymbol{n}}\times\widetilde{\boldsymbol{H}}(\omega)\mathrm{e}^{\mathrm{j}k\hat{\boldsymbol{s}}\cdot\boldsymbol{r}'}\mathrm{d}l'+\int\hat{s}\cdot\hat{\boldsymbol{n}}E_z(\omega)\mathrm{e}^{\mathrm{j}k\hat{\boldsymbol{s}}\cdot\boldsymbol{r}'}\mathrm{d}l'\right) \tag{8.4.1a}$$

$$\sqrt{\frac{\sigma_{\mathrm{TM}}(\omega)}{\delta}}=\frac{\mathrm{e}^{\mathrm{j}\frac{\pi}{4}}}{2H_{\mathrm{i}}(\omega)}\sqrt{\frac{k}{\delta}}\left(\int\hat{\boldsymbol{z}}\cdot\hat{\boldsymbol{n}}\times\boldsymbol{E}(\omega)\mathrm{e}^{\mathrm{j}k\hat{\boldsymbol{s}}\cdot\boldsymbol{r}'}\mathrm{d}l'+\int\hat{s}\cdot\hat{\boldsymbol{n}}\widetilde{H}_z(\omega)\mathrm{e}^{\mathrm{j}k\hat{\boldsymbol{s}}\cdot\boldsymbol{r}'}\mathrm{d}l'\right) \tag{8.4.1b}$$

为突出频率依赖关系，上面表达式中的场量添加了 ω 变量。如果得到时域响应后最终的目的还是需要得到频域响应，那么如果有现成的频域有关的因子，就可以直接利用。下面用 TM 波为例进行说明。RCS 表达式由两部分组成。一是括号之外的部分，该部分的频域响应分子上有$\sqrt{k}$，可以直接利用。该部分分母上的 $E_{\mathrm{i}}(\omega)$可以由入射波的时域信号 $E_{\mathrm{i}}(t)$

经过傅立叶变化直接得到。比较复杂的是括号中的部分。

为方便在 FDTD 中处理，将上式做进一步的改写，写成

$$\sqrt{\frac{\sigma_{\mathrm{TM}}(\omega)}{\delta}}=\frac{\mathrm{e}^{\mathrm{j}\frac{\pi}{4}}\sqrt{k\delta}}{2E_{\mathrm{i}}(\omega)}\left(-\frac{1}{\delta}\int\hat{z}\cdot\hat{\boldsymbol{n}}\times\widetilde{\boldsymbol{H}}(\omega)\mathrm{e}^{\mathrm{j}k\hat{s}\cdot\boldsymbol{r}'}\mathrm{d}l'+\frac{1}{\delta}\int\hat{s}\cdot\hat{\boldsymbol{n}}E_z(\omega)\mathrm{e}^{\mathrm{j}k\hat{s}\cdot\boldsymbol{r}'}\mathrm{d}l'\right) \tag{8.4.2}$$

这样处理的好处是括号中的部分经过离散后，其结果就是场之间的累加，不涉及网格长度。

将上式进一步改写为

$$\sqrt{\frac{\sigma_{\mathrm{TM}}(\omega)}{\delta}}=\frac{\mathrm{e}^{\mathrm{j}\frac{\pi}{4}}\sqrt{k\delta}}{2E_{\mathrm{i}}(\omega)}(I_{\mathrm{H}}(\omega)+I_{\mathrm{E}}(\omega)) \tag{8.4.3}$$

其中

$$I_{\mathrm{H}}(\omega)=-\frac{1}{\delta}\int\hat{\boldsymbol{z}}\cdot\hat{\boldsymbol{n}}\times\widetilde{\boldsymbol{H}}(\omega)\mathrm{e}^{\mathrm{j}k\hat{s}\cdot\boldsymbol{r}'}\mathrm{d}l' \tag{8.4.4a}$$

$$I_{\mathrm{E}}(\omega)=\frac{1}{\delta}\int\hat{\boldsymbol{s}}\cdot\hat{\boldsymbol{n}}E_z(\omega)\mathrm{e}^{\mathrm{j}k\hat{s}\cdot\boldsymbol{r}'}\mathrm{d}l' \tag{8.4.4b}$$

将上式改写为

$$I_{\mathrm{H}}(\omega)=-\frac{1}{\delta}\int\hat{\boldsymbol{z}}\cdot\hat{\boldsymbol{n}}\times\widetilde{\boldsymbol{H}}(\omega)\mathrm{e}^{\frac{\mathrm{j}\omega}{c}\hat{s}\cdot\boldsymbol{r}'}\mathrm{d}l' \tag{8.4.5a}$$

$$I_{\mathrm{E}}(\omega)=\frac{1}{\delta}\int\hat{\boldsymbol{s}}\cdot\hat{\boldsymbol{n}}E_z(\omega)\mathrm{e}^{\frac{\mathrm{j}\omega}{c}\hat{s}\cdot\boldsymbol{r}'}\mathrm{d}l' \tag{8.4.5b}$$

根据傅立叶变换理论，如果 $f(t)$的傅立叶变换是 $F(\omega)$，则 $f(t-t_0)$的傅立叶变换是 $F(\omega)\mathrm{e}^{-\mathrm{j}\omega t_0}$。因此，将上面两式两边同时进行逆傅立叶变换，得到

$$I_{\mathrm{H}}(\omega)=-\frac{1}{\delta}\int\hat{\boldsymbol{z}}\cdot\hat{\boldsymbol{n}}\times\widetilde{\boldsymbol{H}}\left(t+\frac{\hat{\boldsymbol{s}}\cdot\boldsymbol{r}'}{c}\right)\mathrm{d}l' \tag{8.4.6a}$$

$$I_{\mathrm{E}}(\omega)=\frac{1}{\delta}\int\hat{\boldsymbol{s}}\cdot\hat{\boldsymbol{n}}E_z\left(t+\frac{\hat{\boldsymbol{s}}\cdot\boldsymbol{r}'}{c}\right)\mathrm{d}l' \tag{8.4.6b}$$

观察上式，如果要得到 $I_{\mathrm{H}}(t)$和 $I_{\mathrm{E}}(t)$，则仅保存 t 时刻的电场和磁场是不够的，而是根据外推边界上插值点位置在散射方向上的投影 $\hat{\boldsymbol{s}}\cdot\boldsymbol{r}'$，保存其他时刻的场量，导致使用起来非常不便。

可以采用投盒子法进行处理。在时间推进的每一个时间步，将某时刻外推边界上各位置在所有时间步上的贡献进行累加，最终得到所有时间步的贡献。采用这种方法只需要保存一个时间步的场量即可。

为此，将上式进一步写为

$$I_{\mathrm{H}}(t)=\sum_{m=1}^{M_{\mathrm{H}}}I_{\mathrm{H}m}(t) \tag{8.4.7a}$$

$$I_{\mathrm{E}}(t)=\sum_{m=1}^{M_{\mathrm{E}}}I_{\mathrm{E}m}(t) \tag{8.4.7b}$$

其中 M_{H} 是在外推边界上离散的磁场数量，M_{E} 是在外推边界上离散的电场数量，$I_{\mathrm{H}m}(t)$和 $I_{\mathrm{E}m}(t)$是离散化后第 m 个磁场或电场的贡献，定义为

$$I_{\mathrm{H}m}(t)=-\frac{1}{\delta}\int\hat{\boldsymbol{z}}\cdot\hat{\boldsymbol{n}}\times\widetilde{\boldsymbol{H}}_m\left(t+\frac{\hat{\boldsymbol{s}}\cdot\boldsymbol{r}'}{c}\right)\mathrm{d}l' \tag{8.4.8a}$$

$$I_{\mathrm{E}m}(t)=\frac{1}{\delta}\int\hat{\boldsymbol{s}}\cdot\hat{\boldsymbol{n}}E_{zm}\left(t+\frac{\hat{\boldsymbol{s}}\cdot\boldsymbol{r}'}{c}\right)\mathrm{d}l' \tag{8.4.8b}$$

式中 $\widetilde{\boldsymbol{H}}_m$ 是第 m 个磁场采样点，$\boldsymbol{E}_m$ 是第 m 个电场采样点。积分区域也不再是整个外推边界，而是单个元胞。因此，积分内的电场和磁场可以近似为常数，进一步改写为

$$I_{\mathrm{H}m}(t)=-a_m\hat{\boldsymbol{z}}\cdot\hat{\boldsymbol{n}}\times\widetilde{\boldsymbol{H}}_m\left(t+\frac{\hat{\boldsymbol{s}}\cdot\boldsymbol{r}'}{c}\right) \tag{8.4.9a}$$

$$I_{\mathrm{E}m}(t)=a_m\hat{\boldsymbol{s}}\cdot\hat{\boldsymbol{n}}E_{zm}\left(t+\frac{\hat{\boldsymbol{s}}\cdot\boldsymbol{r}'}{c}\right) \tag{8.4.9b}$$

其中 a_m 取值为 1 或 0.5。当场量位于外推边界的顶点时，a_m 取值为 0.5，否则取值为 1。实际上，上面的积分离散过程本质上是采用了梯形积分近似。

将上式改写为

$$I_{\mathrm{H}m}\left(t-\frac{\hat{\boldsymbol{s}}\cdot\boldsymbol{r}'}{c}\right)=-a_m\hat{\boldsymbol{z}}\cdot\hat{\boldsymbol{n}}\times\widetilde{\boldsymbol{H}}_m(t) \tag{8.4.10a}$$

$$I_{\mathrm{E}m}\left(t-\frac{\hat{\boldsymbol{s}}\cdot\boldsymbol{r}'}{c}\right)=a_m\hat{\boldsymbol{s}}\cdot\hat{\boldsymbol{n}}E_{zm}(t) \tag{8.4.10b}$$

将上面两式中的时间分别在 $\left(n-\frac{1}{2}\right)\Delta t$ 和 $n\Delta t$ 时刻离散，得到

$$I_{\mathrm{H}m}\left(\left(n-\frac{1}{2}\right)\Delta t-\frac{\hat{\boldsymbol{s}}\cdot\boldsymbol{r}'}{c}\right)=-a_m\hat{\boldsymbol{z}}\cdot\hat{\boldsymbol{n}}\times\widetilde{\boldsymbol{H}}_m\left(\left(n-\frac{1}{2}\right)\Delta t\right) \tag{8.4.11a}$$

$$I_{\mathrm{E}m}\left(n\Delta t-\frac{\hat{\boldsymbol{s}}\cdot\boldsymbol{r}'}{c}\right)=a_m\hat{\boldsymbol{s}}\cdot\hat{\boldsymbol{n}}E_{zm}(n\Delta t) \tag{8.4.11b}$$

进一步写为

$$I_{\mathrm{H}m}\left(\left(n-\frac{1}{2}-\frac{\hat{\boldsymbol{s}}\cdot\boldsymbol{r}'}{c\Delta t}\right)\Delta t\right)=-a_m\hat{\boldsymbol{z}}\cdot\hat{\boldsymbol{n}}\times\widetilde{\boldsymbol{H}}_m\left(\left(n-\frac{1}{2}\right)\Delta t\right) \tag{8.4.12a}$$

$$I_{\mathrm{E}m}\left(\left(n-\frac{\hat{\boldsymbol{s}}\cdot\boldsymbol{r}'}{c\Delta t}\right)\Delta t\right)=a_m\hat{\boldsymbol{s}}\cdot\hat{\boldsymbol{n}}E_{zm}(n\Delta t) \tag{8.4.12b}$$

用上标代表时间步，上式写为

$$I_{\mathrm{H}m}^{n-\frac{1}{2}-\frac{\hat{\boldsymbol{s}}\cdot\boldsymbol{r}'}{c\Delta t}}=-a_m\hat{\boldsymbol{z}}\cdot\hat{\boldsymbol{n}}\times\widetilde{\boldsymbol{H}}_m^{n-\frac{1}{2}} \tag{8.4.13a}$$

$$I_{\mathrm{E}m}^{n-\frac{\hat{\boldsymbol{s}}\cdot\boldsymbol{r}'}{c\Delta t}}=a_m\hat{\boldsymbol{s}}\cdot\hat{\boldsymbol{n}}E_{zm}^{n} \tag{8.4.13b}$$

在数值离散时，$I_{\mathrm{H}m}$和 $I_{\mathrm{E}m}$和入射电场一样，只在整数时间步取值。但是，上式给出的 $I_{\mathrm{H}m}$和 $I_{\mathrm{E}m}$的参数不一定恰好落在整数倍的 Δt 上，而在两个相邻的时间步之间。处理方法是将该时刻的 $I_{\mathrm{H}m}$或 $I_{\mathrm{E}m}$的值按照比例分配在两个相邻的时间步上。该时刻更靠近哪个时间步，就在该时间步多分配一些。可以采用线性差值的方法进行分配。如 $I_{\mathrm{H}m}$落在时刻 $n\Delta t$ 和 $(n+1)\Delta t$ 之间，则其参数 t 一定可以表示成

$$t=(n+\xi)\Delta t \tag{8.4.14}$$

其中 $0\leqslant\xi<1$，则该时刻的 $I_{\mathrm{H}m}$在时刻 $n\Delta t$ 的贡献为 $(1-\xi)I_{\mathrm{H}m}$，在时刻 $(n+1)\Delta t$ 的贡献为 $\xi I_{\mathrm{H}m}$。

设[·]表示取整函数，$[x]$表示不大于 x 的最大整数，则 n 的值可以通过取整函数得到，即

$$n=\left[\frac{t}{\Delta t}\right] \tag{8.4.15}$$

在 MATLAB 语言中，取整可以通过 floor 函数实现。

式(8.4.13)可进一步写为

$$I_{\mathrm{H}m}^{n-\frac{1}{2}-\frac{\hat{s}\cdot(d_x\hat{x}+d_y\hat{z})\delta}{c\Delta t}}=-a_m\hat{z}\cdot\hat{n}\times\widetilde{H}_m^{n-\frac{1}{2}} \tag{8.4.16a}$$

$$I_{\mathrm{E}m}^{n-\frac{\hat{s}\cdot(d_x\hat{x}+d_y\hat{z})\delta}{c\Delta t}}=a_m\hat{s}\cdot\hat{n}E_{zm}^{n} \tag{8.4.16b}$$

上式中，d_x、d_y 表示外推边界上的场量插值点用网格数表示的坐标，不一定是整数。用时间因子 s 代替上式的 $c\Delta t/\delta$，得到

$$I_{\mathrm{H}m}^{n-\frac{1}{2}-\frac{\hat{s}\cdot(d_x\hat{x}+d_y\hat{z})}{s}}=-a_m\hat{z}\cdot\hat{n}\times\widetilde{H}_m^{n-\frac{1}{2}} \tag{8.4.17a}$$

$$I_{\mathrm{E}m}^{n-\frac{\hat{s}\cdot(d_x\hat{x}+d_y\hat{z})}{s}}=a_m\hat{s}\cdot\hat{n}E_{zm}^{n} \tag{8.4.17b}$$

设整数 $n_{\mathrm{H}m}$ 和 $n_{\mathrm{E}m}$ 定义如下：

$$n_{\mathrm{H}m}=\left[n-\frac{1}{2}-\frac{\hat{s}\cdot(d_x\hat{x}+d_y\hat{z})}{s}\right] \tag{8.4.18a}$$

$$n_{\mathrm{E}m}=\left[n-\frac{\hat{s}\cdot(d_x\hat{x}+d_y\hat{z})}{s}\right] \tag{8.4.18b}$$

再定义其小数部分为

$$\xi_{\mathrm{H}m}=n-\frac{1}{2}-\frac{\hat{s}\cdot(d_x\hat{x}+d_y\hat{z})}{s}-n_{\mathrm{H}m} \tag{8.4.19a}$$

$$\xi_{\mathrm{E}m}=n-\frac{\hat{s}\cdot(d_x\hat{x}+d_y\hat{z})}{s}-n_{\mathrm{E}m} \tag{8.4.19b}$$

则磁场和电场在相邻两个时间步上的贡献分别为

$$I_{\mathrm{H}m}^{n}=-(1-\xi_{\mathrm{H}m})a_m\hat{z}\cdot\hat{n}\times\widetilde{H}_m^{n-\frac{1}{2}} \tag{8.4.20a}$$

$$I_{\mathrm{H}m}^{n+1}=-\xi_{\mathrm{H}m}a_m\hat{z}\cdot\hat{n}\times\widetilde{H}_m^{n-\frac{1}{2}} \tag{8.4.20b}$$

$$I_{\mathrm{E}m}^{n}=(1-\xi_{\mathrm{E}m})a_m\hat{s}\cdot\hat{n}E_{zm}^{n} \tag{8.4.20c}$$

$$I_{\mathrm{E}m}^{n+1}=\xi_{\mathrm{E}m}a_m\hat{s}\cdot\hat{n}E_{zm}^{n} \tag{8.4.20d}$$

求得每个时间步时域响应 $I_{\mathrm{H}m}^{n}$ 和 $I_{\mathrm{E}m}^{n}$ 后，再通过傅立叶变换即可得到频域 RCS。以 $I_{\mathrm{H}m}^{n}$ 为例，计算方法为

$$I_{\mathrm{H}m}(\omega)=\int I_{\mathrm{H}m}(t)\mathrm{e}^{-\mathrm{j}\omega t}\,\mathrm{d}t\approx\sum_{n=n_{\min}}^{n_{\max}}I_{\mathrm{H}m}(n\Delta t)\mathrm{e}^{-\mathrm{j}\omega k\Delta t}\Delta t=\sum_{n=n_{\min}}^{n_{\max}}I_{\mathrm{H}m}^{n}\mathrm{e}^{-\mathrm{j}\omega n\Delta t}\Delta t \tag{8.4.21a}$$

其中，$n_{\min}$ 和 $n_{\max}$ 是求和时涉及的最小和最大的时间步。如果坐标原点定义在仿真区域的中心位置，则 $n_{\min}$ 有可能小于 1，不能在 MATLAB 仿真中直接作为下标使用，需要将 n 进行移位，使所有 n 值都大于 0。

同理，有

$$I_{\mathrm{E}m}(\omega)\approx\sum_{n=n_{\min}}^{n_{\max}}I_{\mathrm{E}m}^{n}\mathrm{e}^{-\mathrm{j}\omega n\Delta t}\Delta t \tag{8.4.21b}$$

入射场的频域响应为

$$E_{\mathrm{i}}(\omega)\approx\sum_{n=n_{\min}}^{n_{\max}}E_{\mathrm{i}}^{n}\Delta t \tag{8.4.22}$$

代入频域 RCS 表达式，即可计算出 RCS 随频率的变化。

在仿真中，外推边界与电场的采样点重合。因此，在外推边界上没有磁场。但积分在外推边界上进行，因此在仿真中，将外推边界内外半个网格处的磁场取平均值，作为外推边界上的磁场。

8.4.2 外推的 MATLAB 实现

通过 TM 波 RCS 来验证外推算法。时间稳定因子为 0.5，最大频率对应的波长划分的元胞数为 40，计算区域尺寸为 130×130，其中与截断边界相邻的 10 层设置为坐标伸缩完全匹配层。代码如下所示。仿真 896 时间步，计算得到相对于网格尺寸归一化的双站频域 RCS，并与解析解进行了对比。代码中将频率相对于最大频率进行了归一化。单站归一化 RCS 随频率的变化如图 8.2 所示，图中还给出了 RCS 的相位。双站 RCS 随方位角的计算结果及其与解析解的对比如图 8.3 所示。源代码还算出了计算结果随频率和双站角同时变化的情况，表示为彩色图。

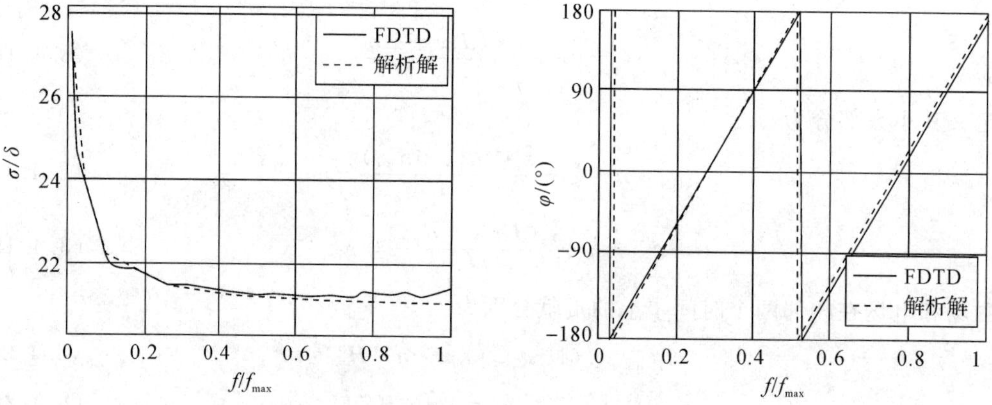

(a) RCS对比　　(b) 相位

图 8.2　TM 波单站 RCS 随频率变化(8/m1.m)

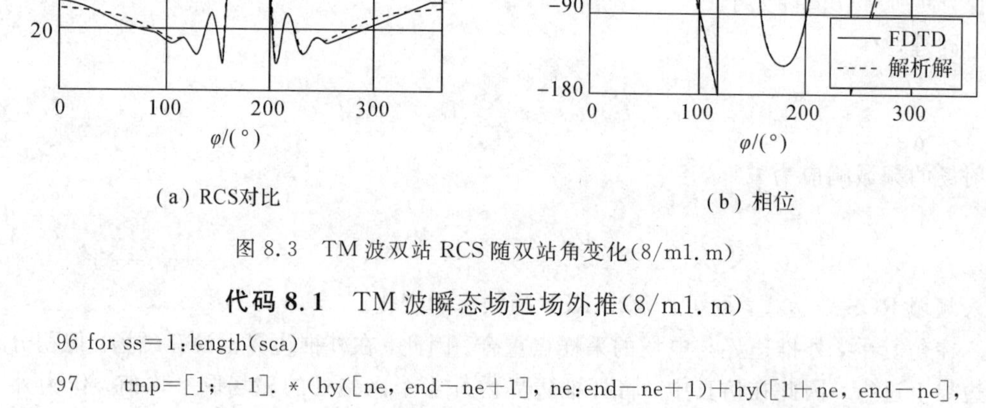

(a) RCS对比　　(b) 相位

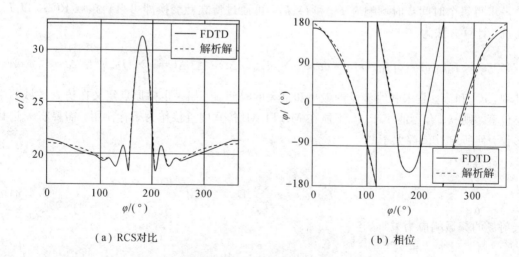

图 8.3　TM 波双站 RCS 随双站角变化(8/m1.m)

代码 8.1　TM 波瞬态场远场外推(8/m1.m)

```
for ss=1:length(sca)
    tmp=[1; -1]. * (hy([ne, end-ne+1], ne:end-ne+1)+hy([1+ne, end-ne],
    ne:end-ne+1))/2;
```

```
tmp(:, [1, end])=tmp(:, [1, end])/2;
tmp=reshape(tmp, [], 1);
I(:, ss)=I(:, ss)+accumarray(exhy(:, ss)+n, tmp. * (1-exhy1(:, ss)), [nI, 1])+accumarray(exhy(:, ss)+n+1, tmp. * exhy1(:, ss), [nI, 1]);
tmp=[-1, 1]. * (hx(ne:end-ne+1, [ne, end-ne+1])+hx(ne:end-ne+1, [1+ne, end-ne]))/2;
tmp([1, end], :)=tmp([1, end], :)/2;
tmp=reshape(tmp, [], 1);
I(:, ss)=I(:, ss)+accumarray(eyhx(:, ss)+n, tmp. * (1-eyhx1(:, ss)), [nI, 1])+accumarray(eyhx(:, ss)+n+1, tmp. * eyhx1(:, ss), [nI, 1]);
tmp=[-1; 1]. * e([1+ne, end-ne], 1+ne:end-ne);
tmp(:, [1, end])=tmp(:, [1, end])/2;
tmp=reshape(tmp, [], 1) * sx(ss);
I(:, ss)=I(:, ss)+accumarray(exez(:, ss)+n, tmp. * (1-exez1(:, ss)), [nI, 1])+accumarray(exez(:, ss)+n+1, tmp. * exez1(:, ss), [nI, 1]);
tmp=[-1, 1]. * e(1+ne:end-ne, [1+ne, end-ne]);
tmp([1, end], :)=tmp([1, end], :)/2;
tmp=reshape(tmp, [], 1) * sy(ss);
I(:, ss)=I(:, ss)+accumarray(eyez(:, ss)+n, tmp. * (1-eyez1(:, ss)), [nI, 1])+accumarray(eyez(:, ss)+n+1, tmp. * eyez1(:, ss), [nI, 1]);
end
```

采用同样的计算参数，对 TE 波进行了计算。根据电磁学中的对偶原理，实际上对 TM 波的代码做少许改动即可。只需将 TM 波的电磁参数互换，即可得到 TE 波的电磁散射。只需将 TM 波仿真代码中导体区域电场设置为零改成磁场设置为零，如下所示。单站 RCS 随频率计算结果及其与解析解的对比如图 8.4 所示。双站 RCS 随方位角计算结果及其与解析解的对比如图 8.5 所示。源代码还算出了计算结果随频率和双站角同时变化的情况，表示为彩色图。

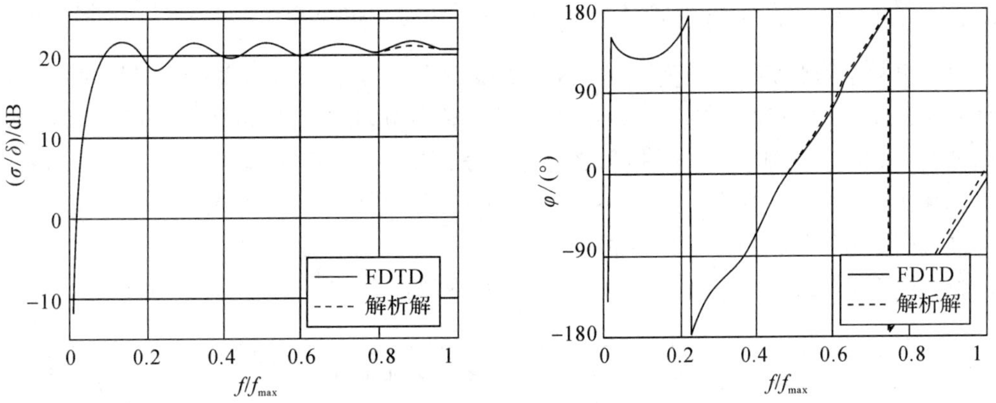

(a) RCS对比　　(b) 相位

图 8.4　TE 波单站 RCS 随频率变化(8/m2. m)

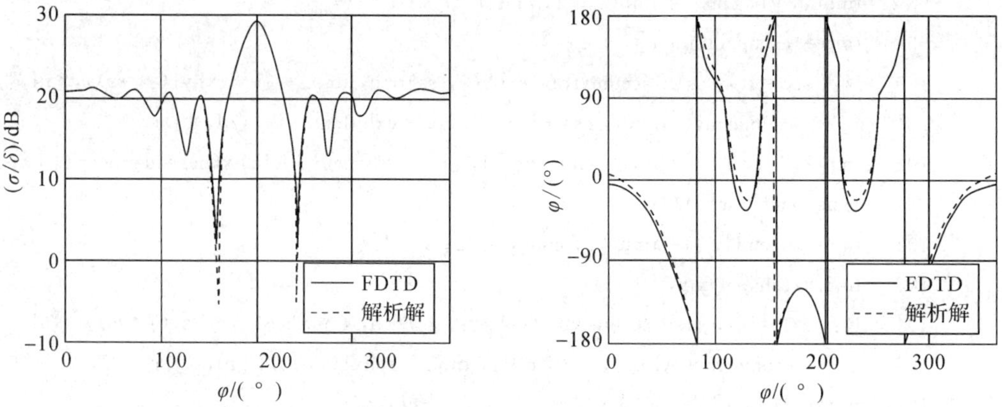

(a) RCS对比　　(b) 相位

图 8.5　TE 波双站 RCS 随双站角变化(8/m2.m)

代码 8.2　TE 波瞬态场远场外推(8/m2.m)

```
hy(pechy)=0;
hx(pechx)=0;
```

对于二维瞬态外推还可以通过“仿三维”的方法，即利用三维瞬态外推程序及傅立叶变换来实现二维的计算。采用这种方法需要更多的推导过程，可参阅相关文献[4]。

8.5　三维瞬态场的外推

8.5.1　基本公式

在 FDTD 计算中，可以将 RCS 相对于网格长度的平方 δ^2 归一化，得到无量纲数。因此 RCS 计算公式可以改写为

$$\sqrt{\frac{\sigma(\omega)}{\delta^2}}=\frac{\mathrm{j}k}{2\sqrt{\pi}\delta E_{\mathrm{i}}(\omega)}\left(-\int\hat{\boldsymbol{e}}_{\mathrm{s}}\cdot\hat{\boldsymbol{n}}\times\widetilde{\boldsymbol{H}}(\omega)\mathrm{e}^{\mathrm{j}k\hat{s}\cdot\boldsymbol{r}'}\mathrm{d}S'+\int\hat{\boldsymbol{h}}_{\mathrm{s}}\cdot\hat{\boldsymbol{n}}\times\boldsymbol{E}(\omega)\mathrm{e}^{\mathrm{j}k\hat{s}\cdot\boldsymbol{r}'}\mathrm{d}S'\right)\tag{8.5.1}$$

为突出频率依赖关系，上面表达式中的场量添加了 ω 变量。如果得到时域响应后最终的目的还是需要得到频域响应，那么如果有现成的频域有关的因子，就可以直接利用。RCS 表达式由两部分组成。一是括号之外的部分，该部分的频域响应分子上有 k，与频率成正比，可以直接利用。该部分分母上的 $E_{\mathrm{i}}(\omega)$可以由入射波的时域信号 $E_{\mathrm{i}}(t)$经过傅立叶变化直接得到。比较复杂的是括号中的部分。

为方便在 FDTD 中处理，将上式做进一步的改写，写成

$$\sqrt{\frac{\sigma(\omega)}{\delta^2}}=\frac{\mathrm{j}k\delta}{2\sqrt{\pi}E_{\mathrm{i}}(\omega)}\left(-\frac{1}{\delta^2}\int\hat{\boldsymbol{e}}_{\mathrm{s}}\cdot\hat{\boldsymbol{n}}\times\widetilde{\boldsymbol{H}}(\omega)\mathrm{e}^{\mathrm{j}k\hat{s}\cdot\boldsymbol{r}'}\mathrm{d}S'+\frac{1}{\delta^2}\int\hat{\boldsymbol{h}}_{\mathrm{s}}\cdot\hat{\boldsymbol{n}}\times\boldsymbol{E}(\omega)\mathrm{e}^{\mathrm{j}k\hat{s}\cdot\boldsymbol{r}'}\mathrm{d}S'\right)\tag{8.5.2}$$

这样处理的好处是括号中的部分经过离散后，其结果就是场之间的累加，不涉及网格长度。

将上式进一步改写为

$$\sqrt{\frac{\sigma(\omega)}{\delta^2}}=\frac{\mathrm{j}k\delta}{2\sqrt{\pi}E_{\mathrm{i}}(\omega)}[I_{\mathrm{H}}(\omega)+I_{\mathrm{E}}(\omega)] \tag{8.5.3}$$

其中

$$I_{\mathrm{H}}(\omega)=-\frac{1}{\delta^2}\int\hat{\boldsymbol{e}}_{\mathrm{s}}\cdot\hat{\boldsymbol{n}}\times\widetilde{\boldsymbol{H}}(\omega)\mathrm{e}^{\mathrm{j}k\hat{\boldsymbol{s}}\cdot\boldsymbol{r}'}\mathrm{d}S' \tag{8.5.4a}$$

$$I_{\mathrm{E}}(\omega)=\frac{1}{\delta^2}\int\hat{\boldsymbol{h}}_{\mathrm{s}}\cdot\hat{\boldsymbol{n}}\times\boldsymbol{E}(\omega)\mathrm{e}^{\mathrm{j}k\hat{\boldsymbol{s}}\cdot\boldsymbol{r}'}\mathrm{d}S' \tag{8.5.4b}$$

将上式改写为

$$I_{\mathrm{H}}(\omega)=-\frac{1}{\delta^2}\int\hat{\boldsymbol{e}}_{\mathrm{s}}\cdot\hat{\boldsymbol{n}}\times\widetilde{\boldsymbol{H}}(\omega)\mathrm{e}^{\frac{\mathrm{j}\omega}{c}\hat{\boldsymbol{s}}\cdot\boldsymbol{r}'}\mathrm{d}S' \tag{8.5.5a}$$

$$I_{\mathrm{E}}(\omega)=\frac{1}{\delta^2}\int\hat{\boldsymbol{h}}_{\mathrm{s}}\cdot\hat{\boldsymbol{n}}\times\boldsymbol{E}(\omega)\mathrm{e}^{\frac{\mathrm{j}\omega}{c}\hat{\boldsymbol{s}}\cdot\boldsymbol{r}'}\mathrm{d}S' \tag{8.5.5b}$$

根据傅立叶变换理论的时移定理，将上面两式两边同时进行逆傅立叶变换得到

$$I_{\mathrm{H}}(t)=-\frac{1}{\delta^2}\int\hat{\boldsymbol{e}}_{\mathrm{s}}\cdot\hat{\boldsymbol{n}}\times\widetilde{\boldsymbol{H}}\left(t+\frac{\hat{\boldsymbol{s}}\cdot\boldsymbol{r}'}{c}\right)\mathrm{d}S' \tag{8.5.6a}$$

$$I_{\mathrm{E}}(t)=\frac{1}{\delta^2}\int\hat{\boldsymbol{h}}_{\mathrm{s}}\cdot\hat{\boldsymbol{n}}\times\boldsymbol{E}\left(t+\frac{\hat{\boldsymbol{s}}\cdot\boldsymbol{r}'}{c}\right)\mathrm{d}S' \tag{8.5.6b}$$

观察上式，如果要得到 $I_{\mathrm{H}}(t)$ 和 $I_{\mathrm{E}}(t)$，则仅保存 t 时刻的电场和磁场是不够的，而是根据外推边界上插值点位置在散射方向上的投影 $\hat{\boldsymbol{s}}\cdot\boldsymbol{r}'$，保存其他时刻的场量，导致使用起来非常不便。

可以采用投盒子法进行处理。在时间推进的每一个时间步，将某时刻外推边界上各位置在所有时间步上的贡献进行累加，最终得到所有时间步的贡献。采用这种方法只需要保存一个时间步的场量即可。

为此，将上式进一步写为

$$I_{\mathrm{H}}(t)=\sum_{m=1}^{M_{\mathrm{H}}}I_{\mathrm{H}m}(t) \tag{8.5.7a}$$

$$I_{\mathrm{E}}(t)=\sum_{m=1}^{M_{\mathrm{E}}}I_{\mathrm{E}m}(t) \tag{8.5.7b}$$

其中 M_{H} 是在外推边界上离散的磁场数量，M_{E} 是在外推边界上离散的电场数量，$I_{\mathrm{H}m}(t)$ 和 $I_{\mathrm{E}m}(t)$ 是离散化后第 m 个磁场或电场的贡献，定义为

$$I_{\mathrm{H}m}(t)=-\frac{1}{\delta^2}\int\hat{\boldsymbol{e}}_{\mathrm{s}}\cdot\hat{\boldsymbol{n}}\times\widetilde{\boldsymbol{H}}_m\left(t+\frac{\hat{\boldsymbol{s}}\cdot\boldsymbol{r}'}{c}\right)\mathrm{d}S' \tag{8.5.8a}$$

$$I_{\mathrm{E}m}(t)=\frac{1}{\delta^2}\int\hat{\boldsymbol{h}}_{\mathrm{s}}\cdot\hat{\boldsymbol{n}}\times\boldsymbol{E}_m\left(t+\frac{\hat{\boldsymbol{s}}\cdot\boldsymbol{r}'}{c}\right)\mathrm{d}S' \tag{8.5.8b}$$

式中 $\widetilde{\boldsymbol{H}}_m$ 是第 m 个磁场采样点，$\boldsymbol{E}_m$ 是第 m 个电场采样点。积分区域也不再是整个外推边界，而是单个元胞。因此，积分内的电场和磁场可以近似为常数，进一步改写为

$$I_{\mathrm{H}m}(t)=-a_m\hat{\boldsymbol{e}}_{\mathrm{s}}\cdot\hat{\boldsymbol{n}}\times\widetilde{\boldsymbol{H}}_m\left(t+\frac{\hat{\boldsymbol{s}}\cdot\boldsymbol{r}'}{c}\right) \tag{8.5.9a}$$

$$I_{\mathrm{E}m}(t)=a_m\hat{\boldsymbol{h}}_{\mathrm{s}}\cdot\hat{\boldsymbol{n}}\times\boldsymbol{E}_m\left(t+\frac{\hat{\boldsymbol{s}}\cdot\boldsymbol{r}'}{c}\right) \tag{8.5.9b}$$

其中 a_m 取值为 1 或 0.5。当场量位于外推边界的顶点时，a_m 取值为 0.5，否则取值为 1。实际上，上面的积分离散过程本质是采用了梯形积分近似。

将上式改写为

$$I_{Hm}\left(t-\frac{\hat{\mathbf{s}}\cdot\boldsymbol{r}'}{c}\right)=-a_m\hat{\boldsymbol{e}}_s\cdot\hat{\boldsymbol{n}}\times\widetilde{\boldsymbol{H}}_m(t) \tag{8.5.10a}$$

$$I_{Em}\left(t-\frac{\hat{\mathbf{s}}\cdot\boldsymbol{r}'}{c}\right)=a_m\hat{\boldsymbol{h}}_s\cdot\hat{\boldsymbol{n}}\times\boldsymbol{E}_m(t) \tag{8.5.10b}$$

将上面两式中的时间分别在 $\left(n-\frac{1}{2}\right)\Delta t$ 和 $n\Delta t$ 时刻离散，得到

$$I_{Hm}\left(\left(n-\frac{1}{2}\right)\Delta t-\frac{\hat{\mathbf{s}}\cdot\boldsymbol{r}'}{c}\right)=-a_m\hat{\boldsymbol{e}}_s\cdot\hat{\boldsymbol{n}}\times\widetilde{\boldsymbol{H}}_m\left(\left(n-\frac{1}{2}\right)\Delta t\right) \tag{8.5.11a}$$

$$I_{Em}\left(n\Delta t-\frac{\hat{\mathbf{s}}\cdot\boldsymbol{r}'}{c}\right)=a_m\hat{\boldsymbol{h}}_s\cdot\hat{\boldsymbol{n}}\times\boldsymbol{E}_m(n\Delta t) \tag{8.5.11b}$$

进一步写为

$$I_{Hm}\left(\left(n-\frac{1}{2}-\frac{\hat{\mathbf{s}}\cdot\boldsymbol{r}'}{c\Delta t}\right)\Delta t\right)=-a_m\hat{\boldsymbol{e}}_s\cdot\hat{\boldsymbol{n}}\times\widetilde{\boldsymbol{H}}_m\left(\left(n-\frac{1}{2}\right)\Delta t\right) \tag{8.5.12a}$$

$$I_{Em}\left(\left(n-\frac{\hat{\mathbf{s}}\cdot\boldsymbol{r}'}{c\Delta t}\right)\Delta t\right)=a_m\hat{\boldsymbol{h}}_s\cdot\hat{\boldsymbol{n}}\times\boldsymbol{E}_m(n\Delta t) \tag{8.5.12b}$$

用上标代表时间步，上式写为

$$I_{Hm}^{n-\frac{1}{2}-\frac{\hat{\mathbf{s}}\cdot\boldsymbol{r}'}{c\Delta t}}=-a_m\hat{\boldsymbol{e}}_s\cdot\hat{\boldsymbol{n}}\times\widetilde{\boldsymbol{H}}_m^{n-\frac{1}{2}} \tag{8.5.13a}$$

$$I_{Em}^{n-\frac{\hat{\mathbf{s}}\cdot\boldsymbol{r}'}{c\Delta t}}=a_m\hat{\boldsymbol{h}}_s\cdot\hat{\boldsymbol{n}}\times\boldsymbol{E}_m^n \tag{8.5.13b}$$

在数值离散时，I_{Hm}和 I_{Em}和入射电场一样，只在整数时间步取值。但是，上式给出的 I_{Hm}和 I_{Em}的参数不一定恰好落在整数倍的 Δt 上，而在两个相邻的时间步之间。处理方法是将该时刻的 I_{Hm}或 I_{Em}的值按照比例分配在两个相邻的时间步上。该时刻更靠近哪个时间步，就在该时间步多分配一些。具体方法与二维情形相同。上式可进一步写为

$$I_{Hm}^{n-\frac{1}{2}-\frac{\hat{\mathbf{s}}\cdot(d_x\hat{\mathbf{x}}+d_y\hat{\mathbf{y}}+d_z\hat{\mathbf{z}})\delta}{c\Delta t}}=-a_m\hat{\boldsymbol{e}}_s\cdot\hat{\boldsymbol{n}}\times\widetilde{\boldsymbol{H}}_m^{n-\frac{1}{2}} \tag{8.5.14a}$$

$$I_{Em}^{n-\frac{\hat{\mathbf{s}}\cdot(d_x\hat{\mathbf{x}}+d_y\hat{\mathbf{y}}+d_z\hat{\mathbf{z}})\delta}{c\Delta t}}=a_m\hat{\boldsymbol{h}}_s\cdot\hat{\boldsymbol{n}}\times\boldsymbol{E}_m^n \tag{8.5.14b}$$

上式中，d_x、d_y、d_z 表示外推边界上的场量插值点用网格数表示的坐标，不一定是整数。用时间因子 s 代替上式的 $c\Delta t/\delta$，得到

$$I_{Hm}^{n-\frac{1}{2}-\frac{\hat{\mathbf{s}}\cdot(d_x\hat{\mathbf{x}}+d_y\hat{\mathbf{y}}+d_z\hat{\mathbf{z}})}{s}}=-a_m\hat{\boldsymbol{e}}_s\cdot\hat{\boldsymbol{n}}\times\widetilde{\boldsymbol{H}}_m^{n-\frac{1}{2}} \tag{8.5.15a}$$

$$I_{Em}^{n-\frac{\hat{\mathbf{s}}\cdot(d_x\hat{\mathbf{x}}+d_y\hat{\mathbf{y}}+d_z\hat{\mathbf{z}})}{s}}=a_m\hat{\boldsymbol{h}}_s\cdot\hat{\boldsymbol{n}}\times\boldsymbol{E}_m^n \tag{8.5.15b}$$

设整数 n_{Hm}和 n_{Em}定义如下：

$$n_{Hm}=\left\lfloor n-\frac{1}{2}-\frac{\hat{\mathbf{s}}\cdot(d_x\hat{\mathbf{x}}+d_y\hat{\mathbf{y}}+d_z\hat{\mathbf{z}})}{s}\right\rfloor \tag{8.5.16a}$$

$$n_{Em}=\left\lfloor n-\frac{\hat{\mathbf{s}}\cdot(d_x\hat{\mathbf{x}}+d_y\hat{\mathbf{y}}+d_z\hat{\mathbf{z}})}{s}\right\rfloor \tag{8.5.16b}$$

再定义其小数部分为

$$\xi_{Hm}=n-\frac{1}{2}-\frac{\hat{\mathbf{s}}\cdot(d_x\hat{\mathbf{x}}+d_y\hat{\mathbf{y}}+d_z\hat{\mathbf{z}})}{s}-n_{Hm} \tag{8.5.17a}$$

$$\xi_{\mathrm{E}m}=n-\frac{\hat{\boldsymbol{s}}\cdot(d_x\hat{\boldsymbol{x}}+d_y\hat{\boldsymbol{y}}+d_z\hat{\boldsymbol{z}})}{s}-n_{\mathrm{E}m} \tag{8.5.17b}$$

则磁场和电场在两个时间步上的贡献分别为

$$I_{\mathrm{H}m}^{n}=-(1-\xi_{\mathrm{H}m})a_m\hat{\boldsymbol{e}}_{\mathrm{s}}\cdot\hat{\boldsymbol{n}}\times\widetilde{\boldsymbol{H}}_m^{n-\frac{1}{2}} \tag{8.5.18a}$$

$$I_{\mathrm{H}m}^{n+1}=-\xi_{\mathrm{H}m}a_m\hat{\boldsymbol{e}}_{\mathrm{s}}\cdot\hat{\boldsymbol{n}}\times\widetilde{\boldsymbol{H}}_m^{n-\frac{1}{2}} \tag{8.5.18b}$$

$$I_{\mathrm{E}m}^{n}=-(1-\xi_{\mathrm{E}m})a_m\hat{\boldsymbol{h}}_{\mathrm{s}}\cdot\hat{\boldsymbol{n}}\times\boldsymbol{E}_m^{n} \tag{8.5.18c}$$

$$I_{\mathrm{E}m}^{n+1}=\xi_{\mathrm{E}m}a_m\hat{\boldsymbol{h}}_{\mathrm{s}}\cdot\hat{\boldsymbol{n}}\times\boldsymbol{E}_m^{n} \tag{8.5.18d}$$

求得每个时间步时域响应 $I_{\mathrm{H}m}^{k}$ 和 $I_{\mathrm{E}m}^{k}$ 后，再通过傅立叶变换即可得到频域 RCS。以 $I_{\mathrm{H}m}^{n}$ 为例，计算方法为

$$I_{\mathrm{H}m}(\omega)=\int I_{\mathrm{H}m}(t)\mathrm{e}^{-\mathrm{j}\omega t}\,\mathrm{d}t\approx\sum_{n=n_{\min}}^{n_{\max}}I_{\mathrm{H}m}(n\Delta t)\mathrm{e}^{-\mathrm{j}\omega n\Delta t}\Delta t=\sum_{n=n_{\min}}^{n_{\max}}I_{\mathrm{H}m}^{n}\mathrm{e}^{-\mathrm{j}\omega n\Delta t}\Delta t \tag{8.5.19a}$$

其中，$n_{\min}$ 和 $n_{\max}$ 是求和时涉及的最小和最大的时间步。如果坐标原点定义在仿真区域的中心位置，则 $n_{\min}$ 有可能小于 1，不能在 MATLAB 仿真中直接作为下标使用，需要将 n 进行移位，使所有 n 值都大于 0。

同理，有

$$I_{\mathrm{E}m}(\omega)\approx\sum_{n=n_{\min}}^{n_{\max}}I_{\mathrm{E}m}^{n}\mathrm{e}^{-\mathrm{j}\omega n\Delta t}\Delta t \tag{8.5.19b}$$

入射场的频域响应为

$$E_{\mathrm{i}}(\omega)\approx\sum_{n=n_{\min}}^{n_{\max}}E_{\mathrm{i}}^{n}\Delta t \tag{8.5.20}$$

代入频域 RCS 表达式，即可计算出 RCS 随频率的变化。在仿真中，外推边界与电场的采样点重合。因此，在外推边界上没有磁场。但积分在外推边界上进行，因此在仿真中，将外推边界内外半个网格处的磁场取平均值，作为外推边界上的磁场。

8.5.2 外推的 MATLAB 实现

下面的代码计算了 E 面的 RCS。时间稳定因子取为 0.5，单位波长划分的元胞数为 40。波源在 z 轴正方向无穷远处，即入射方向为 $-\hat{z}$ 方向。电场方向为 $\hat{x}$ 方向。截断边界内部是 10 层的坐标伸缩匹配层，吸收外向行波。网格尺寸为 130×130×130，目标为半径为 40 个网格的导体球，仿真 1120 时间步。代码较长，这里只给出外推部分的代码，如下所示。单站 RCS 随频率的计算结果及其与解析解的对比如图 8.6 所示。双站 RCS 随方位角的计算结果及其与解析解的对比如图 8.7 所示。

代码 8.3 计算 E 面 RCS 的三维瞬态场远场外推(8/m3.m)

```
for ss=1:length(theta)
    tmp=permute([-1, 1], [1, 2, 3]).*(hx(ne:end-ne+1, [ne, end-ne+1], ne
    +1:end-ne)+hx(ne:end-ne+1, [ne+1, end-ne], ne+1:end-ne))/2;
    tmp([1, end], :, :)=tmp([1, end], :, :)/2;
    tmp=reshape(tmp, [], 1)*sez(ss);
```

```
I(:, ss)=I(:, ss)+accumarray(eyhx(:, ss)+n, tmp.*(1-eyhx1(:, ss)), [nI, 1])+accumarray(eyhx(:, ss)+n+1, tmp.*eyhx1(:, ss), [nI, 1]);
tmp=permute([1, -1], [3, 1, 2]).*(hx(ne:end-ne+1, ne+1:end-ne, [ne, end-ne+1])+hx(ne:end-ne+1, ne+1:end-ne, [ne+1, end-ne]))/2;
tmp([1, end], :, :)=tmp([1, end], :, :)/2;
tmp=reshape(tmp, [], 1)*sey(ss);
I(:, ss)=I(:, ss)+accumarray(ezhx(:, ss)+n, tmp.*(1-ezhx1(:, ss)), [nI, 1])+accumarray(ezhx(:, ss)+n+1, tmp.*ezhx1(:, ss), [nI, 1]);
tmp=permute([-1, 1], [3, 1, 2]).*(hy(ne+1:end-ne, ne:end-ne+1, [ne, end-ne+1])+hy(ne+1:end-ne, ne:end-ne+1, [ne+1, end-ne]))/2;
tmp(:, [1, end], :)=tmp(:, [1, end], :)/2;
tmp=reshape(tmp, [], 1)*sex(ss);
I(:, ss)=I(:, ss)+accumarray(ezhy(:, ss)+n, tmp.*(1-ezhy1(:, ss)), [nI, 1])+accumarray(ezhy(:, ss)+n+1, tmp.*ezhy1(:, ss), [nI, 1]);
tmp=permute([1, -1], [2, 3, 1]).*(hy([ne, end-ne+1], ne:end-ne+1, ne+1:end-ne)+hy([ne+1, end-ne], ne:end-ne+1, ne+1:end-ne))/2;
tmp(:, [1, end], :)=tmp(:, [1, end], :)/2;
tmp=reshape(tmp, [], 1)*sez(ss);
I(:, ss)=I(:, ss)+accumarray(exhy(:, ss)+n, tmp.*(1-exhy1(:, ss)), [nI, 1])+accumarray(exhy(:, ss)+n+1, tmp.*exhy1(:, ss), [nI, 1]);
tmp=permute([-1, 1], [2, 3, 1]).*(hz([ne, end-ne+1], ne+1:end-ne, ne:end-ne+1)+hz([ne+1, end-ne], ne+1:end-ne, ne:end-ne+1))/2;
tmp(:, :, [1, end])=tmp(:, :, [1, end])/2;
tmp=reshape(tmp, [], 1)*sey(ss);
I(:, ss)=I(:, ss)+accumarray(exhz(:, ss)+n, tmp.*(1-exhz1(:, ss)), [nI, 1])+accumarray(exhz(:, ss)+n+1, tmp.*exhz1(:, ss), [nI, 1]);
tmp=permute([1, -1], [1, 2, 3]).*(hz(ne+1:end-ne, [ne, end-ne+1], ne:end-ne+1)+hz(ne+1:end-ne, [ne+1, end-ne], ne:end-ne+1))/2;
tmp(:, :, [1, end])=tmp(:, :, [1, end])/2;
tmp=reshape(tmp, [], 1)*sex(ss);
I(:, ss)=I(:, ss)+accumarray(eyhz(:, ss)+n, tmp.*(1-eyhz1(:, ss)), [nI, 1])+accumarray(eyhz(:, ss)+n+1, tmp.*eyhz1(:, ss), [nI, 1]);
tmp=permute([1, -1], [1, 2, 3]).*ex(ne+1:end-ne, [ne+1, end-ne], ne+1:end-ne);
tmp(:, :, [1, end])=tmp(:, :, [1, end])/2;
tmp=reshape(tmp, [], 1)*shz(ss);
I(:, ss)=I(:, ss)+accumarray(eyex(:, ss)+n, tmp.*(1-eyex1(:, ss)), [nI, 1])+accumarray(eyex(:, ss)+n+1, tmp.*eyex1(:, ss), [nI, 1]);
tmp=permute([-1, 1], [3, 1, 2]).*ex(ne+1:end-ne, ne+1:end-ne, [ne+1, end-ne]);
tmp(:, [1, end], :)=tmp(:, [1, end], :)/2;
```

```
tmp=reshape(tmp, [], 1) * shy(ss);
I(:, ss)=I(:, ss)+accumarray(ezex(:, ss)+n, tmp. * (1-ezex1(:, ss)), [nI, 1])+accumarray(ezex(:, ss)+n+1, tmp. * ezex1(:, ss), [nI, 1]);
tmp=permute([1, -1], [3, 1, 2]). * ey(ne+1:end-ne, ne+1:end-ne, [ne+1, end-ne]);
tmp([1, end], :, :)=tmp([1, end], :, :)/2;
tmp=reshape(tmp, [], 1) * shx(ss);
I(:, ss)=I(:, ss)+accumarray(ezey(:, ss)+n, tmp. * (1-ezey1(:, ss)), [nI, 1])+accumarray(ezey(:, ss)+n+1, tmp. * ezey1(:, ss), [nI, 1]);
tmp=permute([-1, 1], [2, 3, 1]). * ey([ne+1, end-ne], ne+1:end-ne, ne+1:end-ne);
tmp(:, :, [1, end])=tmp(:, :, [1, end])/2;
tmp=reshape(tmp, [], 1) * shz(ss);
I(:, ss)=I(:, ss)+accumarray(exey(:, ss)+n, tmp. * (1-exey1(:, ss)), [nI, 1])+accumarray(exey(:, ss)+n+1, tmp. * exey1(:, ss), [nI, 1]);
tmp=permute([1, -1], [2, 3, 1]). * ez([ne+1, end-ne], ne+1:end-ne, ne+1:end-ne);
tmp(:, [1, end], :)=tmp(:, [1, end], :)/2;
tmp=reshape(tmp, [], 1) * shy(ss);
I(:, ss)=I(:, ss)+accumarray(exez(:, ss)+n, tmp. * (1-exez1(:, ss)), [nI, 1])+accumarray(exez(:, ss)+n+1, tmp. * exez1(:, ss), [nI, 1]);
tmp=permute([-1, 1], [1, 2, 3]). * ez(ne+1:end-ne, [ne+1, end-ne], ne+1:end-ne);
tmp([1, end], :, :)=tmp([1, end], :, :)/2;
tmp=reshape(tmp, [], 1) * shx(ss);
I(:, ss)=I(:, ss)+accumarray(eyez(:, ss)+n, tmp. * (1-eyez1(:, ss)), [nI, 1])+accumarray(eyez(:, ss)+n+1, tmp. * eyez1(:, ss), [nI, 1]);
end
```

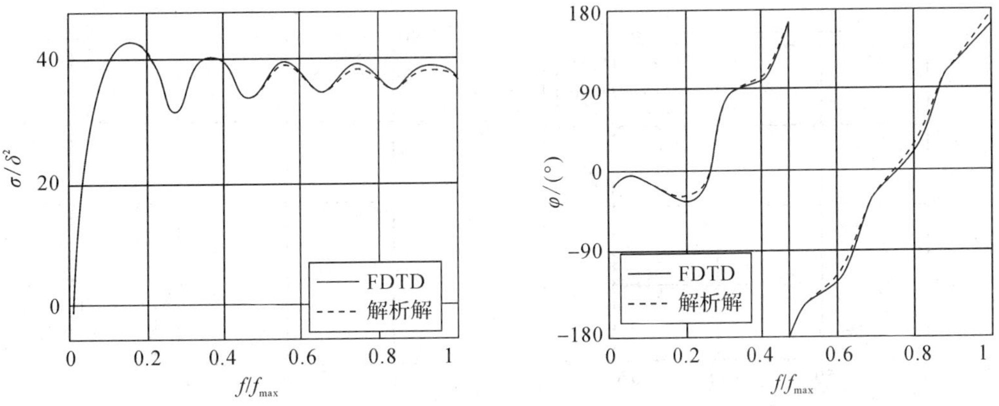

(a) RCS对比　　(b) 相位

图 8.6　单站 RCS 随频率变化(8/m3. m)

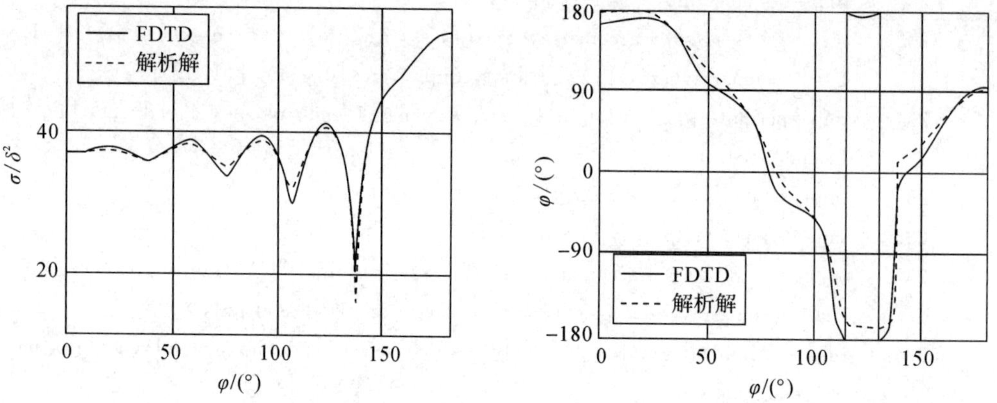

(a) RCS对比　　(b) 相位

图 8.7　双站 RCS 随双站角变化(8/m3. m)

下面的代码计算了 H 面的 RCS。计算参数与 E 面的相同，只是将接收方向改成了 H 面。因此，只需要将与散射方向相关的代码进行修改即可，如下所示。单站 RCS 随频率的计算结果与 E 面的相同。双站 RCS 随方位角的计算结果及其与解析解的对比如图 8.8 所示。

代码 8.4　计算 H 面 RCS 的三维瞬态场远场外推(8/m4. m)

```
sx=permute(zeros(size(theta)), [3, 4, 1, 2]);
sy=permute(-sintheta, [3, 4, 1, 2]);
sz=permute(costheta, [3, 4, 1, 2]);
sex=ones(size(theta));
sey=zeros(size(theta));
sez=zeros(size(theta));
shx=zeros(size(theta));
shy=costheta;
shz=sintheta;
```

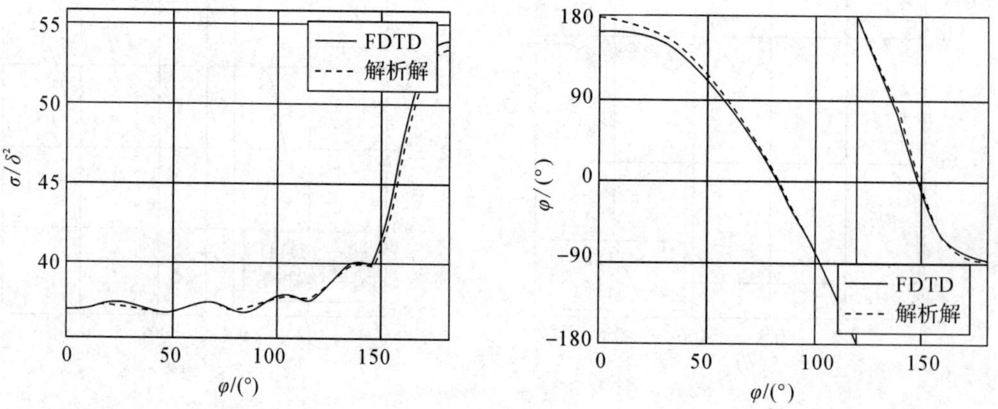

(a) RCS对比　　(b) 相位

图 8.8　双站 RCS 随双站角变化(8/m4. m)

复习思考题

1. 编程实现二维情形理想导体方柱的双站 RCS 计算。
2. 编程实现三维情形理想导体立方体的双站 RCS 计算。

第9章 色散介质

许多介质的介电常数或其他本构参数随频率而变化，如等离子体、水、生物肌体组织、雷达吸波材料等[4]。这类介质称为色散介质。对于色散介质的仿真，一种方法是首先求得特定频率下的实部和虚部，进一步求出等效磁导率，再根据有损耗时的 FDTD 差分格式采用时谐场激励进行迭代。但是这种方法只能计算一种频率的 RCS，要得到其他频率的电磁响应，就需要对该频率的电磁参数再进行一次 FDTD 计算，效率很低。另一种方法是将本构参数的频域模型变换到时域，直接采用瞬态激励源进行计算。

9.1 色散介质基本模型

9.1.1 频域模型

根据物理学，介质电极化与物质结构密切相关。在外电场作用下电极化的三个基本微观过程为原子核外电子云的畸变极化、分子中正负电中心的相对位移极化以及分子固有磁矩的转向极化。介质介电常数是综合这几个微观过程的宏观物理量。本构关系可以写为

$$\boldsymbol{D}(\omega)=\varepsilon_0\varepsilon_r(\omega)\boldsymbol{E}=\varepsilon_0\varepsilon_\infty\boldsymbol{E}(\omega)+\varepsilon_0\chi(\omega)\boldsymbol{E}(\omega) \tag{9.1.1}$$

其中 ε_0 是真空相对介电常数，ε_∞ 表示频率趋向于无限大时的介电常数。

相对介电常数 $\varepsilon_r(\omega)$ 还可以表示为

$$\varepsilon_r(\omega)=\varepsilon_\infty+\chi(\omega) \tag{9.1.2}$$

其中 $\chi(\omega)$ 称为电极化率，也是频率的函数。

相对介电常数可以写成实部和虚部的形式，即

$$\varepsilon_r(\omega)=\varepsilon_r'(\omega)-\mathrm{j}\varepsilon_r''(\omega) \tag{9.1.3}$$

其中 $\varepsilon_r'(\omega)$ 是实部，$\varepsilon_r''(\omega)$ 是虚部。如果时谐因子取为 $e^{j\omega t}$，则 $\varepsilon_r''(\omega)$ 恒为正值。

材料的典型色散模型一般有 Debye、Drude、Lorentz 等几种形式。Debye 模型相对介电常数如下式所示：

$$\varepsilon_r^{\mathrm{Debye}}=\varepsilon_\infty+\frac{\varepsilon_s-\varepsilon_\infty}{1+\mathrm{j}\omega\tau_0}=\varepsilon_\infty+\frac{\Delta\varepsilon}{1+\mathrm{j}\omega\tau_0}=\varepsilon_\infty+\frac{\nu_c\Delta\varepsilon}{\nu_c+\mathrm{j}\omega} \tag{9.1.4}$$

其中 ε_s 表示静态或零频相对介电常数，τ_0 为弛豫时间，$\nu_c=1/\tau_0$ 为碰撞频率。可以求得 Debye 模型的实部和虚部分别为

$$\varepsilon_r'(\omega)=\varepsilon_\infty+\frac{\Delta\varepsilon}{H(\omega\tau_0)^2}=\varepsilon_\infty+\frac{\Delta\varepsilon\nu_c^2}{\nu_c^2+\omega^2} \tag{9.1.5a}$$

$$\varepsilon_r''(\omega)=\frac{\Delta\varepsilon\omega\tau_0}{1+(\omega\tau_0)^2}=\frac{\Delta\varepsilon\omega\nu_c}{\nu_c^2+\omega^2} \tag{9.1.5b}$$

一般情况下 $\Delta\varepsilon>0$。从上式可见，$\varepsilon_r'(0)=\varepsilon_s$，$\varepsilon_r'(\infty)=\varepsilon_\infty$，且 $\varepsilon_r'(\omega)$ 随频率升高而单调下降，

恒为正值。$\varepsilon_r''(\omega)$在 $\omega\tau_0=1$ 或 $\omega=\nu_c$ 时达到最大。Debye 模型经常用于土壤、水、人体组织等介质的色散特性描述。Debye 模型介电常数示意如图 9.1 所示。

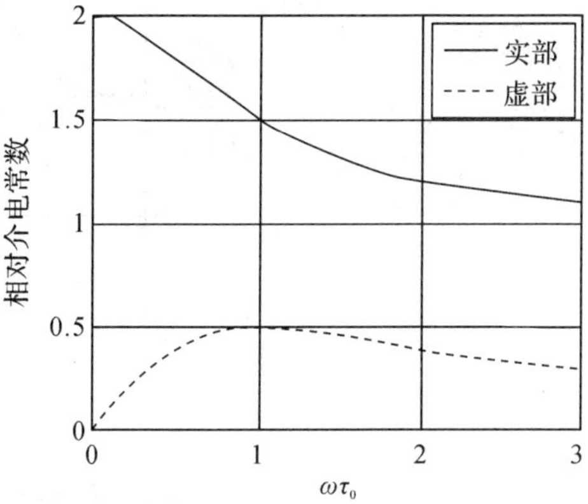

图 9.1　Debye 介质的色散特性

($\varepsilon_\infty=1$，$\Delta\varepsilon=1$)

Drude 模型可以基于金属电子气模型，并考虑电子碰撞，还可用于描述等离子体的色散特性。Drude 模型的形式为

$$\varepsilon_r^{\text{Drude}}=\varepsilon_\infty-\frac{\omega_p^2}{\omega(\omega-j\nu_c)}=\varepsilon_\infty+\frac{\omega_p^2}{j\omega(j\omega+\nu_c)} \tag{9.1.6}$$

其中 ν_c 是碰撞频率，ω_p 为 Drude 频率。可以求得介电常数的实部和虚部分别为

$$\varepsilon_r'(\omega)=\varepsilon_\infty-\frac{\omega_p^2}{\nu_c^2+\omega^2} \tag{9.1.7a}$$

$$\varepsilon_r''(\omega)=\frac{\omega_p^2\nu_c}{\omega(\omega^2+\nu_c)} \tag{9.1.7b}$$

Drude 模型常用于等离子体、金属等介质的色散特性描述。如果频率远大于碰撞频率，同时 $\varepsilon_\infty=1$，则 Drude 模型相对介电常数成为

$$\varepsilon_r^{\text{Drude}}=1-\frac{\omega_p^2}{\omega^2} \tag{9.1.8}$$

上式就是忽略碰撞时的无耗等离子体介电常数，所以 ω_p 也称为等离子体频率。Drude 模型的相对介电常数示意如图 9.2 所示。由图可见，当频率很小时，ε_r'变为负值，表示低于此频率电磁波不能在等离子体中传播。

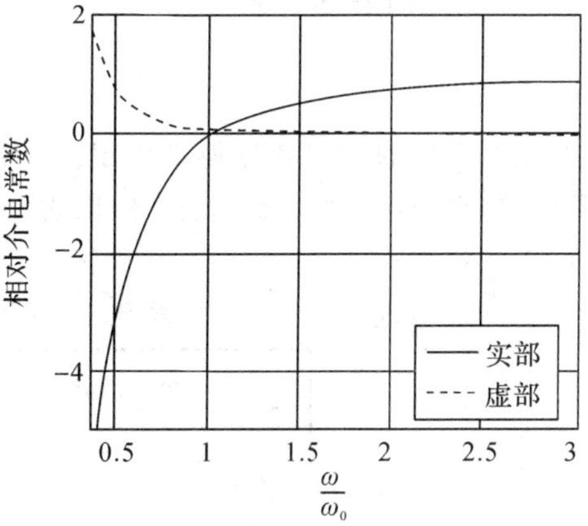

图 9.2　Drude 介质的色散特性

($\varepsilon_\infty=1$，$\frac{\nu_c}{\omega_p}=0.1$)

考虑线性振子具有弹性恢复力和阻尼力时介电常数的 Lorentz 模型表示为

$$\varepsilon_r^{\text{Lorentz}}=\varepsilon_\infty+\frac{(\varepsilon_s-\varepsilon_\infty)\omega_0^2}{\omega_0^2-\omega^2+2j\omega\nu_c}=\varepsilon_\infty+\frac{\Delta\varepsilon\omega_0^2}{\omega_0^2+(j\omega)^2+2j\omega\nu_c} \tag{9.1.9}$$

其中 ε_s 和 ε_∞ 分别是静态和无穷大频率的相对介电常数，ω_0 为振子的固有频率，ν_c 为碰撞频率。可以求得介电常数的实部和虚部，如下所示：

$$\varepsilon_r'(\omega)=\varepsilon_\infty+\frac{\Delta\varepsilon\omega_p^2(\omega_0^2-\omega^2)}{(\omega_0^2-\omega^2)^2+4\omega^2\nu_c^2} \tag{9.1.10a}$$

$$\varepsilon_r''(\omega)=\frac{2\Delta\varepsilon\omega_p^2\omega\nu_c}{(\omega_0^2-\omega^2)^2+4\omega^2\nu_c^2} \tag{9.1.10b}$$

通常 $\Delta\varepsilon>0$。由上式可见，$\varepsilon_r'(0)=\varepsilon_s$，$\varepsilon_r'(\infty)=\varepsilon_\infty$。Lorentz 介质色散特性如图 9.3 所示。

可见，Lorentz 模型介质电磁参数具有谐振型色散和吸收。在偏离谐振频率较远时，ε_r'随频率增高而变大，这种现象称为正常色散。但在谐振频率附近，ε_r'随频率增高而迅速下降，这种现象称为反常色散。由图可见，选择合适的 ε_∞、ν_c、ω_p，则在一个较窄的频率范围中，ε_r'可变为负值。Lorentz 模型可用于生物组织、光学材料、人工介质等介质的色散特性描述。

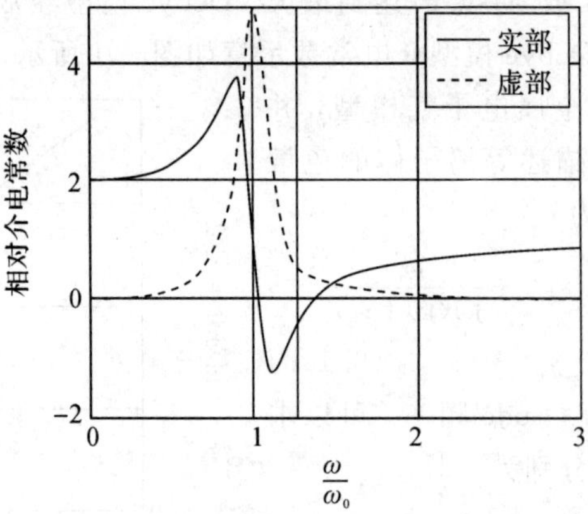

图 9.3　Lorentz 介质的色散特性($\varepsilon_\infty=1$，$\Delta\varepsilon=1$，$\frac{\nu_c}{\omega_p}=0.1$)

9.1.2　时域模型

以上的表达方式都是频域表达式。通过傅立叶变化可以得到介质极化率 $\chi(\omega)$的时域表达式 $\chi(\omega)$，这些表达式可以用于卷积算法。几个常用函数的傅立叶变换如表 9.1 所示，表中 $U(t)$表示阶梯函数，即

$$U(t)=\begin{cases}0 & t<0\\ 1 & t\geqslant 0\end{cases} \tag{9.1.11}$$

表 9.1 中的傅立叶变换是假定信号都只在 $t\geqslant 0$ 时非零，$t<0$ 时，信号都取零值。在 FDTD 仿真中，场的初始值也一般取为零值，因此表中的傅立叶变换公式可以在 FDTD 仿真中直接使用。

表 9.1　几种函数的傅立叶变换

频域形式	时域形式
1	$\delta(t)$
$\frac{1}{\mathrm{j}\omega}$	$U(t)$
$\frac{1}{(\mathrm{j}\omega)^2}$	$tU(t)$
$\frac{1}{\alpha+\mathrm{j}\omega}$	$\mathrm{e}^{-\alpha t}U(t)$
$\frac{1}{\alpha-\mathrm{j}\beta+\mathrm{j}\omega}$	$\mathrm{e}^{-(\alpha-\mathrm{j}\beta)t}U(t)$
$\frac{1}{\alpha+\mathrm{j}\beta+\mathrm{j}\omega}$	$\mathrm{e}^{-(\alpha+\mathrm{j}\beta)t}U(t)$
$\frac{\beta}{(\alpha+\mathrm{j}\omega)^2+\beta^2}$	$\mathrm{e}^{-\alpha t}\sin\beta t U(t)$
$\frac{\alpha+\mathrm{j}\omega}{(\alpha+\mathrm{j}\omega)^2+\beta^2}$	$\mathrm{e}^{-\alpha t}\cos\beta t U(t)$

根据表 9.1 以及傅立叶变换的线性特性，可以得到三种介质模型的时域表达式，如下所示：

$$\chi^{\mathrm{Debye}}(t)=\nu_c\Delta\varepsilon \mathrm{e}^{-\nu_c t}U(t)=\frac{\Delta\varepsilon}{\tau_0}\mathrm{e}^{-\frac{t}{\tau_0}}U(t) \tag{9.1.12a}$$

$$\chi^{\mathrm{Drude}}(t)=\frac{\omega_p^2}{\nu_c}(1-\mathrm{e}^{-\nu_c t})U(t) \tag{9.1.12b}$$

$$\chi^{\mathrm{Lorentz}}(t)=\frac{\omega_0^2\Delta\varepsilon}{\sqrt{\omega_0^2-\nu_c^2}}\mathrm{e}^{-\nu_c t}\sin\left(\sqrt{\omega_0^2-\nu_c^2}\,t\right)U(t) \tag{9.1.12c}$$

9.2　递归卷积法(RC)

9.2.1　基本公式

首先介绍处理色散介质的递归卷积法(Recursive Convolution，RC)[17]。根据傅立叶变换理论，两个频域函数的乘积在逆傅立叶变换后成为两个函数时域形式的卷积。因此，可以根据频域形式的本构关系得到时域形式的关系。为简便起见，定义 $\widetilde{\boldsymbol{D}}$ 为

$$\widetilde{\boldsymbol{D}}=\frac{\boldsymbol{D}}{\varepsilon_0}=\varepsilon_r\boldsymbol{E}=(\varepsilon_\infty+\xi)\boldsymbol{E} \tag{9.2.1}$$

频域形式的本构关系为

$$\widetilde{\boldsymbol{D}}(\omega)=\varepsilon_\infty\boldsymbol{E}(\omega)+\chi(\omega)\boldsymbol{E}(\omega) \tag{9.2.2}$$

因此，时域形式为

$$\widetilde{\boldsymbol{D}}(t)=\varepsilon_\infty\boldsymbol{E}(t)+\chi(t)*\boldsymbol{E}(t)=\varepsilon_\infty\boldsymbol{E}(t)+\int_0^t\chi(t-\tau)\boldsymbol{E}(\tau)\mathrm{d}\tau \tag{9.2.3}$$

上式假设时域电磁场符合因果律，即当 $t<0$ 时，$\widetilde{\boldsymbol{D}}(t)=\boldsymbol{E}(t)=0$。将上式的 t 换成时刻 $t+\Delta t$，则得到

$$\widetilde{\boldsymbol{D}}(t+\Delta t)=\varepsilon_\infty\boldsymbol{E}(t+\Delta t)+\chi(t+\Delta t)*\boldsymbol{E}(t+\Delta t)=\varepsilon_\infty\boldsymbol{E}(t+\Delta t)+\int_0^{t+\Delta t}\chi(t+\Delta t-\tau)\boldsymbol{E}(\tau)\mathrm{d}\tau \tag{9.2.4}$$

式(9.2.4)减去式(9.2.3)，得到

$$\begin{aligned}\widetilde{\boldsymbol{D}}(t+\Delta t)-\widetilde{\boldsymbol{D}}(t)&=\varepsilon_\infty[\boldsymbol{E}(t+\Delta t)-\boldsymbol{E}(t)]+\int_0^{t+\Delta t}\chi(t+\Delta t-\tau)\boldsymbol{E}(\tau)\mathrm{d}\tau+\int_0^t\chi(t-\tau)\boldsymbol{E}(\tau)\mathrm{d}\tau\\&=\varepsilon_\infty[\boldsymbol{E}(t+\Delta t)-\boldsymbol{E}(t)]+\int_0^t\Delta\chi(t-\tau)\boldsymbol{E}(\tau)\mathrm{d}\tau+\int_t^{t+\Delta t}\chi(t+\Delta t-\tau)\boldsymbol{E}(\tau)\mathrm{d}\tau\\&=\varepsilon_\infty[\boldsymbol{E}(t+\Delta t)-\boldsymbol{E}(t)]-\int_0^t\Delta\chi(t-\tau)\boldsymbol{E}(\tau)\mathrm{d}\tau+\int_0^{\Delta t}\chi(\tau)\boldsymbol{E}(t+\Delta t-\tau)\mathrm{d}\tau\end{aligned} \tag{9.2.5}$$

其中

$$\Delta\chi(t)=\chi(t)-\chi(t+\Delta t) \tag{9.2.6}$$

令

$$\boldsymbol{\Psi}(t)=\int_0^t\Delta\chi(t-\tau)\boldsymbol{E}(\tau)\mathrm{d}\tau \tag{9.2.7}$$

则式(9.2.5)还可以写成

$$\widetilde{\boldsymbol{D}}(t+\Delta t)-\widetilde{\boldsymbol{D}}(t)=\varepsilon_{\infty}[\boldsymbol{E}(t+\Delta t)-\boldsymbol{E}(t)]-\boldsymbol{\Psi}(t)+\int_{0}^{\Delta t}\chi(\tau)\boldsymbol{E}(t+\Delta t-\tau)\mathrm{d}\tau \tag{9.2.8}$$

$t+\Delta t$ 时刻的 $\boldsymbol{\Psi}$ 为

$$\begin{aligned}\boldsymbol{\Psi}(t+\Delta t)&=\int_{0}^{t+\Delta t}\Delta\chi(t+\Delta t-\tau)\boldsymbol{E}(\tau)\mathrm{d}\tau\\&=\int_{0}^{t}\Delta\chi(t+\Delta t-\tau)\boldsymbol{E}(\tau)\mathrm{d}\tau+\int_{t}^{t+\Delta t}\Delta\chi(t+\Delta t-\tau)\boldsymbol{E}(\tau)\mathrm{d}\tau\\&=\int_{0}^{t}\frac{\Delta\chi(t+\Delta t-\tau)}{\Delta\chi(t-\tau)}\Delta\chi(t-\tau)\boldsymbol{E}(\tau)\mathrm{d}\tau+\int_{0}^{\Delta t}\Delta\chi(\tau)\boldsymbol{E}(t+\Delta t-\tau)\mathrm{d}\tau\\&=\int_{0}^{t}C_{\chi}(t-\tau)\Delta\chi(t-\tau)\boldsymbol{E}(\tau)\mathrm{d}\tau+\int_{0}^{\Delta t}\Delta\chi(\tau)\boldsymbol{E}(t+\Delta t-\tau)\mathrm{d}\tau\end{aligned} \tag{9.2.9}$$

其中

$$C_{\chi}(t)=\frac{\Delta\chi(t+\Delta t)}{\Delta\chi(t)} \tag{9.2.10}$$

如果 $C_{\chi}(t)$不随时间变化，则可设常数 $C_{\chi}=C_{\chi}(t)$是常数，可以从积分中提出，得到

$$\begin{aligned}\boldsymbol{\Psi}(t+\Delta t)&=C_{\chi}\int_{0}^{t}\Delta\chi(t-\tau)\boldsymbol{E}(\tau)\mathrm{d}\tau+\int_{0}^{\Delta t}\Delta\chi(\tau)\boldsymbol{E}(t+\Delta t-\tau)\mathrm{d}\tau\\&=C_{\chi}\boldsymbol{\Psi}(t)+\int_{0}^{\Delta t}\Delta\chi(\tau)\boldsymbol{E}(t+\Delta t-\tau)\mathrm{d}\tau\end{aligned} \tag{9.2.11}$$

可以证明，Debye 和 Drude 介质的 $C_{\chi}(t)$都是常数。根据 Lorentz 模型的时域形式求得的 $C_{\chi}(t)$不是常数，但经过一些改进后，也可以用这种方法处理，后面讨论到 Lorentz 介质时具体说明。

以上的式子最后归结为两个积分，即

$$I_{\chi}=\int_{0}^{\Delta t}\chi(\tau)\boldsymbol{E}(t+\Delta t-\tau)\mathrm{d}\tau \tag{9.2.12a}$$

$$I_{\Delta\chi}=\int_{0}^{\Delta t}\Delta\chi(\tau)\boldsymbol{E}(t+\Delta t-\tau)\mathrm{d}\tau \tag{9.2.12b}$$

根据被积函数的近似假设，有三种典型处理方法。一种方法假设 $\boldsymbol{E}(t+\Delta t-\tau)$在$[0,\Delta t]$区间是常数 $\boldsymbol{E}(t+\Delta t)$，这种假设得到普通的递归卷积(Recursive Convolution，RC)格式。另一种方法假设 $\boldsymbol{E}(t+\Delta t-\tau)$在$[0,\Delta t]$区间是线性变化的函数，这种假设得到分段线性递归卷积(Piecesize Linear Recursive Convolution，PLRC)格式。第三种方法假设 $\boldsymbol{E}(t+\Delta t-\tau)$在$[0,\Delta t]$区间是常数$[\boldsymbol{E}(t+\Delta t-\tau)+\boldsymbol{E}(t+\Delta t-\tau)]/2$，即两个端点的平均值，这种假设得到梯形递归卷积(Trapezoidal Recursive Convolution，TRC)格式。设

$$\chi_{0}=\int_{0}^{\Delta t}\chi(\tau)\mathrm{d}\tau \tag{9.2.13a}$$

$$\Delta\chi_{0}=\int_{0}^{\Delta t}\Delta\chi(\tau)\mathrm{d}\tau \tag{9.2.13b}$$

$$\xi_{0}=\int_{0}^{\Delta t}\frac{\tau}{\Delta t}\chi(\tau)\mathrm{d}\tau \tag{9.2.13c}$$

$$\Delta\xi_{0}=\int_{0}^{\Delta t}\frac{\tau}{\Delta t}\Delta\chi(\tau)\mathrm{d}\tau \tag{9.2.13d}$$

则可以得到三种格式的 I_χ 和 $I_{\Delta\chi}$。RC 格式的积分结果为

$$I_\chi^{\mathrm{RC}} = \int_0^{\Delta t} \chi(\tau)\mathrm{d}\tau \boldsymbol{E}(t+\Delta t) = \chi_0 \mathrm{d}\tau \boldsymbol{E}(t+\Delta t) \tag{9.2.14a}$$

$$I_{\Delta\chi}^{\mathrm{RC}} = \int_0^{\Delta t} \Delta\chi(\tau)\mathrm{d}\tau \boldsymbol{E}(t+\Delta t) = \Delta\chi_0 \mathrm{d}\tau \boldsymbol{E}(t+\Delta t) \tag{9.2.14b}$$

PLRC 格式的积分结果为

$$\begin{aligned} I_\chi^{\mathrm{PLRC}} &= \int_0^{\Delta t} \chi(\tau)\left\{\boldsymbol{E}(t+\Delta t-\tau) + \frac{\tau}{\Delta t}[\boldsymbol{E}(t-\tau) - \boldsymbol{E}(t+\Delta t-\tau)]\right\}\mathrm{d}\tau \\ &= \chi_0 \boldsymbol{E}(t+\Delta t-\tau) + \xi_0[\boldsymbol{E}(t-\tau) - \boldsymbol{E}(t+\Delta t-\tau)] \\ &= (\chi_0 - \xi_0)\boldsymbol{E}(t+\Delta t-\tau) + \xi_0 \boldsymbol{E}(t-\tau) \end{aligned} \tag{9.2.15a}$$

$$\begin{aligned} I_{\Delta\chi}^{\mathrm{PLRC}} &= \int_0^{\Delta t} \Delta\chi(\tau)\left\{\boldsymbol{E}(t+\Delta t-\tau) + \frac{\tau}{\Delta t}[\boldsymbol{E}(t-\tau) - \boldsymbol{E}(t+\Delta t-\tau)]\right\}\mathrm{d}\tau \\ &= \Delta\chi_0 \boldsymbol{E}(t+\Delta t-\tau) + \Delta\xi_0[\boldsymbol{E}(t-\tau) - \boldsymbol{E}(t+\Delta t-\tau)] \\ &= (\Delta\chi_0 - \Delta\xi_0)\boldsymbol{E}(t+\Delta t-\tau) + \Delta\xi_0 \boldsymbol{E}(t-\tau) \end{aligned} \tag{9.2.15b}$$

TRC 格式的积分结果为

$$I_\chi^{\mathrm{TRC}} = \int_0^{\Delta t} \chi(\tau)\mathrm{d}\tau\, \frac{1}{2}[\boldsymbol{E}(t-\tau) + \boldsymbol{E}(t+\Delta t-\tau)] = \frac{\chi_0}{2}[\boldsymbol{E}(t-\tau) + \boldsymbol{E}(t+\Delta t-\tau)] \tag{9.2.16a}$$

$$I_{\Delta\chi}^{\mathrm{TRC}} = \int_0^{\Delta t} \Delta\chi(\tau)\mathrm{d}\tau\, \frac{1}{2}[\boldsymbol{E}(t-\tau) + \boldsymbol{E}(t+\Delta t-\tau)] = \frac{\Delta\chi_0}{2}[\boldsymbol{E}(t-\tau) + \boldsymbol{E}(t+\Delta t-\tau)] \tag{9.2.16b}$$

可以看到，三种格式的积分都可以写成 $\boldsymbol{E}(t+\Delta t-\tau)$ 和 $\boldsymbol{E}(t-\tau)$ 的线性组合形式，即

$$I_\chi = A_\chi \boldsymbol{E}(t+\Delta t-\tau) + B_\chi \boldsymbol{E}(t-\tau) \tag{9.2.17a}$$

$$I_{\Delta\chi} = A_{\Delta\chi} \boldsymbol{E}(t+\Delta t-\tau) + B_{\Delta\chi} \boldsymbol{E}(t-\tau) \tag{9.2.17b}$$

其中的系数在普通 RC、PLRC 和 TRC 中取不同的值，如表 9.2 所示。

表 9.2 不同积分方法的系数取值

	CRC	PLRC	TRC
A_χ	χ_0	$\chi_0 - \xi_0$	$\chi_0/2$
$A_{\Delta\chi}$	$\Delta\chi_0$	$\Delta\chi_0 - \Delta\xi_0$	$\Delta\chi_0/2$
B_χ	0	ξ_0	$\chi_0/2$
$B_{\Delta\chi}$	0	$\Delta\xi_0$	$\Delta\chi_0/2$

取 $t=n\Delta t$，将各个场量写成时间步作为上标的形式，得到

$$\widetilde{\boldsymbol{D}}^{n+1} - \widetilde{\boldsymbol{D}}^n = \varepsilon_\infty(\boldsymbol{E}^{n+1} - \boldsymbol{E}^n) - \boldsymbol{\Psi}^n + A_\chi \boldsymbol{E}^{n+1} + B_\chi \boldsymbol{E}^n = (\varepsilon_\infty + A_\chi)\boldsymbol{E}^{n+1} - (\varepsilon_\infty - B_\chi)\boldsymbol{E}^n - \boldsymbol{\Psi}^n \tag{9.2.18a}$$

$$\boldsymbol{\Psi}^{n+1} = C_\chi \boldsymbol{\Psi}^n + A_{\Delta\chi}\boldsymbol{E}^{n+1} + B_{\Delta\chi}\boldsymbol{E}^n \tag{9.2.18b}$$

式(9.2.18b)是辅助变量 $\boldsymbol{\Psi}$ 的迭代格式。将式(9.2.18a)代入麦克斯韦方程，得到

$$(\varepsilon_\infty + A_\chi)\boldsymbol{E}^{n+1} - (\varepsilon_\infty - B_\chi)\boldsymbol{E}^n - \boldsymbol{\Psi}^n = s\delta\nabla\times\widetilde{\boldsymbol{H}}^{n+\frac{1}{2}} \tag{9.2.19}$$

因此得到电场的显式迭代格式

$$\boldsymbol{E}^{n+1}=\frac{\varepsilon_\infty-B_\chi}{\varepsilon_\infty+A_\chi}\boldsymbol{E}^n+\frac{1}{\varepsilon_\infty+A_\chi}\boldsymbol{\Psi}^n+\frac{s}{\varepsilon_\infty+A_\chi}\delta\nabla\times\widetilde{\boldsymbol{H}}^{n+\frac{1}{2}} \tag{9.2.20}$$

在将电场更新到 $\boldsymbol{E}^{n+1}$ 后，更新辅助变量 $\boldsymbol{\Psi}$。在更新 $\boldsymbol{\Psi}$ 时，需要用到 $\boldsymbol{E}^n$ 和 $\boldsymbol{E}^{n+1}$，因此再设置数组用来存储另一个时间步的电场。

Debye 介质各系数计算结果如下式所示：

$$\chi_0=\Delta\varepsilon(1-\mathrm{e}^{-\frac{\Delta t}{\tau_0}}) \tag{9.2.21a}$$

$$\Delta\chi_0=\Delta\varepsilon(1-\mathrm{e}^{-\frac{\Delta t}{\tau_0}})^2 \tag{9.2.21b}$$

$$\xi_0=\frac{\Delta\varepsilon\tau_0}{\Delta t}\left[1-\left(1+\frac{\Delta t}{\tau_0}\right)\mathrm{e}^{-\frac{\Delta t}{\tau_0}}\right] \tag{9.2.21c}$$

$$\Delta\xi_0=\frac{\Delta\varepsilon\tau_0}{\Delta t}(1-\mathrm{e}^{-\frac{\Delta t}{\tau_0}})\left[1-\left(1+\frac{\Delta t}{\tau_0}\right)\mathrm{e}^{-\frac{\Delta t}{\tau_0}}\right] \tag{9.2.21d}$$

Drude 介质各系数计算结果如下式所示：

$$\chi_0=\frac{\omega_\mathrm{p}^2}{\nu_\mathrm{c}}\left[\Delta t-\frac{1}{\nu_\mathrm{c}}(1-\mathrm{e}^{-\nu_\mathrm{c}\Delta t})\right] \tag{9.2.22a}$$

$$\Delta\chi_0=\frac{\omega_\mathrm{p}^2}{\nu_\mathrm{c}^2}(1-\mathrm{e}^{-\nu_\mathrm{c}\Delta t})^2 \tag{9.2.22b}$$

$$\xi_0=\frac{\omega_\mathrm{p}^2}{\nu_\mathrm{c}}\left\{\frac{\Delta t}{2}-\frac{1}{\nu_\mathrm{c}^2\Delta t}[1-(1+\nu_\mathrm{c}\Delta t)\mathrm{e}^{-\nu_\mathrm{c}\Delta t}]\right\} \tag{9.2.22c}$$

$$\Delta\xi_0=-\frac{\omega_\mathrm{p}^2}{\nu_\mathrm{c}^3\Delta t}(1-\mathrm{e}^{-\nu_\mathrm{c}\Delta t})[1-(1+\nu_\mathrm{c}\Delta t)\mathrm{e}^{-\nu_\mathrm{c}\Delta t}] \tag{9.2.22d}$$

Lorentz 介质的系数计算需要采用 $\tilde{\chi}_0$、$\Delta\tilde{\chi}_0$、$\tilde{\xi}_0$、$\Delta\tilde{\xi}_0$。设 $\beta=\sqrt{\omega_0^2-\nu_\mathrm{c}^2}$，则计算结果为

$$\tilde{\chi}_0=\frac{\Delta\varepsilon\omega_0^2}{\beta(\nu_\mathrm{c}-\mathrm{j}\beta)}[1-\mathrm{e}^{-(\nu_\mathrm{c}-\mathrm{j}\beta)\Delta t}] \tag{9.2.23a}$$

$$\Delta\tilde{\chi}_0=\frac{\Delta\varepsilon\omega_0^2}{\beta(\nu_\mathrm{c}-\mathrm{j}\beta)}[1-\mathrm{e}^{-(\nu_\mathrm{c}-\mathrm{j}\beta)\Delta t}]^2 \tag{9.2.23b}$$

$$\tilde{\xi}_0=\frac{\Delta\varepsilon\omega_0^2}{\beta(\nu_\mathrm{c}-\mathrm{j}\beta)^2\Delta t}\{1-[1+(\nu_\mathrm{c}-\mathrm{j}\beta)\Delta t]\mathrm{e}^{-(\nu_\mathrm{c}-\mathrm{j}\beta)\Delta t}\} \tag{9.2.23c}$$

$$\tilde{\xi}_0=\frac{\Delta\varepsilon\omega_0^2}{\beta(\nu_\mathrm{c}-\mathrm{j}\beta)^2\Delta t}(1-\mathrm{e}^{-(\nu_\mathrm{c}-\mathrm{j}\beta)\Delta t})\{1-[1+(\nu_\mathrm{c}-\mathrm{j}\beta)\Delta t]\mathrm{e}^{-(\nu_\mathrm{c}-\mathrm{j}\beta)\Delta t}\} \tag{9.2.23d}$$

9.2.2 Debye 介质

首先采用 RC 方法模拟电磁波在 Debye 介质中的传播。计算区域划分 100 个网格，网格长度为波长的 1/40，时间稳定因子为 0.5，左侧边界由幅度为 1 的正弦波激励，右侧边界用 10 层坐标伸缩完全匹配层截断，仿真 480 时间步。Debye 介质的 $\varepsilon_\infty=1$，$\Delta\varepsilon=1$，$\Delta t/\tau_0=0.2$。RC 代码如下所示。

代码 9.1 RC 法实现 Debye 介质模拟(9/m1.m)

```
s=0.5;
nd=40;
na=10;
```

```
m=4;
de=1;
x=.2;
einf=1;
nz=100;
e=zeros(1, nz+1);
h=0;
ze=0;
zh=0;
psi=0;
cchi=exp(-x);
chi=de*(1-cchi);
dchi=de*(1-cchi)^2;
achi=chi;
adchi=dchi;
ca=einf/(einf+achi);
cb=1/(einf+achi);
xe=4/5*s*(m+1)*((1:na-1)/na).^m;
xm=4/5*s*(m+1)*((.5:na-.5)/na).^m;
ae=exp(-xe);
be=1-ae;
am=exp(-xm);
bm=1-am;
hfig=plot(0:length(e)-1, e);
ylim([-2, 2]);
for n=1:nd/s*6
    h=h-s*diff(e);
    h(end-na+1:end)=h(end-na+1:end)-s*ze;
    zh=ae.*zh-be.*diff(h(end-na+1:end));
    e(2:end-1)=ca*e(2:end-1)+cb*(psi-s*diff(h));
    e(end-na+1:end-1)=e(end-na+1:end-1)-cb*s*zh;
    e(1)=sin(2*pi*n*s/nd);
    psi=cchi*psi+adchi*e(2:end-1);
    ze=am.*ze-bm.*diff(e(end-na:end));
    set(hfig, 'ydata', e);
    drawnow;
end
ea=imag(exp(-2j*pi*(0:nz)/nd*sqrt(einf+de/(1+2j*pi*s/nd/x))));
holdon;
plot(0:nz, ea);
saveas(gcf, [mfilename, '.png']);
data=[e; ea]';
save([mfilename, '.dat'], 'data', '-ascii');
```

PLRC 代码如下所示。

代码 9.2　PLRC 法实现 Debye 介质模拟(9/m2.m)

```
s=0.5;
nd=40;
na=10;
m=4;
de=1;
x=.2;
einf=1;
nz=100;
e=zeros(1, nz+1);
e1=zeros(1, nz-1);
h=0;
ze=0;
zh=0;
psi=0;
cchi=exp(-x);
chi=de*(1-cchi);
dchi=de*(1-cchi)^2;
xi=de*(1-(1+x)*cchi);
dxi=de*(1-cchi)*(1-(1+x)*cchi);
achi=chi-xi;
adchi=dchi-dxi;
bchi=xi;
bdchi=dxi;
ca=(einf-bchi)/(einf+achi);
cb=1/(einf+achi);
xe=4/5*s*(m+1)*((1:na-1)/na).^m;
xm=4/5*s*(m+1)*((.5:na-.5)/na).^m;
ae=exp(-xe);
be=1-ae;
am=exp(-xm);
bm=1-am;
hfig=plot(0:length(e)-1, e);
ylim([-2, 2]);
for n=1:nd/s*6
    h=h-s*diff(e);
    h(end-na+1:end)=h(end-na+1:end)-s*ze;
    zh=ae.*zh-be.*diff(h(end-na+1:end));
    e1=e(2:end-1);
    e(2:end-1)=ca*e(2:end-1)+cb*(psi-s*diff(h));
    e(end-na+1:end-1)=e(end-na+1:end-1)-cb*s*zh;
    e(1)=sin(2*pi*n*s/nd);
    psi=cchi*psi+adchi*e(2:end-1)+bdchi*e1;
```

```
    ze=am. * ze-bm. * diff(e(end-na:end));
    set(hfig, 'ydata', e);
    drawnow;
end
ea=imag(exp(-2j * pi * (0:nz)/nd * sqrt(einf+de/(1+2j * pi * s/nd/x))));
holdon;
plot(0:nz, ea);
saveas(gcf, [mfilename, '.png']);
data=[e; ea]';
save([mfilename, '.dat'], 'data', '-ascii');
```

TRC 代码如下所示，需要在 PLRC 算例的基础上改动下面几行即可。三种计算结果如图 9.4 所示。为了比较精度，图 9.4(b)还将曲线的 76～80 网格处电场强度局部放大。通过

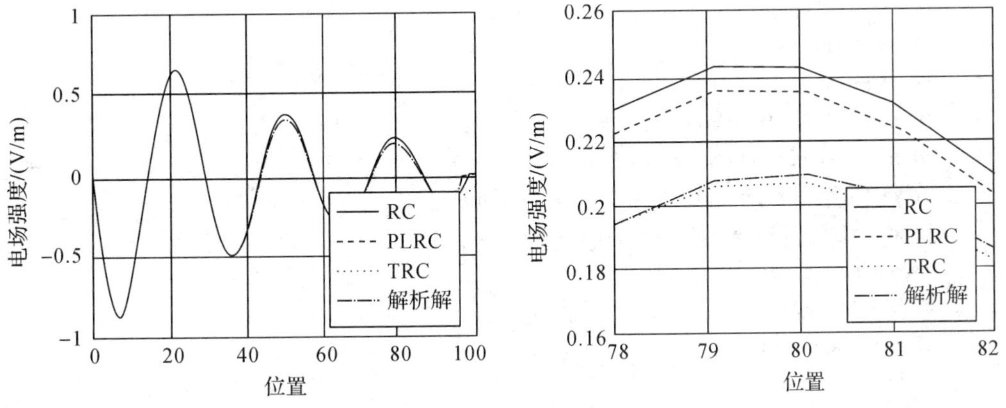

(a) 电场强度分布　　　　(b) 局部图

图 9.4　三种递归卷积法模拟电磁波在 Debye 介质中的传播(9/m1.m, 9/m2.m, 9/m3.m)

对比可以看出，TRC 格式的精度较高。

代码 9.3　TRC 法实现 Debye 介质模拟(9/m3.m)

```
achi=chi/2;
adchi=dchi/2;
ca=(einf-achi)/(einf+achi);
cb=1/(einf+achi);
```

9.2.3　Drude 介质

设置 Drude 介质，使得 $\nu_c\Delta t=0.01$，$\dfrac{\omega_p}{\nu_c}=6$，$\varepsilon_\infty=1$。仿真区域为 100 个元胞，元胞尺寸为 1/40 波长。左侧边界引入正弦波激励，右侧用 10 层坐标伸缩 PML 层截断。RC 代码如下所示。

代码 9.4　RC 法实现 Drude 介质模拟(9/m4.m)

```
s=0.5;
nd=40;
```

```
na=10;
m=4;
x=.01;
wpnu=6;
einf=1;
nz=100;
e=zeros(1, nz+1);
h=0;
ze=0;
zh=0;
psi=0;
cchi=exp(-x);
chi=wpnu^2 * (x-(1-cchi));
dchi=-wpnu^2 * (1-cchi)^2;
achi=chi;
adchi=dchi;
ca=einf/(einf+achi);
cb=1/(einf+achi);
xe=4/5 * s * (m+1) * ((1:na-1)/na).^m;
xm=4/5 * s * (m+1) * ((.5:na-.5)/na).^m;
ae=exp(-xe);
be=1-ae;
am=exp(-xm);
bm=1-am;
hfig=plot(0:length(e)-1, e);
ylim([-2, 2]);
for n=1:nd/s * 6
    h=h-s * diff(e);
    h(end-na+1:end)=h(end-na+1:end)-s * ze;
    zh=ae. * zh-be. * diff(h(end-na+1:end));
    e(2:end-1)=ca * e(2:end-1)+cb * (psi-s * diff(h));
    e(end-na+1:end-1)=e(end-na+1:end-1)-cb * s * zh;
    e(1)=sin(2 * pi * n * s/nd);
    psi=cchi * psi+adchi * e(2:end-1);
    ze=am. * ze-bm. * diff(e(end-na:end));
    set(hfig, 'ydata', e);
    drawnow;
end
ea=imag(exp(-2j * pi * (0:nz)/nd * sqrt(einf+wpnu^2/(2j * pi * s/nd/x)/(1+2j * pi
    * s/nd/x))));
hold on;
plot(0:nz, ea);
saveas(gcf, [mfilename, '.png']);
data=[e; ea]';
```

46 save([mfilename, '.dat'], 'data', '-ascii');

PLRC 代码如下所示。

代码 9.5 PLRC 法实现 Drude 介质模拟(9/m5.m)

```
1 s=0.5;
2 nd=40;
3 na=10;
4 m=4;
5 x=.01;
6 wpnu=6;
7 einf=1;
8 nz=100;
9 e=zeros(1,nz+1);
10 h=0;
11 ze=0;
12 zh=0;
13 psi=0;
14 cchi=exp(-x);
15 chi=wpnu^2*(x-(1-cchi));
16 dchi=-wpnu^2*(1-cchi)^2;
17 xi=wpnu^2/x*(x^2/2-(1-(1+x)*cchi));
18 dxi=-wpnu^2/x*(1-cchi)*(1-(1+x)*cchi);
19 achi=chi-xi;
20 adchi=dchi-dxi;
21 bchi=xi;
22 bdchi=dxi;
23 ca=(einf-bchi)/(einf+achi);
24 cb=1/(einf+achi);
25 xe=4/5*s*(m+1)*((1:na-1)/na).^m;
26 xm=4/5*s*(m+1)*((.5:na-.5)/na).^m;
27 ae=exp(-xe);
28 be=1-ae;
29 am=exp(-xm);
30 bm=1-am;
31 hfig=plot(0:length(e)-1,e);
32 ylim([-2,2]);
33 for n=1:nd/s*6
34     h=h-s*diff(e);
35     h(end-na+1:end)=h(end-na+1:end)-s*ze;
36     zh=ae.*zh-be.*diff(h(end-na+1:end));
37     e1=e(2:end-1);
38     e(2:end-1)=ca*e(2:end-1)+cb*(psi-s*diff(h));
39     e(end-na+1:end-1)=e(end-na+1:end-1)-cb*s*zh;
40     e(1)=sin(2*pi*n*s/nd);
41     psi=cchi*psi+adchi*e(2:end-1)+bdchi*e1;
```

```
    ze=am. * ze-bm. * diff(e(end-na:end));
    set(hfig, 'ydata', e);
    drawnow;
end
ea=imag(exp(-2j * pi * (0:nz)/nd * sqrt(einf+wpnu^2/(2j * pi * s/nd/x)/(1+2j * pi
    * s/nd/x))));
hold on;
plot(0:nz, ea);
saveas(gcf, [mfilename, '.png']);
data=[e; ea]';
save([mfilename, '.dat'], 'data', '-ascii');
```

TRC 代码如下所示，只需在 PLRC 的基础上修改下面几行即可。三种计算结果如图 9.5 所示。为了比较精度，图 9.5(b)还将曲线的局部电场强度局部放大加以对比。通过对比可以看出，PLRC 和 TRC 格式的精度较高。

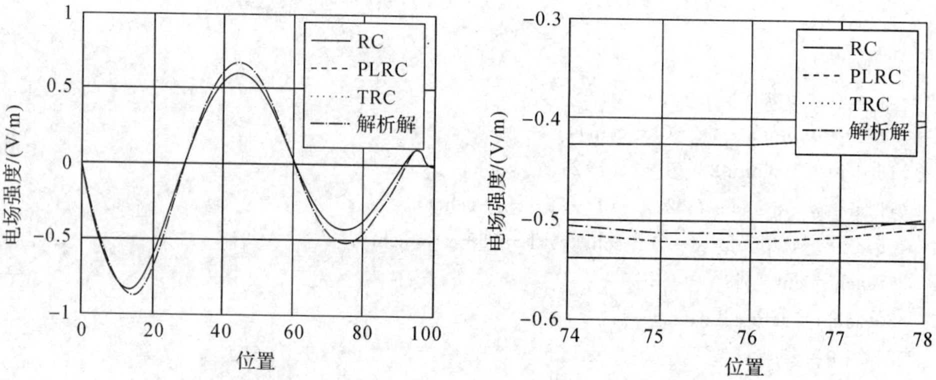

(a) 电场强度分布

(b) 局部图

图 9.5　三种递归卷积法模拟电磁波在 Drude 介质中的传播(9/m4. m，9/m5. m，9/m6. m)

代码 9.6　TRC 法实现 Drude 介质模拟(9/m6. m)

```
achi=chi/2;
adchi=dchi/2;
ca=(einf-achi)/(einf+achi);
cb=1/(einf+achi);
```

9.2.4　Lorentz 介质

Lorentz 模型本构方程的时域卷积形式不能使 $C_\chi(t)$是常数，因此卷积方法不能直接使用，需要对 Lorentz 模型进行一些修改。将 Lorentz 模型的电极化率改写为如下所示：

$$\chi(t)=\mathrm{e}^{-\alpha t}\sin\beta t U(t)=\mathrm{Im}\{\mathrm{e}^{-(\alpha-\mathrm{j}\beta)t}tU(t)\}=\mathrm{Im}\{\tilde{\chi}(t)\} \tag{9.2.24}$$

因此，本构关系的时域形式为

$$\tilde{\boldsymbol{D}}(t)=\varepsilon_\infty \boldsymbol{E}(t)+\mathrm{Im}\{\tilde{\chi}(t)\}*\boldsymbol{E}(t)=\varepsilon_\infty \boldsymbol{E}(t)+\mathrm{Im}\left\{\int_0^t \tilde{\chi}(t-\tau)\boldsymbol{E}(\tau)\mathrm{d}\tau\right\} \tag{9.2.25}$$

用与前面同样的方法，得到

$$\tilde{\boldsymbol{D}}(t+\Delta t)-\tilde{\boldsymbol{D}}(t)=\varepsilon_\infty[\boldsymbol{E}(t+\Delta t)-\boldsymbol{E}(t)]-\mathrm{Im}\left\{\int_0^t \Delta\tilde{\chi}(t-\tau)\boldsymbol{E}(\tau)\mathrm{d}\tau\right\}$$

$$+\mathrm{Im}\left\{\int_0^{\Delta t}\tilde{\chi}(\tau)\boldsymbol{E}(t+\Delta t-\tau)\mathrm{d}\tau\right\} \tag{9.2.26}$$

其中

$$\Delta\tilde{\chi}(t)=\tilde{\chi}(t)-\tilde{\chi}(t+\Delta t) \tag{9.2.27}$$

令

$$\tilde{\boldsymbol{\Psi}}(t)=\int_0^t \Delta\tilde{\chi}(t-\tau)\boldsymbol{E}(\tau)\mathrm{d}\tau \tag{9.2.28}$$

则式(9.2.26)还可以写成

$$\tilde{\boldsymbol{D}}(t+\Delta t)-\tilde{D}(t)=\varepsilon_\infty[\boldsymbol{E}(t+\Delta t)-\boldsymbol{E}(t)]-\mathrm{Im}\{\tilde{\boldsymbol{\Psi}}(t)\}+\mathrm{Im}\left\{\int_0^{\Delta t}\tilde{\chi}(\tau)\boldsymbol{E}(t+\Delta t-\tau)\mathrm{d}\tau\right\} \tag{9.2.29}$$

$\tilde{\boldsymbol{\Psi}}$ 的迭代方法为

$$\tilde{\boldsymbol{\Psi}}(t+\Delta t)=\int_0^t C_\chi(t-\tau)\Delta\tilde{\chi}(t-\tau)\boldsymbol{E}(\tau)\mathrm{d}\tau+\int_0^{\Delta t}\Delta\tilde{\chi}(\tau)\boldsymbol{E}(t+\Delta t-\tau)\mathrm{d}\tau \tag{9.2.30}$$

其中

$$C_\chi(t)=\frac{\Delta\tilde{\chi}(t+\Delta t)}{\Delta\tilde{\chi}(t)} \tag{9.2.31}$$

可以证明，对于 Lorentz 介质，$C_\chi(t)$不随时间变化，是个常数。因此，$\tilde{\boldsymbol{\Psi}}$ 的迭代方法有与 $\boldsymbol{\Psi}$ 相同的形式。

上面式子的积分归结为两个积分，即

$$I_{\tilde{\chi}}=\int_0^{\Delta t}\tilde{\chi}(\tau)\boldsymbol{E}(t+\Delta t-\tau)\mathrm{d}\tau \tag{9.2.32a}$$

$$I_{\Delta\tilde{\chi}}=\int_0^{\Delta t}\Delta\tilde{\chi}(\tau)\boldsymbol{E}(t+\Delta t-\tau)\mathrm{d}\tau \tag{9.2.32b}$$

同样可以用三种典型方法来处理积分。设

$$\tilde{\chi}_0=\int_0^{\Delta t}\tilde{\chi}(\tau)\mathrm{d}\tau \tag{9.2.33a}$$

$$\Delta\tilde{\chi}_0=\int_0^{\Delta t}\Delta\tilde{\chi}(\tau)\mathrm{d}\tau \tag{9.2.33b}$$

$$\tilde{\xi}_0=\int_0^{\Delta t}\frac{\tau}{\Delta t}\tilde{\chi}(\tau)\mathrm{d}\tau \tag{9.2.33c}$$

$$\Delta\tilde{\xi}_0=\int_0^{\Delta t}\frac{\tau}{\Delta t}\Delta\tilde{\chi}(\tau)\mathrm{d}\tau \tag{9.2.33d}$$

则可以得到三种格式的 $I_{\tilde{\chi}}$ 和 $I_{\Delta\tilde{\chi}}$。各种系数在普通 RC、PLRC 和 TRC 中的取值如表 9.3 所示。

表 9.3　Lorentz 模型系数取值

	CRC	PLRC	TRC
$A_{\tilde{\chi}}$	$\tilde{\chi}_0$	$\tilde{\chi}_0-\tilde{\xi}_0$	$\tilde{\chi}_0/2$
$A_{\Delta\tilde{\chi}}$	$\Delta\tilde{\chi}_0$	$\Delta\tilde{\chi}_0-\Delta\tilde{\xi}_0$	$\Delta\tilde{\chi}_0/2$
$B_{\tilde{\chi}}$	0	$\tilde{\xi}_0$	$\tilde{\chi}_0/2$
$B_{\Delta\tilde{\chi}}$	0	$\Delta\tilde{\xi}_0$	$\Delta\tilde{\chi}_0/2$

下面通过具体的算例进行验证。设置 Lorentz 介质的参数，使得 $\Delta\varepsilon\omega_0^2\Delta t^2=0.5$，$\beta\Delta t=0.1$，$\varepsilon_\infty=1$。计算区域包含 100 个元胞，元胞尺寸为 1/40 波长。仿真 800 时间步，RC 代码如下所示。

代码 9.7　RC 法实现 Lorentz 介质模拟(9/m7.m)

```
s=0.5;
nd=40;
na=10;
m=4;
dew2=.5;
x=.6;
beta=.1;
einf=1;
nz=100;
e=zeros(1, nz+1);
h=0;
ze=0;
zh=0;
psi=0;
cchi=exp(-x+1j * beta);
chi=imag(dew2/beta/(x-1j * beta) * (1-cchi));
dchi=dew2/beta/(x-1j * beta) * (1-cchi)^2;
achi=chi;
adchi=dchi;
ca=einf/(einf+achi);
cb=1/(einf+achi);
xe=4/5 * s * (m+1) * ((1:na-1)/na).^m;
xm=4/5 * s * (m+1) * ((.5:na-.5)/na).^m;
ae=exp(-xe);
be=1-ae;
am=exp(-xm);
bm=1-am;
hfig=plot(0:length(e)-1, e);
ylim([-2, 2]);
for n=1:nd/s * 10
    h=h-s * diff(e);
    h(end-na+1:end)=h(end-na+1:end)-s * ze;
    zh=ae. * zh-be. * diff(h(end-na+1:end));
    e(2:end-1)=ca * e(2:end-1)+cb * (imag(psi)-s * diff(h));
    e(end-na+1:end-1)=e(end-na+1:end-1)-cb * s * zh;
    e(1)=sin(2 * pi * n * s/nd);
    psi=cchi * psi+adchi * e(2:end-1);
```

```
    ze=am.*ze-bm.*diff(e(end-na:end));
    set(hfig, 'ydata', e);
    drawnow;
end
ea=imag(exp(-2j*pi*(0:nz)/nd*sqrt(einf+dew2/(beta^2+(2j*pi*s/nd+x)^2))));
hold on;
plot(0:nz, ea);
saveas(gcf, [mfilename, '.png']);
data=[e; ea]';
save([mfilename, '.dat'], 'data', '-ascii');
```

PLRC 代码如下所示。

代码 9.8　PLRC 法实现 Lorentz 介质模拟(9/m8.m)

```
s=0.5;
nd=40;
na=10;
m=4;
dew2=.5;
x=.6;
beta=.1;
einf=1;
nz=100;
e=zeros(1, nz+1);
h=0;
ze=0;
zh=0;
psi=0;
cchi=exp(-x+1j*beta);
chi=imag(dew2/beta/(x-1j*beta)*(1-cchi));
dchi=dew2/beta/(x-1j*beta)*(1-cchi)^2;
xi=imag(dew2/beta/(x-1j*beta)*(1-(1+x-1j*beta)*cchi));
dxi=dew2/beta/(x-1j*beta)*(1-cchi)*(1-(1+x-1j*beta)*cchi);
achi=chi-xi;
adchi=dchi-dxi;
bchi=xi;
bdchi=dxi;
ca=(einf-bchi)/(einf+achi);
cb=1/(einf+achi);
xe=4/5*s*(m+1)*((1:na-1)/na).^m;
xm=4/5*s*(m+1)*((.5:na-.5)/na).^m;
ae=exp(-xe);
```

```
29  be=1-ae;

30  am=exp(-xm);

31  bm=1-am;

32  hfig=plot(0:length(e)-1, e);

33  ylim([-2, 2]);

34  for n=1:nd/s * 10

35      h=h-s * diff(e);

36      h(end-na+1:end)=h(end-na+1:end)-s * ze;

37      zh=ae. * zh-be. * diff(h(end-na+1:end));

38      e1=e(2:end-1);

39      e(2:end-1)=ca * e(2:end-1)+cb * (imag(psi)-s * diff(h));

40      e(end-na+1:end-1)=e(end-na+1:end-1)-cb * s * zh;

41      e(1)=sin(2 * pi * n * s/nd);

42      psi=cchi * psi+adchi * e(2:end-1)+bdchi * e1;

43      ze=am. * ze-bm. * diff(e(end-na:end));

44      set(hfig, 'ydata', e);

45      drawnow;

46  end

47  ea=imag(exp(-2j * pi * (0:nz)/nd * sqrt(einf+dew2/(beta^2+(2j * pi * s/nd+x)^
    2))));

48  hold on;

49  plot(0:nz, ea);

50  saveas(gcf, [mfilename, '.png']);

51  data=[e; ea]';

52  save([mfilename, '.dat'], 'data', '-ascii');
```

  TRC 代码如下所示,只需将 PLRC 的代码相应行加以修改即可。三种计算结果如图
9.6 所示。为了比较精度,图 9.6(b)还将曲线的 74~78 网格处电场强度局部放大。通过对
比可以看出,TRC 格式的精度较高。

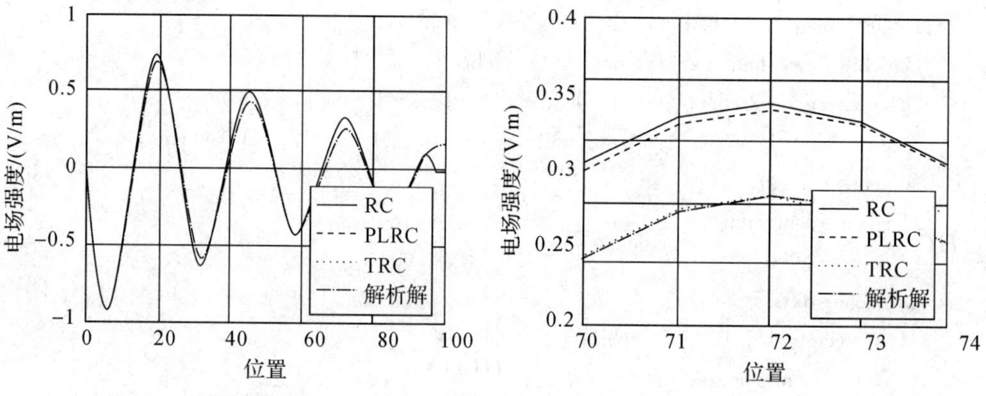

(a)电场强度分布   (b)局部图

图 9.6 三种递归卷积法模拟电磁波在 Lorentz 介质中的传播(9/m7.m, 9/m8.m, 9/m9.m)

代码 9.9　TRC 法实现 Lorentz 介质模拟(9/m9.m)

```
achi=chi/2;
adchi=dchi/2;
bchi=chi/2;
bdchi=dchi/2;
```

9.3　Z 变换方法

9.3.1　Z 变换形式

下面介绍 Z 变换方法[18]。设时域函数 $x(t)$的等间隔离散函数序列为 $x(n)$，即

$$x(n)=x(n\Delta t) \tag{9.3.1}$$

则序列 $x(n)$的 Z 变换定义为

$$\mathrm{Z}(x(n)) = X(z) = \sum_{n=-\infty}^{\infty} x(n) z^{-n} \tag{9.3.2}$$

Z 变换的卷积与原函数的乘积密切相关。两个函数 $h(t)$和 $x(t)$的卷积 $y(t)$为

$$y(t) = h(t) * x(t) = \int_{-\infty}^{\infty} h(t-\tau)x(\tau)\mathrm{d}\tau \tag{9.3.3}$$

上式等间隔离散后成为两个数列 $h(n)$和 $x(n)$的卷积，即

$$y(n) = \Delta t \sum_{i=-\infty}^{\infty} h(n-i)x(i) \tag{9.3.4}$$

上式的 Z 变换为

$$\begin{aligned}
y(n) &= \Delta t \sum_{n=-\infty}^{\infty} \left[\sum_{i=-\infty}^{\infty} h(n-i)x(i) \right] z^{-n} \\
&= \Delta t \sum_{i=-\infty}^{\infty} \sum_{n=-\infty}^{\infty} h(n-i)x(i) z^{-n} \\
&= \Delta t \sum_{i=-\infty}^{\infty} x(i) \sum_{n=-\infty}^{\infty} h(n-i) z^{-n} \\
&= \Delta t \sum_{i=-\infty}^{\infty} x(i) z^{-i} \sum_{n=-\infty}^{\infty} h(n-i) z^{-(n-i)} \\
&= \Delta t \sum_{i=-\infty}^{\infty} x(i) z^{-i} \sum_{m=-\infty}^{\infty} h(m) z^{-m} \\
&= \Delta t H(z) X(z)
\end{aligned} \tag{9.3.5}$$

其中 $H(z)$和 $X(z)$分别是 $h(n)$和 $x(n)$的 Z 变换。可见，两个数列的积的 Z 变换等于两个数列各自 Z 变换的乘积乘以 Δt，这就是 Z 变换卷积定理。

将 $h(t)$和 $x(t)$进行傅立叶变换，得到 $H(\omega)$和 $X(\omega)$，则 $h(t) * x(t)$的傅立叶变换为

$$Y(\omega)=H(\sigma)X(\omega) \tag{9.3.6}$$

可见，两个时域信号卷积的傅立叶变换和 Z 变换有如下对应关系：

$$H(\sigma)X(\omega) \rightarrow \Delta t H(z) X(z) \tag{9.3.7}$$

几个常用函数的 Z 变换如表 9.4 所示。为了对比，表中还给出了傅立叶变换的结果。

表 9.4 几种函数的 Z 变换

频域形式	时域形式	离散时域形式	z 域形式
1	$\delta(t)$	$\delta(n)$	1
$\frac{1}{j\omega}$	$U(t)$	$u(n)$	$\frac{1}{1-z^{-1}}$
$\frac{1}{(j\omega)^2}$	$tU(t)$	$nu(n)$	$\frac{z^{-1}}{(1-z^{-1})^2}$
$\frac{1}{\alpha+j\omega}$	$e^{-\alpha t}U(t)$	$e^{-\alpha n\Delta t}u(n)$	$\frac{1}{1-z^{-1}e^{-\alpha\Delta t}}$
$\frac{1}{\alpha-j\beta+j\omega}$	$e^{-(\alpha-j\beta)t}U(t)$	$e^{-(\alpha-j\beta)n\Delta t}u(n)$	$\frac{1}{1-z^{-1}e^{-(\alpha-j\beta)\Delta t}}$
$\frac{1}{\alpha+j\beta+j\omega}$	$e^{-(\alpha+j\beta)t}U(t)$	$e^{-(\alpha+j\beta)n\Delta t}u(n)$	$\frac{1}{1-z^{-1}e^{-(\alpha+j\beta)\Delta t}}$
$\frac{\beta}{(\alpha+j\omega)^2+\beta^2}$	$e^{-\alpha t}\sin\beta tU(t)$	$e^{-\alpha n\Delta t}\sin\beta n\Delta tu(n)$	$\frac{e^{-\alpha\Delta t}\sin\beta\Delta tz^{-1}}{1-2e^{-\alpha\Delta t}\cos\beta\Delta tz^{-1}+e^{-2\alpha\Delta tz-2}}$
$\frac{\alpha+j\omega}{(\alpha+j\omega)^2+\beta^2}$	$e^{-\alpha t}\cos\beta tU(t)$	$e^{-\alpha n\Delta t}\cos\beta n\Delta tu(n)$	$\frac{1-e^{-\alpha\Delta t}\cos\beta\Delta tz^{-1}}{1-2e^{-\alpha\Delta t}\cos\beta\Delta tz^{-1}+e^{-2\alpha\Delta tz-2}}$

设数列 $x(n)$经过移位后产生的数列为 $y(n)$，即 $y(n)=x(n-m)$。数列 $y(n)$称为 $x(n)$的移位数列。将移位数列和原数列同时作 Z 变换，得到

$$\sum_{n=-\infty}^{\infty} y(n)z^{-n} = \sum_{n=-\infty}^{\infty} x(n-m)z^{-n} = z^{-m}\sum_{n=-\infty}^{\infty} x(n)z^{-n} \tag{9.3.8}$$

按照 Z 变换的定义，上式也可以写成

$$\mathrm{Z}[y(n)]=z^{-m}\mathrm{Z}[x(n)] \tag{9.3.9}$$

或者

$$Y(z)=z^{-m}X(z) \tag{9.3.10}$$

由此可见，如果移位数列是由原数列经过 m 位移位后形成的，则移位数列的 Z 变换等于原数列的 Z 变换和 z^{-m}的乘积。这个关系称为移位定理。在进行 FDTD 离散时，有如下关系：

$$\boldsymbol{E}(z)\to\boldsymbol{E}^n \tag{9.3.11a}$$

$$z^{-1}\boldsymbol{E}(z)\to\boldsymbol{E}^{n-1} \tag{9.3.11b}$$

$$z^{-2}\boldsymbol{E}(z)\to\boldsymbol{E}^{n-2} \tag{9.3.11c}$$

上式给出了 z 域和离散时域表达式之间的对应关系。

下面考虑时域导数算子和 z 域算子的对应关系。由傅立叶变换可以得到时域导数算子和频域算子的对应关系，即

$$\frac{\partial}{\partial t}\to j\omega \tag{9.3.12}$$

在离散时域，时域函数的导数采用后向差分近似，可得

$$\frac{df(t)}{dt}\approx\frac{f(n\Delta t)-f[(n-1)dt]}{\Delta t} \tag{9.3.13}$$

将上式两端数列作 Z 变换，并利用移位算子，得到

$$Z\left[\frac{\mathrm{d}f(t)}{\mathrm{d}t}\right]\approx\frac{F(z)-z^{-1}F(z)}{\Delta t}=\frac{1-z^{-1}}{\Delta t}F(z) \tag{9.3.14}$$

所以，时域导数对应于 z 域算子，即

$$\frac{\partial}{\partial t}\to\frac{1-z^{-1}}{\Delta t} \tag{9.3.15}$$

进而频域算子和 z 域算子之间的对应关系为

$$\mathrm{j}\omega\to\frac{1-z^{-1}}{\Delta t} \tag{9.3.16}$$

在 FDTD 仿真中，离散时域序列都满足因果性，即 $n<0$ 时，序列的值为零，因此求和都是从下标 0 开始的。

9.3.2 Debye 介质

考虑 Debye 介质，其频域本构关系为

$$\widetilde{\boldsymbol{D}}(\omega)=\left(\varepsilon_{\infty}+\frac{\Delta\varepsilon}{1+\mathrm{j}\omega\tau_0}\right)\boldsymbol{E}(\omega) \tag{9.3.17}$$

其中 $\Delta\varepsilon=\varepsilon_s-\varepsilon_{\infty}$。引入辅助变量 $\boldsymbol{S}$，设

$$\boldsymbol{S}(\omega)=\frac{\Delta\varepsilon}{1+\mathrm{j}\omega\tau_0}\boldsymbol{E}(\omega) \tag{9.3.18}$$

得到

$$\widetilde{\boldsymbol{D}}(\omega)=\varepsilon_{\infty}\boldsymbol{E}(\omega)+\boldsymbol{S}(\omega) \tag{9.3.19}$$

可以得到式(9.3.18)的 z 域形式为

$$\boldsymbol{S}(z)=\frac{\Delta\varepsilon\dfrac{\Delta t}{\tau_0}}{1-z^{-1}\mathrm{e}^{-\frac{\Delta t}{\tau_0}}}\boldsymbol{E}(z) \tag{9.3.20}$$

即

$$\boldsymbol{S}(z)=z^{-1}\mathrm{e}^{-\frac{\Delta t}{\tau_0}}\boldsymbol{S}(z)+\Delta\varepsilon\frac{\Delta t}{\tau_0}\boldsymbol{E}(z) \tag{9.3.21}$$

式(9.3.19)的 z 域形式为

$$\widetilde{\boldsymbol{D}}(z)=\varepsilon_{\infty}\boldsymbol{E}(z)+\boldsymbol{S}(z) \tag{9.3.22}$$

于是得到

$$\widetilde{\boldsymbol{D}}(z)=\varepsilon_{\infty}\boldsymbol{E}(z)+z^{-1}\mathrm{e}^{-\frac{\Delta t}{\tau_0}}\boldsymbol{S}(z)+\Delta\varepsilon\frac{\Delta t}{\tau_0}\boldsymbol{E}(z)=\left(\varepsilon_{\infty}+\Delta\varepsilon\frac{\Delta t}{\tau_0}\right)\boldsymbol{E}(z)+z^{-1}\mathrm{e}^{-\frac{\Delta t}{\tau_0}}\boldsymbol{S}(z) \tag{9.3.23}$$

则 $\boldsymbol{E}(z)$ 表示为

$$\boldsymbol{E}(z)=\frac{\widetilde{\boldsymbol{D}}(z)-z^{-1}\mathrm{e}^{-\frac{\Delta t}{\tau_0}}\boldsymbol{S}(z)}{\varepsilon_{\infty}+\Delta\varepsilon\dfrac{\Delta t}{\tau_0}} \tag{9.3.24}$$

根据 z 域和离散时域对应关系和移位定理，可以将上式过渡到离散时域，于是得到

$$\boldsymbol{E}^n=\frac{\widetilde{\boldsymbol{D}}^n-\mathrm{e}^{-\frac{\Delta t}{\tau_0}}\boldsymbol{S}^{n-1}}{\varepsilon_{\infty}+\Delta\varepsilon\dfrac{\Delta t}{\tau_0}} \tag{9.3.25}$$

同理，可以根据式(9.3.21)，得到离散时域形式：

$$\boldsymbol{S}^n = \mathrm{e}^{-\frac{\Delta t}{\tau_0}}\boldsymbol{S}^{n-1} + \Delta\varepsilon\frac{\Delta t}{\tau_0}\boldsymbol{E}^n \tag{9.3.26}$$

时域步进计算 Debye 介质可以分为以下步骤：

(1) 用常规方法更新 $\widetilde{\boldsymbol{H}}$；

(2) 用式(9.3.25)更新 $\boldsymbol{E}$；

(3) 用式(9.3.26)更新 $\boldsymbol{S}$。

下面通过具体的算例验证算法，算例的参数与前面 RC 方法计算 Debye 介质的算例相同，代码如下所示。计算结果如图 9.7 所示。计算结果还与 TRC 和解析解进行了比较。

代码 9.10 Z 变换法实现 Debye 介质模拟(9/m10.m)

```
s=0.5;
nd=40;
na=10;
m=4;
de=1;
x=.2;
einf=1;
nz=100;
e=zeros(1, nz+1);
d=0;
zs=0;
h=0;
ze=0;
zh=0;
cchi=exp(-x);
xe=4/5*s*(m+1)*((1:na-1)/na).^m;
xm=4/5*s*(m+1)*((.5:na-.5)/na).^m;
ae=exp(-xe);
be=1-ae;
am=exp(-xm);
bm=1-am;
hfig=plot(0:length(e)-1, e);
ylim([-2, 2]);
for n=1:nd/s*6
    h=h-s*diff(e);
    h(end-na+1:end)=h(end-na+1:end)-s*ze;
    zh=ae.*zh-be.*diff(h(end-na+1:end));
    d=d-s*diff(h);
    d(end-na+2:end)=d(end-na+2:end)-s*zh;
    e(2:end-1)=(d-cchi*zs)/(einf+de*x);
    e(1)=sin(2*pi*n*s/nd);
    zs=cchi*zs+de*x*e(2:end-1);
    ze=am.*ze-bm.*diff(e(end-na:end));
```

```
    set(hfig, 'ydata', e);
    drawnow;
end
ea=imag(exp(-2j * pi * (0:nz)/nd * sqrt(einf+de/(1+2j * pi * s/nd/x))));
hold on;
plot(0:nz, ea);
saveas(gcf, [mfilename, '.png']);
data=[e; ea]';
save([mfilename, '.dat'], 'data', '-ascii');
```

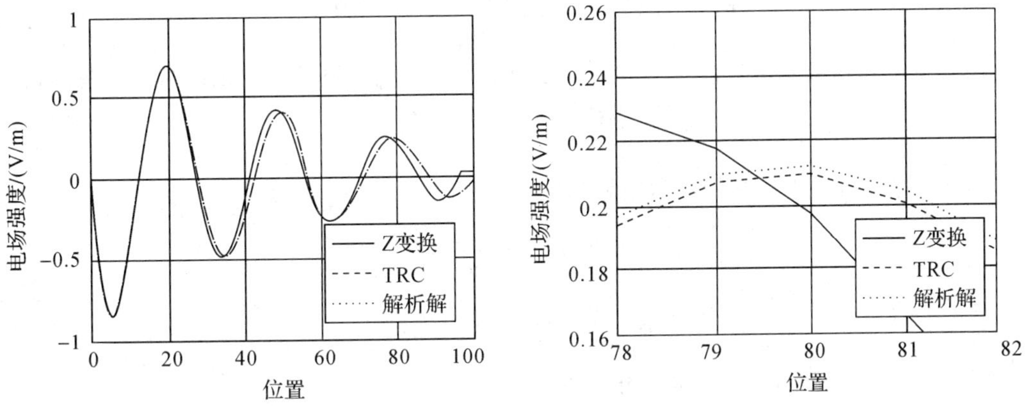

(a) 电场强度分布　　　　(b) 局部图

图 9.7　Z 变换法模拟电磁波在 Debye 介质中的传播(9/m10.m)

9.3.3　Drude 介质

考虑 Drude 介质，其频域本构关系为

$$\widetilde{\boldsymbol{D}}(\omega)=\left[\varepsilon_{\infty}+\frac{\omega_{\mathrm{p}}^{2}}{\mathrm{j}\omega(\mathrm{j}\omega+\nu_{\mathrm{c}})}\right]\boldsymbol{E}(\omega)=\left(\varepsilon_{\infty}+\frac{\omega_{\mathrm{p}}^{2}/\nu_{\mathrm{c}}}{\mathrm{j}\omega}-\frac{\omega_{\mathrm{p}}^{2}/\nu_{\mathrm{c}}}{\mathrm{j}\omega+\nu_{\mathrm{c}}}\right)\boldsymbol{E}(\omega) \tag{9.3.27}$$

引入辅助变量 $\boldsymbol{I}$ 和 $\boldsymbol{S}$，设

$$\boldsymbol{I}(\omega)=\frac{\omega_{\mathrm{p}}^{2}/\nu_{\mathrm{c}}}{\mathrm{j}\omega}\boldsymbol{E}(\omega) \tag{9.3.28a}$$

$$\boldsymbol{S}(\omega)=-\frac{\omega_{\mathrm{p}}^{2}/\nu_{\mathrm{c}}}{\mathrm{j}\omega+\nu_{\mathrm{c}}}\boldsymbol{E}(\omega) \tag{9.3.28b}$$

得到

$$\widetilde{\boldsymbol{D}}(\omega)=\varepsilon_{\infty}\boldsymbol{E}(\omega)+\boldsymbol{I}(\omega)+\boldsymbol{S}(\omega) \tag{9.3.29}$$

可以得到式(9.3.28a)的 z 域形式为

$$\boldsymbol{I}(z)=\frac{\omega_{\mathrm{p}}^{2}\Delta t/\nu_{\mathrm{c}}}{1-z^{-1}}\boldsymbol{E}(z) \tag{9.3.30a}$$

$$\boldsymbol{S}(z)=-\frac{\omega_{\mathrm{p}}^{2}\Delta t/\nu_{\mathrm{c}}}{1-z^{-1}\mathrm{e}^{-\nu_{\mathrm{c}}\Delta t}}\boldsymbol{E}(z) \tag{9.3.30b}$$

即

$$\boldsymbol{I}(z)=z^{-1}\boldsymbol{I}(z)+\frac{\omega_{\mathrm{p}}^{2}\Delta t}{\nu_{\mathrm{c}}}\boldsymbol{E}(z) \tag{9.3.31a}$$

$$\boldsymbol{S}(z)=z^{-1}\mathrm{e}^{-\nu_{\mathrm{c}}\Delta t}\boldsymbol{S}(z)-\frac{\omega_{\mathrm{p}}^{2}\Delta t}{\nu_{\mathrm{c}}}\boldsymbol{E}(z) \tag{9.3.31b}$$

因此，式(9.3.29)的 z 域形式可以写为

$$\begin{aligned}\widetilde{\boldsymbol{D}}(z)&=\varepsilon_{\infty}\boldsymbol{E}(z)+z^{-1}\boldsymbol{I}(z)+\frac{\omega_{\mathrm{p}}^{2}\Delta t}{\nu_{\mathrm{c}}}\boldsymbol{E}(z)+z^{-1}\mathrm{e}^{-\nu_{\mathrm{c}}\Delta t}\boldsymbol{S}(z)-\frac{\omega_{\mathrm{p}}^{2}\Delta t}{\nu_{\mathrm{c}}}\boldsymbol{E}(z)\\&=\varepsilon_{\infty}\boldsymbol{E}(z)+z^{-1}\boldsymbol{I}(z)+z^{-1}\mathrm{e}^{-\nu_{\mathrm{c}}\Delta t}\boldsymbol{S}(z)\end{aligned} \tag{9.3.32}$$

于是，$\boldsymbol{E}(z)$表示为

$$\boldsymbol{E}(z)=\frac{\widetilde{\boldsymbol{D}}(z)-z^{-1}\boldsymbol{I}(z)-z^{-1}\mathrm{e}^{-\nu_{\mathrm{c}}\Delta t}\boldsymbol{S}(z)}{\varepsilon_{\infty}} \tag{9.3.33}$$

根据 z 域和离散时域对应关系和移位定理，可以将上式过渡到离散时域，于是得到

$$\boldsymbol{E}^{n}=\frac{\widetilde{\boldsymbol{D}}^{n}-\boldsymbol{I}^{n-1}-\mathrm{e}^{-\nu_{\mathrm{c}}\Delta t}\boldsymbol{S}^{n-1}}{\varepsilon_{\infty}} \tag{9.3.34}$$

同理，可以得到 $\boldsymbol{I}$ 和 $\boldsymbol{S}$ 的离散时域形式：

$$\boldsymbol{I}^{n}=\boldsymbol{I}^{n-1}+\frac{\omega_{\mathrm{p}}^{2}\Delta t}{\nu_{\mathrm{c}}}\boldsymbol{E}^{n} \tag{9.3.35a}$$

$$\boldsymbol{S}^{n}=\mathrm{e}^{-\nu_{\mathrm{c}}\Delta t}\boldsymbol{S}^{n-1}-\frac{\omega_{\mathrm{p}}^{2}\Delta t}{\nu_{\mathrm{c}}}\boldsymbol{E}^{n} \tag{9.3.35b}$$

时域步进计算 Drude 介质可以分为以下步骤：

(1) 用常规方法更新 $\widetilde{\boldsymbol{H}}$；

(2) 更新 $\boldsymbol{E}$；

(3) 更新 $\boldsymbol{I}$ 和 $\boldsymbol{S}$。

下面通过具体的例子进行验证。算例参数与 RC 的算例相同，下面是代码。仿真结果如图 9.8 所示。仿真结果还与 TRC 和解析解的结果进行了对比。

代码 9.11 Z 变换法实现 Drude 介质模拟(9/m11.m)

```
s=0.5;
nd=40;
na=10;
m=4;
x=.01;
wpnu=6;
einf=1;
nz=100;
e=zeros(1, nz+1);
d=0;
zi=0;
zs=0;
h=0;
ze=0;
zh=0;
```

```
16 cchi＝exp(−x);
17 xe＝4/5 * s * (m+1) * ((1:na−1)/na).^m;
18 xm＝4/5 * s * (m+1) * ((.5:na−.5)/na).^m;
19 ae＝exp(−xe);
20 be＝1−ae;
21 am＝exp(−xm);
22 bm＝1−am;
23 hfig＝plot(0:length(e)−1, e);
24 ylim([−2, 2]);
25 for n＝1:nd/s * 6
26     h＝h−s * diff(e);
27     h(end−na+1:end)＝h(end−na+1:end)−s * ze;
28     zh＝ae. * zh−be. * diff(h(end−na+1:end));
29     d＝d−s * diff(h);
30     d(end−na+2:end)＝d(end−na+2:end)−s * zh;
31     e(2:end−1)＝1/einf * (d−zi−cchi * zs);
32     e(1)＝sin(2 * pi * n * s/nd);
33     zi＝zi+wpnu^2 * x * e(2:end−1);
34     zs＝cchi * zs−wpnu^2 * x * e(2:end−1);
35     ze＝am. * ze−bm. * diff(e(end−na:end));
36     set(hfig, 'ydata', e);
37     drawnow;
38 end
39 ea＝imag(exp(−2j * pi * (0:nz)/nd * sqrt(einf+wpnu^2/(2j * pi * s/nd/x)/(1+2j * pi
    * s/nd/x))));
40 hold on;
41 plot(0:nz, ea);
42 saveas(gcf, [mfilename, '.png']);
43 data＝[e; ea]';
44 save([mfilename, '.dat'], 'data', '−ascii');
```

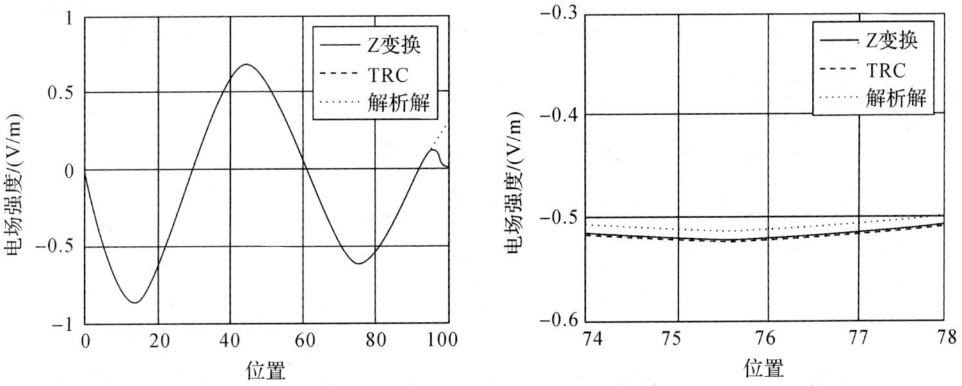

（a）电场强度分布　　　　　　　　　　（b）局部图

图 9.8　Z 变换法模拟电磁波在 Drude 介质中的传播(9/m11.m)

9.3.4 Lorentz 介质

对于 Lorentz 介质，其频域本构关系为

$$\widetilde{\boldsymbol{D}}(\omega)=\left[\varepsilon_\infty+\frac{\Delta\varepsilon\omega_0^2}{(\mathrm{j}\omega)^2+2\mathrm{j}\omega\nu_c+\omega_0^2}\right]\boldsymbol{E}(\omega)=\left[\varepsilon_\infty+\frac{\Delta\varepsilon\omega_0^2}{(\mathrm{j}\omega+\nu_c)^2+\beta}\right]\boldsymbol{E}(\omega) \tag{9.3.36}$$

其中 $\beta=\sqrt{\omega_0^2-\nu_c^2}$。将上式改写为

$$\widetilde{\boldsymbol{D}}(\omega)=\left[\varepsilon_\infty+\frac{\Delta\varepsilon\omega_0^2}{\beta}\frac{\beta}{(\mathrm{j}\omega+\nu_c)^2+\beta^2}\right]\boldsymbol{E}(\omega) \tag{9.3.37}$$

引入辅助变量 $\boldsymbol{S}$，设

$$\boldsymbol{S}(\omega)=\frac{\Delta\varepsilon\omega_0^2}{\beta}\frac{\beta}{(\mathrm{j}\omega+\nu_c)^2+\beta^2}\boldsymbol{E}(\omega) \tag{9.3.38}$$

得到

$$\widetilde{\boldsymbol{D}}(\omega)=\varepsilon_\infty\boldsymbol{E}(\omega)+\boldsymbol{S}(\omega) \tag{9.3.39}$$

可以得到 $\boldsymbol{S}$ 的 z 域形式为

$$\boldsymbol{S}(z)=\frac{\Delta\varepsilon\omega_0^2}{\beta}\frac{\mathrm{e}^{-\nu_c\Delta t}\sin\beta\Delta t z^{-1}}{1-2\mathrm{e}^{-\nu_c\Delta t}\cos\beta\Delta t z^{-1}+\mathrm{e}^{-2\nu_c\Delta t}z^{-2}}\boldsymbol{E}(z) \tag{9.3.40}$$

即

$$\boldsymbol{S}(z)=2\mathrm{e}^{-\nu_c\Delta t}\cos\beta\Delta t z^{-1}\boldsymbol{S}(z)-\mathrm{e}^{-2\nu_c\Delta t}z^{-2}\boldsymbol{S}(z)+\frac{\Delta\varepsilon\omega_0^2}{\beta}\mathrm{e}^{-\nu_c\Delta t}\sin\beta\Delta t z^{-1}\boldsymbol{E}(z) \tag{9.3.41}$$

于是得到 $\widetilde{\boldsymbol{D}}$ 的 z 域形式为

$$\widetilde{\boldsymbol{D}}(z)=\varepsilon_\infty\boldsymbol{E}(\omega)+2\mathrm{e}^{-\nu_c\Delta t}\cos\beta\Delta t z^{-1}\boldsymbol{S}(z)-\mathrm{e}^{-2\nu_c\Delta t}z^{-2}\boldsymbol{S}(z)+\frac{\Delta\varepsilon\omega_0^2}{\beta}\mathrm{e}^{-\nu_c\Delta t}\sin\beta\Delta t z^{-1}\boldsymbol{E}(z) \tag{9.3.42}$$

整理后，得到

$$\boldsymbol{E}(z)=\frac{1}{\varepsilon_\infty}[\widetilde{\boldsymbol{D}}(\omega)-2\mathrm{e}^{-\nu_c\Delta t}\cos\beta\Delta t z^{-1}\boldsymbol{S}(z)+\mathrm{e}^{-2\nu_c\Delta t}z^{-2}\boldsymbol{S}(z)]-\frac{\Delta\varepsilon\omega_0^2}{\beta}\mathrm{e}^{-\nu_c\Delta t}\sin\beta\Delta t z^{-1}\boldsymbol{E}(z) \tag{9.3.43}$$

根据 z 域离散时域对应关系以及移位定理，可将上式写成离散时域形式，即

$$\boldsymbol{E}^n=\frac{1}{\varepsilon_\infty}[\widetilde{\boldsymbol{D}}(\omega)-2\mathrm{e}^{-\nu_c\Delta t}\cos\beta\Delta t\boldsymbol{S}^{n-1}+\mathrm{e}^{-2\nu_c\Delta t}\boldsymbol{S}^{n-2}]-\frac{\Delta\varepsilon\omega_0^2}{\beta}\mathrm{e}^{-\nu_c\Delta t}\sin\beta\Delta t\boldsymbol{E}^{n-1} \tag{9.3.44}$$

$\boldsymbol{S}$ 的离散时域形式为

$$\boldsymbol{S}^n=2\mathrm{e}^{-\nu_c\Delta t}\cos\beta\Delta t\boldsymbol{S}^{n-1}-\mathrm{e}^{-2\nu_c\Delta t}\boldsymbol{S}^{n-2}+\frac{\Delta\varepsilon\omega_0^2}{\beta}\mathrm{e}^{-\nu_c\Delta t}\sin\beta\Delta t\boldsymbol{E}^{n-1} \tag{9.3.45}$$

至此，可以得到 Lorentz 介质的 Z 变换时域步进算法步骤为：

(1) 用常规方法更新 $\widetilde{\boldsymbol{H}}$；

(2) 更新 $\boldsymbol{S}$；

(3) 更新 $\boldsymbol{E}$。

注意：在更新 $\boldsymbol{S}^n$ 和 $\boldsymbol{E}^n$ 的时候，需要同时用到 $\boldsymbol{S}^{n-1}$ 和 $\boldsymbol{S}^{n-2}$，因此需要在程序中存储前两个时间步的辅助变量。

下面通过具体的算例对算法进行验证。算例所用参数与前面 RC 的算例相同，代码如

下所示。计算结果场的分布如图 9.9 所示。计算结果还与 TRC 和解析解的结果进行了对比。

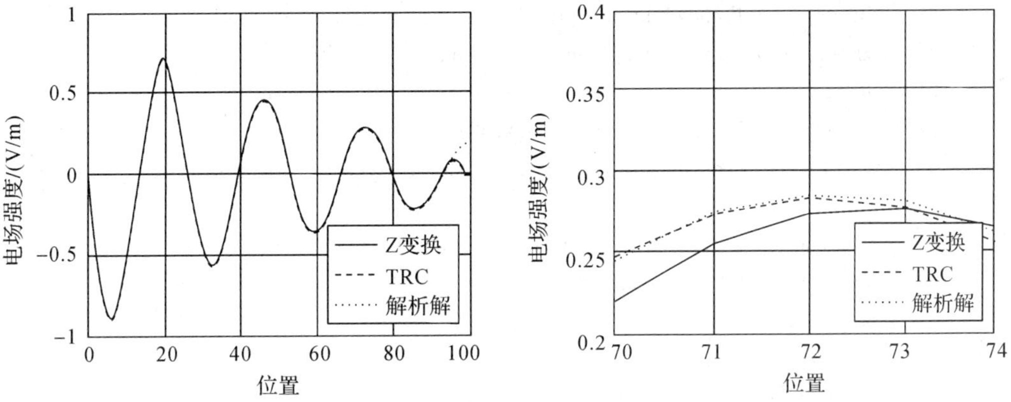

（a）电场强度分布   （b）局部图

图 9.9   Z 变换方法模拟电磁波在 Lorentz 介质中的传播（9/m12.m）

代码 9.12   Z 变换法实现 Lorentz 介质模拟（9/m12.m）

```
1  s=0.5;
2  nd=40;
3  na=10;
4  m=4;
5  dew2=.5;
6  x=.6;
7  beta=.1;
8  einf=1;
9  nz=100;
10 e=zeros(1,nz+1);
11 d=0;
12 zs1=0;
13 zs2=0;
14 h=0;
15 ze=0;
16 zh=0;
17 psi=0;
18 cchi=exp(-x);
19 xe=4/5*s*(m+1)*((1:na-1)/na).^m;
20 xm=4/5*s*(m+1)*((.5:na-.5)/na).^m;
21 ae=exp(-xe);
22 be=1-ae;
23 am=exp(-xm);
24 bm=1-am;
25 hfig=plot(0:length(e)-1,e);
```

```
ylim([-2, 2]);
for n=1:nd/s*10
    h=h-s*diff(e);
    h(end-na+1:end)=h(end-na+1:end)-s*ze;
    zh=ae.*zh-be.*diff(h(end-na+1:end));
    d=d-s*diff(h);
    d(end-na+2:end)=d(end-na+2:end)-s*zh;
    zs=2*cchi*cos(beta)*zs1-cchi^2*zs2+dew2/beta*cchi*sin(beta)*e(2:end-1);
    e(2:end-1)=-dew2/beta/einf*cchi*sin(beta)*e(2:end-1)+1/einf*(d-2*cchi*cos(beta)*zs1+cchi^2*zs2);
    zs2=zs1;
    zs1=zs;
    e(1)=sin(2*pi*n*s/nd);
    ze=am.*ze-bm.*diff(e(end-na:end));
    set(hfig, 'ydata', e);
    drawnow;
end
ea=imag(exp(-2j*pi*(0:nz)/nd*sqrt(einf+dew2/(beta^2+(2j*pi*s/nd+x)^2))));
hold on;
plot(0:nz, ea);
saveas(gcf, [mfilename, '.png']);
data=[e; ea]';
save([mfilename, '.dat'], 'data', '-ascii');
```

9.4 辅助微分方程法(ADE)

下面介绍辅助微分方程法(Auxiliary Differential Equation, ADE)处理色散介质的方法[19]。麦克斯韦旋度方程可以写为

$$\nabla\times\widetilde{\boldsymbol{H}}=\frac{\mathrm{j}\omega}{c}\varepsilon_{\mathrm{r}}\boldsymbol{E}=\frac{1}{c\Delta t}\left(\mathrm{j}\omega\Delta t\varepsilon_{\infty}\frac{\partial\boldsymbol{E}}{\partial t}+\mathrm{j}\omega\Delta t\chi(\omega)\boldsymbol{E}\right)=\frac{1}{c\Delta t}\left(\mathrm{j}\omega\Delta t\varepsilon_{\infty}\frac{\partial\boldsymbol{E}}{\partial t}+\boldsymbol{J}_{\mathrm{p}}\right)\tag{9.4.1}$$

其中极化电流 $\boldsymbol{J}_{\mathrm{p}}$ 的频域形式为

$$\boldsymbol{J}_{\mathrm{p}}=\mathrm{j}\omega\Delta t\chi(\omega)\boldsymbol{E}\tag{9.4.2}$$

将麦克斯韦旋度方程离散，得到

$$s\delta\nabla\times\widetilde{\boldsymbol{H}}=\varepsilon_{\infty}(\boldsymbol{E}^{n+1}-\boldsymbol{E}^{n})\frac{\boldsymbol{J}_{\mathrm{p}}^{n+1}+\boldsymbol{J}_{\mathrm{p}}^{n}}{2}\tag{9.4.3}$$

下面结合具体的色散模型类型导出极化电流 $\boldsymbol{J}_{\mathrm{p}}$ 的时域微分方程和步进形式。

9.4.1 Debye 介质

Debye 介质的极化电流为

$$\boldsymbol{J}_{\mathrm{p}}(\omega)=\mathrm{j}\omega\Delta t\,\frac{\Delta\varepsilon}{1+\mathrm{j}\omega\tau_0}\boldsymbol{E}(\omega) \tag{9.4.4}$$

即

$$\boldsymbol{J}_{\mathrm{p}}+\mathrm{j}\omega\tau_0\boldsymbol{J}_{\mathrm{p}}=\mathrm{j}\omega\Delta t\Delta\varepsilon\boldsymbol{E} \tag{9.4.5}$$

将上式变换到时域，成为

$$\boldsymbol{J}_{\mathrm{p}}+\tau_0\,\frac{\partial\boldsymbol{J}_{\mathrm{p}}}{\partial t}=\Delta t\Delta\varepsilon\,\frac{\partial\boldsymbol{E}}{\partial t} \tag{9.4.6}$$

上式离散后得到

$$\frac{\boldsymbol{J}_{\mathrm{p}}^{n+1}+\boldsymbol{J}_{\mathrm{p}}^{n}}{2}+\tau_0\,\frac{\boldsymbol{J}_{\mathrm{p}}^{n+1}-\boldsymbol{J}_{\mathrm{p}}^{n}}{\Delta t}=\Delta\varepsilon(\boldsymbol{E}^{n+1}-\boldsymbol{E}^{n}) \tag{9.4.7}$$

整理，可以得到 $\boldsymbol{J}_{\mathrm{p}}$ 的迭代式

$$\boldsymbol{J}_{\mathrm{p}}^{n+1}=k_{\mathrm{p}}\boldsymbol{J}_{\mathrm{p}}^{n}+\beta_{\mathrm{p}}(\boldsymbol{E}^{n+1}-\boldsymbol{E}^{n}) \tag{9.4.8}$$

其中

$$k_{\mathrm{p}}=\frac{2\tau_0-\Delta t}{2\tau_0+\Delta t},\ \beta_{\mathrm{p}}=\frac{2\Delta\varepsilon\Delta t}{2\tau_0+\Delta t} \tag{9.4.9}$$

代入麦克斯韦旋度方程，可以得到

$$s\delta[\nabla\times\widetilde{\boldsymbol{H}}]^{n+\frac{1}{2}}=\varepsilon_{\infty}(\boldsymbol{E}^{n+1}-\boldsymbol{E}^{n})+\frac{1}{2}[k_{\mathrm{p}}\boldsymbol{J}_{\mathrm{p}}^{n}+\beta_{\mathrm{p}}(\boldsymbol{E}^{n+1}-\boldsymbol{E}^{n})]+\frac{\boldsymbol{J}_{\mathrm{p}}^{n}}{2} \tag{9.4.10}$$

由此可得 $\boldsymbol{E}^{n+1}$ 的迭代式

$$\boldsymbol{E}^{n+1}=\boldsymbol{E}^{n}-\frac{k_{\mathrm{p}}+1}{2\varepsilon_{\infty}+\beta_{\mathrm{p}}}\boldsymbol{J}_{\mathrm{p}}^{n}+\frac{2}{2\varepsilon_{\infty}+\beta_{\mathrm{p}}}s\delta[\nabla\times\widetilde{\boldsymbol{H}}]^{n+\frac{1}{2}} \tag{9.4.11}$$

下面通过具体的算例验证算法。算例的参数与前面 RC 方法计算 Debye 介质的算例相同。代码如下所示。计算结果如图 9.10 所示。计算结果还与 TRC 和解析解进行了比较。

代码 9.13　ADE 方法实现 Debye 介质模拟(9/m13.m)

```
s=0.5;
nd=40;
na=10;
m=4;
de=1;
x=.2;
einf=1;
nz=100;
e=zeros(1, nz+1);
d=0;
je=0;
je1=0;
h=0;
ze=0;
zh=0;
kp=(2-x)/(2+x);
bp=2*de*x/(2+x);
```

```
xe=4/5*s*(m+1)*((1:na-1)/na).^m;
xm=4/5*s*(m+1)*((.5:na-.5)/na).^m;
ae=exp(-xe);
be=1-ae;
am=exp(-xm);
bm=1-am;
hfig=plot(0:length(e)-1, e);
ylim([-2, 2]);
for n=1:nd/s*6
    h=h-s*diff(e);
    h(end-na+1:end)=h(end-na+1:end)-s*ze;
    zh=ae.*zh-be.*diff(h(end-na+1:end));
    je=kp*je-bp*e(2:end-1);
    e(2:end-1)=e(2:end-1)-(kp+1)/(2*einf+bp)*je1-2/(2*einf+bp)*s*diff(h);
    e(1)=sin(2*pi*n*s/nd);
    e(end-na+1:end-1)=e(end-na+1:end-1)-2/(2*einf+bp)*s*zh;
    je=je+bp*e(2:end-1);
    je1=je;
    ze=am.*ze-bm.*diff(e(end-na:end));
    set(hfig, 'ydata', e);
    drawnow;
end
ea=imag(exp(-2j*pi*(0:nz)/nd*sqrt(einf+de/(1+2j*pi*s/nd/x))));
hold on;
plot(0:nz, ea);
saveas(gcf, [mfilename, '.png']);
data=[e; ea]';
save([mfilename, '.dat'], 'data', '-ascii');
```

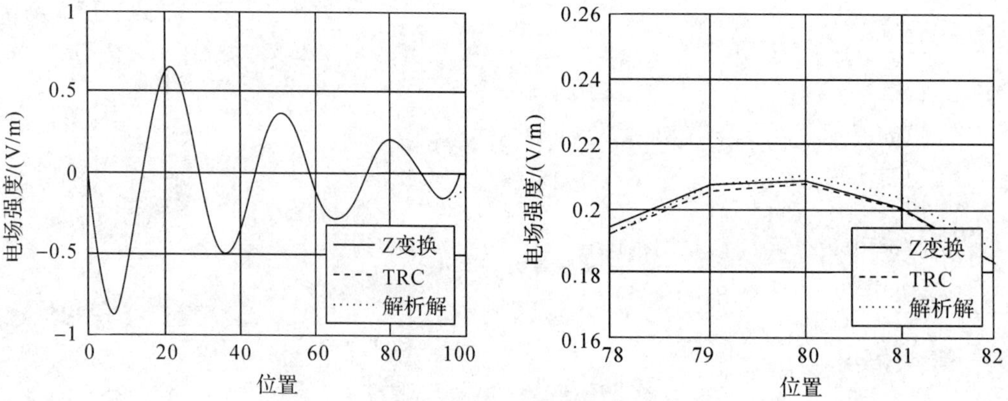

(a) 电场强度分布　　(b) 局部图

图 9.10 ADE 法模拟电磁波在 Debye 介质中的传播(9/m13.m)

9.4.2　Drude 介质

Drude 介质的极化电流为

$$\boldsymbol{J}_{\mathrm{p}}(\omega)=\mathrm{j}\omega\Delta t\,\frac{\omega_{\mathrm{p}}^{2}}{\mathrm{j}\omega(\mathrm{j}\omega+\nu_{\mathrm{c}})}\boldsymbol{E}(\omega) \tag{9.4.12}$$

即

$$\mathrm{j}\omega\boldsymbol{J}_{\mathrm{p}}+\nu_{\mathrm{c}}\boldsymbol{J}_{\mathrm{p}}=\Delta t\omega_{\mathrm{p}}^{2}\boldsymbol{E} \tag{9.4.13}$$

变换到时域，上式成为

$$\frac{\partial\boldsymbol{J}_{\mathrm{p}}}{\partial t}+\nu_{\mathrm{c}}\boldsymbol{J}_{\mathrm{p}}=\Delta t\omega_{\mathrm{p}}^{2}\boldsymbol{E} \tag{9.4.14}$$

在 $n+\frac{1}{2}$ 时间步离散后得到

$$\frac{\boldsymbol{J}_{\mathrm{p}}^{n+1}-\boldsymbol{J}_{\mathrm{p}}^{n}}{\Delta t}+\nu_{\mathrm{c}}\frac{\boldsymbol{J}_{\mathrm{p}}^{n+1}+\boldsymbol{J}_{\mathrm{p}}^{n}}{2}=\Delta t\omega_{\mathrm{p}}^{2}\frac{\boldsymbol{E}^{n+1}+\boldsymbol{E}^{n}}{2} \tag{9.4.15}$$

整理，可以得到 $\boldsymbol{J}_{\mathrm{p}}$ 的迭代式

$$\boldsymbol{J}_{\mathrm{p}}^{n+1}=k_{\mathrm{p}}\boldsymbol{J}_{\mathrm{p}}^{n}+\beta_{\mathrm{p}}(\boldsymbol{E}^{n+1}+\boldsymbol{E}^{n}) \tag{9.4.16}$$

其中

$$k_{\mathrm{p}}=\frac{2-\nu_{\mathrm{c}}\Delta t}{2+\nu_{\mathrm{c}}\Delta t},\ \beta_{\mathrm{p}}=\frac{(\omega_{\mathrm{p}}\Delta t)^{2}}{2+\nu_{\mathrm{c}}\Delta t} \tag{9.4.17}$$

代入麦克斯韦旋度方程，可以得到

$$s\delta[\nabla\times\widetilde{\boldsymbol{H}}]^{n+\frac{1}{2}}=\varepsilon_{\infty}(\boldsymbol{E}^{n+1}-\boldsymbol{E}^{n})+\frac{1}{2}[k_{\mathrm{p}}\boldsymbol{J}_{\mathrm{p}}^{n}+\beta_{\mathrm{p}}(\boldsymbol{E}^{n+1}+\boldsymbol{E}^{n})]+\frac{\boldsymbol{J}_{\mathrm{p}}^{n}}{2} \tag{9.4.18}$$

由此可得 $\boldsymbol{E}^{n+1}$ 的迭代式

$$\boldsymbol{E}^{n+1}=\frac{2\varepsilon_{\infty}-\beta_{\mathrm{p}}}{2\varepsilon_{\infty}+\beta_{\mathrm{p}}}\boldsymbol{E}^{n}-\frac{k_{\mathrm{p}}+1}{2\varepsilon_{\infty}+\beta_{\mathrm{p}}}\boldsymbol{J}_{\mathrm{p}}^{n}+\frac{2}{2\varepsilon_{\infty}+\beta_{\mathrm{p}}}s\delta[\nabla\times\widetilde{\boldsymbol{H}}]^{n+\frac{1}{2}} \tag{9.4.19}$$

实际上，还有另外一种更简单的差分格式。极化电流在 $n+\frac{1}{2}$ 时间步采样，代入麦克斯韦旋度方程，可以得到

$$s\delta[\nabla\times\widetilde{\boldsymbol{H}}]^{n+\frac{1}{2}}=\varepsilon_{\infty}(\boldsymbol{E}^{n+1}-\boldsymbol{E}^{n})+\boldsymbol{J}_{\mathrm{p}}^{n+\frac{1}{2}} \tag{9.4.20}$$

由此可得 $\boldsymbol{E}^{n+1}$ 的迭代式

$$\boldsymbol{E}^{n+1}=\boldsymbol{E}^{n}-\boldsymbol{J}_{\mathrm{p}}^{n+\frac{1}{2}}+s\delta[\nabla\times\widetilde{\boldsymbol{H}}]^{n+\frac{1}{2}} \tag{9.4.21}$$

极化电流微分方程在 n 时间步离散，得到

$$\frac{\boldsymbol{J}_{\mathrm{p}}^{n+\frac{1}{2}}-\boldsymbol{J}_{\mathrm{p}}^{n-\frac{1}{2}}}{\Delta t}+\nu_{\mathrm{c}}\frac{\boldsymbol{J}_{\mathrm{p}}^{n+\frac{1}{2}}+\boldsymbol{J}_{\mathrm{p}}^{n-\frac{1}{2}}}{2}=\Delta t\omega_{\mathrm{p}}^{2}\boldsymbol{E}^{n} \tag{9.4.22}$$

整理，可以得到 $\boldsymbol{J}_{\mathrm{p}}$ 的迭代式

$$\boldsymbol{J}_{\mathrm{p}}^{n+\frac{1}{2}}=k_{\mathrm{p}}\boldsymbol{J}_{\mathrm{p}}^{n-\frac{1}{2}}+\beta_{\mathrm{p}}\boldsymbol{E}^{n} \tag{9.4.23}$$

其中

$$k_{\mathrm{p}}=\frac{2-\nu_{\mathrm{c}}\Delta t}{2+\nu_{\mathrm{c}}\Delta t},\ \beta_{\mathrm{p}}=\frac{2(\omega_{\mathrm{p}}\Delta t)^{2}}{2+\nu_{\mathrm{c}}\Delta t} \tag{9.4.24}$$

下面用两种方法仿真 Drude 介质。第一种方法的代码如下所示。

代码 9.14　极化电流在整数时间步采样的 ADE 方法实现 Drude 介质模拟(9/m14.m)

```
s=0.5;
nd=40;
na=10;
m=4;
x=.01;
wpnu=6;
einf=1;
nz=100;
e=zeros(1, nz+1);
d=0;
je=0;
je1=0;
h=0;
ze=0;
zh=0;
kp=(2-x)/(2+x);
bp=(wpnu*x)^2/(2+x);
xe=4/5*s*(m+1)*((1:na-1)/na).^m;
xm=4/5*s*(m+1)*((.5:na-.5)/na).^m;
ae=exp(-xe);
be=1-ae;
am=exp(-xm);
bm=1-am;
hfig=plot(0:length(e)-1, e);
ylim([-2, 2]);
for n=1:nd/s*6
    h=h-s*diff(e);
    h(end-na+1:end)=h(end-na+1:end)-s*ze;
    zh=ae.*zh-be.*diff(h(end-na+1:end));
    je=kp*je+bp*e(2:end-1);
    e(2:end-1)=(2*einf-bp)/(2*einf+bp)*e(2:end-1)-(kp+1)/(2*einf+
    bp)*je1-2/(2*einf+bp)*s*diff(h);
    e(1)=sin(2*pi*n*s/nd);
    e(end-na+1:end-1)=e(end-na+1:end-1)-2/(2*einf+bp)*s*zh;
    je=je+bp*e(2:end-1);
    je1=je;
    ze=am.*ze-bm.*diff(e(end-na:end));
    set(hfig, 'ydata', e);
    drawnow;
end
ea=imag(exp(-2j*pi*(0:nz)/nd*sqrt(einf+wpnu^2/(2j*pi*s/nd/x)/(1+2j*pi
  *s/nd/x))));
```

```
hold on;
plot(0:nz, ea);
saveas(gcf, [mfilename, '.png']);
data=[e; ea]';
save([mfilename, '.dat'], 'data', '-ascii');
```

第二种方法的代码如下所示。

代码 9.15 极化电流在半整数时间步采样的 ADE 方法实现 Drude 介质模拟(9/m14.m)

```
s=0.5;
nd=40;
na=10;
m=4;
x=.01;
wpnu=6;
einf=1;
nz=100;
e=zeros(1, nz+1);
d=0;
je=0;
je1=0;
h=0;
ze=0;
zh=0;
kp=(2-x)/(2+x);
bp=(wpnu*x)^2/(2+x);
xe=4/5*s*(m+1)*((1:na-1)/na).^m;
xm=4/5*s*(m+1)*((.5:na-.5)/na).^m;
ae=exp(-xe);
be=1-ae;
am=exp(-xm);
bm=1-am;
hfig=plot(0:length(e)-1, e);
ylim([-2, 2]);
for n=1:nd/s*6
    h=h-s*diff(e);
    h(end-na+1:end)=h(end-na+1:end)-s*ze;
    zh=ae.*zh-be.*diff(h(end-na+1:end));
    je=kp*je+bp*e(2:end-1);
    e(2:end-1)=(2*einf-bp)/(2*einf+bp)*e(2:end-1)-(kp+1)/(2*einf+
    bp)*je1-2/(2*einf+bp)*s*diff(h);
    e(1)=sin(2*pi*n*s/nd);
    e(end-na+1:end-1)=e(end-na+1:end-1)-2/(2*einf+bp)*s*zh;
    je=je+bp*e(2:end-1);
```

```
    je1=je;
    ze=am. * ze-bm. * diff(e(end-na:end));
    set(hfig, 'ydata', e);
    drawnow;
end
ea=imag(exp(-2j * pi * (0:nz)/nd * sqrt(einf+wpnu^2/(2j * pi * s/nd/x)/(1+2j * pi
  * s/nd/x))));
hold on;
plot(0:nz, ea);
saveas(gcf, [mfilename, '.png']);
data=[e; ea]';
save([mfilename, '.dat'], 'data', '-ascii');
```

计算结果如图 9.11 所示。计算结果还与 TRC 和解析解进行了比较。

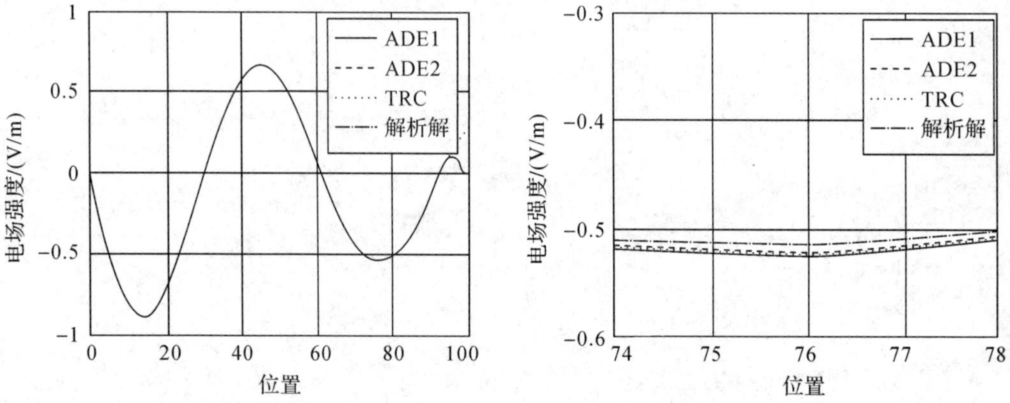

(a) 电场强度分布　　　　(b) 局部图

图 9.11　ADE 法模拟电磁波在 Drude 介质中的传播(9/m14.m, 9/m15.m)

9.4.3 Lorentz 介质

Lorentz 介质的极化电流为

$$\boldsymbol{J}_{\mathrm{p}}(\omega)=\mathrm{j}\omega\Delta t\frac{\Delta\varepsilon\omega_0^2}{(\mathrm{j}\omega)^2+2\mathrm{j}\omega\nu_{\mathrm{c}}+\omega_0^2}\boldsymbol{E}(\omega) \tag{9.4.25}$$

即

$$(\mathrm{j}\omega)^2\boldsymbol{J}_{\mathrm{p}}+2\mathrm{j}\omega\nu_{\mathrm{c}}\boldsymbol{J}_{\mathrm{p}}+\omega_0^2\boldsymbol{J}_{\mathrm{p}}=\mathrm{j}\omega\Delta t\Delta\varepsilon\omega_0^2\boldsymbol{E} \tag{9.4.26}$$

变换到时域，上式成为

$$\frac{\partial^2\boldsymbol{J}_{\mathrm{p}}}{\partial t^2}+2\nu_{\mathrm{c}}\frac{\partial\boldsymbol{J}_{\mathrm{p}}}{\partial t}+\omega_0^2\boldsymbol{J}_{\mathrm{p}}=\Delta t\Delta\varepsilon\omega_0^2\frac{\partial\boldsymbol{E}}{\partial t} \tag{9.4.27}$$

在时间步 n 处离散，得到

$$\frac{\boldsymbol{J}_{\mathrm{p}}^{n+1}-2\boldsymbol{J}_{\mathrm{p}}^{n}+\boldsymbol{J}_{\mathrm{p}}^{n-1}}{\Delta t^2}+2\nu_{\mathrm{c}}\frac{\boldsymbol{J}_{\mathrm{p}}^{n+1}-\boldsymbol{J}_{\mathrm{p}}^{n-1}}{2\Delta t}+\omega_0^2\boldsymbol{J}_{\mathrm{p}}=\Delta t\Delta\varepsilon\omega_0^2\frac{\boldsymbol{E}^{n+1}-\boldsymbol{E}^{n-1}}{2\Delta t} \tag{9.4.28}$$

整理，可以得到 $\boldsymbol{J}_{\mathrm{p}}$ 的迭代式

$$\boldsymbol{J}_{\mathrm{p}}^{n+1}=k_{\mathrm{p}}\boldsymbol{J}_{\mathrm{p}}^{n}+\xi_{\mathrm{p}}\boldsymbol{J}_{\mathrm{p}}^{n-1}+\beta_{\mathrm{p}}(\boldsymbol{E}^{n+1}-\boldsymbol{E}^{n-1}) \tag{9.4.29}$$

其中

$$k_p=\frac{2-(\omega_0\Delta t)^2}{1+\nu_c\Delta t},\ \xi_p=-\frac{1-\nu_c\Delta t}{1+\nu_c\Delta t},\ \beta_p=\frac{\Delta\varepsilon(\omega_0\Delta t)^2}{2(1+\nu_c\Delta t)} \tag{9.4.30}$$

代入麦克斯韦旋度方程，可以得到

$$s\delta[\nabla\times\widetilde{\boldsymbol{H}}]^{n+\frac{1}{2}}=\varepsilon_\infty(\boldsymbol{E}^{n+1}-\boldsymbol{E}^n)+\frac{1}{2}[k_p\boldsymbol{J}_p^n+\xi_p\boldsymbol{J}_p^{n-1}+\beta_p(\boldsymbol{E}^{n+1}-\boldsymbol{E}^{n-1})]+\frac{\boldsymbol{J}_p^n}{2} \tag{9.4.31}$$

由此可得 $\boldsymbol{E}^{n+1}$的迭代式

$$\boldsymbol{E}^{n+1}=\frac{2\varepsilon_\infty}{2\varepsilon_\infty+\beta_p}\boldsymbol{E}^n+\frac{\beta_p}{2\varepsilon_\infty+\beta_p}\boldsymbol{E}^n-\frac{k_p+1}{2\varepsilon_\infty+\beta_p}\boldsymbol{J}_p^n-\frac{\xi_p}{2\varepsilon_\infty+\beta_p}\boldsymbol{J}_p^{n-1}+\frac{2}{2\varepsilon_\infty+\beta_p}s\delta[\nabla\times\widetilde{\boldsymbol{H}}]^{n+\frac{1}{2}} \tag{9.4.32}$$

通过具体的算例进行验证。Lorentz 介质的参数选择与前面 RC 算法相同，ADE 方法代码如下所示。计算结果场的分布如图 9.12 所示，计算结果还与 TRC 和解析解的结果进行了对比。

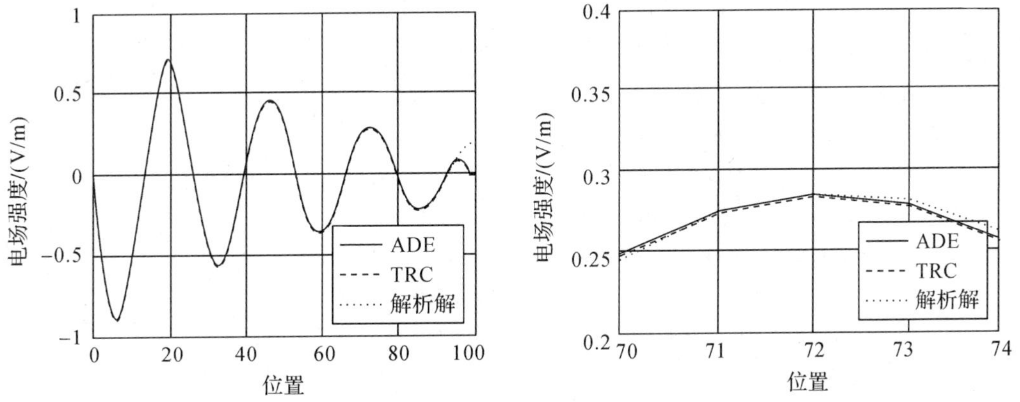

(a) 电场强度分布　　(b) 局部图

图 9.12　ADE 方法模拟电磁波在 Lorentz 介质中的传播(9/m16.m)

代码 9.16　ADE 方法实现 Lorentz 介质模拟(9/m16.m)

```
s=0.5;
nd=40;
na=10;
m=4;
dew2=.5;
x=.6;
beta=.1;
einf=1;
nz=100;
e=zeros(1, nz+1);
e1=0;
e2=0;
```

```
je=0;
je1=0;
je2=0;
h=0;
ze=0;
zh=0;
kp=(2-x^2-beta^2)/(1+x);
xp=-(1-x)/(1+x);
bp=dew2/2/(1+x);
xe=4/5*s*(m+1)*((1:na-1)/na).^m;
xm=4/5*s*(m+1)*((.5:na-.5)/na).^m;
ae=exp(-xe);
be=1-ae;
am=exp(-xm);
bm=1-am;
hfig=plot(0:length(e)-1, e);
ylim([-2, 2]);
for n=1:nd/s*10
    h=h-s*diff(e);
    h(end-na+1:end)=h(end-na+1:end)-s*ze;
    zh=ae.*zh-be.*diff(h(end-na+1:end));
    e(2:end-1)=((einf*e1+bp/2*e2-(kp+1)/2*je1-xp/2*je2-s*diff(h)))/
    (einf+bp/2);
    e(end-na+1:end-1)=e(end-na+1:end-1)-1/(einf+bp/2)*s*zh;
    e(1)=sin(2*pi*n*s/nd);
    ze=am.*ze-bm.*diff(e(end-na:end));
    je=kp*je1+xp*je2+bp*(e(2:end-1)-e2);
    e2=e1;
    e1=e(2:end-1);
    je2=je1;
    je1=je;
    set(hfig, 'ydata', e);
    drawnow;
end
ea=imag(exp(-2j*pi*(0:nz)/nd*sqrt(einf+dew2/(beta^2+(2j*pi*s/nd+x)^
 2))));
hold on;
plot(0:nz, ea);
saveas(gcf, [mfilename, '.png']);
data=[e; ea]';
save([mfilename, '.dat'], 'data', '-ascii');
```

9.5 介质板反射系数计算

下面的算例计算等离子体平板的反射系数和透射系数。等离子体平板的厚度为15 mm，入射电磁波激励源为高斯脉冲，脉冲频谱的峰值在 50 GHz，到 100 GHz 时，脉冲频谱幅度降低 10 dB。等离子体频率为 $\omega_p=2\pi\times 28.7\times 10^9$ rad/s，等离子体碰撞频率为 $\nu=20\times 10^9$ rad/s。计算区域分成了 800 个网格，每个网格尺寸为 75 m，时间步长为 0.125 ps。等离子体占据其中 300～500 的网格，0～300 和 500～800 的部分是自由空间。为抑制边界处的反射，计算边界处设置吸收边界条件，采用 10 层 CPML 吸收边界条件进行处理。仿真时间步长共 8000 时间步。反射系数和透射系数通过截取平板两侧的电场值进行了计算，将电场随时间的变化经傅立叶变换变成随时间的变化。

在 MATLAB 代码中，为简洁起见，所有变量都为无量纲量，如将 $\omega_p\Delta t$、$\nu_c\Delta t$ 等作为变量单独设置。下面是部分代码。图 9.13 是反射系数和透射系数的计算结果，并将计算结果与精确解进行了对比。由图 9.13 可见，反射系数和透射系数的幅度计算结果与精确解吻合较好，显示了计算的精度。图 9.14 是反射系数和透射系数的相位，并与精确解的计算结果进行了对比。由图 9.14 可见，反射系数和透射系数的相位计算结果与精确解的结果吻合较好，说明相位的计算结果也相当精确。

代码 9.17 等离子体板反射系数和透射系数计算(9/m17.m)

```
for n=1:nt
    hi=hi-s*diff(ei);
    hi(end-na+1:end)=hi(end-na+1:end)-s*zei;
    zhi=aei.*zhi-bei.*diff(hi(end-na+1:end));
    h=h-s*diff(e);
    h([1:na, end-na+1:end])=h([1:na, end-na+1:end])-s*ze;
    h(nc)=h(nc)+s*ei(1+nc);
    zh=ae.*zh-be.*[diff(h(1:na)), diff(h(end-na+1:end))];
    je=ca*je+cb*e(no+1:end-no);
    ei(2:end-1)=ei(2:end-1)-s*diff(hi);
    ei(end-na+1:end-1)=ei(end-na+1:end-1)-s*zhi;
    ei(1)=(n*s/2/nd-1)*exp(-4*pi*(n*s/2/nd-1)^2);
    zei=ami.*zei-bmi.*diff(ei(end-na:end));
    e(2:end-1)=e(2:end-1)-s*diff(h);
    e([2:na, end-na+1:end-1])=e([2:na, end-na+1:end-1])-s*zh;
    e(1+nc)=e(1+nc)+s*hi(nc);
    e(no+1:end-no)=e(no+1:end-no)-je;
    ze=am.*ze-bm.*[diff(e(1:1+na)), diff(e(end-na:end))];
    eit(n)=ei(no+1);
    ert(n)=e(no+1)-ei(no+1);
    ett(n)=e(end-no);
end
nf=100;
```

```
f=(1:nf)'/nf;
eif=exp(-2j * pi * f * (1:nt) * s/nd) * eit;
erf=exp(-2j * pi * f * (1:nt) * s/nd) * ert;
etf=exp(-2j * pi * f * (1:nt) * s/nd) * ett;
r=erf./eif;
t=etf./eif;
er=((1-r).^2-t.^2)./((1+r).^2-t.^2);
er0=1+wp^2./(2j * pi * f * s/nd. * (2j * pi * f * s/nd+nu));
n=sqrt(er0);
r01=(1-n)./(1+n);
kd=f * 2 * pi/nd * (nz-2 * no). * n;
r0=r01. * (1-exp(-2j * kd))./(1-r01.^2. * exp(-2j * kd));
t0=exp(-1j * kd). * (1-r01.^2)./(1-r01.^2. * exp(-2j * kd));
```

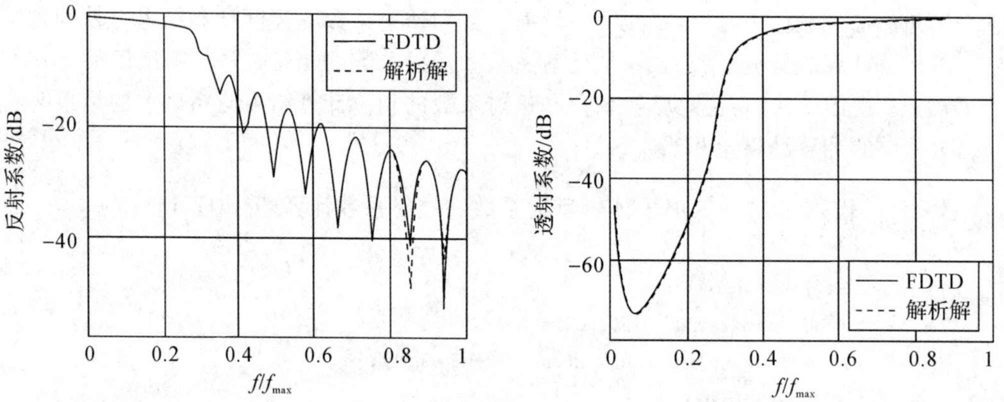

(a) 反射系数　　(b) 透射系数

图 9.13　反射系数和透射系数(9/m17.m)

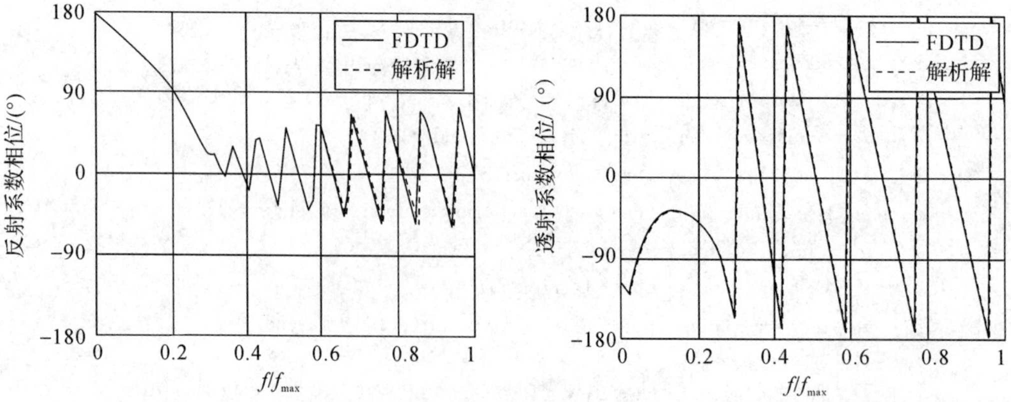

(a) 反射系数相位　　(b) 透射系数相位

图 9.14　反射系数和透射系数相位(9/m17.m)

采用 NRW 方法可以对等离子体的介电常数和磁导率进行反演，反演公式为

$$\varepsilon_r=\frac{(1-R)^2-T^2}{(1+R)^2-T^2} \tag{9.5.1}$$

其中 R 是反射系数，T 是透射系数。将反演的结果和仿真程序给出的结果进行对比，如图 9.15 所示。由图 9.15 可见，经过 NRW 反演得到的结果与真实值从曲线上来看完全一致，说明了 NRW 方法的有效性。

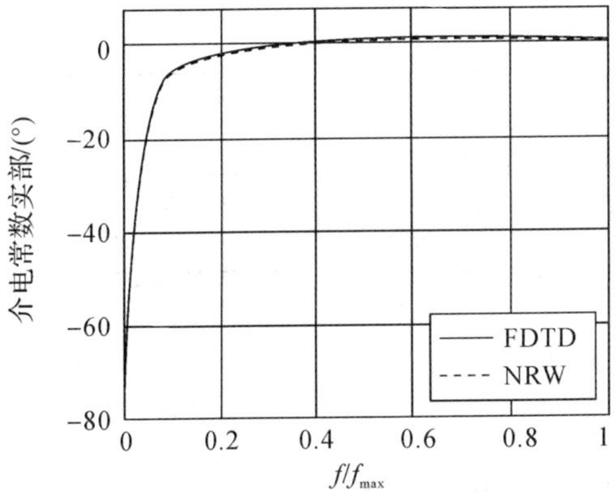

(a) 实部

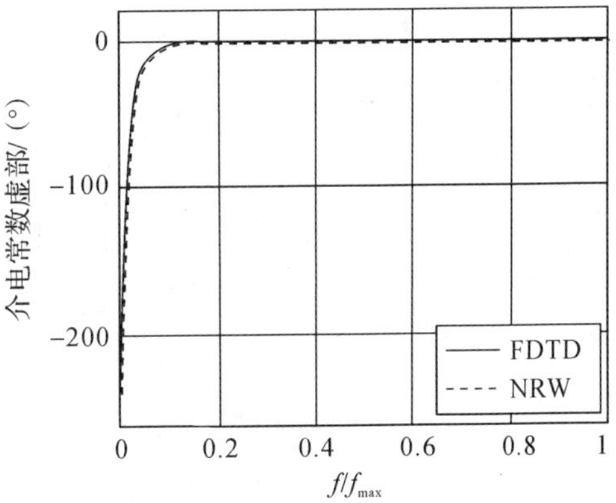

(b) 虚部

图 9.15　NRW 反演得到的介电常数与真实值对比(9/m17.m)

9.6　等离子体光子晶体的仿真

采用该方法可以计算等离子体光子晶体(Plasma Photonic Crystal，PPC)的反射系数。设等离子体光子晶体由 7 层等离子体和 6 层介质组成，每层等离子体和介质的厚度为 10 个网格，如图 9.16 所示。

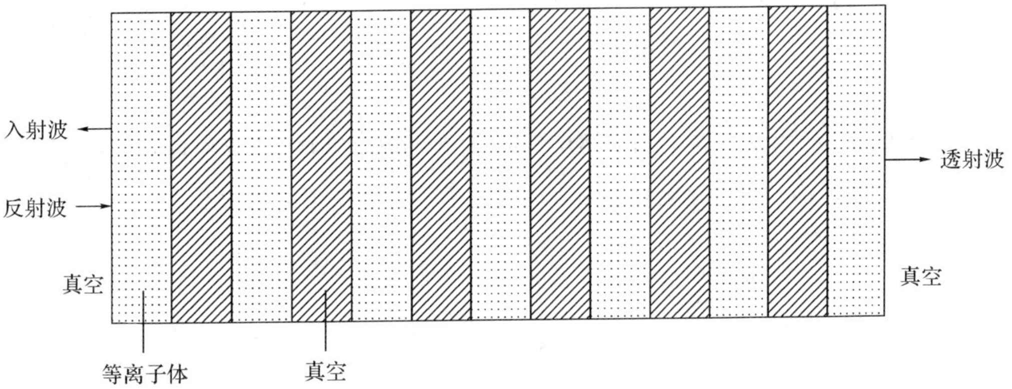

图 9.16　等离子体光子晶体示意图

第一个例子，假设介质的相对介电常数是 1，即假设介质为真空状态。元胞尺寸为仿真最大频率对应波长的 1/20，左侧加入微分高斯脉冲，右侧用 10 层坐标伸缩完全匹配层截断。连接边界到截断边界距离为 20 个元胞，等离子体到截断边界距离为 30 个元胞。每层等离子体和介质的厚度都是 10 个元胞。设置等离子体的参数，使 $\omega_p/f_{max}=0.4\pi$，$\nu_c/f_{max}=$

0.3。仿真 3000 时间步，代码如下所示。等离子体光子晶体的反射系数和透射系数如图 9.17 所示。由图 9.17 可见，等离子体之间为真空时，PPC 部分频率出现了单一禁带。图 9.18 对比了计算结果和理论结果的相位。可见，仿真结果得出的相位也与解析解非常吻合。

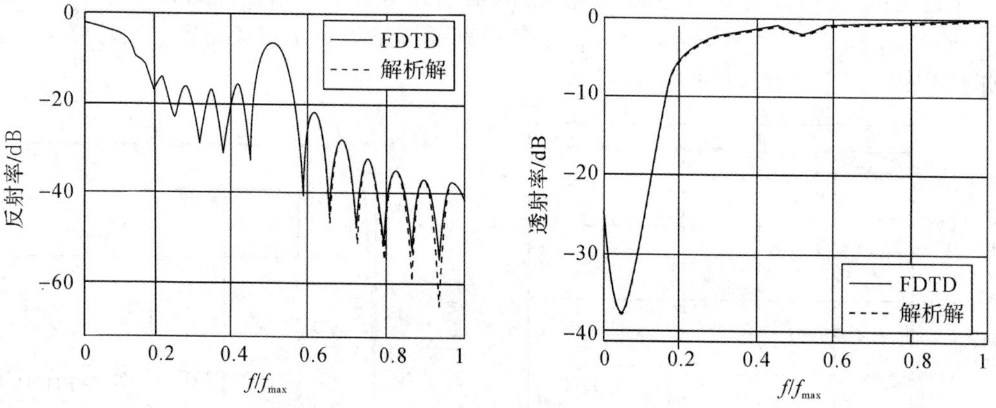

(a) 反射率　　(b) 透射率

图 9.17　真空中等离子体光子晶体仿真结果(9/m18.m)

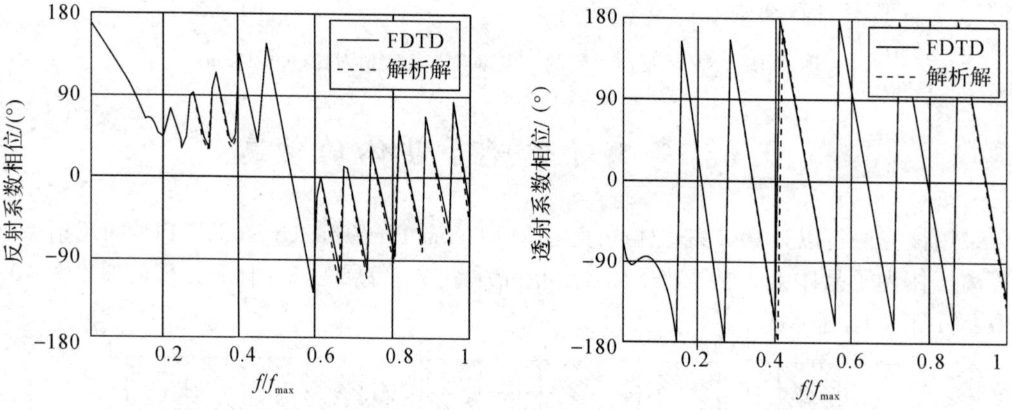

(a) 反射率　　(b) 透射率

图 9.18　真空中等离子体光子晶体反射系数和透射系数的相位仿真结果(9/m18.m)

代码 9.18　介质介电常数为 1 的等离子体光子晶体仿真(9/m18.m)

```
for n=1:nt
    hi=hi-s*diff(ei);
    hi(end-na+1:end)=hi(end-na+1:end)-s*zei;
    zhi=aei.*zhi-bei.*diff(hi(end-na+1:end));
    h=h-s*diff(e);
    h([1:na, end-na+1:end])=h([1:na, end-na+1:end])-s*ze;
    h(nc)=h(nc)+s*ei(1+nc);
    zh=ae.*zh-be.*[diff(h(1:na)), diff(h(end-na+1:end))];
    je=ca*je+cb*e(indo);
    ei(2:end-1)=ei(2:end-1)-s*diff(hi);
```

```
    ei(end-na+1:end-1)=ei(end-na+1:end-1)-s*zhi;
    ei(1)=(n*s/2/nd-1)*exp(-4*pi*(n*s/2/nd-1)^2);
    zei=ami.*zei-bmi.*diff(ei(end-na:end));
    e(2:end-1)=e(2:end-1)-s*diff(h);
    e([2:na, end-na+1:end-1])=e([2:na, end-na+1:end-1])-s*zh;
    e(1+nc)=e(1+nc)+s*hi(nc);
    e(indo)=e(indo)-je;
    e(indi)=e(indi)-(1/eri-1)*s*(h(indi)-h(indi-1));
    ze=am.*ze-bm.*[diff(e(1:1+na)), diff(e(end-na:end))];
    eit(n)=ei(no+1);
    ert(n)=e(no+1)-ei(no+1);
    ett(n)=e(end-no);
end
nf=100;
f=(1:nf)'/nf;
eif=exp(-2j*pi*f*(1:nt)*s/nd)*eit;
erf=exp(-2j*pi*f*(1:nt)*s/nd)*ert;
etf=exp(-2j*pi*f*(1:nt)*s/nd)*ett;
r=erf./eif;
t=etf./eif;
ero=1+wp.^2./((2j*pi*f*s/nd).*(2j*pi*f*s/nd+nu));
r01=(1-sqrt(ero))./(1+sqrt(ero));
r23=(1-sqrt(ero/eri))./(1+sqrt(ero/eri));
r0=-r01;
t0=1+r0;
ev=exp(-2j*pi*f.*sqrt(ero)*cto(end)/nd);
t0=t0.*ev./(1+r0.*ev.^2);
r0=(r23+r0.*ev.^2)./(1+r23.*r0.*ev.^2);
t0=t0.*(1+r0);
for n=length(cti):-1:2
    ev=exp(-2j*pi*f.*sqrt(eri)*cti(n)/nd);
    t0=t0.*ev./(1+r0.*ev.^2);
    r0=(-r23+r0.*ev.^2)./(1-r23.*r0.*ev.^2);
    t0=t0.*(1+r0);
    ev=exp(-2j*pi*f.*sqrt(ero)*cto(n)/nd);
    t0=t0.*ev./(1+r0.*ev.^2);
    r0=(r23+r0.*ev.^2)./(1+r23.*r0.*ev.^2);
    t0=t0.*(1+r0);
end
ev=exp(-2j*pi*f.*sqrt(eri)*cti(1)/nd);
t0=t0.*ev./(1+r0.*ev.^2);
r0=(-r23+r0.*ev.^2)./(1-r23.*r0.*ev.^2);
t0=t0.*(1+r0);
```

```
ev=exp(-2j*pi*f.*sqrt(ero)*cto(1)/nd);
t0=t0.*ev./(1+r0.*ev.^2);
r0=(r01+r0.*ev.^2)./(1+r01.*r0.*ev.^2);
t0=t0.*(1+r0);
```

设介电常数为 2，代码如下，只需改动设置介电常数的代码行即可。仿真结果如图 9.19 所示。

代码 9.19　介质介电常数为 2 的等离子体光子晶体仿真(9/m19.m)

```
eri=2;
```

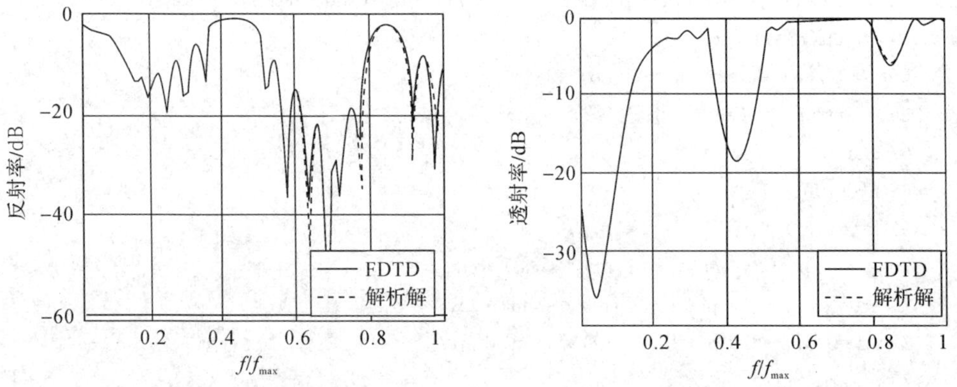

(a) 反射率　　　　(b) 透射率

图 9.19　介电常数为 2 时等离子体光子晶体仿真结果(9/m19.m)

介电常数为 4，代码如下，只需改动设置介电常数的代码行即可。仿真结果如图 9.20 所示。可见，介电常数对等离子体光子晶体的带隙特性有非常明显的影响。

代码 9.20　介质介电常数为 4 的等离子体光子晶体仿真(9/m20.m)

```
eri=4;
```

上面的例子是等离子体作为外层介质的光子晶体的特性。实际上，这样的光子晶体物理上无法实现，只具有参考意义，不可能制作出等离子体与自由空间直接接触的结构。图 9.21 设计的等离子体是由 7 层介质板将 6 层等离子体隔开。

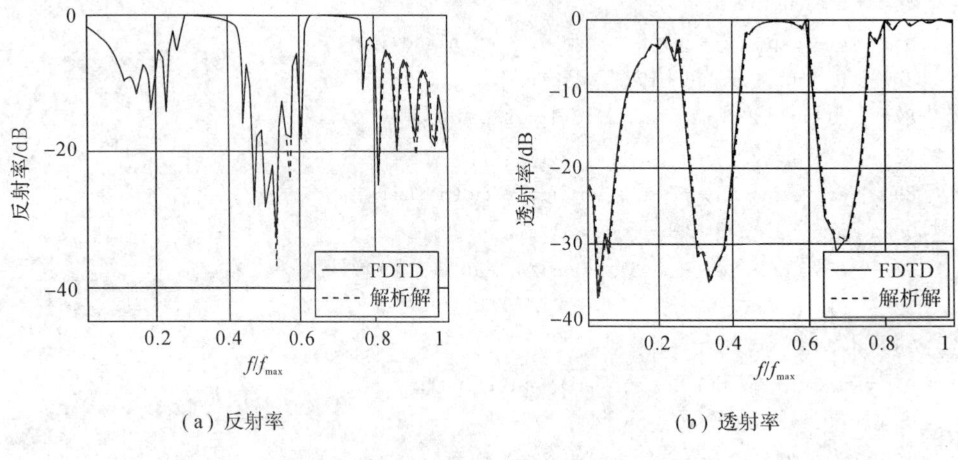

(a) 反射率　　　　(b) 透射率

图 9.20　介电常数为 4 时等离子体光子晶体仿真结果(9/m20.m)

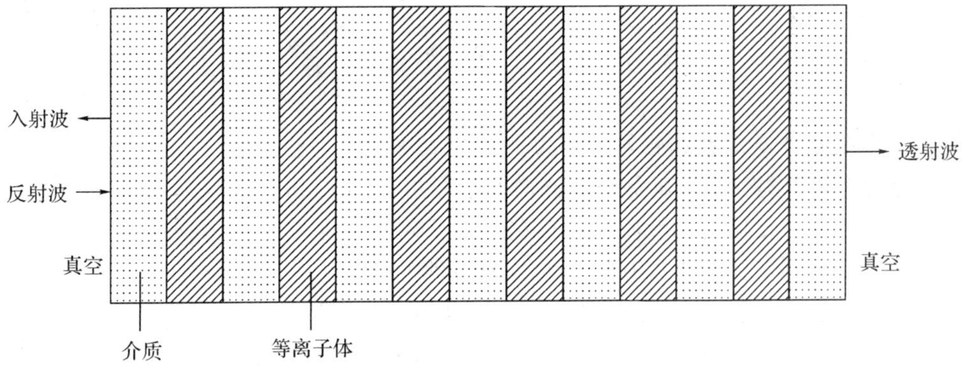

图 9.21 介质板隔开的等离子体光子晶体示意图

等离子体电磁参数与前面的算例相同，激励信号源为微分高斯脉冲，网格长度为最大频率对应波长的 1/40，时间稳定因子为 0.5，等离子体厚度为 20 个网格长度，介质板厚度为 20 个网格长度。仿真 5600 时间步，部分代码如下所示，其中给出了设置等离子体光子晶体参数的方法。仿真得到等离子体晶体的反射系数和透射系数，结果如图 9.22 所示。

代码 9.21 介质封闭的等离子体光子晶体仿真(9/m21.m)

```
cto=[20, 20, 20, 20, 20, 20, 20];
cti=[20, 20, 20, 20, 20, 20];
wp=2 * pi * 0.2 * s/nd;
nu=0.3 * s/nd;
ero=4;
nz=sum(cto)+sum(cti)+2 * no;
indo=[];
indi=[];
indo=[indo, no+(1:cto(1))];
for n=1:length(cti)
    indi=[indi, no+sum(cto(1:n))+sum(cti(1:n-1))+(1:cti(n))];
    indo=[indo, no+sum(cto(1:n))+sum(cti(1:n))+(1:cto(n+1))];
end
```

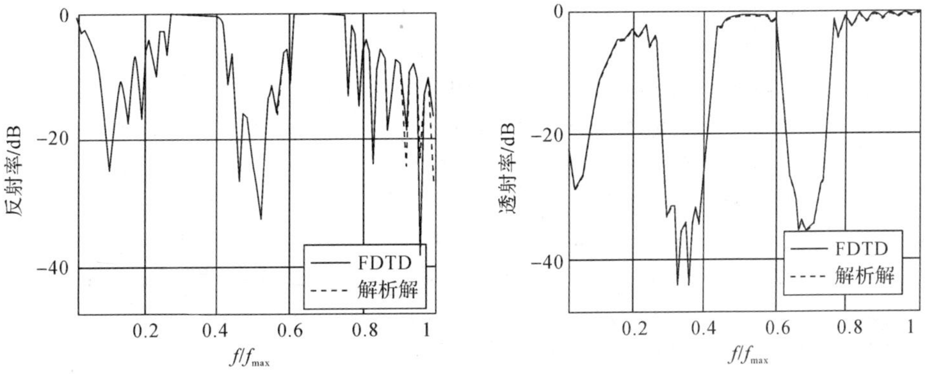

(a) 反射率　　(b) 透射率

图 9.22 介质板中等离子体光子晶体仿真结果(9/m21.m)

9.7 双负介质的仿真

双负介质是指介电常数和磁导率都为负数的人工材料，它具有负折射率、逆多普勒效应、逆切伦科夫辐射等性质。双负介质同时具有负介电常数和负磁导率，主要通过亚波长结构的谐振产生。其负折射率性质往往只在一个比较小的频率范围内存在，其他频率依然表现出正折射率性质，其性质具有强烈的色散特性。FDTD 法天然具有对这种复杂结构进行建模、仿真的优势，处理介质的复杂分布较为容易。

从色散介质模型的讨论得知，Debye 模型无法得到负介电常数，而 Drude 模型和 Lorentz 模型可以适当选择参数，得到负介电常数。简单起见，可建立 Drude 模型对双负介质进行仿真。需要注意的是，磁导率也需要通过色散模型进行仿真。

对平面波入射到双负材料进行仿真。计算区域分为 150 个网格，中间的 50 个网格为超材料，介电常数和磁导率用相同的 Drude 模型表示，设置 Drude 介质的 $\nu=0$，$\omega_p=\sqrt{2}\omega$，以使超材料的折射率为－1。MATLAB 程序中使用归一化变量，即 $\omega_p\Delta t=\sqrt{2}\omega\Delta t$，仿真区域两侧用 10 层 CPML 吸收边界截断，入射平面波为正弦波，在距离截断边界 20 层的位置引入连接边界条件。仿真 4000 时间步，部分代码如下所示。得到的电场分布如图 9.23(a)所示。由图 9.23(a)可见，电磁波在超材料两侧均向右传播，而在 50～100 的网格区域内，由于超材料的负折射特性，电磁波在该区域向左传播。在时间推进过程中可以看到，在超材料和真空的交界处，电场是连续的，但是传播方向相反。

代码 9.22　一维情形折射率为－1的双负介质仿真(9/m22.m)

```
for n=1:(nz-2*nc)/s*20
    hi=hi-s*diff(ei);
    hi(end-na+1:end)=hi(end-na+1:end)-s*zei;
    zhi=aei.*zhi-bei.*diff(hi(end-na+1:end));
    h=h-s*diff(e);
    h([1:na, end-na+1:end])=h([1:na, end-na+1:end])-s*ze;
    zh=ae.*zh-be.*[diff(h(1:na)), diff(h(end-na+1:end))];
    h(nc)=h(nc)+s*ei(1+nc);
    h(no+1:end-no)=h(no+1:end-no)-jh;
    je=je+(1-ri)*(2*pi*s/nd)^2*e(no+1:end-no);
    ei(2:end-1)=ei(2:end-1)-s*diff(hi);
    ei(end-na+1:end-1)=ei(end-na+1:end-1)-s*zhi;
    zei=ami.*zei-bmi.*diff(ei(end-na:end));
    ei(1)=sin(2*pi*n*s/nd);
    e(2:end-1)=e(2:end-1)-s*diff(h);
    e([2:na, end-na+1:end-1])=e([2:na, end-na+1:end-1])-s*zh;
    ze=am.*ze-bm.*[diff(e(1:1+na)), diff(e(end-na:end))];
    e(1+nc)=e(1+nc)+s*hi(nc);
    e(no+1:end-no)=e(no+1:end-no)-je;
    jh=jh+(1-ri)*(2*pi*s/nd)^2*h(no+1:end-no);
```

```
    set(hfigi, 'ydata', ei);
    set(hfig, 'ydata', e);
    drawnow;
end
```

将 50～100 网格中间的超材料折射率换成－2，只需将代码相应的行改变即可，如下所示。得到的电场分布如图 9.23(b)所示。由图 9.23(b)可见，折射率设为－2 后，电磁波在超材料中的波长为真空中的一半，传播方向与真空中相反，表现出逆传播方向特性。

代码 9.23　一维情形折射率为－2的双负介质仿真(9/m23.m)

```
bm=[fliplr(bmi), bmi];
```

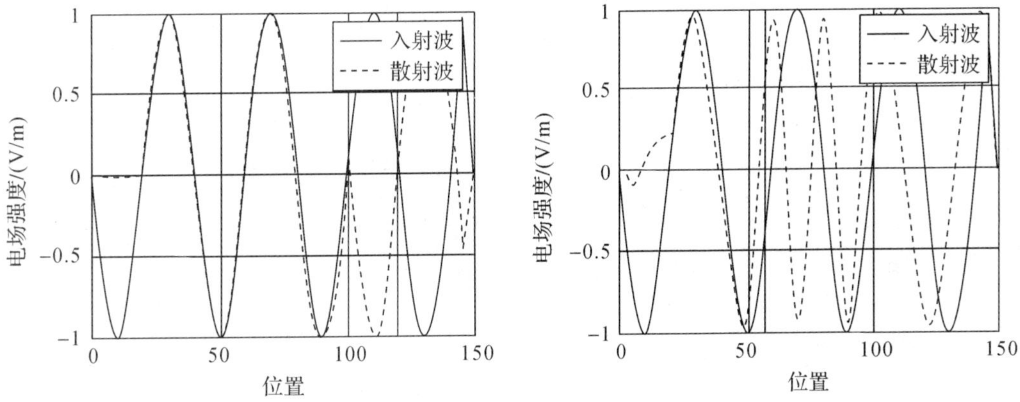

(a) 折射率为-1(9/m22.m)　　(b) 折射率为-2(9/m23.m)

图 9.23　一维情形电磁波在负折射率材料中的传播

再通过负折射率平板的电磁仿真对 Drude 模型表示的超材料特性进行验证，用电流源作为激励，电磁波经过负折射平板后，在另一侧实现了汇聚。Drude 介质的碰撞频率设置为 0，等离子体频率设置为恰好使得介电常数和磁导率都为－1，即 $\omega_p=\sqrt{2}\,\omega$。空间步长为 1/20 波长，时间稳定因子为 0.5。超材料平板的厚度为 8 个波长，电流源距离超材料平板中心也为 8 个波长。代码如下所示。仿真结果如图 9.24(a)所示。

代码 9.24　8 个波长厚度的双负介质仿真(9/m24.m)

```
s=0.5;
nd=20;
na=10;
m=4;
nx=480;
ny=480;
rx=160;
ry=460;
ri=-1;
ox=nx/2-rx/2;
oy=ny/2-ry/2;
```

```
e=zeros(nx+1, ny+1);
hx=0;
hy=0;
je=0;
jhx=0;
jhy=0;
xhy=0;
yhx=0;
xez=0;
yez=0;
xe=4/5*s*(m+1)*((1:na-1)/na).^m;
xm=4/5*s*(m+1)*((.5:na-.5)/na).^m;
xe=[fliplr(xe), xe];
xm=[fliplr(xm), xm];
ae=exp(-xe);
be=1-ae;
am=exp(-xm);
bm=1-am;
hAxis=imagesc(e, .01*[-1, 1]);
axis equal tight;
colorbar;
for n=1:4000
    hy=hy+s*diff(e(:, 2:end-1), 1, 1);
    hy([1:na, end-na+1:end], :)=hy([1:na, end-na+1:end], :)+s*xez;
    hy(ox+1:end-ox, oy:end-oy+1)=hy(ox+1:end-ox, oy:end-oy+1)-jhy;
    xhy=ae'.*xhy-be'.*[diff(hy(1:na, :), 1, 1); diff(hy(end-na+1:end, :), 1, 1)];
    hx=hx-s*diff(e(2:end-1, :), 1, 2);
    hx(:, [1:na, end-na+1:end])=hx(:, [1:na, end-na+1:end])-s*yez;
    hx(ox:end-ox+1, oy+1:end-oy)=hx(ox:end-ox+1, oy+1:end-oy)-jhx;
    yhx=ae.*yhx-be.*[diff(hx(:, 1:na), 1, 2), diff(hx(:, end-na+1:end), 1, 2)];
    je=je+(1-ri)*(2*pi*s/nd)^2*e(ox+1:end-ox, oy+1:end-oy);
    e(2:end-1, 2:end-1)=e(2:end-1, 2:end-1)+s*(diff(hy, 1, 1)-diff(hx, 1, 2));
    e([2:na, end-na+1:end-1], 2:end-1)=e([2:na, end-na+1:end-1], 2:end-1)+s*xhy;
    e(2:end-1, [2:na, end-na+1:end-1])=e(2:end-1, [2:na, end-na+1:end-1])-s*yhx;
    e(ox+1:end-ox, oy+1:end-oy)=e(ox+1:end-ox, oy+1:end-oy)-je;
    xez=am'.*xez-bm'.*[diff(e(1:1+na, 2:end-1), 1, 1); diff(e(end-na:end, 2:end-1), 1, 1)];
    yez=am.*yez-bm.*[diff(e(2:end-1, 1:1+na), 1, 2), diff(e(2:end-1, end-na:end), 1, 2)];
```

```
    jhy=jhy+(1-ri)*(2*pi*s/nd)^2*hy(ox+1:end-ox, oy:end-oy+1);
    jhx=jhx+(1-ri)*(2*pi*s/nd)^2*hx(ox:end-ox+1, oy+1:end-oy);
    e(nx/2+1+rx, ny/2+1)=e(nx/2+1+rx, ny/2+1)+sin(2*pi*n*s/nd);
    set(hAxis, 'cdata', e);
    drawnow;
end
saveas(gcf, [mfilename, '.png']);
```

超材料平板的厚度为 4 个波长，电流源距离超材料平板中心也为 4 个波长，仿真 4000 时间步。将前面的代码相应的行修改即可，如下所示。仿真结果如图 9.24(b)所示。从仿真结果可知，电磁波在超材料平板内部出现了汇聚现象，电磁波在超材料中传播的相速与在真空中相反。电磁波经过超材料平板后，在另一侧也产生了汇聚现象，类似于凸透镜，验证了将超材料用于超透镜的可能性。

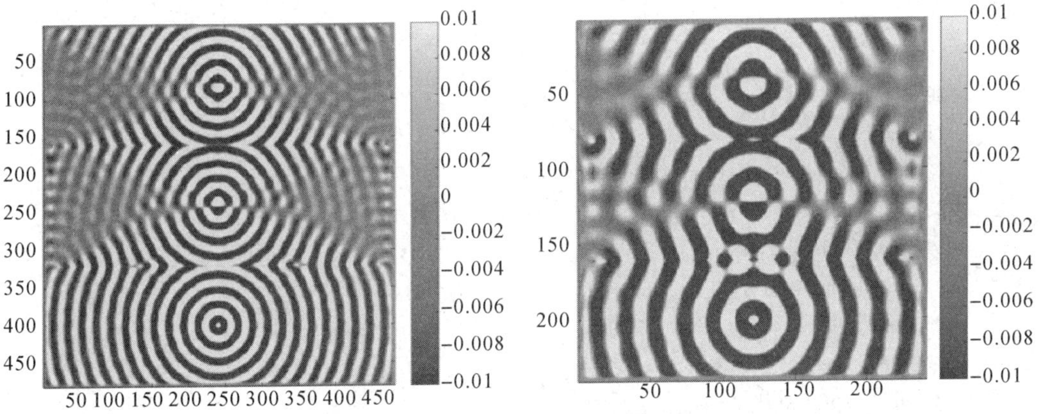

(a) 超材料平板厚度 8 个波长 (9/m24.m)　　(b) 超材料平板厚度 4 个波长 (9/m25.m)

图 9.24　二维负折射率超材料仿真结果

代码 9.25　4 个波长厚度的双负介质仿真(9/m25.m)

```
nx=240;
ny=240;
rx=80;
ry=220;
```

超材料的折射率为−2，超材料平板厚度为 8 个真空中波长，电流源距离边界 4 个波长，仿真 4000 步，结果如图 9.25(a)所示。由图 9.25(a)可见，电磁波在折射率为−2 的超材料中波长是真空中的一半。辐射源在超材料中的成像位置其实是在另一侧的边界上，和另一侧真空中的像是重合的，因此表现出了图中的电场分布特性。同样，动画可以显示电磁波传播过程。

代码 9.26　8 个波长厚度折射率−2 的双负介质仿真(9/m26.m)

```
s=0.5;
nd=20;
na=10;
m=4;
```

```
nx=480;
ny=480;
rx=160;
ry=460;
ri=-2;
ox=nx/2-rx/2;
oy=ny/2-ry/2;
e=zeros(nx+1,ny+1);
hx=0;
hy=0;
je=0;
jhx=0;
jhy=0;
xhy=0;
yhx=0;
xez=0;
yez=0;
xe=4/5*s*(m+1)*((1:na-1)/na).^m;
xm=4/5*s*(m+1)*((.5:na-.5)/na).^m;
xe=[fliplr(xe),xe];
xm=[fliplr(xm),xm];
ae=exp(-xe);
be=1-ae;
am=exp(-xm);
bm=1-am;
hAxis=imagesc(e, .01*[-1, 1]);
axis equal tight;
colorbar;
for n=1:4000
    hy=hy+s*diff(e(:, 2:end-1), 1, 1);
    hy([1:na, end-na+1:end], :)=hy([1:na, end-na+1:end], :)+s*xez;
    hy(ox+1:end-ox, oy:end-oy+1)=hy(ox+1:end-ox, oy:end-oy+1)-jhy;
    xhy=ae'.*xhy-be'.*[diff(hy(1:na, :), 1, 1); diff(hy(end-na+1:end, :), 1, 1)];
    hx=hx-s*diff(e(2:end-1, :), 1, 2);
    hx(:, [1:na, end-na+1:end])=hx(:, [1:na, end-na+1:end])-s*yez;
    hx(ox:end-ox+1, oy+1:end-oy)=hx(ox:end-ox+1, oy+1:end-oy)-jhx;
    yhx=ae.*yhx-be.*[diff(hx(:, 1:na), 1, 2), diff(hx(:, end-na+1:end), 1, 2)];
    je=je+(1-ri)*(2*pi*s/nd)^2*e(ox+1:end-ox, oy+1:end-oy);
    e(2:end-1, 2:end-1)=e(2:end-1, 2:end-1)+s*(diff(hy, 1, 1)-diff(hx, 1, 2));
    e([2:na, end-na+1:end-1], 2:end-1)=e([2:na, end-na+1:end-1], 2:end-1)+s*xhy;
    e(2:end-1, [2:na, end-na+1:end-1])=e(2:end-1, [2:na, end-na+1:end-1])-s*yhx;
```

```
    e(ox+1:end-ox, oy+1:end-oy)=e(ox+1:end-ox, oy+1:end-oy)-je;
    xez=am'.*xez-bm'.*[diff(e(1:1+na, 2:end-1), 1, 1); diff(e(end-na:end,
    2:end-1), 1, 1)];
    yez=am.*yez-bm.*[diff(e(2:end-1, 1:1+na), 1, 2), diff(e(2:end-1, end-
    na:end), 1, 2)];
    jhy=jhy+(1-ri)*(2*pi*s/nd)^2*hy(ox+1:end-ox, oy:end-oy+1);
    jhx=jhx+(1-ri)*(2*pi*s/nd)^2*hx(ox:end-ox+1, oy+1:end-oy);
    e(nx/2+1+rx, ny/2+1)=e(nx/2+1+rx, ny/2+1)+sin(2*pi*n*s/nd);
    set(hAxis, 'cdata', e);
    drawnow;
end
saveas(gcf, [mfilename, '.png']);
```

将辐射源的位置靠近超材料平板，距离超材料 2 个波长的距离，将前面的代码改动少许即可，如下所示。仿真结果如图 9.25(b)所示。由图 9.25(b)可见，辐射源距离真空与超材料界面变小后，得以在超材料中成像，在超材料平板的另一侧也能够成像。

代码 9.27　辐射源靠近双负介质平板的仿真(9/m27.m)

```
    e(nx/2+1+3*rx/4, ny/2+1)=e(nx/2+1+3*rx/4, ny/2+1)+sin(2*pi*n
    *s/nd);
```

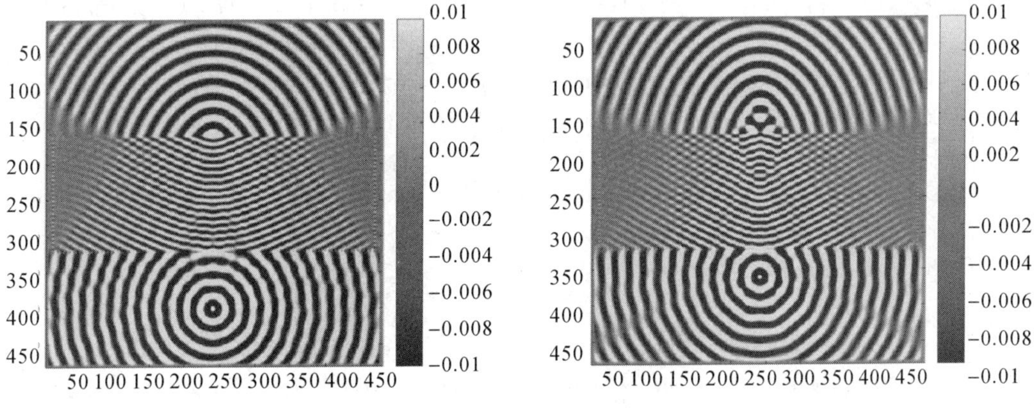

(a) 辐射源距界面 4 个波长 (9/m26.m)　　(b) 辐射源距界面 2 个波长 (9/m27.m)

图 9.25　电磁波在折射率为－2 的介质中传播

对高斯波束在超材料中的传播过程进行仿真。部分代码如下所示。计算区域划分为 480×480 的网格，网格尺寸为 1/20 波长，时间稳定因子为 0.5，四周用 10 层 CPML 吸收边界条件截断，连接边界距离截断边界为 20 个网格长度。总场区设置折射率为－1 的超材料，占据 240×420 的区域。仿真结果如图 9.26 所示。由图 9.26 可见，高斯波束在负折射率超材料中先是发生汇聚，然后发散，传播到另一侧时，又发生汇聚。电磁波在超材料中，相速的方向与在真空中相反，动画体现了这一过程。

代码 9.28　高斯波数在双负介质中的仿真(9/m28.m)

```
for n=1:5000
    hyi=hyi+s*diff(ei(:, 2:end-1), 1, 1);
```

```
hyi([1:na, end-na+1:end], :)=hyi([1:na, end-na+1:end], :)+s*xezi;
xhyi=ae'.*xhyi-be'.*[diff(hyi(1:na, :), 1, 1); diff(hyi(end-na+1:end, :), 1, 1)];
hxi=hxi-s*diff(ei(2:end-1, :), 1, 2);
hxi(:, [1:na, end-na+1:end])=hxi(:, [1:na, end-na+1:end])-s*yezi;
yhxi=ae.*yhxi-be.*[diff(hxi(:, 1:na), 1, 2), diff(hxi(:, end-na+1:end), 1, 2)];
hy=hy+s*diff(e(:, 2:end-1), 1, 1);
hy([1:na, end-na+1:end], :)=hy([1:na, end-na+1:end], :)+s*xez;
hy(nc, nc:end-nc+1)=hy(nc, nc:end-nc+1)-s*ei(1+nc, 1+nc:end-nc);
hy(end-nc+1, nc:end-nc+1)=hy(end-nc+1, nc:end-nc+1)+s*ei(end-nc, 1+nc:end-nc);
hy(ox+1:end-ox, oy:end-oy+1)=hy(ox+1:end-ox, oy:end-oy+1)-jhy;
xhy=ae'.*xhy-be'.*[diff(hy(1:na, :), 1, 1); diff(hy(end-na+1:end, :), 1, 1)];
hx=hx-s*diff(e(2:end-1, :), 1, 2);
hx(:, [1:na, end-na+1:end])=hx(:, [1:na, end-na+1:end])-s*yez;
hx(nc:end-nc+1, nc)=hx(nc:end-nc+1, nc)+s*ei(1+nc:end-nc, 1+nc);
hx(nc:end-nc+1, end-nc+1)=hx(nc:end-nc+1, end-nc+1)-s*ei(1+nc:end-nc, end-nc);
hx(ox:end-ox+1, oy+1:end-oy)=hx(ox:end-ox+1, oy+1:end-oy)-jhx;
yhx=ae.*yhx-be.*[diff(hx(:, 1:na), 1, 2), diff(hx(:, end-na+1:end), 1, 2)];
je=je+(1-ri)*(2*pi*s/nd)^2*e(ox+1:end-ox, oy+1:end-oy);
ei(2:end-1, 2:end-1)=ei(2:end-1, 2:end-1)+s*(diff(hyi, 1, 1)-diff(hxi, 1, 2));
ei([2:na, end-na+1:end-1], 2:end-1)=ei([2:na, end-na+1:end-1], 2:end-1)+s*xhyi;
ei(2:end-1, [2:na, end-na+1:end-1])=ei(2:end-1, [2:na, end-na+1:end-1])-s*yhxi;
ei(ns+1, :)=ei(ns+1, :)+sin(2*pi*n*s/nd)*exp(-((-ny/2:ny/2)/nd).^2);
xezi=am'.*xezi-bm'.*[diff(ei(1:1+na, 2:end-1), 1, 1); diff(ei(end-na:end, 2:end-1), 1, 1)];
yezi=am.*yezi-bm.*[diff(ei(2:end-1, 1:1+na), 1, 2), diff(ei(2:end-1, end-na:end), 1, 2)];
e(2:end-1, 2:end-1)=e(2:end-1, 2:end-1)+s*(diff(hy, 1, 1)-diff(hx, 1, 2));
e([2:na, end-na+1:end-1], 2:end-1)=e([2:na, end-na+1:end-1], 2:end-1)+s*xhy;
e(2:end-1, [2:na, end-na+1:end-1])=e(2:end-1, [2:na, end-na+1:end-1])-s*yhx;
e(1+nc, 1+nc:end-nc)=e(1+nc, 1+nc:end-nc)-s*hyi(nc, nc:end-nc+1);
e(end-nc, 1+nc:end-nc)=e(end-nc, 1+nc:end-nc)+s*hyi(end-nc+1, nc:end-nc+1);
e(1+nc:end-nc, 1+nc)=e(1+nc:end-nc, 1+nc)+s*hxi(nc:end-nc+1,
```

```
    nc);
    e(1+nc:end-nc, end-nc)=e(1+nc:end-nc, end-nc)-s*hxi(nc:end-nc+1,
    end-nc+1);
    e(ox+1:end-ox, oy+1:end-oy)=e(ox+1:end-ox, oy+1:end-oy)-je;
    xez=am'.*xez-bm'.*[diff(e(1:1+na, 2:end-1), 1, 1); diff(e(end-na:end,
    2:end-1), 1, 1)];
    yez=am.*yez-bm.*[diff(e(2:end-1, 1:1+na), 1, 2), diff(e(2:end-1, end-
    na:end), 1, 2)];
    jhy=jhy+(1-ri)*(2*pi*s/nd)^2*hy(ox+1:end-ox, oy:end-oy+1);
    jhx=jhx+(1-ri)*(2*pi*s/nd)^2*hx(ox:end-ox+1, oy+1:end-oy);
    set(hfig, 'cdata', e);
    drawnow;
end
```

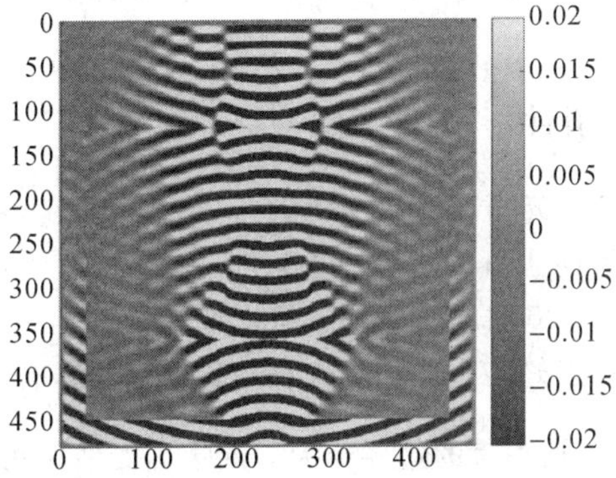

图 9.26　高斯波束在负折射率超材料中的传播(9/m28.m)

复习思考题

1. 采用 Lorentz 模型实现双负介质的模拟。
2. 编程实现多极点色散模型的模拟，例如下面的情形：

$$\varepsilon_r=\varepsilon_\infty+\frac{\varepsilon_{s1}-\varepsilon_\infty}{1+j\omega\tau_1}+\frac{\varepsilon_{s2}-\varepsilon_\infty}{1+j\omega\tau_2}$$

第 10 章 周期边界条件

许多电磁问题都有周期结构，例如光栅、频率选择表面、光子带隙结构等。周期结构的散射可以简化为一个周期单元的计算。如果周期边界与入射方向平行，则周期边界的设置非常简单，只需要在仿真过程中令两个边界的场相等即可。斜入射情形较为复杂，本书不做具体讨论。

10.1 二维周期结构

10.1.1 二维周期边界条件

现在研究周期边界条件，先考虑二维情形的 TM 波，与 x 方向垂直的两个边界用 PML 吸收边界条件截断，与 y 方向垂直的两个边界为周期边界。在坐标(50, 80)处放置一点源，波形为微分高斯脉冲。运行 120 时间步后，电场分布如图 10.1(a)所示。可见，周期边界条件设置有效，左侧边界的场正好与右侧边界互补，形成完整的辐射圆。

代码 10.1 与 y 轴垂直的边界作为周期边界的线源仿真(10/m1.m)

```
s=0.5;
nd=20;
na=10;
m=4;
nx=100;
ny=100;
e=zeros(nx+1, ny);
hx=0;
hy=0;
xhy=0;
xez=0;
xe=4/5*s*(m+1)*((1:na-1)'/na).^m;
xm=4/5*s*(m+1)*((.5:na-.5)'/na).^m;
xe=[flipud(xe); xe];
xm=[flipud(xm); xm];
ae=exp(-xe);
be=1-ae;
am=exp(-xm);
bm=1-am;
hfig=imagesc(e, .001*[-1, 1]);
```

```
axis equal tight;
colorbar;
for n=1:120
    hy=hy+s * diff(e, 1, 1);
    hy([1:na, end-na+1:end], :)=hy([1:na, end-na+1:end], :)+s * xez;
    xhy=ae. * xhy-be. * [diff(hy(1:na, :), 1, 1); diff(hy(end-na+1:end, :), 1,
    1)];
    hx=hx-s * (circshift(e(2:end-1, :), [0, -1])-e(2:end-1, :));
    e(2:end-1, :)=e(2:end-1, :)+s * (diff(hy, 1, 1)-(hx-circshift(hx, [0,
    1])));
    e([2:na, end-na+1:end-1], :)=e([2:na, end-na+1:end-1], :)+s * xhy;
    xez=am. * xez-bm. * [diff(e(1:1+na, :), 1, 1); diff(e(end-na:end, :), 1,
    1)];
    e(nx/2+1, ny/2+1+30)=e(nx/2+1, ny/2+1+30)+(n * s/2/nd-1) * exp(-4
    * pi * (n * s/2/nd-1)^2);
    set(hfig, 'cdata', e);
    drawnow;
end
saveas(gcf, [mfilename, '.png']);
```

如果将与 x 轴垂直的边界设为周期边界，与 y 轴垂直的边界设为吸收边界，则部分代码如下所示。两种周期边界的代码的计算结果如图 10.1(b)所示。

代码 10.2 与 x 轴垂直的边界作为周期边界的线源仿真(10/m2.m)

```
for n=1:120
    hx=hx-s * diff(e, 1, 2);
    hx(:, [1:na, end-na+1:end])=hx(:, [1:na, end-na+1:end])-s * yez;
    yhx=ae. * yhx-be. * [diff(hx(:, 1:na), 1, 2), diff(hx(:, end-na+1:end), 1,
    2)];
    hy=hy+s * (circshift(e(:, 2:end-1), [-1, 0])-e(:, 2:end-1));
    e(:, 2:end-1)=e(:, 2:end-1)+s * ((hy-circshift(hy, [1, 0]))-diff(hx, 1,
    2));
    e(:, [2:na, end-na+1:end-1])=e(:, [2:na, end-na+1:end-1])-s * yhx;
```

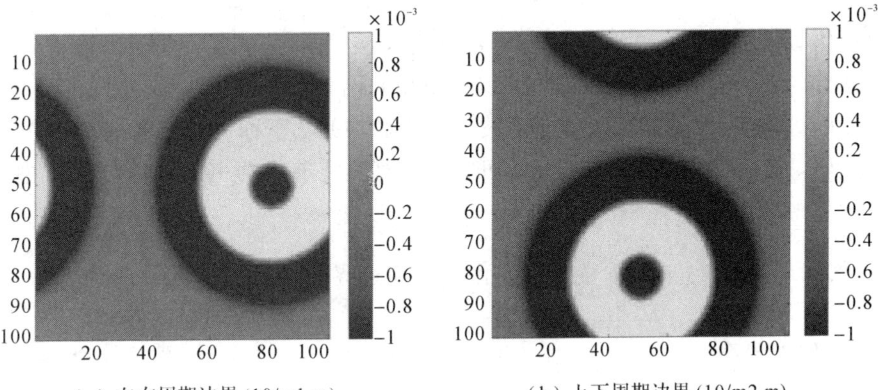

(a) 左右周期边界(10/m1.m)　　(b) 上下周期边界(10/m2.m)

图 10.1 线源的周期边界仿真结果

```
yez=am. * yez-bm. * [diff(e(:, 1:1+na), 1, 2), diff(e(:, end-na:end), 1,
2)];
e(nx/2+1+30, ny/2+1)=e(nx/2+1+30, ny/2+1)+(n * s/2/nd-1) * exp(-4
* pi * (n * s/2/nd-1)^2);
set(hfig, 'cdata', e);
drawnow;
end
```

在仿真区域中心设置一面源，平行于 x 轴，波形为正弦波，仿真 200 时间步，只需将前面代码激励源部分进行替换即可，代码如下所示。仿真结果电场分布如图 10.2(a)所示。可见，面源形成的场为分别向 y、$-y$ 两个方向传播的平面电磁波，遇到吸收边界后电磁波被吸收。

代码 10.3　与 y 轴垂直的边界作为周期边界的面源仿真(10/m3. m)

```
e(nx/2+1, :)=sin(2 * pi * n * s/nd);
```

如果将上下界面设置为周期边界，也可以实现平面电磁波传播模拟。只需将前面代码激励源部分进行替换即可，代码如下所示。仿真结果电场分布如图 10.2(b)所示。

代码 10.4　与 x 轴垂直的边界作为周期边界的面源仿真(10/m4. m)

```
e(:, ny/2+1)=sin(2 * pi * n * s/nd);
```

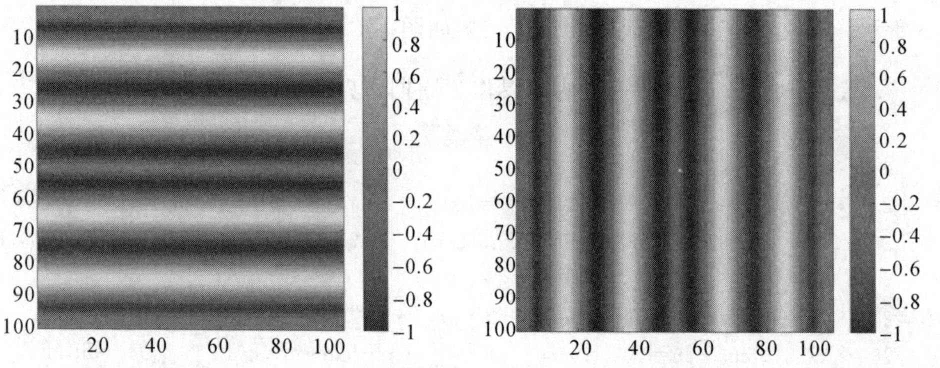

(a) 左右周期边界 (10/m3.m)　　(b) 上下周期边界 (10/m4.m)

图 10.2　面源辐射

要模拟仿真区域中目标的散射，还需要采用连接边界条件引入入射平面波，方法与非周期边界条件的情形类似。计算区域为 100×100 的网格，吸收边界采用 10 层 PML，连接边界距离截断边界 20 个网格，入射电磁波采用正弦波形，下面是与 y 轴垂直的边界作为周期边界的代码，结果如图 10.3(a)所示。可见，入射波能够成功引入到计算区域中，而且在散射场区没有电磁泄漏。

代码 10.5　与 y 轴垂直的边界作为周期边界的平面波仿真(10/m5. m)

```
s=0.5;
nd=20;
na=10;
m=4;
```

```
nc=20;
nx=100;
ny=100;
ei=zeros(nx+1, 1);
hi=0;
zei=0;
zhi=0;
e=zeros(nx+1, ny);
hx=0;
hy=0;
xhy=0;
xez=0;
xe=4/5*s*(m+1)*((1:na-1)'/na).^m;
xm=4/5*s*(m+1)*((.5:na-.5)'/na).^m;
aei=exp(-xe);
bei=1-aei;
ami=exp(-xm);
bmi=1-ami;
ae=[fliplr(aei); aei];
be=[fliplr(bei); bei];
am=[fliplr(ami); ami];
bm=[fliplr(bmi); bmi];
hfig=imagesc(e, 1*[-1, 1]);
axis equal tight;
colorbar;
for n=1:1000
    hi=hi-s*diff(ei);
    hi(end-na+1:end)=hi(end-na+1:end)-s*zei;
    zhi=aei.*zhi-bei.*diff(hi(end-na+1:end));
    hy=hy+s*diff(e, 1, 1);
    hy([1:na, end-na+1:end], :)=hy([1:na, end-na+1:end], :)+s*xez;
    hy(nc, :)=hy(nc, :)-s*ei(1+nc);
    xhy=ae.*xhy-be.*[diff(hy(1:na, :), 1, 1); diff(hy(end-na+1:end, :), 1, 1)];
    hx=hx-s*(circshift(e(2:end-1, :), [0, -1])-e(2:end-1, :));
    ei(2:end-1)=ei(2:end-1)-s*diff(hi);
    ei(end-na+1:end-1)=ei(end-na+1:end-1)-s*zhi;
    zei=ami.*zei-bmi.*diff(ei(end-na:end));
    ei(1)=sin(2*pi*n*s/nd);
    e(2:end-1, :)=e(2:end-1, :)+s*(diff(hy, 1, 1)-(hx-circshift(hx, [0, 1])));
    e([2:na, end-na+1:end-1], :)=e([2:na, end-na+1:end-1], :)+s*xhy;
    e(1+nc, :)=e(1+nc, :)+s*hi(nc);
```

```
    xez=am.*xez-bm.*[diff(e(1:1+na,:),1,1);diff(e(end-na:end,:),1,
    1)];
    set(hfig,'cdata',e);
    drawnow;
end
saveas(gcf,[mfilename,'.png']);
```

下面是与 x 轴垂直的边界作为周期边界的代码，结果如图 10.3(b)所示。

代码 10.6 与 x 轴垂直的边界作为周期边界的平面波仿真(10/m6.m)

```
for n=1:1000
    hi=hi-s*diff(ei);
    hi(end-na+1:end)=hi(end-na+1:end)-s*zei;
    zhi=aei.*zhi-bei.*diff(hi(end-na+1:end));
    hx=hx-s*diff(e,1,2);
    hx(:,[1:na,end-na+1:end])=hx(:,[1:na,end-na+1:end])-s*yez;
    hy=hy+s*(circshift(e(:,2:end-1),[-1,0])-e(:,2:end-1));
    hx(:,nc)=hx(:,nc)+s*ei(1+nc);
    yhx=ae.*yhx-be.*[diff(hx(:,1:na),1,2),diff(hx(:,end-na+1:end),1,
    2)];
    ei(2:end-1)=ei(2:end-1)-s*diff(hi);
    ei(end-na+1:end-1)=ei(end-na+1:end-1)-s*zhi;
    ei(1)=sin(2*pi*n*s/nd);
    zei=ami.*zei-bmi.*diff(ei(end-na:end));
    e(:,2:end-1)=e(:,2:end-1)+s*((hy-circshift(hy,[1,0]))-diff(hx,1,
    2));
    e(:,[2:na,end-na+1:end-1])=e(:,[2:na,end-na+1:end-1])-s*yhx;
    e(:,1+nc)=e(:,1+nc)+s*hi(nc);
    yez=am.*yez-bm.*[diff(e(:,1:1+na),1,2),diff(e(:,end-na:end),1,
    2)];
    set(hfig,'cdata',e);
    drawnow;
end
```

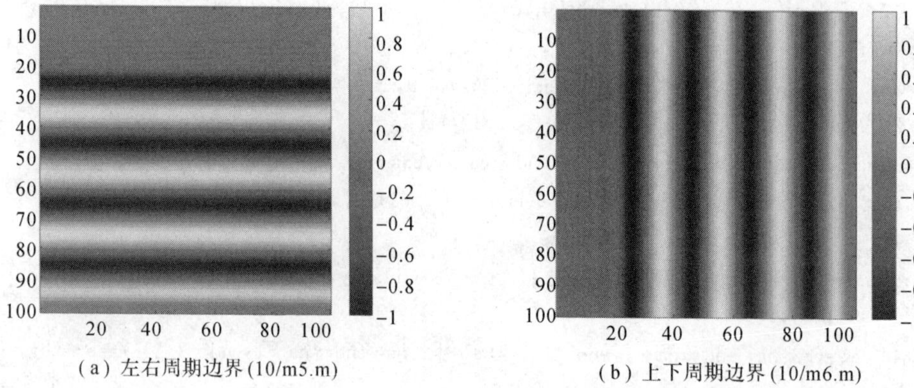

(a) 左右周期边界(10/m5.m)　　(b) 上下周期边界(10/m6.m)

图 10.3 引入入射波

本书后面的内容，涉及二维周期边界的问题，统一将上下界面即垂直于 x 轴的界面作为周期边界；涉及三维周期边界的问题，统一将垂直于 x 轴和垂直于 y 轴的界面作为周期边界。这样选择的好处是在 MATLAB 中，第二个维度是很多数组生成函数默认的维度，方便进行处理。对比上面两个代码，涉及周期边界的 PML 层处理时，不需要变化系数的维度。

10.1.2　二维周期结构 TM 波模拟

在仿真区域设置一个无限长金属片，宽度为 40 个元胞。如果将上下两侧界面看做周期边界，电磁波从左侧入射，采集入射波、反射波以及透射波的信号，就可以得出周期结构的反射率和透射率。在仿真区域中心设置长度为 60 个网格的导体贴片，仿真 500 时间步，代码如下所示，结果如图 10.4 所示。

代码 10.7　二维无限长周期结构正弦波入射的 TM 波仿真(10/m7.m)

```
s=0.5;
nd=20;
na=10;
m=4;
nc=20;
nx=100;
ny=100;
ei=zeros(1, ny+1);
hi=0;
zei=0;
zhi=0;
e=zeros(nx, ny+1);
hx=0;
hy=0;
yhx=0;
yez=0;
xe=4/5*s*(m+1)*((1:na-1)/na).^m;
xm=4/5*s*(m+1)*((.5:na-.5)/na).^m;
aei=exp(-xe);
bei=1-aei;
ami=exp(-xm);
bmi=1-ami;
ae=[fliplr(aei), aei];
be=[fliplr(bei), bei];
am=[fliplr(ami), ami];
bm=[fliplr(bmi), bmi];
hfig=imagesc(e, 1*[-1, 1]);
axis equal tight;
colorbar;
```

```
for n=1:1000
    hi=hi-s*diff(ei);
    hi(end-na+1:end)=hi(end-na+1:end)-s*zei;
    zhi=aei.*zhi-bei.*diff(hi(end-na+1:end));
    hx=hx-s*diff(e, 1, 2);
    hx(:, [1:na, end-na+1:end])=hx(:, [1:na, end-na+1:end])-s*yez;
    hy=hy+s*(circshift(e(:, 2:end-1), [-1, 0])-e(:, 2:end-1));
    hx(:, nc)=hx(:, nc)+s*ei(1+nc);
    yhx=ae.*yhx-be.*[diff(hx(:, 1:na), 1, 2), diff(hx(:, end-na+1:end), 1, 2)];
    ei(2:end-1)=ei(2:end-1)-s*diff(hi);
    ei(end-na+1:end-1)=ei(end-na+1:end-1)-s*zhi;
    ei(1)=sin(2*pi*n*s/nd);
    zei=ami.*zei-bmi.*diff(ei(end-na:end));
    e(:, 2:end-1)=e(:, 2:end-1)+s*((hy-circshift(hy, [1, 0]))-diff(hx, 1, 2));
    e(:, [2:na, end-na+1:end-1])=e(:, [2:na, end-na+1:end-1])-s*yhx;
    e(:, 1+nc)=e(:, 1+nc)+s*hi(nc);
    e(21:80, ny/2+1)=0;
    yez=am.*yez-bm.*[diff(e(:, 1:1+na), 1, 2), diff(e(:, end-na:end), 1, 2)];
    set(hfig, 'cdata', e);
    drawnow;
end
saveas(gcf, [mfilename, '.png']);
```

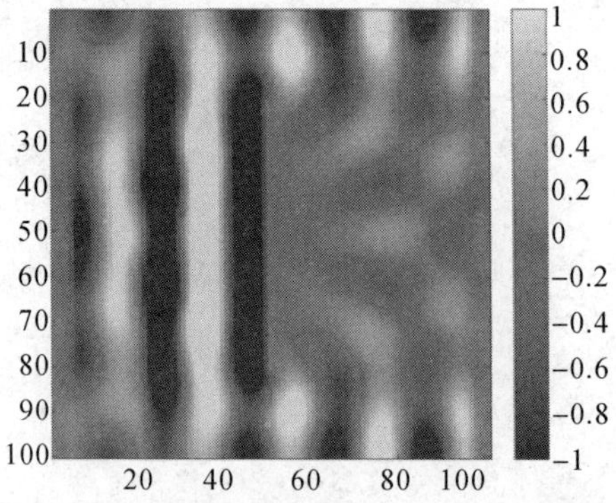

图 10.4　二维周期结构电场分布(10/m7.m)

时间稳定因子为 0.5，入射波激励采用微分高斯脉冲，仿真区域 21～61 为导电屏，即导电屏的宽度为半个波长。仿真代码如下。反射率和透射率结果如图 10.5(a)所示。

代码 10.8　TM 波情形微分高斯脉冲入射周期结构仿真，导电屏宽度为 40 个网格(10/m8.m)

```
s=0.5;
nd=80;
na=10;
```

```
m=4;
ne=15;
nc=20;
nx=80;
ny=200;
nt=floor((ny-nc)/s*20);
ei=zeros(1, ny+1);
hi=0;
zei=0;
zhi=0;
e=zeros(nx, ny+1);
hx=0;
hy=0;
yhx=0;
yez=0;
xe=4/5*s*(m+1)*((1:na-1)/na).^m;
xm=4/5*s*(m+1)*((.5:na-.5)/na).^m;
aei=exp(-xe);
bei=1-aei;
ami=exp(-xm);
bmi=1-ami;
ae=[fliplr(aei), aei];
be=[fliplr(bei), bei];
am=[fliplr(ami), ami];
bm=[fliplr(bmi), bmi];
eit=zeros(nt, 1);
ert=eit;
ett=eit;
for n=1:nt
    hi=hi-s*diff(ei);
    hi(end-na+1:end)=hi(end-na+1:end)-s*zei;
    zhi=aei.*zhi-bei.*diff(hi(end-na+1:end));
    hx=hx-s*diff(e, 1, 2);
    hx(:, [1:na, end-na+1:end])=hx(:, [1:na, end-na+1:end])-s*yez;
    hy=hy+s*(circshift(e(:, 2:end-1), [-1, 0])-e(:, 2:end-1));
    hx(:, nc)=hx(:, nc)+s*ei(1+nc);
    yhx=ae.*yhx-be.*[diff(hx(:, 1:na), 1, 2), diff(hx(:, end-na+1:end), 1, 2)];
    ei(2:end-1)=ei(2:end-1)-s*diff(hi);
    ei(end-na+1:end-1)=ei(end-na+1:end-1)-s*zhi;
    ei(1)=(n*s/2/nd-1)*exp(-4*pi*(n*s/2/nd-1)^2);
    zei=ami.*zei-bmi.*diff(ei(end-na:end));
    e(:, 2:end-1)=e(:, 2:end-1)+s*((hy-circshift(hy, [1, 0]))-diff(hx, 1,
```

```
        2));
    e(:, [2:na, end-na+1:end-1])=e(:, [2:na, end-na+1:end-1])-s*yhx;
    e(:, 1+nc)=e(:, 1+nc)+s*hi(nc);
    e(21:60, ny/2+1)=0;
    yez=am.*yez-bm.*[diff(e(:, 1:1+na), 1, 2), diff(e(:, end-na:end), 1,
        2)];
    eit(n)=ei(ne+1);
    ert(n)=e(nx/2+1, ne+1);
    ett(n)=e(nx/2+1, end-ne);
end
nf=100;
f=(1:nf)'/nf;
eif=exp(-2j*pi*f*(1:nt)*s/nd)*eit;
erf=exp(-2j*pi*f*(1:nt)*s/nd)*ert;
etf=exp(-2j*pi*f*(1:nt)*s/nd)*ett;
r=erf./eif;
t=etf./eif;
plot(f, 20*log10(abs(r)), f, 20*log10(abs(t)));
saveas(gcf, [mfilename, '.png']);
data=[real(r), imag(r), real(t), imag(t)];
save([mfilename, '.dat'], 'data', '-ascii');
```

如果将仿真区域 11～71 设置为导电屏，只需修改相应行即可，如下所示。反射率和透射率结果如图 10.5(b)所示。

代码 10.9 TM 波情形微分高斯脉冲入射周期结构仿真，导电屏宽度为 60 个网格(10/m9.m)

```
    e(11:70, ny/2+1)=0;
```

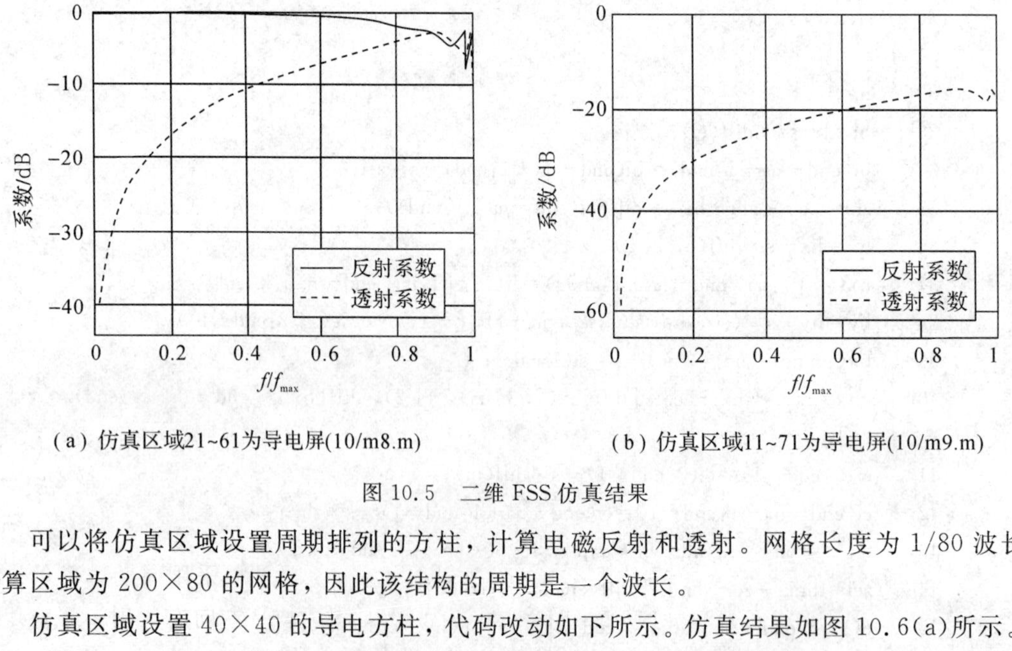

(a) 仿真区域21~61为导电屏(10/m8.m)　　(b) 仿真区域11~71为导电屏(10/m9.m)

图 10.5　二维 FSS 仿真结果

可以将仿真区域设置周期排列的方柱，计算电磁反射和透射。网格长度为 1/80 波长。计算区域为 200×80 的网格，因此该结构的周期是一个波长。

仿真区域设置 40×40 的导电方柱，代码改动如下所示。仿真结果如图 10.6(a)所示。

代码 10.10　周期排列的 40×40 导电方柱仿真(10/m10.m)

```
e(21:60, ny/2+1+(-20:20))=0;
```

仿真区域设置 60×60 的导电方柱，代码改动如下所示。仿真结果如图 10.6(b)所示。由图 10.6 可见，该周期结构表现为高通特性。频率较高时，电磁波能够透过周期结构。但是频率较低时，透过率很低，大多数能量被反射了。图 10.6(a)表示导电屏的宽度为 1/2 个波长，图 10.6(b)表示导电屏的宽度为 3/4 个波长，可见导电屏宽度越宽，周期结构的透射率就越低。

代码 10.11　周期排列的 60×60 导电方柱仿真(10/m11.m)

```
e(11:70, ny/2+1+(-30:30))=0;
```

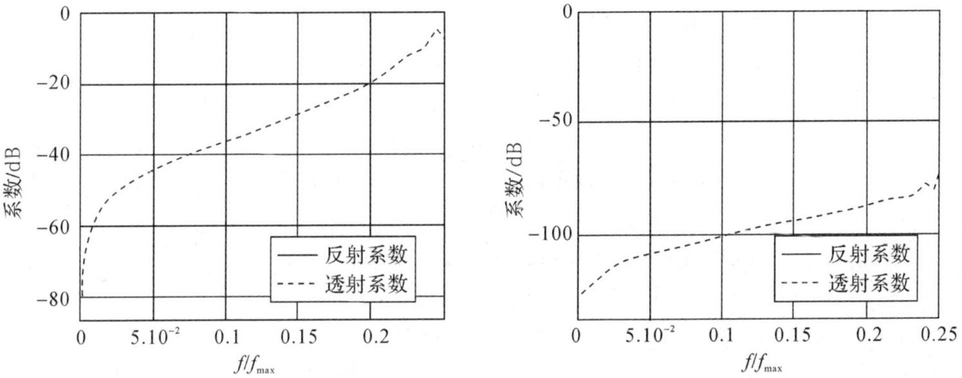

(a) 仿真区域中心有40×40导电方柱(10/m10.m)　　(b) 仿真区域中心有60×60导电方柱(10/m11.m)

图 10.6　周期结构反射率和透射率

10.1.3　二维光子晶体仿真

下面利用二维周期结构研究二维光子晶体的电磁特性。采用正弦波作为激励信号，只能得到一个频率点的反射率和透射率。采用宽带信号可以得到反射波和入射波的时域变化情况，通过傅立叶变换可以得到反射率和透射率随频率的变化情况。首先计算二维周期导体方柱阵列的散射特性，最大频率为 3 GHz，网格长度为 1/40 波长，导体方柱阵列一共有 5 层，选取一个周期进行仿真。阵列在两个方向上的周期都是 32 个网格，导电方柱的边长是 12 个网格，二维导电方柱光子晶体结构如图 10.7 所示。

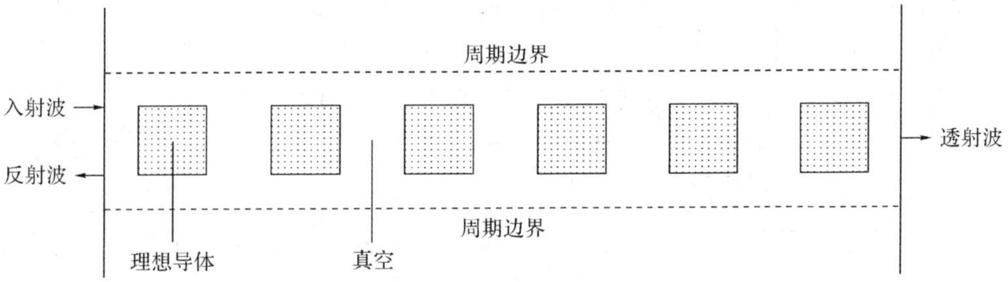

图 10.7　二维导电方柱光子晶体

在计算中，只取图 10.7 中一个周期内的部分进行计算，上下两侧采用周期边界条件截断。采用微分高斯脉冲作为激励源，时间稳定因子为 0.5，电磁波从左向右入射。部分代码如下所示。然后经过傅立叶变换得到频域响应，得到的反射系数和透射系数如图 10.8 所示。可以发现，在一定频段范围内出现谐振特性。将该部分曲线放大，如图 10.8(b)所示。由图 10.8 可见，导电方柱二维光子晶体在大多数频段内，电磁波都呈全反射状态，在 23～25 GHz 频率范围内，电磁波实现带通特性。

代码 10.12 二维光子晶体仿真(10/m12.m)

```
for n=1:nt
    hi=hi-s*diff(ei);
    hi(end-na+1:end)=hi(end-na+1:end)-s*zei;
    zhi=aei.*zhi-bei.*diff(hi(end-na+1:end));
    hx=hx-s*diff(e, 1, 2);
    hx(:, [1:na, end-na+1:end])=hx(:, [1:na, end-na+1:end])-s*yez;
    hy=hy+s*(circshift(e(:, 2:end-1), [-1, 0])-e(:, 2:end-1));
    hx(:, nc)=hx(:, nc)+s*ei(1+nc);
    yhx=ae.*yhx-be.*[diff(hx(:, 1:na), 1, 2), diff(hx(:, end-na+1:end), 1, 2)];
    ei(2:end-1)=ei(2:end-1)-s*diff(hi);
    ei(end-na+1:end-1)=ei(end-na+1:end-1)-s*zhi;
    ei(1)=(n*s/2/nd-1)*exp(-4*pi*(n*s/2/nd-1)^2);
    zei=ami.*zei-bmi.*diff(ei(end-na:end));
    e(:, 2:end-1)=e(:, 2:end-1)+s*((hy-circshift(hy, [1, 0]))-diff(hx, 1, 2));
    e(:, [2:na, end-na+1:end-1])=e(:, [2:na, end-na+1:end-1])-s*yhx;
    e(:, 1+nc)=e(:, 1+nc)+s*hi(nc);
    e(indx, indy)=0;
    yez=am.*yez-bm.*[diff(e(:, 1:1+na), 1, 2), diff(e(:, end-na:end), 1, 2)];
    eit(n)=ei(ne+1);
    ert(n)=e(nx/2+1, ne+1);
    ett(n)=e(nx/2+1, end-ne);
end
```

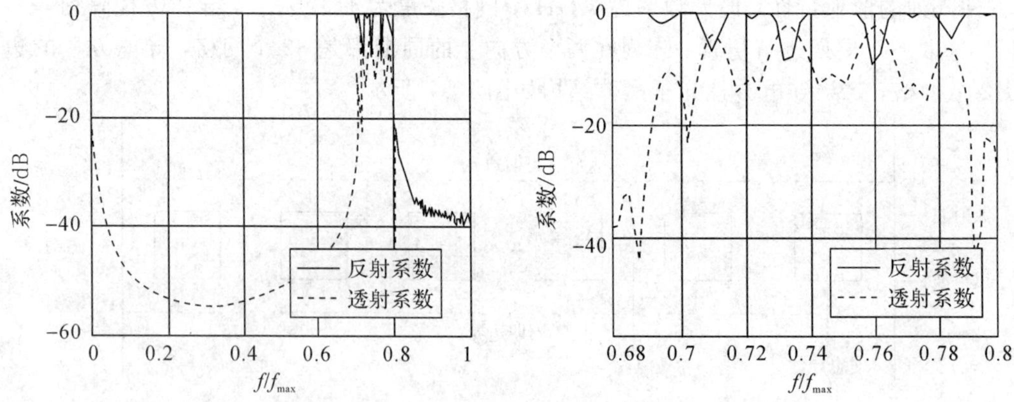

(a) 全频率　　　　(b) 局部

图 10.8 导电方柱二维光子晶体反射和透射特性(10/m12.m)

10.1.4　二维等离子体光子晶体仿真

将上面算例中的导电方柱换为等离子体，称为等离子体光子晶体（Plasma Photonic Cristal，PPC）。采用 Drude 模型表示等离子体的色散特性，仿真最大频率为 3 GHz，等离子体频率为 2π Grad/s，等离子体碰撞频率为 1 GHz。用 ADE 方法进行差分，代码如下。得到二维等离子体光子晶体的反射系数和透射系数如图 10.9 所示。由图 10.9 可以看到，在高频部分，电磁波几乎全部透过 PPC 结构，这是由于等离子体本身的高通特性所决定的。并且，上述结构二维等离子体光子晶体与一维光子晶体大致相同，几乎没有表现出光子晶体结构的带隙特性。

代码 10.13　二维等离子体光子晶体仿真（10/m13.m）

```
1 s=0.5;
2 nd=40;
3 na=10;
4 m=4;
5 ne=15;
6 nc=30;
7 no=40;
8 nx=32;
9 ny=32*6+80;
10 nt=floor((ny-2*nc)/s*40);
11 wp=2*pi*1/3*s/nd;
12 nu=1/3*s/nd;
13 indx=11:22;
14 indy=no+[(11:22),32+(11:22),32*2+(11:22),32*3+(11:22),32*4+(11:22),32*5+(11:22)];
15 ei=zeros(1,ny+1);
16 hi=0;
17 zei=0;
18 zhi=0;
19 e=zeros(nx,ny+1);
20 hx=0;
21 hy=0;
22 yhx=0;
23 yez=0;
24 je=0;
25 xe=4/5*s*(m+1)*((1:na-1)/na).^m;
26 xm=4/5*s*(m+1)*((.5:na-.5)/na).^m;
27 aei=exp(-xe);
28 bei=1-aei;
29 ami=exp(-xm);
30 bmi=1-ami;
```

```
ae=[fliplr(aei), aei];
be=[fliplr(bei), bei];
am=[fliplr(ami), ami];
bm=[fliplr(bmi), bmi];
ca=(2-nu)/(2+nu);
cb=2*wp^2/(2+nu);
eit=zeros(nt, 1);
ert=eit;
ett=eit;
for n=1:nt
    hi=hi-s*diff(ei);
    hi(end-na+1:end)=hi(end-na+1:end)-s*zei;
    zhi=aei.*zhi-bei.*diff(hi(end-na+1:end));
    hx=hx-s*diff(e, 1, 2);
    hx(:, [1:na, end-na+1:end])=hx(:, [1:na, end-na+1:end])-s*yez;
    hy=hy+s*(circshift(e(:, 2:end-1), [-1, 0])-e(:, 2:end-1));
    hx(:, nc)=hx(:, nc)+s*ei(1+nc);
    yhx=ae.*yhx-be.*[diff(hx(:, 1:na), 1, 2), diff(hx(:, end-na+1:end), 1, 2)];
    je=ca*je+cb*e(indx, indy);
    ei(2:end-1)=ei(2:end-1)-s*diff(hi);
    ei(end-na+1:end-1)=ei(end-na+1:end-1)-s*zhi;
    ei(1)=(n*s/2/nd-1)*exp(-4*pi*(n*s/2/nd-1)^2);
    zei=ami.*zei-bmi.*diff(ei(end-na:end));
    e(:, 2:end-1)=e(:, 2:end-1)+s*((hy-circshift(hy, [1, 0]))-diff(hx, 1, 2));
    e(:, [2:na, end-na+1:end-1])=e(:, [2:na, end-na+1:end-1])-s*yhx;
    e(:, 1+nc)=e(:, 1+nc)+s*hi(nc);
    e(indx, indy)=e(indx, indy)-je;
    yez=am.*yez-bm.*[diff(e(:, 1:1+na), 1, 2), diff(e(:, end-na:end), 1, 2)];
    eit(n)=ei(ne+1);
    ert(n)=e(nx/2+1, ne+1);
    ett(n)=e(nx/2+1, end-ne);
end
nf=200;
f=(1:nf)'/nf;
eif=exp(-2j*pi*f*(1:nt)*s/nd)*eit;
erf=exp(-2j*pi*f*(1:nt)*s/nd)*ert;
etf=exp(-2j*pi*f*(1:nt)*s/nd)*ett;
r=erf./eif;
t=etf./eif;
plot(f, 20*log10(abs(r)), f, 20*log10(abs(t)));
saveas(gcf, [mfilename, '.png']);
```

```
data=[real(r), imag(r), real(t), imag(t)];
save([mfilename, '.dat'], 'data', '-ascii');
```

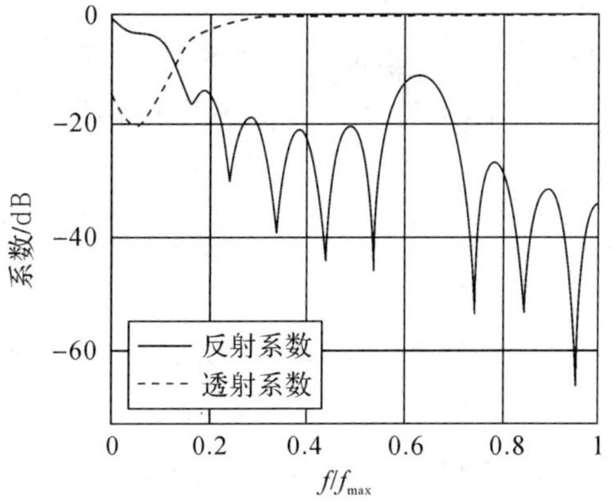

图 10.9　二维等离子体光子晶体电磁特性(10/m13.m)

下面对不同等离子体频率的光子晶体进行仿真，研究其对带隙特性的影响。采用上面的模型，计算了等离子体频率分别是 5 GHz、10 GHz、20 GHz、40 GHz 的二维等离子体光子晶体电磁特性，代码改动如下所示。计算结果如图 10.10 所示。由图 10.10 可见，等离子

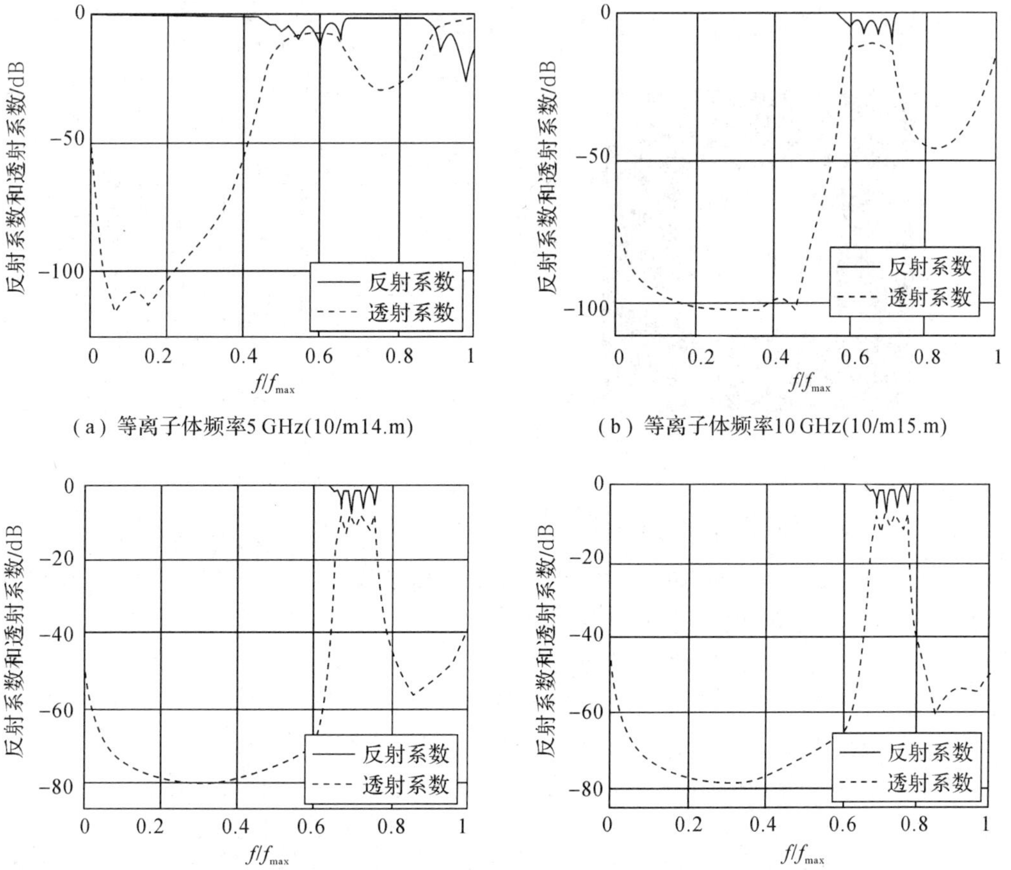

(a) 等离子体频率5 GHz(10/m14.m)

(b) 等离子体频率10 GHz(10/m15.m)

(c) 等离子体频率20 GHz(10/m16.m)

(d) 等离子体频率40 GHz(10/m17.m)

图 10.10　等离子体频率对二维等离子体光子晶体影响特性

体频率对 PPC 的影响很大。随着频率的升高，PPC 逐渐表现为带通特性，只有在 2.3～2.5 GHz 很窄的频段内，电磁波有较小的透过率，在其他频段，PPC 表现为金属特性，即电磁波全部被反射回去。

代码 10.14 等离子体频率为 5 GHz 的光子晶体仿真(10/m14.m)

```
wp=2*pi*5/3*s/nd;
```

代码 10.15 等离子体频率为 10 GHz 的光子晶体仿真(10/m15.m)

```
wp=2*pi*10/3*s/nd;
```

代码 10.16 等离子体频率为 20 GHz 的光子晶体仿真(10/m16.m)

```
wp=2*pi*20/3*s/nd;
```

代码 10.17 等离子体频率为 40 GHz 的光子晶体仿真(10/m17.m)

```
wp=2*pi*40/3*s/nd;
```

10.2 频率选择表面

频率选择表面(Freqency Selective Surface，FSS)主要用在雷达罩上，带内电磁波可以通过，但是带外电磁波被屏蔽，原理如图 10.11 所示。

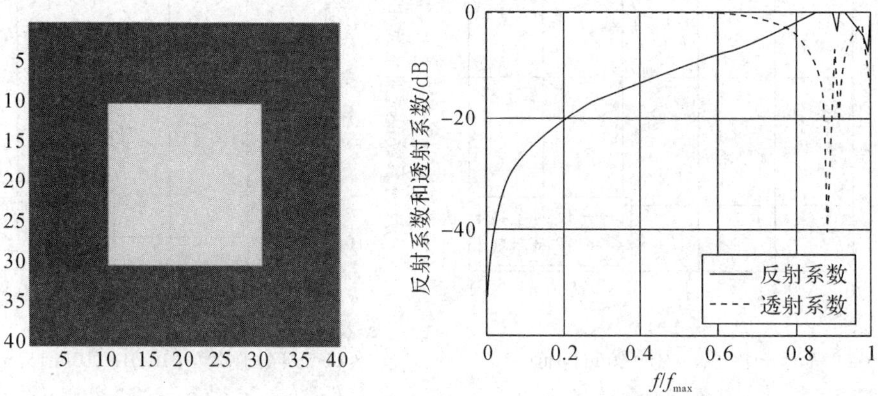

(a) 单元形状　　(b) 反射系数和透射系数

图 10.11 三维周期结构结果(周期为 1 个波长，贴片尺寸为半个波长，10/m18.m)

周期结构采用 FDTD 计算时，需要用到周期边界条件。对于垂直入射情形，相邻单元的相位也相同，因此只计算一个单元内的场即可。

下面研究三维情形周期结构的传输特性。计算区域为 40×200×40，网格尺寸为最大频率对应波长的 1/40，即结构的周期为一个波长，时间稳定因子为 0.5，入射平面波为微分高斯脉冲。周期结构为边长为 1/4 波长的导体贴片，如图 10.11(a)所示。部分代码如下所示。仿真 15000 时间步，计算得到的反射系数和透射系数如图 10.11(b)所示。由图 10.11(b)可见，频率较低时，该结构基本上表现为透过特性，反射率很低，随着频率的增加，反射率逐渐升高。因此，导体贴片结构基本上表现为低通特性，频率较高时表现为电磁波不能够通过金属贴片周期结构屏。

代码 10.18 周期为一个波长的频率选择表面仿真(10/m18.m)

```
for n=1:nt
    hi=hi-s*diff(ei);
    hi(end-na+1:end)=hi(end-na+1:end)-s*zei;
    zhi=aei.*zhi-bei.*diff(hi(end-na+1:end));
    hx=hx-s*diff(ez, 1, 2)+s*(circshift(ey, [0, 0, -1])-ey);
    hx(:, [1:na, end-na+1:end], :)=hx(:, [1:na, end-na+1:end], :)-s*yez;
    hx(:, nc, :)=hx(:, nc, :)+s*ei(1+nc);
    yhx=ae.*yhx-be.*[diff(hx(:, 1:na, :), 1, 2), diff(hx(:, end-na+1:end, :), 1, 2)];
    hy=hy-s*(circshift(ex(:, 2:end-1, :), [0, 0, -1])-ex(:, 2:end-1, :)-circshift(ez(:, 2:end-1, :), [-1, 0, 0])+ez(:, 2:end-1, :));
    hz=hz-s*(circshift(ey, [-1, 0, 0])-ey)+s*diff(ex, 1, 2);
    hz(:, [1:na, end-na+1:end], :)=hz(:, [1:na, end-na+1:end], :)+s*yex;
    yhz=ae.*yhz-be.*[diff(hz(:, 1:na, :), 1, 2), diff(hz(:, end-na+1:end, :), 1, 2)];
    ei(2:end-1)=ei(2:end-1)-s*diff(hi);
    ei(end-na+1:end-1)=ei(end-na+1:end-1)-s*zhi;
    zei=ami.*zei-bmi.*diff(ei(end-na:end));
    ei(1)=(n*s/nd/2-1)*exp(-4*pi*(n*s/nd/2-1)^2);
    ex(:, 2:end-1, :)=ex(:, 2:end-1, :)+s*diff(hz, 1, 2)-s*(hy-circshift(hy, [0, 0, 1]));
    ex(:, [2:na, end-na+1:end-1], :)=ex(:, [2:na, end-na+1:end-1], :)+s*yhz;
    tmp=ex(:, ny/2+1, :);
    tmp(lex)=0;
    ex(:, ny/2+1, :)=tmp;
    yex=am.*yex-bm.*[diff(ex(:, 1:1+na, :), 1, 2), diff(ex(:, end-na:end, :), 1, 2)];
    ey=ey+s*(hx-circshift(hx, 1, 3)-hz+circshift(hz, 1, 1));
    ez(:, 2:end-1, :)=ez(:, 2:end-1, :)+s*(hy-circshift(hy, 1, 1))-s*diff(hx, 1, 2);
    ez(:, [2:na, end-na+1:end-1], :)=ez(:, [2:na, end-na+1:end-1], :)-s*yhx;
    ez(:, 1+nc, :)=ez(:, 1+nc, :)+s*hi(nc);
    tmp=ez(:, ny/2+1, :);
    tmp(lez)=0;
    ez(:, ny/2+1, :)=tmp;
    yez=am.*yez-bm.*[diff(ez(:, 1:1+na, :), 1, 2), diff(ez(:, end-na:end, :), 1, 2)];
    eit(n)=ei(1+ne);
    ert(n)=ez(nx/2+1, ne+1, nz/2);
    ett(n)=ez(nx/2+1, end-ne, nz/2);
end
```

下面计算排列周期为半个波长的结构电磁特性。仿真最大频率为 20 GHz，网格长度为该频率对应波长的 1/40，导体贴片尺寸为 1/4 波长，排布周期为半个波长，如图 10.12(a)

所示。部分代码如下所示。仿真结果如图 10.12(b)所示。由图 10.12(b)可见，导体贴片表现为低通特性，频率较低时，绝大多数能量都能够传输，几乎没有能量反射回去。

代码 10.19 周期为半个波长的 FSS 仿真(10/m19.m)

```
nx=20;
ny=150;
nz=20;
nr=5;
nt=floor((ny-2*nc)/s*40);
dz=permute(1:nz, [3, 1, 2])-1/2-nz/2+1/4;
dx=permute(1:nz, [2, 3, 1])-1-nz/2+1/4;
lez=abs(dz)<nr&abs(dx)<nr;
dz=permute(1:nx, [3, 1, 2])-1-nx/2+1/4;
dx=permute(1:nx, [2, 3, 1])-1/2-nx/2+1/4;
lex=abs(dz)<nr&abs(dx)<nr;
```

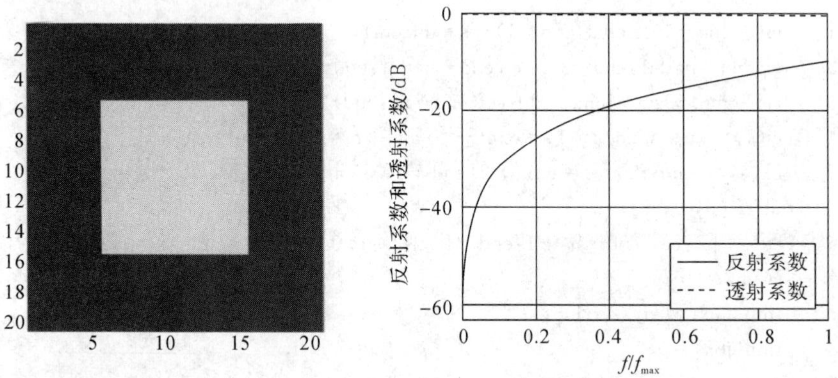

(a) 单元形状　　(b) 反射系数和透射系数

图 10.12　三维周期结构及其电磁特性(周期为半个波长，贴片尺寸为 1/4 波长，10/m19.m)

设计井字形周期结构，宽度为 2 个网格，长度为 16 个网格，井字内部为边长 8 个网格的环形，如图 10.13(a)所示。将前面的代码进行修改，改动部分如下所示。仿真结果如图 10.13(b)所示。

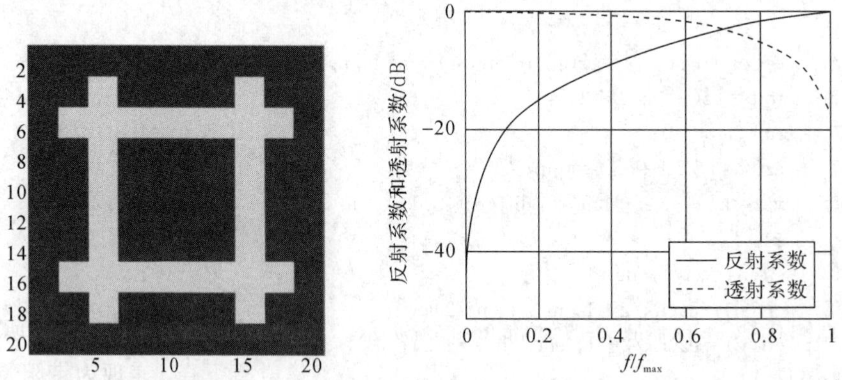

(a) 单元形状　　(b) 反射系数和透射系数

图 10.13　井字形周期结构及其电磁特性(10/m20.m)

代码 10.20 井字形周期结构仿真(10/m20.m)

```
dz=permute(1:nz, [3, 1, 2])-1/2-nz/2+1/4;
dx=permute(1:nz, [2, 3, 1])-1-nz/2+1/4;
lez=(abs(dz)>4&abs(dz)<6&abs(dx)<8)|(abs(dx)>4&abs(dx)<6&abs(dz)<8);
dz=permute(1:nz, [3, 1, 2])-1-nz/2+1/4;
dx=permute(1:nz, [2, 3, 1])-1/2-nz/2+1/4;
lex=(abs(dz)>4&abs(dz)<6&abs(dx)<8)|(abs(dx)>4&abs(dx)<6&abs(dz)<8);
```

同时，设计了方环形周期结构，如图 10.14(a)所示。将前面的代码进行修改，改动部分如下所示。仿真结果如图 10.14(b)所示。

代码 10.21 方环形周期结构仿真(10/m21.m)

```
nr=8;
nr1=6;
dz=permute(1:nz, [3, 1, 2])-1/2-nz/2+1/4;
dx=permute(1:nz, [2, 3, 1])-1-nz/2+1/4;
lez=(abs(dz)<nr&abs(dx)<nr)&~(abs(dz)<nr1&abs(dx)<nr1);
dz=permute(1:nx, [3, 1, 2])-1-nx/2+1/4;
dx=permute(1:nx, [2, 3, 1])-1/2-nx/2+1/4;
lex=(abs(dz)<nr&abs(dx)<nr)&~(abs(dz)<nr1&abs(dx)<nr1);
```

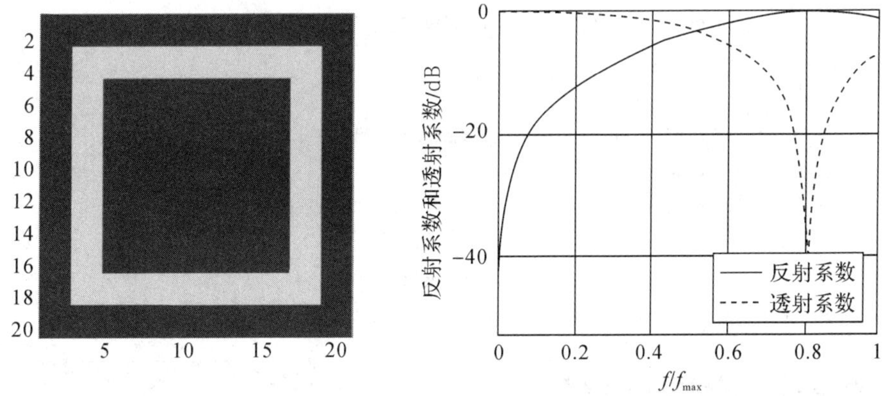

(a) 单元形状　　(b) 反射系数和透射系数

图 10.14 方环形周期结构及其电磁特性(10/m21.m)

可见，设计成井字或方环形后，反射系数升高，透射系数下降，在部分频率处表现出带阻特性。

图 10.14 算例网格尺寸不变(如图 10.15(a)所示)，但波长上限降低为原来的一半，再进行计算，由于最高频率升高，因此网格长度成为最高频率对应波长的 1/20。将前面的方环结构仿真的代码进行修改，改动部分如下所示。仿真结果如图 10.15(b)所示。由图 10.15(b)可见，频率上限变化后，仿真结果出现谐振，透射率下降，表现为带阻特性，反射率很高。在部分频率处表现为带通特性，反射率很小。

代码 10.22　方环形周期结构仿真(10/m22.m)

```
nd=20;
```

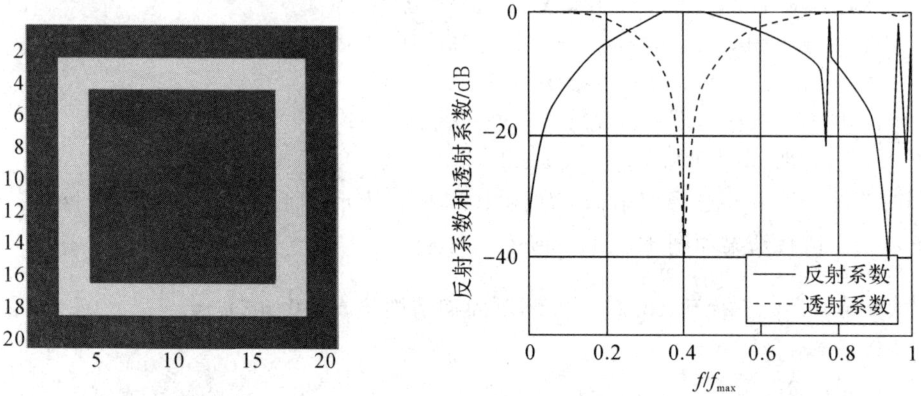

(a) 单元形状　　　　(b) 反射系数和透射系数

图 10.15　方环形周期结构及其电磁特性(10/m22.m)

将一个周期内网格设为 40×40，网格尺寸为最高频率对应波长的 1/40，方环宽度为 3 个网格，方环外边界边长为 32 个网格，如图 10.16(a)所示。部分代码如下所示。仿真结果如图 10.16(b)所示。由图 10.16(b)可见，方环形周期结构在部分频率处出现了谐振，表现为带阻特性。

代码 10.23　方环形结构的仿真(10/m23.m)

```
nr=16;
nr1=13;
dz=permute(1:nz, [3, 1, 2])-1/2-nz/2+1/4;
dx=permute(1:nz, [2, 3, 1])-1-nz/2+1/4;
lez=(abs(dz)<nr&abs(dx)<nr)&~(abs(dz)<nr1&abs(dx)<nr1);
dz=permute(1:nx, [3, 1, 2])-1-nx/2+1/4;
dx=permute(1:nx, [2, 3, 1])-1/2-nx/2+1/4;
lex=(abs(dz)<nr&abs(dx)<nr)&~(abs(dz)<nr1&abs(dx)<nr1);
```

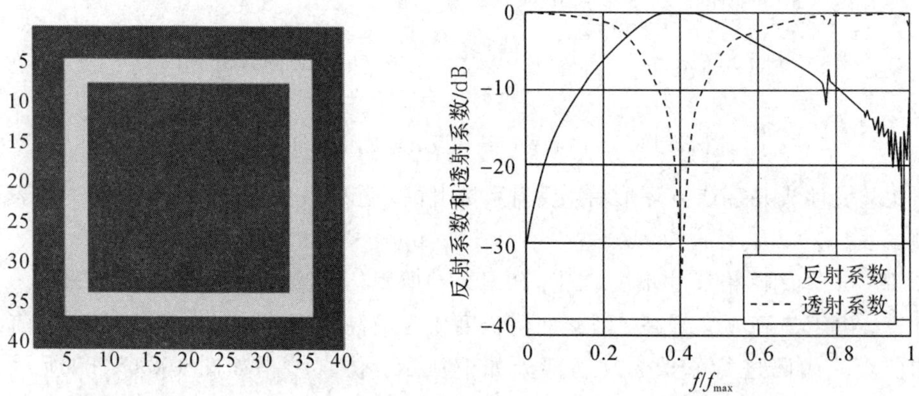

(a) 单元形状　　　　(b) 反射系数和透射系数

图 10.16　方环形周期结构及其电磁特性(网格长度为 1/40 波长，10/m23.m)

在天线罩的应用中，更多的是适用具有带通特性的周期结构，这种特性需要采用方环缝隙周期结构实现。图 10.17 是宽度为 2 个网格的方环缝隙周期结构及其电磁特性，周期为 1 个波长。下面是代码改动部分，仿真结果如图 10.17(b)所示。由图 10.17(b)可见，方环缝隙阵列在一些频率处表现出了带通特性。

代码 10.24　方环缝隙周期结构的仿真(10/m24.m)

```
nr=18;
dz=permute(1:nz, [3, 1, 2])-1/2-nz/2+1/4;
dx=permute(1:nz, [2, 3, 1])-1-nz/2+1/4;
lez=abs(dz)>nr|abs(dx)>nr;
dz=permute(1:nx, [3, 1, 2])-1-nx/2+1/4;
dx=permute(1:nx, [2, 3, 1])-1/2-nx/2+1/4;
lex=abs(dz)>nr|abs(dx)>nr;
```

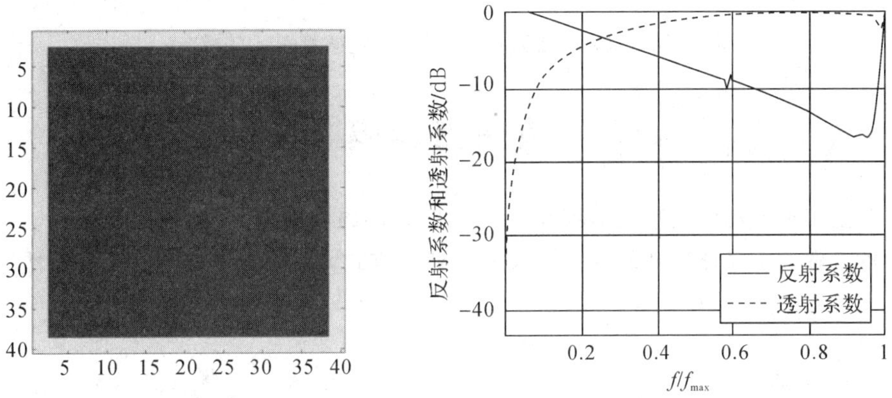

(a) 单元形状　　　　(b) 反射系数和透射系数

图 10.17　方环缝隙周期结构及其电磁特性(10/m24.m)

下面研究双方环缝隙单元(见图 10.18(a))及其电磁特性。代码改动部分如下所示。仿真结果如图 10.18(b)所示。由图 10.18(b)可见，采用双方环结构后，带通特性发生了变化，周期结构表现为多通带特性，在 12 GHz、18 GHz 处以及 22 GHz 处均表现为透波特性。

代码 10.25　双方环缝隙结构仿真(10/m25.m)

```
nr=18;
r1=16;
r2=14;
r3=12;
dz=permute(1:nz, [3, 1, 2])-1/2-nz/2+1/4;
dx=permute(1:nz, [2, 3, 1])-1-nz/2+1/4;
lez=(abs(dz)>nr|abs(dx)>nr)|((abs(dz)<r1&abs(dx)<r1)&(abs(dz)>r2|abs
   (dx)>r2))|(abs(dz)<r3&abs(dx)<r3);
dz=permute(1:nx, [3, 1, 2])-1-nx/2+1/4;
dx=permute(1:nx, [2, 3, 1])-1/2-nx/2+1/4;
```

```
lex=(abs(dz)>nr|abs(dx)>nr)|((abs(dz)<r1&abs(dx)<r1)&(abs(dz)>r2|abs
    (dx)>r2))|(abs(dz)<r3&abs(dx)<r3);
```

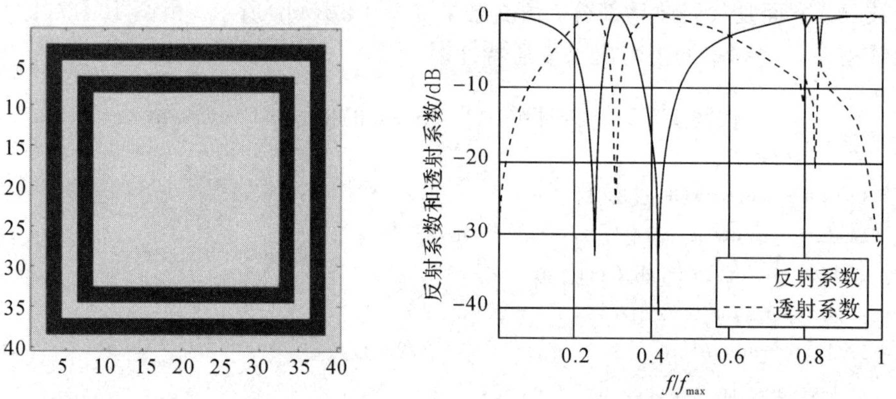

(a) 单元形状　　　(b) 反射系数和透射系数

图 10.18　双方环缝隙周期结构及其电磁特性(10/m25.m)

复习思考题

1. 编程实现电磁波垂直入射到双层 FSS 时的电磁波模拟。
2. 将二维光子晶体方柱改为不同尺寸排列的方式，编程实现其电磁传播特性模拟。

附录　变量名命名规范

本附录说明的变量名大多数在多个代码中出现，而且含义相近，如 ex 等。有些变量根据名字即可知其含义，故不在其中说明。有些变量在不同的程序中有不同的含义，如 jn，在二维程序中表示贝塞尔函数，在三维程序中表示球贝塞尔函数，根据程序很容易辨别。

s　时间稳定因子 $s=c\Delta t/\delta$

nd　单位波长的元胞数 N

nf　频率数量

nx　x 方向的元胞数

ny　y 方向的元胞数

nz　z 方向的元胞数

na　PML 吸收层厚度

nc　总场边界到截断边界的元胞数

ne　外推边界到截断边界的元胞数

ni　平面波入射场的元胞数

no　目标到截断边界的元胞数

nt　仿真时间步数

nr　导体圆柱或导体球目标半径的元胞数，设置 FSS 形状时的参数

nr1　设置 FSS 形状时的参数

nr2　设置 FSS 形状时的参数

nr3　设置 FSS 形状时的参数

nm　反演周期结构介电常数时假设的介质边界到 FSS 的元胞数

ex　电场分量 E_x。在二维 TM 波 Berenger PML 中，表示分裂场 E_{zx}

ey　电场分量 E_y。在二维 TM 波 Berenger PML 中，表示分裂场 E_{zy}

ex　电场分量 E_z

hx　磁场分量 $\widetilde{H}_x$

hy　磁场分量 $\widetilde{H}_y$

hz　磁场分量 $\widetilde{H}_z$

f　归一化频率 $f/f_{\max}$

ka　波数乘以半径 ka

jn　贝塞尔函数 J_n 或球贝塞尔函数 j_n

jd　贝塞尔函数的导数 J_n' 或球贝塞尔函数的导数 j_n'

hn　第二类汉克尔函数 $J_n^{(2)}$ 或第二类球汉克尔函数 $h_n^{(2)}$

hd　第二类汉克尔函数的导数 $J_n^{(2)\prime}$ 或第二类球汉克尔函数的导数 $h_n^{(2)\prime}$

hn　电场分量 E_x

e　电场强度，用在一维仿真中

h　磁场强度，用在一维仿真中

ei　入射波电场强度 E_i

hi　入射波磁场强度 $\widetilde{H}_i$

hxi　入射波磁场强度 $\widetilde{H}_{xi}$

hyi　入射波磁场强度 $\widetilde{H}_y$i

ca　迭代系数，不同程序中有不同的含义

cb　迭代系数，不同程序中有不同的含义

x　归一化损耗，表示$\widetilde{\sigma}c\Delta t$ 或$\widetilde{\sigma}_m c\Delta t$，Debye 介质中表示$\frac{\Delta t}{\tau_0}$，Drude 和 Lorentz 介质中表示 $\Delta t\nu_c$

ea　电场分布的精确解，用于与仿真解比较

cm　Mur 吸收边界条件迭代系数$(s-1)/(s+1)$

cm2　角点处 Mur 吸收边界条件迭代系数$(s-\sqrt{2})/(s+\sqrt{2})$

nxr　参考仿真区域 x 方向的元胞数

nyr　参考仿真区域 y 方向的元胞数

er　参考仿真区域的电场 E_z

hxr　参考仿真区域的磁场 $\widetilde{H}_x$

hyr　参考仿真区域的磁场 $\widetilde{H}_y$

xe　PML 层中$\widetilde{\sigma}c\Delta t$，在整数网格数采样

xm　PML 层中$\widetilde{\sigma}_m c\Delta t$，在半整数网格数采样

ae　PML 层整数网格处的迭代系数

be　PML 层整数网格处的迭代系数

ae　PML 层半整数网格处的迭代系数

be　PML 层半整数网格处的迭代系数

aei　入射波模拟中 PML 层整数网格处的迭代系数

bei　入射波模拟中 PML 层整数网格处的迭代系数

aei　入射波模拟中 PML 层半整数网格处的迭代系数

bei　入射波模拟中 PML 层半整数网格处的迭代系数

exy　Berenger PML 中的分裂场 E_{xy}

exz　Berenger PML 中的分裂场 E_{xz}

eyz　Berenger PML 中的分裂场 E_{yz}

eyx　Berenger PML 中的分裂场 E_{yx}

ezx　Berenger PML 中的分裂场 E_{zx}

ezy　Berenger PML 中的分裂场 E_{zy}

hxy　Berenger PML 中的分裂场 $\widetilde{H}_{xy}$

hxz　Berenger PML 中的分裂场 $\widetilde{H}_{xz}$

hyz　Berenger PML 中的分裂场 $\widetilde{H}_{yz}$

hyx　Berenger PML 中的分裂场 $\widetilde{H}_{yx}$

hzx　Berenger PML 中的分裂场 $\widetilde{H}_{zx}$

hzy　Berenger PML 中的分裂场 $\widetilde{H}_{zy}$

d　TM 波情形 UPML 中的辅助变量 $\widetilde{D}_z$

d1　TM 波情形 UPML 中的辅助变量 $\widetilde{D}_z$ 上一时间步的场

bx　UPML 中的辅助变量 $\widetilde{B}_x$

by　UPML 中的辅助变量 $\widetilde{B}_y$

bz　UPML 中的辅助变量 $\widetilde{B}_z$

bx1　UPML 中的辅助变量 $\widetilde{B}_x$ 上一时间步的场

by1　UPML 中的辅助变量 $\widetilde{B}_y$ 上一时间步的场

bz1　UPML 中的辅助变量 $\widetilde{B}_z$ 上一时间步的场

dx　UPML 中的辅助变量 $\widetilde{D}_x$

dy　UPML 中的辅助变量 $\widetilde{D}_y$

dz　UPML 中的辅助变量 $\widetilde{D}_z$

dx1　UPML 中的辅助变量 $\widetilde{D}_x$ 上一时间步的场

dy1　UPML 中的辅助变量 $\widetilde{D}_y$ 上一时间步的场

dz1　UPML 中的辅助变量 $\widetilde{D}_z$ 上一时间步的场

ze　一维坐标伸缩 PML 中的辅助变量 $\psi_{Hzx}=\delta\left(1-\frac{1}{s_z}\right)\frac{\partial E_x}{\partial z}$

zh　一维坐标伸缩 PML 中的辅助变量 $\psi_{Ezy}=\delta\left(1-\frac{1}{s_z}\right)\frac{\partial H_y}{\partial z}$

zei　入射波模拟中一维坐标伸缩 PML 中的辅助变量 $\psi_{Hzx}=\delta\left(1-\frac{1}{s_z}\right)\frac{\partial E_{\mathrm{i}}}{\partial z}$

zhi　入射波模拟中一维坐标伸缩 PML 中的辅助变量 $\psi_{Ezy}=\delta\left(1-\frac{1}{s_z}\right)\frac{\partial H_{\mathrm{i}}}{\partial z}$

ex　电场分量 E_x

xezi　入射波中坐标伸缩 PML 中的辅助变量 $\psi_{Hxz}=\delta\left(1-\frac{1}{s_x}\right)\frac{\partial E_z}{\partial x}$

yezi　入射波中坐标伸缩 PML 中的辅助变量 $\psi_{Hyz}=\delta\left(1-\frac{1}{s_y}\right)\frac{\partial E_z}{\partial y}$

yex　坐标伸缩 PML 中的辅助变量 $\psi_{Hyx}=\delta\left(1-\frac{1}{s_y}\right)\frac{\partial E_x}{\partial y}$

zex　坐标伸缩 PML 中的辅助变量 $\psi_{Hzx}=\delta\left(1-\frac{1}{s_z}\right)\frac{\partial E_x}{\partial z}$

zey　坐标伸缩 PML 中的辅助变量 $\psi_{Hzy}=\delta\left(1-\frac{1}{s_z}\right)\frac{\partial E_y}{\partial z}$

xey　坐标伸缩 PML 中的辅助变量 $\psi_{Hxy}=\delta\left(1-\frac{1}{s_x}\right)\frac{\partial E_y}{\partial x}$

xez　坐标伸缩 PML 中的辅助变量 $\psi_{Hxz}=\delta\left(1-\frac{1}{s_x}\right)\frac{\partial E_z}{\partial x}$

yez　坐标伸缩 PML 中的辅助变量 $\psi_{Hyz}=\delta\left(1-\frac{1}{s_y}\right)\frac{\partial E_z}{\partial y}$

yhx　坐标伸缩 PML 中的辅助变量 $\psi_{Eyx}=\delta\left(1-\frac{1}{s_y}\right)\frac{\partial \widetilde{H}_x}{\partial y}$

zhx　一维坐标伸缩 PML 中的辅助变量 $\psi_{Ezx}=\delta\left(1-\frac{1}{s_z}\right)\frac{\partial \widetilde{H}_x}{\partial z}$

zhy　一维坐标伸缩 PML 中的辅助变量 $\psi_{Ezy}=\delta\left(1-\frac{1}{s_z}\right)\frac{\partial \widetilde{H}_y}{\partial z}$

xhy　一维坐标伸缩 PML 中的辅助变量 $\psi_{Exy}=\delta\left(1-\frac{1}{s_x}\right)\frac{\partial \widetilde{H}_y}{\partial x}$

xhz　一维坐标伸缩 PML 中的辅助变量 $\psi_{Exz}=\delta\left(1-\frac{1}{s_x}\right)\frac{\partial \widetilde{H}_z}{\partial x}$

yhz　一维坐标伸缩 PML 中的辅助变量 $\psi_{Eyz}=\delta\left(1-\frac{1}{s_y}\right)\frac{\partial \widetilde{H}_z}{\partial y}$

m　PML 中损耗随距离变化的幂

et　电场随时间的变化

er0　介电常数 ε

iphi　入射波方位角 φ_i

itheta　入射波方位角 θ_i

ix　入射方向的 x 分量

iy　入射方向的 y 分量

iz　入射方向的 z 分量

etheta　θ 方向的单位向量 $\hat{\boldsymbol{\theta}}$

ephi　φ 方向的单位向量 $\hat{\boldsymbol{\varphi}}$

iex　入射电场的 x 分量

iey　入射电场的 y 分量

iez　入射电场的 z 分量

ihx　入射磁场的 x 分量

ihy　入射磁场的 y 分量

ihz　入射磁场的 z 分量

cyex　垂直于 y 轴的总场边界上的电场 E_x 在入射方向上投影的整数部分

czex　垂直于 z 轴的总场边界上的电场 E_x 在入射方向上投影的整数部分

czey　垂直于 z 轴的总场边界上的电场 E_y 在入射方向上投影的整数部分

cxey　垂直于 x 轴的总场边界上的电场 E_y 在入射方向上投影的整数部分

cxez　垂直于 x 轴的总场边界上的电场 E_z 在入射方向上投影的整数部分

cyez　垂直于 y 轴的总场边界上的电场 E_z 在入射方向上投影的整数部分

cyex1　垂直于 y 轴的总场边界上的电场 E_x 在入射方向上投影的小数部分

czex1　垂直于 z 轴的总场边界上的电场 E_x 在入射方向上投影的小数部分

czey1　垂直于 z 轴的总场边界上的电场 E_y 在入射方向上投影的小数部分

cxey1　垂直于 x 轴的总场边界上的电场 E_y 在入射方向上投影的小数部分

cxez1　垂直于 x 轴的总场边界上的电场 E_z 在入射方向上投影的小数部分

cyez1　垂直于 y 轴的总场边界上的电场 E_z 在入射方向上投影的小数部分

cyhx　垂直于 y 轴的总场边界外 1/2 网格处的磁场 $\widetilde{H}_x$ 在入射方向上投影的整数部分
czhx　垂直于 z 轴的总场边界外 1/2 网格处的磁场 $\widetilde{H}_x$ 在入射方向上投影的整数部分
czhy　垂直于 z 轴的总场边界外 1/2 网格处的磁场 $\widetilde{H}_y$ 在入射方向上投影的整数部分
cxhy　垂直于 x 轴的总场边界外 1/2 网格处的磁场 $\widetilde{H}_y$ 在入射方向上投影的整数部分
cxhz　垂直于 x 轴的总场边界外 1/2 网格处的磁场 $\widetilde{H}_z$ 在入射方向上投影的整数部分
cyhz　垂直于 y 轴的总场边界外 1/2 网格处的磁场 $\widetilde{H}_z$ 在入射方向上投影的整数部分
cyhx1　垂直于 y 轴的总场边界外 1/2 网格处的磁场 $\widetilde{H}_x$ 在入射方向上投影的小数部分
czhx1　垂直于 z 轴的总场边界外 1/2 网格处的磁场 $\widetilde{H}_x$ 在入射方向上投影的小数部分
czhy1　垂直于 z 轴的总场边界外 1/2 网格处的磁场 $\widetilde{H}_y$ 在入射方向上投影的小数部分
cxhy1　垂直于 x 轴的总场边界外 1/2 网格处的磁场 $\widetilde{H}_y$ 在入射方向上投影的小数部分
cxhz1　垂直于 x 轴的总场边界外 1/2 网格处的磁场 $\widetilde{H}_z$ 在入射方向上投影的小数部分
cyhz1　垂直于 y 轴的总场边界外 1/2 网格处的磁场 $\widetilde{H}_z$ 在入射方向上投影的小数部分
pec　TM 波二维电磁散射中表示导体区域的逻辑数组，该区域 $E_z=0$
pechx　TE 波二维电磁散射中表示导体区域的逻辑数组，该区域 $E_x=0$
pechy　TE 波二维电磁散射中表示导体区域的逻辑数组，该区域 $E_y=0$
pecx　三维电磁散射中表示导体区域的逻辑数组，该区域 $E_x=0$
pecy　三维电磁散射中表示导体区域的逻辑数组，该区域 $E_y=0$
pecz　三维电磁散射中表示导体区域的逻辑数组，该区域 $E_z=0$
sx　散射方向的 x 分量
sy　散射方向的 y 分量
sz　散射方向的 z 分量
sex　散射电场方向的 x 分量
sey　散射电场方向的 y 分量
sez　散射电场方向的 z 分量
shx　散射磁场方向的 x 分量
shy　散射磁场方向的 y 分量
shz　散射磁场方向的 z 分量
eyex　垂直于 y 轴的外推边界上的电场 E_x 外推时间步整数部分
ezex　垂直于 z 轴的外推边界上的电场 E_x 外推时间步整数部分
ezey　垂直于 z 轴的外推边界上的电场 E_y 外推时间步整数部分
exey　垂直于 x 轴的外推边界上的电场 E_y 外推时间步整数部分
exez　垂直于 x 轴的外推边界上的电场 E_z 外推时间步整数部分
eyez　垂直于 y 轴的外推边界上的电场 E_z 外推时间步整数部分
eyex1　垂直于 y 轴的外推边界上的电场 E_x 外推时间步小数部分
ezex1　垂直于 z 轴的外推边界上的电场 E_x 外推时间步小数部分
ezey1　垂直于 z 轴的外推边界上的电场 E_y 外推时间步小数部分
exey1　垂直于 x 轴的外推边界上的电场 E_y 外推时间步小数部分

exezl 垂直于 x 轴的外推边界上的电场 E_z 外推时间步小数部分
eyezl 垂直于 y 轴的外推边界上的电场 E_z 外推时间步小数部分
eyhx 垂直于 y 轴的外推边界上的磁场 $\widetilde{H}_x$ 外推时间步整数部分
ezhx 垂直于 z 轴的外推边界上的磁场 $\widetilde{H}_x$ 外推时间步整数部分
ezhy 垂直于 z 轴的外推边界上的磁场 $\widetilde{H}_y$ 外推时间步整数部分
exhy 垂直于 x 轴的外推边界上的磁场 $\widetilde{H}_y$ 外推时间步整数部分
exhz 垂直于 x 轴的外推边界上的磁场 $\widetilde{H}_z$ 外推时间步整数部分
eyhz 垂直于 y 轴的外推边界上的磁场 $\widetilde{H}_z$ 外推时间步整数部分
eyhx1 垂直于 y 轴的外推边界上的磁场 $\widetilde{H}_x$ 外推时间步小数部分
ezhx1 垂直于 z 轴的外推边界上的磁场 $\widetilde{H}_x$ 外推时间步小数部分
ezhy1 垂直于 z 轴的外推边界上的磁场 $\widetilde{H}_y$ 外推时间步小数部分
exhy1 垂直于 x 轴的外推边界上的磁场 $\widetilde{H}_y$ 外推时间步小数部分
exhz1 垂直于 x 轴的外推边界上的磁场 $\widetilde{H}_z$ 外推时间步小数部分
eyhz1 垂直于 y 轴的外推边界上的磁场 $\widetilde{H}_z$ 外推时间步小数部分
hShift 时间步偏移量，以确保下标为正
nI 远场外推时间步数
I 远场外推积分
eit 各时间步上的入射场
ert 各时间步上的反射场
ett 各时间步上的透射场
pds 勒让德函数对 θ 的导数除以 $\sin\theta$，即 $\frac{1}{\sin\theta}\frac{\mathrm{d}P_n(\theta)}{\mathrm{d}\theta}$
pdd 勒让德函数对 θ 的二阶导数，即 $\frac{\mathrm{d}^2 P_n(\theta)}{\mathrm{d}\theta^2}$
einf 频率无限大时的介电常数，即 ε_∞
de 零频与无限大频率介电常数之差，即 $\Delta\varepsilon=\varepsilon_s-\varepsilon_\infty$
cchi 递归卷积法的系数 C_χ
chi 递归卷积法的系数 χ_0
dchi 递归卷积法的系数 $\Delta\chi_0$
xi 递归卷积法的系数 ξ_0
dxi 递归卷积法的系数 $\Delta\xi_0$
achi 递归卷积法的系数 A_χ
adchi 递归卷积法的系数 $A_{\Delta\chi}$
bchi 递归卷积法的系数 B_χ
bdchi 递归卷积法的系数 $B_{\Delta\chi}$
wpnu Drude 介质中 $\frac{\omega_p}{\nu_c}$
dew2 Lorentz 介质中 $\Delta\varepsilon\omega_0^2\Delta t^2$
beta Lorentz 介质中 $\beta\Delta t$